震后山地地质灾害治理工程勘查设计实用技术

蒋忠信 著

谨以此书纪念"5·12"汶川特大地震十周年！

西南交通大学出版社
·成都·

内容简介

本书是著者数十年尤其是"5·12"汶川地震之后十年间对滑坡（边坡）、崩塌（危岩）与泥石流治理工程勘查设计技术的经验总结，系在《震后山地地质灾害治理工程设计概要》的基础上全面增加滑坡与崩塌的地质勘查技术，补充完善工程设计内容，并探析泥石流勘查设计问题而成。本书仍坚持实用性与可操作性原则，突出震区特点，解析技术问题。

全书内容集工程勘查、设计为一体，辅以施工要领，分滑坡（边坡）勘查技术，滑坡治理与边坡支挡工程设计，边坡开挖、加固与防护工程设计，预应力锚索设计与施工技术，危岩崩塌防治工程勘查设计技术，泥石流治理工程勘查设计问题探析等6章。

作为山地地质灾害治理工程勘查设计的指南性简明技术读本，本书可供从事震区和一般山区的滑坡、崩塌、泥石流治理的工程技术人员使用，也可供科学研究和工程管理人士、大专院校师生阅读。

图书在版编目（CIP）数据

震后山地地质灾害治理工程勘查设计实用技术 / 蒋忠信著. 一成都：西南交通大学出版社，2018.5
ISBN 978-7-5643-6194-5

Ⅰ. ①震… Ⅱ. ①蒋… Ⅲ. ①地震次生灾害 – 山地灾害 – 灾害防治 Ⅳ. ①P694

中国版本图书馆 CIP 数据核字（2018）第 102950 号

震后山地地质灾害治理工程勘查设计实用技术

蒋忠信　著

*

责任编辑　姜锡伟
封面设计　墨创文化

西南交通大学出版社出版发行
四川省成都市二环路北一段 111 号 西南交通大学创新大厦 21 楼
邮政编码：610031　发行部电话：028-87600564
http://www.xnjdcbs.com
四川森林印务有限责任公司印刷

*

成品尺寸：170 mm×230 mm　　印张：30.75
字数：398 千
2018 年 5 月第 1 版　　2018 年 5 月第 1 次印刷
ISBN 978-7-5643-6194-5
定价：128.00 元

图书如有印装质量问题　本社负责退换
版权所有　盗版必究　举报电话：028-87600562

前　言

似乎是转瞬之间，2008年5月12日汶川8.0级特大地震已过去十年了，其间四川又历经了2013年4月20日芦山7.0级地震和2017年8月8日九寨沟7.0级地震的洗礼。近十年间，各震区人民历尽艰辛，在地震废墟上重建家园，迈入跨越式发展，成就举世瞩目。与恢复重建相伴，震后滑坡、崩塌、泥石流等山地地质灾害的治理，也历经了漫长而艰辛的进程。

理论上，应允许震后的破碎山体有较长的自身修复过程，人们对震区山地地质灾害特点的认识也有一个逐步加深的过程，灾害治理似应在震后若干年后进行方为合适。但时不我待，灾区恢复重建在即，要尽早恢复灾区人民的正常生产与生活，使之安居乐业，即使走弯路、交学费，也必须在震后迅即开展对地质灾害的治理，筑建恢复重建的安全屏障。

近十年来，国家通过对震后数以千计的滑坡、崩塌、泥石流的工程治理，不但保障了重建区人民的生命财产安全，为其经济的可持续发展恢复了稳定的地质环境，也锤炼出一批日渐成熟的勘查设计队伍，涌现出大批科技人才，在工程治理技术上也有所创新，取得了全方位的成就。

为总结震区山地地质灾害治理工程在设计方面之经验乃至教训，于2013年和2014年，笔者相继编著出版了《震后山地地质灾害治理工程设计概要》（以下简称《概要》）和《震后泥石流治理工程设计简明指南》（以下简称《指南》）。近年来，国土资源系统又陆续编制出台各类地质灾害的勘查、设计规范/标准，这无疑会全面促进山地地质灾害治理工作的发展与科技进步。

但面对成绩，我们也应清醒地意识到，山地地质灾害的诱因众多、机理复杂，工程勘查设计涉及多学科领域，相关理论尚不完全成熟，经验积累也需待以时日，虽经多年磨炼，诸如工程勘查设计的队伍建设、人才培训和技术储备，至今仍难以完全胜任，尤其是初经历练的青年技术人员还缺乏必要的理论知识与实践经验。

因此，山地地质灾害的治理工程设计至今仍凸现出工程方案、结构设计和文件深细度等方面的诸多问题，而工程勘查的失实则是其重要原因。这也与笔者《概要》的内容尚不全面，尤其是对勘查工作内容的从略似不无关系。就此，笔者萌生了在《概要》的基础上增补勘查内容、增订设计内容，集勘查、设计于一体的思绪，以助于工程勘查设计水平的全面提升。

于是，这本《震后山地地质灾害治理工程勘查设计实用技术》面世了。本书重点是全面论述滑坡与坍塌落石的工程勘查要点，补充与更新工程设计内容，并突出震区特点。对泥石流治理工程的勘查设计，本书则是在《指南》的基础上，结合出台的规范，探究疑难技术问题。

全书共分6章：第1章滑坡（含边坡）勘查技术系新撰；第2、3章较全面地分述滑坡治理与边坡支挡工程设计，边坡开挖、加固与防护工程设计，在《概要》的基础上增补了成倍内容；第4章论述预应力锚索设计和施工技术，调整补充了内容；第5章危岩崩塌防治工程，勘查技术系新补，设计技术系增订；第6章探讨与解析泥石流治理工程勘查设计中的疑难与常见问题，是对《指南》的补充。

本书力图保持《概要》《指南》的技术性、经验性、简明性、实用性和可操作性。对滑坡与崩塌（崩塌又分边坡坍塌与危岩崩塌），以勘查、设计工作步骤为主线分步展开论述；对地质勘查，依次阐明灾害体的性质、特征和要素；对工程设计，按工程类型分述工程方案与结构设计原理；对泥石流勘查设计中的疑难问题，则逐一探讨与解答。书中配有较多图表，提出与推荐了众多计算公式并辅以算例，列举了正反两方面的工程实例，供探讨与参考的内容归为附录。

感谢国土、铁路、公路、机场、中国科学院、市政、水利水电及移民等系统，尤其是四川省国土资源系统和中铁二院的同行、专家和领导提供的合作与实践的机遇，以及西南交通大学蒋良潍副教授对本书编印的协助。囿于本人的学识与经验，书中难免存在疏漏和不足，尤其是对规范的商讨更属管见，恳请专家同仁不吝指教与雅正，助力防灾减灾技术进步，谨此由衷致谢！

蒋忠信

2018 年 5 月 13 日于成都曦城

目 录

绪 言 ·· 1

第1章 滑坡（边坡）勘查技术 ·· 4
1.1 滑坡野外勘查要领 ··· 4
1.1.1 勘查手段与勘查要点 ··· 5
1.1.1.1 勘查手段 ··· 5
1.1.1.2 勘查要点 ··· 6
1.1.2 滑坡、坍塌危险区的定量划分方法与堵溃危害 ······································ 8
1.1.2.1 滑坡、坍塌危险区定量划分的原则与方法 ·· 8
1.1.2.2 滑坡、坍塌的堵溃灾害 ·· 10
1.1.3 滑坡地质特征勘查：经验与释疑 ··· 11
1.1.3.1 滑坡与边坡坍塌的区分标志 ··· 11
1.1.3.2 地貌与变形特征 ··· 13
1.1.3.3 边界与空间特征 ··· 15
1.1.3.4 滑面与结构特征 ··· 16
1.1.3.5 古滑坡与不稳定斜坡的地质特征 ··· 20
1.2 地震滑坡：机理与分布 ·· 21
1.2.1 地震滑坡的形成机理与震前地下水位异动 ·· 21
1.2.2 地震滑坡的分布规律 ·· 22
1.2.3 地震次生地质灾害的孕育规律 ·· 24
1.3 滑坡的成因、分布与类型 ··· 26
1.3.1 自然滑坡的形成因素 ·· 26

1.3.2　工程滑坡的诱因与类型 …………………………………… 28
1.3.3　自然滑坡分布的坡向性 …………………………………… 32
1.3.4　滑坡的主要类型 …………………………………………… 34
1.4　滑坡模式与稳定性分析 ……………………………………………… 37
1.4.1　地质模型选择与稳定性评判 ……………………………… 37
1.4.1.1　常见的几种滑坡地质模式 ………………………… 38
1.4.1.2　评判滑动面最危险剖面形状的超熵法 …………… 40
1.4.1.3　滑坡的演化阶段与稳定性 ………………………… 41
1.4.2　滑动面抗剪强度指标的确定 ……………………………… 42
1.4.3　设计工况及安全系数的选取 ……………………………… 45
1.4.3.1　设计工况选取 ……………………………………… 45
1.4.3.2　安全系数选取 ……………………………………… 46
1.4.4　稳定性与推力的计算 ……………………………………… 47
1.4.4.1　圆弧形滑面稳定性检算 …………………………… 47
1.4.4.2　折线形滑面稳定性检算 …………………………… 48
1.4.4.3　滑坡推力的计算方法与简易估算 ………………… 51
附录 1.1　滑动面形态的趋势面描述 …………………………………… 54
附 1.1.1　顺层滑坡倾斜平面状滑面的一次趋势面描述 …… 54
附 1.1.2　一般滑坡箕形曲面状滑面的二次趋势面描述 …… 55
附录 1.2　"5·12"汶川 8.0 级特大地震的震源机制与
　　　　　工程启示 …………………………………………………… 56
附 1.2.1　震源机制 …………………………………………… 56
附 1.2.2　既有边坡支护工程的抗震性能 …………………… 59
附录 1.3　自然滑坡分布的坡向性原理 ………………………………… 60
附录 1.4　从反算滑面抗剪强度估算滑坡推力的方法 ………………… 61

附1.4.1　按强度折减的滑坡推力估算公式……………… 61

　　附1.4.2　按荷载增大的滑坡推力估算公式……………… 62

　　附1.4.3　估算方法的适用条件与实例…………………… 63

参考文献………………………………………………………… 64

第2章　滑坡治理与边坡支挡的工程设计……………………… 68

2.1　滑坡防治工程方案研究……………………………………… 68

　2.1.1　防与治（非工程措施与工程方案）的选择………… 68

　2.1.2　工程治理方案的研究…………………………………… 70

　　2.1.2.1　原则与措施…………………………………… 70

　　2.1.2.2　综合方案与主体工程………………………… 72

　2.1.3　抗滑支挡与锚固工程的比选…………………………… 74

　　2.1.3.1　抗滑支挡与锚固工程的类型………………… 74

　　2.1.3.2　预应力锚索与抗滑桩的比较………………… 75

　2.1.4　抗滑工程的设置原则…………………………………… 76

2.2　抗滑桩设计要点……………………………………………… 78

　2.2.1　设计推力选取及其分布形式…………………………… 78

　2.2.2　抗滑桩结构设计：原则与经验………………………… 80

　　2.2.2.1　合理桩间距…………………………………… 81

　　2.2.2.2　桩高（桩长）的确定原则…………………… 82

　　2.2.2.3　嵌固段长度的确定原则……………………… 83

　　2.2.2.4　嵌固段长度的拟悬臂简化计算方法………… 84

　　2.2.2.5　嵌固段长度设计之例………………………… 86

　　2.2.2.6　桩截面的设计原则…………………………… 87

　　2.2.2.7　桩身配筋的设计原则………………………… 89

- 2.2.2.8 抗弯矩的结构估计方法 ······ 90
- 2.2.2.9 锁口与护壁及细化桩结构设计 ······ 92
- 2.2.3 抗滑桩复合结构类型 ······ 93
- 2.2.4 微型(钢管)桩 ······ 95
- 2.2.5 锚拉桩 ······ 97
- 2.3 人工挖孔抗滑桩施工：工序与问题 ······ 98
- 2.3.1 井口仰坡支护与开挖工序 ······ 99
- 2.3.2 桩井护壁与开挖 ······ 99
- 2.3.3 动态调整、桩身浇注、质量检测与按图施工 ······ 101
- 2.3.4 桩顶位移与监测 ······ 102
- 2.4 （抗滑）挡土墙设计 ······ 104
- 2.4.1 挡土墙类型及其结构 ······ 104
- 2.4.1.1 抗滑与边坡支挡之重力式挡土墙 ······ 104
- 2.4.1.2 悬臂式与扶壁式挡土墙 ······ 105
- 2.4.1.3 填筑边坡之衡重式与短卸荷板式挡土墙 ······ 107
- 2.4.1.4 填筑边坡之托盘式与桩基承台式挡土墙 ······ 108
- 2.4.1.5 填筑边坡的柔性加筋土挡土墙 ······ 110
- 2.4.1.6 桩板墙 ······ 113
- 2.4.1.7 复合式桩板墙：锚拉式与衡重式 ······ 115
- 2.4.1.8 锚杆挡土墙 ······ 117
- 2.4.2 土压力及其分布 ······ 120
- 2.4.2.1 土压力计算的通用公式 ······ 120
- 2.4.2.2 库仑和朗金土压力系数 ······ 121
- 2.4.2.3 一般地区土压力分布图式 ······ 122
- 2.4.2.4 特殊条件下的土压力分布 ······ 124

2.4.3 挡土墙检算 ... 126
2.4.3.1 边坡重力式挡土墙检算 ... 126
2.4.3.2 计算参数与稳定系数取值 ... 128
2.4.3.3 抗滑挡土墙检算 ... 130
2.4.3.4 衡重式挡土墙土压力 ... 131

2.4.4 重力式挡土墙设计 ... 132
2.4.4.1 挡土墙的布设原则与设计图件 ... 132
2.4.4.2 重力式挡土墙截面的设计与估算 ... 135
2.4.4.3 提高稳定性的结构：斜底、凸榫、墙趾、纵阶 ... 138
2.4.4.4 挡土墙的配套结构：反滤层与泄水孔、排水沟、伸缩缝、勾缝抹面 ... 139
2.4.4.5 挡土墙设计施工常见质量与安全问题：挖基、石料与砂浆、排水 ... 140

2.5 其他常用抗滑工程措施 ... 143
2.5.1 减载、反压 ... 143
2.5.2 地表截排水工程 ... 145
2.5.2.1 地表截水沟 ... 145
2.5.2.2 抗滑涵洞 ... 147
2.5.3 地下截排水工程 ... 148
2.5.3.1 明沟、槽沟、渗沟 ... 148
2.5.3.2 水平与垂直排水孔 ... 149
2.5.3.3 渗水隧洞与集水渗井 ... 151
2.5.4 几种实用的抗滑工程措施 ... 152
2.5.4.1 支撑渗沟 ... 152

2.5.4.2 抗滑明洞 ································· 157
   2.5.4.3 改性土桩 ································· 158
 附录 2.1 两排束筋满布时不同截面桩身所承受弯矩 ········· 159
 附录 2.2 成都群光广场基坑支护锚拉桩建议方案 ············ 160
  附 2.2.1 基坑参数与锚拉桩方案 ······················· 160
  附 2.2.2 土压力计算 ································ 161
  附 2.2.3 桩与锚索的参数计算 ·························· 162
 参考文献 ·· 164

第3章 边坡开挖、加固与防护工程设计 ···················· 169
 3.1 切坡技术 ·· 169
  3.1.1 切坡的地形、地质条件 ························· 169
   3.1.1.1 切坡的坡形条件 ··························· 169
   3.1.1.2 切坡的地质条件 ··························· 170
  3.1.2 切坡的稳定坡率与特殊效应 ····················· 172
   3.1.2.1 切坡的坡形与稳定坡率 ····················· 172
   3.1.2.2 切坡效应：折角效应与弯折变形 ·············· 173
  3.1.3 两条原理：支挡收坡与坡脚预加固 ················ 175
 3.2 边坡的临界高度 H 与破裂角 α ····················· 176
  3.2.1 边坡的临界高度 ······························· 176
   3.2.1.1 临界高度的卡尔曼公式系列 ·················· 177
   3.2.1.2 边坡稳定性的评判标准 ····················· 178
   3.2.1.3 临界高度公式的其他应用 ···················· 180
  3.2.2 边坡破裂角 ·································· 182
 3.3 边坡原位加固技术：土钉墙与锚固 ···················· 183

- 3.3.1 土钉墙设计与施工 ······183
  - 3.3.1.1 土钉墙的构造与施工 ······183
  - 3.3.1.2 土钉墙的稳定性检算 ······186
  - 3.3.1.3 土钉墙破坏实例 ······188
- 3.3.2 喷锚与格构锚杆及其结构设计 ······190
  - 3.3.2.1 边坡锚固工程类型与应用 ······190
  - 3.3.2.2 边坡锚固工程结构设计 ······191
- 3.3.3 边坡锚固的设计步骤与检算 ······193
- 3.3.4 土钉墙与喷锚支护的异同 ······194

3.4 边坡坡面防护技术 ······196
- 3.4.1 全封闭护坡措施：砌石护坡与抹面 ······196
- 3.4.2 非全封闭之骨架类护坡 ······199
- 3.4.3 植被护坡 ······202
  - 3.4.3.1 坡面植草绿化工程的类型与应用条件 ······202
  - 3.4.3.2 草种选择 ······203
  - 3.4.3.3 液压喷播植草的特点与工法 ······205
  - 3.4.3.4 三维网喷播植草的原理与工法 ······206
  - 3.4.3.5 厚层有机基材植草的原理与工法 ······208

3.5 边坡工程与环境协调的设计施工原理 ······209
- 3.5.1 控制开挖边坡高度的支挡收坡原理 ······210
- 3.5.2 边坡自上而下支护与坡脚预加固原理 ······211
- 3.5.3 工程弃方的开发性填垦原理 ······214

附录 3.1 卡尔曼临界边坡高度公式的推导 ······215
附录 3.2 卡尔曼边坡破裂角公式的推导 ······219
参考文献 ······220

第4章 预应力锚索设计与施工技术 ········· 224

4.1 预应力锚索技术 ········· 224
4.1.1 预应力锚固技术 ········· 224
4.1.2 预应力锚索的类型 ········· 226
4.1.3 预应力锚索在地质灾害防治中的应用及适用条件 ········· 228
4.1.3.1 预应力锚索在地质灾害防治中的应用 ········· 228
4.1.3.2 预应力锚索的适用条件 ········· 232
4.1.4 拉力式预应力锚索结构 ········· 233

4.2 预应力锚索力学问题 ········· 235
4.2.1 预应力锚索加固滑坡的力学原理 ········· 235
4.2.2 预应力锚索加固松散滑体的应力传递与响应 ········· 236
4.2.3 锚索的预应力损失 ········· 237
4.2.4 锚索的锚固力分布 ········· 240

4.3 预应力锚索的主要设计原则 ········· 244
4.3.1 确定锚固力与张拉值 ········· 244
4.3.2 确定锚索下倾角 ········· 245
4.3.3 内锚固段长度的确定 ········· 247
4.3.3.1 设计原则 ········· 247
4.3.3.2 增大锚固力的措施 ········· 250
4.3.4 锚索结构和孔径的确定 ········· 251
4.3.5 锚索吨位、间距和排数的确定 ········· 252
4.3.6 外锚固体：垫墩/格梁、锚具、封锚、连梁 ········· 253
4.3.7 工程实例：108国道泸沽段W_2高边坡工点锚索计算 ········· 255

4.4 预应力锚索施工技术 ································· 256
   4.4.1 预应力锚索施工工艺要点 ······················ 256
      4.4.1.1 施工准备与造锚孔 ························ 257
      4.4.1.2 锚索索体的制作与安装 ···················· 258
      4.4.1.3 锚孔灌浆 ································ 260
      4.4.1.4 制抑制件 ································ 261
      4.4.1.5 张拉、锁定与封头 ························ 262
      4.4.1.6 应力监测与工程验收 ······················ 264
   4.4.2 滑坡体锚孔钻进工艺问题与对策 ················ 264
      4.4.2.1 钻孔机具 ································ 264
      4.4.2.2 钻孔工艺 ································ 265
      4.4.2.3 钻进事故处理 ···························· 267
   4.4.3 锚索失效与修复 ······························ 269
   4.4.4 工程实例：南昆铁路八渡车站巨型滑坡的
         综合整治 ···································· 270
附录 4.1 预应力锚索最佳下倾角的推导 ··················· 274
参考文献 ··· 276

第5章 危岩崩塌防治工程勘查设计技术 ················· 280

5.1 崩塌（危岩）勘查技术 ····························· 280
   5.1.1 勘查要点 ···································· 280
   5.1.2 崩塌的坡体分带与堆积范围 ···················· 282
      5.1.2.1 崩塌坡体分带 ···························· 282
      5.1.2.2 崩塌落石堆积范围的确定方法 ·············· 282
   5.1.3 危岩卸荷特征 ································ 285

5.1.3.1　卸荷裂隙勘查 ································· 285
　　5.1.3.2　卸荷带厚度估算 ································· 286
5.1.4　危岩稳定性的定性分析 ································· 288
　　5.1.4.1　赤平极射投影方法 ······························· 288
　　5.1.4.2　临界高度评判准则 ······························· 291
5.1.5　危岩稳定性的定量计算 ································· 292
　　5.1.5.1　各二维失稳模式的稳定性计算：
　　　　　　滑移式、倾倒式、坠落式 ······················· 292
　　5.1.5.2　稳定性定量计算存在的问题 ··················· 295
　　5.1.5.3　三维失稳模式的稳定性计算问题 ············· 296
5.1.6　落石计算与问题 ·· 298
　　5.1.6.1　落石运动的混沌性与现场试验 ··············· 298
　　5.1.6.2　落石速度计算 ···································· 300
　　5.1.6.3　落石冲击能与弹跳计算 ························ 302
　　5.1.6.4　落石冲击力计算 ·································· 303
　　5.1.6.5　落石冲击力计算公式的讨论 ··················· 305
　　5.1.6.6　落石嵌入深度计算 ······························· 307
5.1.7　"岩体旱致崩塌"的机理与研究建议 ··············· 308
5.2　崩塌危岩主动治理工程设计 ····························· 310
5.2.1　中下部崩塌防治工程措施 ···························· 310
5.2.2　危岩主动治理工程方案与措施 ····················· 311
5.2.3　清危与补缝 ··· 312
5.2.4　危岩锚固 ·· 313
　　5.2.4.1　危岩锚固的设计原则 ··························· 313
　　5.2.4.2　危岩防倾锚杆工程检算 ························ 316

5.2.4.3　危岩防滑锚索工程检算 …………………… 317
5.2.5　SNS主动网等危岩防护措施 ………………………… 319
　　5.2.5.1　柔性防护技术的发展与应用 ………………… 319
　　5.2.5.2　SNS主动柔性防护系统概述 ………………… 320
　　5.2.5.3　SNS主动防护系统设计的注意问题 ………… 321
5.2.6　危岩支顶工程与结构：墙、柱、梁……………………… 322
5.2.7　危岩其他特殊主动治理措施 ………………………… 326
5.2.8　主动加固后的危岩稳定性计算原则 ………………… 329
5.3　危岩落石被动防护工程设计 …………………………… 331
5.3.1　危岩落石被动防护工程措施 ………………………… 331
5.3.2　拦石墙-落石槽体系：结构设计与施工问题 ……… 333
　　5.3.2.1　主体结构——拦石墙 …………………………… 333
　　5.3.2.2　配套结构——缓冲层与落石槽 ……………… 336
　　5.3.2.3　施工常见问题 …………………………………… 337
　　5.3.2.4　拦石墙稳定性检算方法与建议结构尺寸 …… 338
　　5.3.2.5　冲击荷载计算与墙顶加设拦石网后的
　　　　　　　检算问题 …………………………………… 339
　　5.3.2.6　墙体强度检算示例 ……………………………… 341
5.3.3　桩板拦石墙与加筋土拦石墙问题 …………………… 343
　　5.3.3.1　桩板拦石墙及其结构问题 ……………………… 344
　　5.3.3.2　加筋土拦石墙问题讨论 ………………………… 346
5.3.4　SNS柔性被动防护网 ………………………………… 347
　　5.3.4.1　设计要点 ………………………………………… 347
　　5.3.4.2　结构与原理 ……………………………………… 348
　　5.3.4.3　问题探讨 ………………………………………… 351

  5.3.4.4 特殊的 SNS 被动防护系统：
      泥石流栅栏与屋顶式防护网 ················· 353
  5.3.4.5 施工与维护 ······································· 356
 5.3.5 明（棚）洞的设计原则 ································· 357
 5.3.6 檐式挡墙与坡面障桩 ··································· 359
附录 5.1 成昆铁路爆破震动现场试验成果 ······················ 362
附录 5.2 链子崖危岩变形特征与整治意见 ···················· 364
 附 5.2.1 链子崖危岩工程整治的专家系统意见
     之灰色统计决策 ··· 364
 附 5.2.2 链子崖危岩北区变形特征的分析预测 ········ 366
参考文献 ··· 368

第 6 章 泥石流治理工程勘查设计技术问题探析 ············ 372
6.1 泥石流特征参数计算问题探讨 ································· 372
 6.1.1 泥石流治理工程勘查要点 ··························· 372
 6.1.2 厘定泥石流体重度：困惑与反演 ················ 374
 6.1.3 计算断面平均流速：问题与改进 ················ 375
  6.1.3.1 既有公式的地区局限性 ······················· 375
  6.1.3.2 稀性泥石流流速公式的完善 ··············· 377
  6.1.3.3 据弯道泥痕高差计算流速的理论公式 ··· 378
 6.1.4 凹岸水位超高计算公式的校正 ···················· 379
  6.1.4.1 原推荐弯道超高公式的问题与校正 ····· 379
  6.1.4.2 其他理论公式 ······································· 381
  6.1.4.3 公式的修正 ··· 382
  6.1.4.4 实例验证 ··· 383

6.1.5 峰值流量计算：悖论与建议 ································ 384
　　6.1.5.1 计算峰值流量向下游减小的悖论与原因分析··· 384
　　6.1.5.2 计算参数分段取值的问题与改正 ··············· 385
　　6.1.5.3 清水流量计算中其他注意问题 ················· 387
6.1.6 泥石流参数勘查的其他问题 ···························· 390
　　6.1.6.1 区分一次固体物质冲出量与堆积体积 ········· 390
　　6.1.6.2 区分正冲与斜冲 ······························· 391
6.2 泥石流泥沙运动计算问题探讨 ······························ 392
6.2.1 固体物质动储量定量计算：商榷与修正 ············· 392
6.2.2 泥沙堆积参数估算：问题与探讨 ····················· 395
　　6.2.2.1 泥石流龙头到达距离的计算公式与商榷 ······ 395
　　6.2.2.2 计算泥石流冲淤临界坡降的建议公式 ········· 397
　　6.2.2.3 拦砂坝回淤的坡度与体积的建议计算方法 ··· 398
6.2.3 沟河堵塞类型与溃决：预判与计算 ·················· 400
　　6.2.3.1 泥石流堵河与崩滑堵沟按泥沙规模的
　　　　　　判别公式 ····································· 400
　　6.2.3.2 堰塞判别式的讨论 ····························· 403
　　6.2.3.3 部分堵塞与壅水的计算方法 ··················· 404
　　6.2.3.4 溢流溃决临界水文条件估算方法 ··············· 405
　　6.2.3.5 溃坝类型及其流量计算 ························ 406
6.3 判别泥石流沟及其演化的非线性技术 ····················· 408
6.3.1 泥石流沟谷纵剖面的形态与演化 ····················· 409
　　6.3.1.1 泥石流沟谷纵剖面形态 ························ 409
　　6.3.1.2 泥石流沟谷纵剖面演化的最小能耗模式 ······ 410
6.3.2 泥石流流域的斯特拉勒积分与稳定性 ··············· 412

6.3.3　泥石流流域系统的信息熵与稳定性 ·················· 413

　　6.3.4　泥石流流域系统的超熵与稳定性 ····················· 415

　　　　6.3.4.1　泥石流流域系统的超熵 ························· 415

　　　　6.3.4.2　流域系统超熵与稳定性 ························· 415

　　6.3.5　小结与讨论 ·· 417

6.4　泥石流拦沙坝设计疑难问题 ·· 419

　　6.4.1　拦沙坝库容的建议计算方法 ································· 419

　　6.4.2　实体坝稳定性检算之探讨 ····································· 421

　　　　6.4.2.1　计算工况与荷载组合问题 ··················· 422

　　　　6.4.2.2　垂直力系与计算的建议 ························· 422

　　　　6.4.2.3　水平力系与计算的商榷之一：满库工况 ········ 425

　　　　6.4.2.4　水平力系与计算的商榷之二：
　　　　　　　　空库工况下稀性泥石流 ····················· 427

　　　　6.4.2.5　水平力系与计算的商榷之三：
　　　　　　　　空库工况下黏性泥石流 ····················· 431

　　　　6.4.2.6　力系小结 ··· 433

　　　　6.4.2.7　地震力 ··· 434

　　6.4.3　拦沙坝结构设计中常见问题 ································· 434

　　　　6.4.3.1　坝的截面 ··· 434

　　　　6.4.3.2　坝的其他结构 ··· 436

6.5　泥石流排护工程结构问题：设计与检算 ······················· 439

　　6.5.1　坝下排护工程的泥石流重度与流量的重新厘定 ··· 439

　　6.5.2　排导槽断面平均流速的计算问题 ························· 440

　　　　6.5.2.1　计算排导槽断面平均流速的注意问题 ········ 440

　　　　6.5.2.2　V形槽断面平均流速计算：困惑与探讨 ········ 441

6.5.3 排护工程结构设计的注意问题 ………………………… 443
　　6.5.3.1 排导槽总体设计 ………………………………… 443
　　6.5.3.2 排护工程边堤的结构设计 ………………………… 445
　　6.5.3.3 排导槽底部的结构设计 …………………………… 447
附录 6.1 泥石流凹岸水位超高公式的推导 …………………… 450
附录 6.2 泥石流体黏聚力和内摩擦角的取值方法 …………… 451
附录 6.3 冰碛湖溃决的临界漫溢水头模式推导 ……………… 454
附录 6.4 类比法的地理建模实例 ……………………………… 455
　附 6.4.1 熵的概念及其产生与发展 ………………………… 455
　附 6.4.2 地理系统的熵模型 ………………………………… 457
附录 6.5 泥石流发展趋势的预测模型 ………………………… 459
　附 6.5.1 暴雨的灾变预测的 GM（1，1）模型 …………… 459
　附 6.5.2 泥石流沟谷演化的不等时距 GM（1，1）
　　　　　 预测模型 …………………………………………… 461
　附 6.5.3 松散固体物质储量变化的 GM（1，3）
　　　　　 预测模型 …………………………………………… 462
　附 6.5.4 人为活动影响的预测：
　　　　　 高斯曲线模型与马尔科夫模型 ……………………… 464
参考文献 ………………………………………………………… 465

绪　言

山地地质灾害系指6种地质灾害中主要发生在山地的以下3种：滑坡、崩塌、泥石流。"5·12"汶川8.0级特大地震诱发地质灾害的类型就以滑坡、崩塌及泥石流为主。在震后排查发现的18 997处灾害点中，滑坡9 326处，崩塌5 510处，不稳定斜坡2 693处，泥石流沟1 279条，分别占49.1%、29.0%、14.2%与6.7%。

本书所述滑坡、崩塌及泥石流的治理工程技术，是在一般山区的基础上，补充震后与震区的特点形成的。其勘查与设计技术既适用于高烈度地震区，也适用于一般山区。

根据定义与经验，滑坡与崩塌的主要区别可归纳为：

（1）外貌：滑坡呈扁平箕状，崩塌为陡峻坡体或具临空面。

（2）整体性：滑坡为整体位移，崩塌限于楔形坡体。

（3）位移面：滑坡的滑动面为较缓的软弱面，崩塌沿较陡破裂面破裂。

（4）变形特征：滑坡缓慢向前，崩塌急剧向下。

崩塌可分为坡体坍塌与危岩崩塌两类。土质边坡坍塌是坡体坍塌的主要形式，其工程勘查、设计的技术原理与滑坡类同；而危岩崩塌落石的勘查与治理则与之大相径庭。故滑坡与边坡坍塌的工程勘查合为第1章论述，第2、3章则分别论述滑坡、边坡坍塌的治理工程设计，同时适用于滑坡与边坡的挡土墙工程归于第2章，危岩崩塌落石防治工程的勘查、设计则另辟为第5章。

不稳定斜坡不是山地地质灾害的独立灾种，而是指有一定变形但尚未发育成滑坡、崩塌的坡体。对此，除其勘查另有难点外，可按进一步演化成的灾种，比照滑坡、坍塌和危岩进行治理工程的勘查设计，不另详述。

滑坡、崩塌分为灾体、突变形成堆积体两个阶段。工程治理一般是针对未突变成灾但欠稳定而有危险性与危害性的滑坡体和崩塌体，这是本书的论述重点；突发滑坡与崩塌解体后形成的堆积体往往已趋稳定，勿需重点治理，仅予概述。

古/老滑坡是发育成熟且曾经历了一次整体性急剧滑移后暂时得以稳定的滑坡体，性质居于滑坡体与滑坡堆积体之间。对可能复活的古滑坡体，可参照一般滑坡进行工程勘查设计。

预应力锚索是加固滑坡、边坡、危岩的较新技术，其原理、设计与施工与常用支挡工程有别，自成技术体系，故辟专章论述。

泥石流治理工程勘查设计在《震后泥石流治理工程设计简明指南》（简称《指南》）中已有较全面的论述，但现仍存若干尚待解决的技术问题。为节省篇幅，本书仅对这些问题进行探讨与解析，提出解决之途径与建议意见，不详之处参见上述《指南》。

以 13 kN/m^3 的重度界限值与洪水相区分，重度 $\geq 13 \text{ kN/m}^3$ 的流体为泥石流，具有一定的类似土体的结构性特征。山区泥石流多为暴雨型，本书针对暴雨型沟谷泥石流进行论述。坡面泥石流、冰川泥石流和冰雪融水泥石流除流域地貌与诱发水源有别外，其勘查设计问题与暴雨泥石流类似，不另分述。

潜在泥石流沟是指具备孕育泥石流的基本条件但尚未暴发过泥石流的沟谷，有潜在危害的也纳入治理范畴。判定潜在泥石流沟，确定流体参数均为难点，本书推荐了有关方法。

勘查成果是工程设计之基础，书中叙述勘查在前，设计在后。勘查部分系针对勘查要点逐一分述，并突出难点，尤其是地震诱发灾体的勘查技术。工程地质测绘、勘探、试验等勘查手段与方法是地质人员的基本技能，并可参照诸如《滑坡防治工程勘查规范》（GB/T 32864—2016）等国标，概不赘述。

鉴于震后地质灾害治理的紧迫性，一般采用一阶段工程勘查，要相应编制项目勘查工作设计书。其内容主要包含该地质灾害的危害性、对灾体特征的基本认识、对治理工程的初步设想、分项勘查工作的部署、工作量与技术要求、预算。

地质灾害治理工程设计一般包含可行性研究、初步设计与施工图设计三阶段，本书设计部分不按设计阶段分述，而是分灾种论述相应工程方案、分部工程与结构设计，解析疑难问题。

规范施工是实现设计意图的保证。山地地质灾害治理工程施工复杂而条件艰巨，不乏经验教训，书中也适当总结。

预防地质灾害的避让搬迁、监测预警与群测群防等措施，详见相关规范与条例，其中搬迁新址要进行的地质灾害危险性评估，可参照本书勘查要求简要施行。

矿山地质环境恢复工程的勘查设计，亦可相应参用本技术。

第1章 滑坡（边坡）勘查技术

经震后初步排查，"5·12"汶川大地震在四川全省诱发山体滑坡9 326处，造成了巨大的人员、财产损失，例如北川县城王家岩滑坡，掩埋机关、学校、民居，死亡1 600人。

汶川地震诱发的滑坡包括新生滑坡和古滑坡的复活，包括已突滑的滑坡和已变形但尚未突滑的不稳定斜坡。此外，震后若干年来尤其是最初5年，震碎山体还孕育出大量新的滑坡。

鉴于地震诱发滑坡的数量巨大、类型复杂、性质特殊，因此在灾后重建中，对滑坡灾害的防治工作任重道远，治理工程勘查设计有若干新问题值得探讨，有若干经验与教训值得总结。

边坡坍塌与滑坡的性质有别，但勘查方法与原理相似，本章合二而一，在滑坡勘查中融入边坡勘查内容，统称滑坡勘查。本章重点阐述滑坡勘查的实用技术，至于勘查的一般内容、要求与手段另见国标《滑坡防治工程勘查规范》（GB/T 32864—2016）（以下简称《滑坡勘查规范》）[1]。

1.1 滑坡野外勘查要领

滑坡的定义大同小异，系指沿软弱面整体性向前由慢而快滑移的坡体。滑坡勘查设计主要针对此滑坡体；突滑后形成的滑坡堆积体，一般不作为勘查设计的主要对象。

1.1.1 勘查手段与勘查要点

1.1.1.1 勘查手段

滑坡勘查的主要手段是地质测绘，辅以必要的勘探、试验工作。勘查工作量要适度，不应以获取高额勘查费用而使测绘面积过大，钻孔过多、过深。

工程地质是经验学科，滑坡勘查中地质条件的调查比拟十分重要。例如，焦作至枝江铁路穿过大段膨胀土地区，相邻的已建公路按膨胀土对路堑边坡进行了有效处理，铁路勘察设计人员却忽视了近在咫尺的公路建设经验，按一般黏性土进行路基设计，路堑开挖后边坡接连坍滑，教训深刻。

又如，达成铁路炮台山隧道通过不含煤的侏罗系砂泥岩层，未按瓦斯隧道设计，施工中于 1994 年 4 月 4 日在平行导坑距出口 400 m 处发生瓦斯爆炸，死伤惨重。事后测得瓦斯最大压力为 0.2 MPa，涌出量为 3.03 m^3/min。设计失误的主要原因固然是误认为须家河组煤系地层因深埋于红层下约 3 000 m 而不致有瓦斯上溢（但隧道处于三皇庙储气构造边缘岩层转折部位，节理裂隙发育，构成了良好通道），但事后发现洞顶中线外不远处即冒出气火，长期有村民煮食，事前如能对此作调研，设计中采用相关对策，悲剧或可能避免。

此外，对城镇特大型滑坡，地面调绘多遇建筑物等障碍，利用不同时期的航片、卫片解释与比对，易查明滑坡全貌与动态。例如，在航片、卫片解释与地形图比对的基础上，采用地质测绘、井槽探、现场大剪试验、取芯干钻等综合手段，查明乌江东岸的重庆武隆县新城区坐落于特大型岩质古滑坡体上，滑坡区面积为 29×10^4 m^2，体积 630×10^4 m^3，预计治理工程费用 1.9 亿元[2]（图 1.1）。

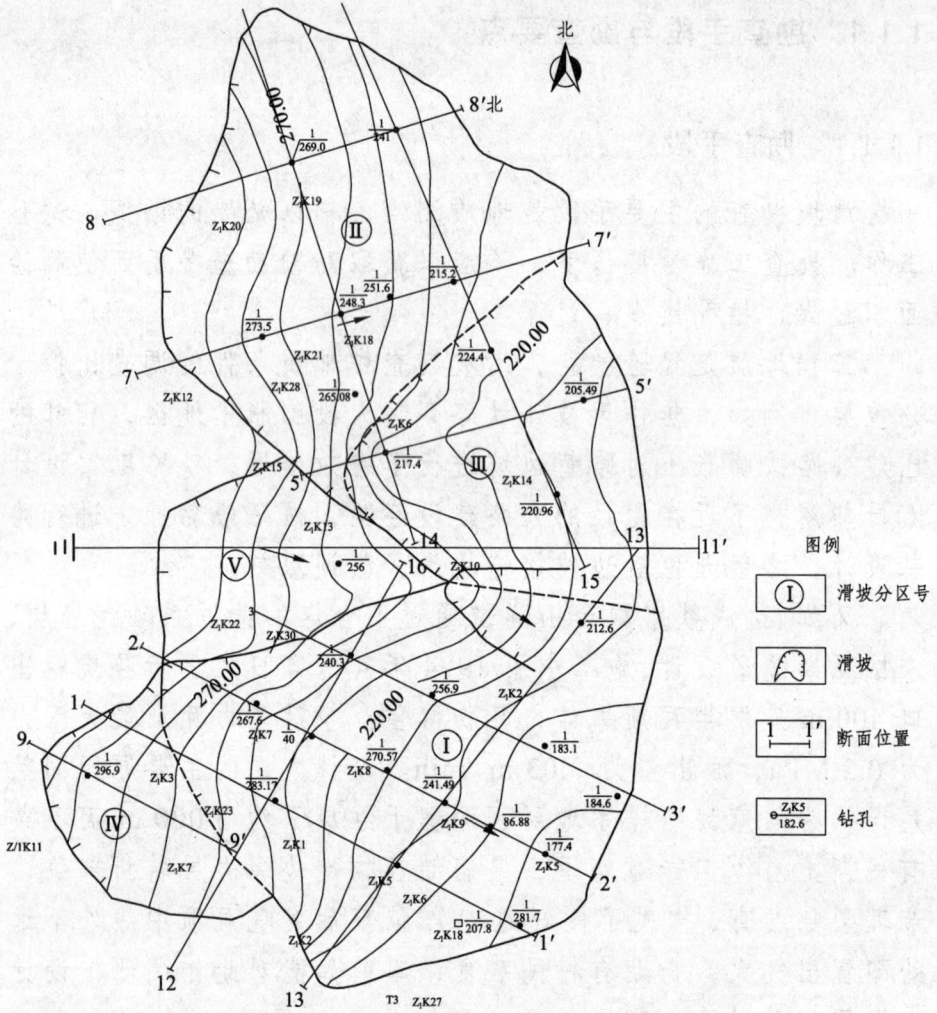

图 1.1 重庆武隆县政府滑坡滑床等高线图

1.1.1.2 勘查要点

对地震滑坡和其他滑坡的现场勘查工作,应围绕以下目标与步骤开展。

1) 危害性

(1) 危险区范围与危害对象(详见 1.1.2)。

（2）突滑堵沟的次生灾害。

（3）与震后重建规划的有机结合。

2）测绘要点

（1）基本特征（详见1.1.3）：

变形性质（地震、滑移、沉降），变形特征（裂缝、鼓胀、剪出的空间特征与位移，既有工程损毁）与历史；

空间特征（后缘与两侧边界、前缘与次级剪出口、长/宽、面积、规模）及其依据；

结构特征（滑体、滑带、滑床）与滑面依据。

（2）诱因（切坡、加载、冲刷、暴雨、渗水、地震、水位涨落）与发展趋势（详见1.3）。

（3）性质（地震滑坡、工程滑坡、自然滑坡、古滑坡、不稳定斜坡），类型（推移式、牵引式、平推式），主滑方向（详见1.3）。

3）稳定性分析（详见1.4）

（1）选择地质模型：滑面形态，前、后缘，次级剪出，多级滑面，演化阶段。

（2）确定滑动面抗剪强度指标：现场大剪、强度取值、残余强度、反演条件。

（3）选取设计工况（天然、暴雨、地震、水位涨落）与安全系数。

（4）计算各剖面的稳定性与推力（极限平衡法，稳定性评价应与滑坡各剖面实际变形情况相一致）。

综上，危险区划分是勘查与治理的前提，其后的滑坡勘查工作分为三步：第一步是现场揭示滑坡的基本特性，第二步是查明促滑的原因和判定滑坡的类型，第三步是进行稳定性分析与下滑力计算。以下仅对地质人员不易掌握的勘查疑难要点加以简要阐释。

1.1.2 滑坡、坍塌危险区的定量划分方法与堵溃危害

1.1.2.1 滑坡、坍塌危险区定量划分的原则与方法

1）危险区的划分原则

滑坡突滑所能危害的范围为危险区。客观划分出滑坡灾害危险区进而圈定危害对象、厘定危害等级是确定滑坡治理的必要性和重要性的依据。但在实际工作中，圈划危险区常缺乏依据，具主观随意性，范围往往划得过大，危害对象圈得过多，似人为拔高危害性。

建议滑坡、坍塌的危险区按以下原则划定：

（1）横向宽度：按滑坡前缘宽度+安全宽度确定。安全宽度可按滑坡突滑形成的堆积体高度的2倍计（堆积体坡度一般为1:1.5，为安全计，取1:2）。

（2）后部与两侧壁牵引范围：按突滑后滑坡的后壁或侧壁的高度计（后/侧壁的下一次牵引范围一般至0.5倍高度处，安全系数取2.0，故按1倍计）。

（3）前方危害长度：一般滑坡按所形成堆积体长度的2倍计（堆积体纵坡，滑坡按1:4、边坡坍塌按1:2计；安全系数取2.0，松方系数取1.1，图1.2）。

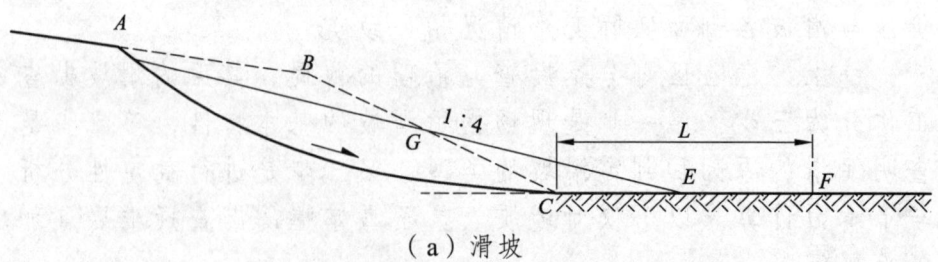

（a）滑坡

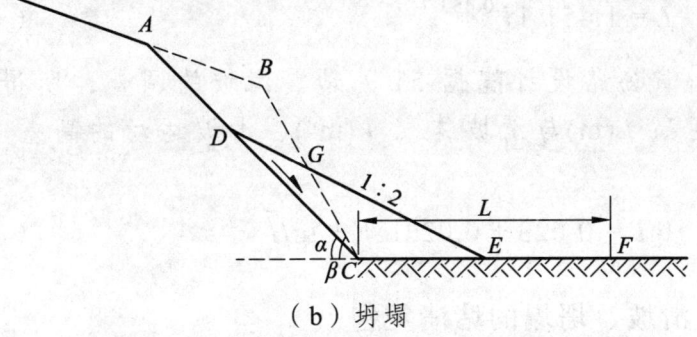

(b) 坍塌

图 1.2　滑坡、坍塌前方的危害范围 L

$V_{ABDG} \times 1.1 = V_{GCE}$，$CE = EF$，$L = CF$，$\alpha = \beta/2 + \varphi/2$

2) 高速滑坡危险区定量划分方法

高速滑坡的滑距很远,前方直至反翘处都可划为危害范围。王思敬[3]所得高速滑坡的最大水平滑距 $L_{\max}$（m）为：

$$L_{\max} = \frac{1}{g \cdot f} \cdot \frac{U}{M} + \frac{H}{f} \tag{1.1}$$

式中：g 为重力加速度（m/s²）；f 为动摩擦系数；U 为助滑变形能（kN）；M 为单宽滑体质量（kN/m）；H 为滑体重心落差（m）。其中：

$$U = \frac{1}{2} \cdot E \cdot \frac{h}{L} \cdot b^2 \tag{1.2}$$

式中：E 为滑体弹性模量（kPa）；h 为滑体平均厚度（m）；L 为滑体长度（m）；b 为后缘相对于前缘的变形量（m）。

据上式算得青海查纳、甘肃洒勒山、湖北新滩三高速滑坡的最大水平滑距分别为 2 291 m、1 764 m、708 m，与实际滑距（3 500 m、1 760 m、900 m）相近，式（1.1）可试用。

地震促发的灾难性大滑坡（包括高速滑坡）向前运动更远，乔建平[4]总结出其运动距离 L（m）与滑坡体积 V（m³）的关系为：

$$L = 1.451\ 1V^{0.453\ 7} \tag{1.3-1}$$

四川省公路设计院据 51 处地震滑坡的调查，所得滑坡向前运动距离 $L(m)$ 与滑坡体积 $V(m^3)$、滑坡运动的高差 $H(m)$ 的关系为：

$$\lg L = 0.023 + 0.023\lg V + \lg H \tag{1.3-2}$$

1.1.2.2 滑坡、坍塌的堵溃灾害

滑坡突滑堵沟/河的可能性按 6.2.3 评判。完全或部分堵塞的危害包括：突滑所致涌浪对对岸的冲击及对上下游的浪击，堰塞湖（完全堵塞）或水位升高（部分堵塞）对上游的淹没，堰塞体溃决洪水对下游的冲刷与淹没，形成溃决型泥石流（规模远大于一般泥石流）的危害。溃决的评判亦见 6.2.3。

典型事例：

（1）涌浪。

湖南安化资江之柘溪水库在蓄水初期发生的塘岩光滑坡，激起高 21 m 的涌浪，传至下游 1.5 km 处的大坝仍高 2.5 m。

长江三峡湖北新滩滑坡形成的长江涌浪，至对岸链子崖仍超过 60 m 高，传至上游数十千米的秭归还致数艘渔船翻沉。

2009 年 8 月 6 日四川汉源猴子崖崩滑 40 万立方米，入大渡河激起的涌浪高 50 m，下游公路 6 辆车被冲毁。

（2）回水。

"5·12"汶川特大地震在北川湔江形成的唐家山堰塞湖，回水淹没了上游漩坪场镇；为防溃决洪水灾害，相关机构曾令下游绵阳等城乡数十万民众撤离。

（3）溃决。

1988 年 7 月 15 日西藏波密光谢错冰湖因 36 万立方米冰舌崩坠入湖而激发溃决，形成的溃决泥石流顺米堆沟而下，堵断主河帕隆藏布；帕隆藏布又再溃决，致川藏公路长 42 km 路段严重水毁，中断交通半年[5]。

1933 年叠溪地震形成的岷江海子，除震后第 45 天首次溃决外，大、小海子还于 1986 年、1992 年两次溃决，原因是漂木叠于坝顶形成 6 m 多高的溢流水头。其中，1986 年 6 月 15 日，高 100 m 的大海子溃决所形成的山洪泥石流，严重危害直至都江堰市的长 250 km 之下游江段，包括茂县与汶川两县城、映秀湾水电站与都江堰水利工程，计冲毁公路路基 136 km、桥梁 120 座、房屋 3 万余间、水电站 3 座，经济与生态灾害巨大[6]。

1.1.3 滑坡地质特征勘查：经验与释疑

本小节主要针对滑坡现场调研测绘中常见的疑难问题进行解析。

1.1.3.1 滑坡与边坡坍塌的区分标志

区分坡体变形的类型是滑坡勘查的前提。变形坡体分滑坡、边坡坍塌与危岩崩落。危岩易识别，滑坡与边坡问题则易混淆，其主要区别为：

滑坡坡度相对较缓，平面呈箕形，受滑动面控制，后缘弧形拉张裂缝连续并下错，有两侧羽状雁行剪切裂缝、中部横向鼓胀裂缝、前缘剪出口及坍塌、隆起等变形迹象相配套；主体工程为抗滑，承受下滑力。

陡坡或具临空面的边坡失稳坍塌，总体上受破裂面控制，后缘横向裂缝张开但少下错，位置靠坡肩内不远，在坡脚形成塑性压缩区；主体工程为支护，抵抗土压力。

在野外，区分滑坡与坍塌的主要标志可归纳为：

（1）坡度：滑坡体地面坡度相对较缓，一般不超过 35°，最陡 40°；坍塌坡体则较陡或具有开挖形成的临空面，坡度一般不小于40°，仅填筑边坡可较缓。

（2）平面形态：滑坡一般呈箕状下凹，坍塌体坡面则较平顺。

（3）裂缝形态：滑坡的裂缝较多且会配套，后缘裂缝呈弧形并有下错；坍塌的裂缝较少并为张裂，平直且与坡肩平行。

（4）裂缝位置：坍塌体裂缝距前缘较近，潜在破裂面距坡脚的水平距离可按经典破裂角公式（$\alpha = \beta/2 + \varphi/2$）估算印证；滑坡后缘裂缝则距坡肩较远。

（5）规模：滑坡体量一般较大，以万立方米计；坍塌体规模较小，多以百立方米计。

对于判定为边坡坍塌的，勘查中应突出揭示边坡高度与坡度、坡肩开裂特征、边坡岩土体的结构与强度等要素，进而分析检算。切忌对既无后缘裂缝，又无剪出口迹象的边坡体，凭空假设出所谓"潜在滑动面"，按滑坡问题进行冗长的地质分析与稳定性计算，人为地算出"滑坡"。这不但是徒劳的浪费，而且画蛇添足，会混淆对地灾性质的认识，误导工程防治方向。

但在某些情况下，边坡坍塌继而整体滑坡是坡体失稳的两个连续的阶段，难以严格区分，可称为坍滑。例如，四川某山区倾斜软弱富水基底高填方机场，高逾120 m的填土边坡，总坡率为1∶2。填土初期即发生过坍滑。后清除覆土并开挖台阶，又设排水盲沟；在坡脚设4排抗滑桩，抗滑力达5 000 kN/m；在桩顶以上的边坡内耗巨资铺设土工格栅20层，格栅长40 m，铺于坡面以内自20 m至60 m的范围。但竣工后6年，边坡仍在坡肩后的机场土面区变形开裂，继而在持续降雨后的2009年9月13日开始发生大规模坍滑（图1.3）。坍滑体长600 m、宽400 m，平均厚30 m，体积约500万立方米，编为12号滑坡。其后缘近坡肩，似边坡坍塌；中、前段顺基底滑动，又似滑坡。

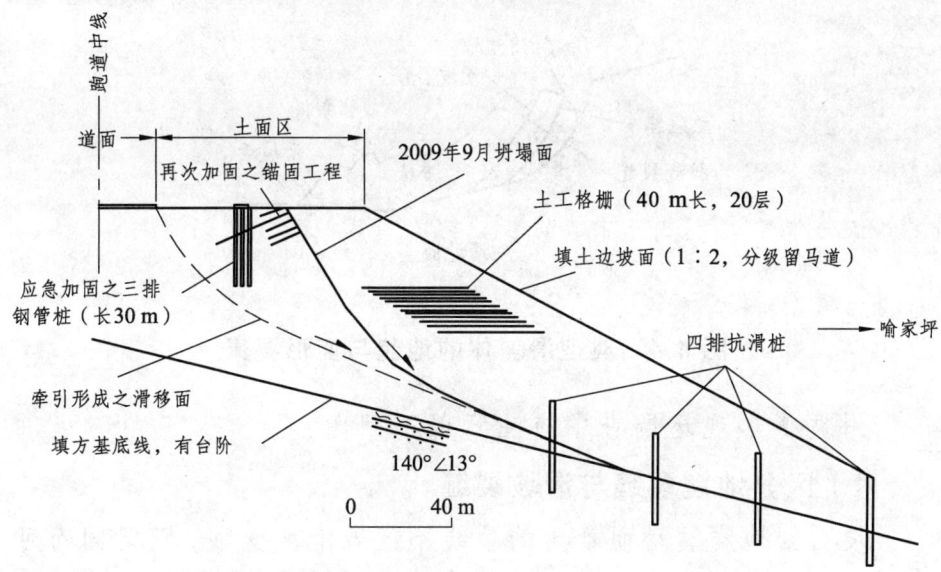

图 1.3　四川某山区机场 12 号滑坡示意剖面

1.1.3.2　地貌与变形特征

滑坡现场勘查首先要调查地貌与变形特征。一个发育成熟且有相当大滑移的典型滑坡体，具有配套的地貌与变形要素，如图 1.4 所示。但尚待治理的滑坡，往往未完全发育成熟，也未发生相当大的滑移，故仅具备一些滑坡要素，勘查中不一定求全。

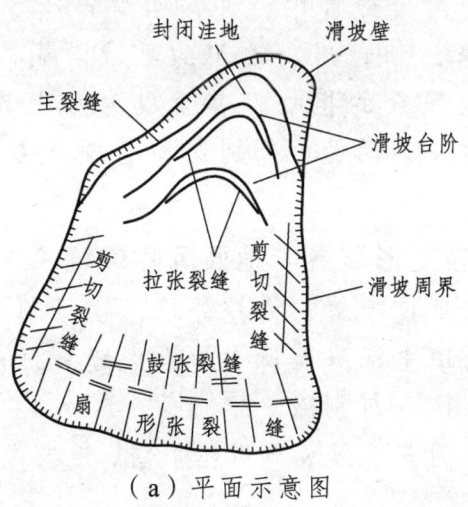

（a）平面示意图

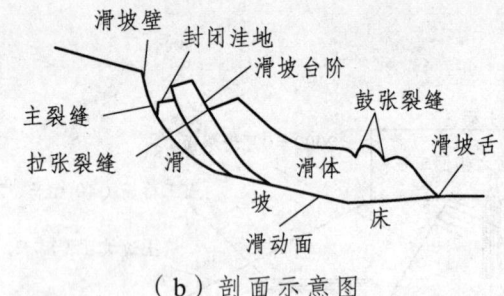

(b) 剖面示意图

图 1.4 典型滑坡体的地貌与变形要素

滑坡变形现场调查中应注意以下问题：

1）区分地震裂缝与滑坡裂缝

坡面因地震震动而产生的裂缝不代表滑坡变形，随时间而可自身愈合，应与滑坡裂缝相区别。地震裂缝的特征可归纳如下：

（1）形态为土体张裂缝，未下错。

（2）主要分布于地震波放大效应明显的山脊。

（3）走向平直，循山脊延伸，未呈弧形。

（4）大小长短不一，常呈规律性排列。

（5）下方两侧及前缘无配套的变形迹象。

（6）监测显示裂缝在震后未进一步发展与扩张。

"5·12"汶川大地震中，许多山脊产生了长可超过 1 km 的大型贯通裂缝，如青川、汶川的县城后山。这些裂缝的稳定性引起了广大民众的担心，甚至成为考虑县城是否迁建异地的主要依据之一。因此，判别这些裂缝是否为地震所形成，事关重大。

2）区分滑坡变形裂缝与地面沉降裂缝

山区建房多半挖半填、内挖外填，由于填土不密实和基底软硬不均，易因填土沉降而产生地面裂缝。沉降裂缝不是滑坡变形的反映，应区分与剔除。

沉降裂缝多为张裂缝，不明显下错，走向总体与坡肩平行，常伴有地面轻微外斜。要着重调查建房挖填情况与房基类型、地面与墙壁开裂特征与历史，注意剔除失实陈述。

3）变形裂缝的四维测量

首先是裂缝的三维测量，除测量裂缝的长度、开口宽度外，还要测量裂缝两壁间的高差，即下错量。下错能反映裂缝的性质与所处阶段，据此综合出位移矢量及其方向。

此外，对主裂缝，应尽可能探明其深度，构成四维测量数据。

4）前缘变形迹象

滑坡前缘变形迹象往往不明显，使滑坡剪出口难以确定。

要细加勘验，敏锐捕捉变形迹象。比如陡峭前缘中的轻微剪出、零星坍塌、既有支挡工程变形及出露的软弱夹层与地下水，平缓前缘的沟壁内斜、地面隆起与张裂等。

5）变形历史与速率

变形历史调查包括变形开裂的起始时间、先后顺序及裂缝随时间的发展变化。

通过访问和勘查期间的简易观测，估计滑坡位移速率，进而判定滑坡所处的变形阶段。日位移量达厘米级且有加速趋势时，为剧变前兆，应进行预警。例如，河南灵宝一锚拉式桩板墙，悬臂高 20 m，上设高 13 m 之加筋土挡墙，当桩顶位移达 2 cm/h 时，锚拉桩破坏，边坡整体坍塌。

当然，临界位移量会因地而异，一般地，陡而薄的滑坡位移快，缓而厚的滑坡位移慢。

1.1.3.3　边界与空间特征

在查明地貌与变形特征的基础上，确定滑坡的边界与空间特征。

滑坡的空间特征包括平面形状、三维空间形态、边界与范围、前缘与次级剪出口、长度与宽度、面积与体积、分区特征等。

难点是确定后缘和两侧的边界以及前缘剪出口。建议：

（1）滑坡后缘以主裂缝为边界。主裂缝最长，平面呈弧形，有下错。不能随意将滑坡后缘定在基岩与土层在坡面上的分界处。

（2）滑坡侧边界的标志为剪切裂缝，可多条呈羽状排列；不明显时也可将按后缘主裂缝的弧度向前自然延伸的线作为边界。不能无依据地将两侧的冲沟或坡面变陡处定为侧边界。

（3）滑坡前缘，陡峭者以剪出口为界，剪出变形不明显的暂以陡坡坡脚为潜在剪出口；前缘平缓者以鼓张隆起外缘为界。

（4）滑坡体中的次级剪出口，应有变形迹象。无变形迹象的陡坎脚只可能是潜在的次级剪出口，要由稳定性检算来印证。

1.1.3.4 滑面与结构特征

主要用钻孔等勘探手段揭示滑面与滑坡结构。

滑坡由滑体、滑面与滑床组成，厘定滑移面是滑坡勘查的关键技术之一。滑移面可以顺基覆界面、不同风化层的界面、岩体中的软弱夹层、不同土层的界面、土层中的软弱面。但一般是复合的，比如后、前段在土层中，中段顺基覆界面。

滑面勘查中应强调以下问题：

1）加强钻孔岩芯描述，突出滑面/滑带的迹象

滑坡钻孔现往往仅能区分岩土界面，起不到应有作用；而应尽量揭示岩层的岩性分层、风化程度与软弱夹层，土层的结构、土性、含水状况与可塑性，作为确定滑面的物质依据。为此，应坚持地质技术人员驻机制度。

基岩岩芯中的擦痕往往是原生的，不能孤立地作为滑面的依据。例如，攀田高速公路某隧道进口段疑似穿过大滑坡，依据是钻孔岩芯中见斜向擦痕，酝酿改线，对此争论颇大。后在孔深超百米处仍发现这种擦痕，如此深厚的滑坡令人生疑，遂请成都理工大学张倬元教授现场调研拍板，仍由原线进洞，施工开挖成洞均安全顺利。

2）揭示多层多级滑面，确定主控滑面

对于存在多层软弱结构面与多级变形的滑坡，要通过勘查揭示可能的多层或多级滑面，并通过分析与检算确定其中的主控滑面。

（1）多层滑面。有以下两种类型：

一是在上下重叠的多层软弱结构面中，明显显示滑带土特征的结构面为主控滑面，其余软弱结构面为可能的潜在滑面。

二是当有多个潜在剪出口时，后缘主裂缝与这些剪出口相连，也构成多层滑面，剪出口迹象明显的为主控滑面（图1.5a）。

（2）多级滑面。在前后叠置的多级变形体中，变形最明显的后缘裂缝与前缘剪出口组合而成最危险滑面，其余为可能的滑面（图1.5b）。

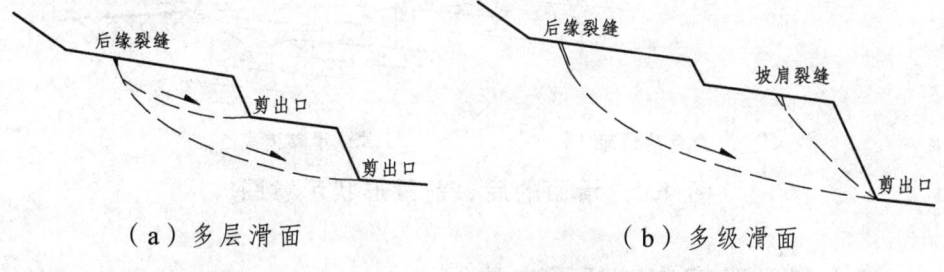

（a）多层滑面　　　　　　　　（b）多级滑面

图1.5　多层、多级滑面示意图

3）进行滑面的空间分析，使纵、横剖面上的滑面形状合理化

除顺层滑坡外，在纵剖面上，滑面一般呈从后向前坡度逐渐趋缓甚至反翘的抛物线形或指数曲线形；横剖面上，滑面一般呈略下凹的双曲线形。

基覆界面起伏较大时，滑面并不会全顺基覆界面，在界面下凹段的滑面可从其上覆的土层中穿过。滑面未全部贯通段或滑动带较厚时，可按相邻钻孔揭示的滑面深度进行合理外推，将滑面相连。

4) 反复斟酌，厘定滑面的后、前段形状

因揭示滑面的勘探点有限，滑面的后、前段形状多由人为划定。

经验表明，对后、前段在土层中而中段顺基覆界面的滑面，后段的陡缓对整体稳定性有较大影响，过陡、过缓均不是最危险的；同理，将前段滑面在土层中画得过长而缓或过短而反翘，也影响滑坡的稳定性分析。应通过多个陡缓形态的稳定性检算，方能得出最危险的滑面形状（图1.6）。

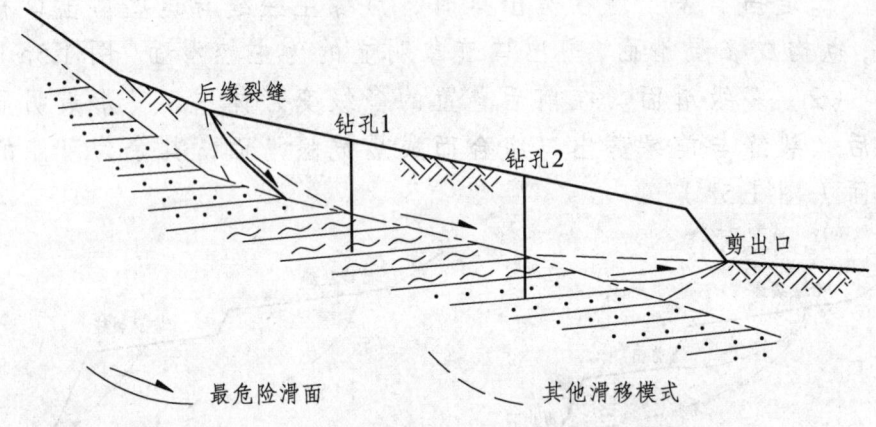

图1.6 滑面的后、前段形状示意图

5) 科学确定主轴断面方位

主轴断面是代表性的勘探与检算剖面，其方位一般据主裂缝宏观走向并考虑前缘临空面而定，总体上与之相垂直。

但上述原则在坡体变形规律性不强时难以贯彻，此时可据滑动面的形状方程直接导出主轴断面方位。

空间上，顺层滑坡的滑动面为倾斜平面状，一般滑坡的滑动面为箕形曲面状。当揭示滑面的勘探点较多时，笔者尝试分别用一次、二次趋势面进行滑动面形状的定量描述[7]。据此可综合确定顺层滑坡的主轴方位与滑动面倾角，一般滑坡的主轴方位、滑面的曲面类型与主轴断面的曲线形状（图1.7）。详见附录1.1。

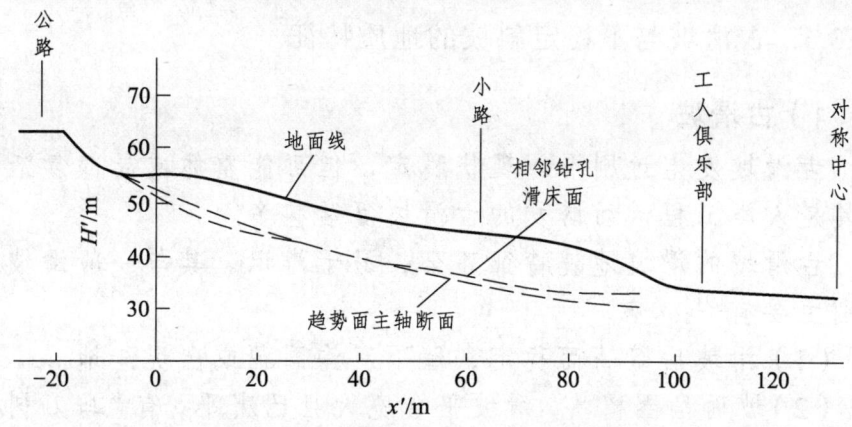

图1.7 西盟县城滑坡主轴断面图[7]

对于复杂的大型滑坡，其滑面形态可以是多个滑块不同形状滑面的组合。例如云南会泽县苏家坪滑坡，其后部为倾斜平面状顺基岩层面滑动，中、前部土质滑坡区被基岩中脊分割为左、右两个滑块，均呈箕形曲面状[8]。其滑面的组合形态如图1.8所示。

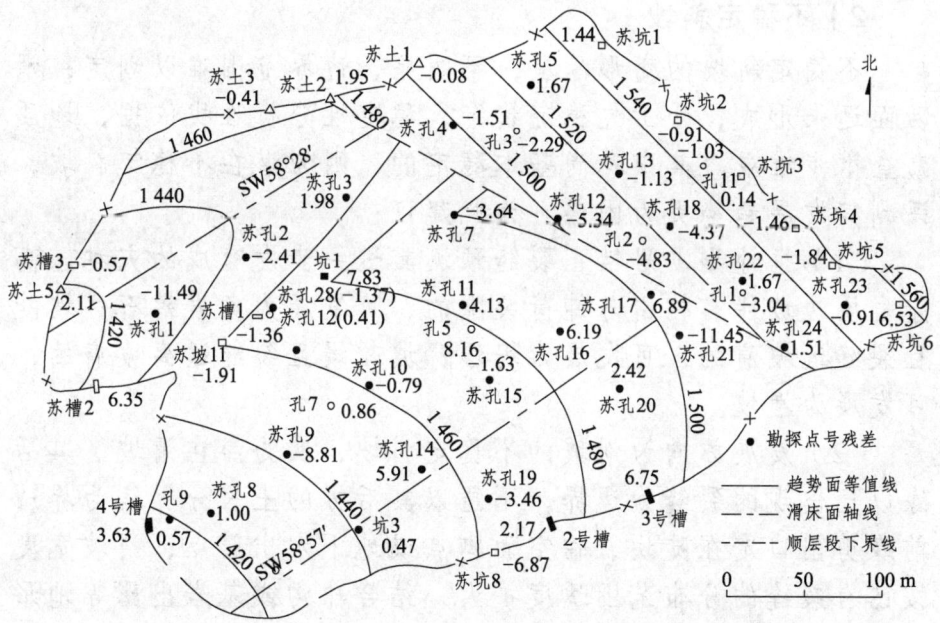

图1.8 云南会泽苏家坪滑坡滑面的组合形态[8]

1.1.3.5 古滑坡与不稳定斜坡的地质特征

1）古滑坡

古滑坡发生过剧滑，现状稳定，但可能整体或局部复活，尤其是人类工程活动诱发的古滑坡复活甚多。

古滑坡的滑坡地貌特征齐全，易于辨识。其与一般滑坡的区别主要有[9]：

（1）滑坡后壁高而稳定，壁下双沟同源或出现洼地。

（2）坡面呈圈椅状，滑坡平台宽大且已夷平，有"马刀树"。

（3）滑坡前缘斜坡较缓，土体密实，长满林木，滑坡舌坡脚有泉水出流。

（4）滑坡两侧沟谷深切，已达基岩，沟壁稳定。

（5）滑体为近源物质，大小混杂，多裂缝或架空。

古滑坡勘查重点是钻探揭示古滑面及其力学性质，排查可导致其复活的因素，评判人类活动对其稳定性的影响。

2）不稳定斜坡

不稳定斜坡的变形零星，不明显，边界范围难以划定；滑动面远未形成，处于欠稳定状态，稳定性分析难找依据，地质勘查举步维艰。其中现尚基本稳定的，则为潜在不稳定斜坡，评判其发展趋势更为困难。为此建议：

（1）据地形、岩性、裂缝预测其进一步发育成的灾种。高陡岩质边坡伴有构造与卸荷裂隙的，可发展为危岩落石；坡陡且裂缝近坡肩的，可发展为坍塌；坡较缓且裂缝远离坡肩的，可发展为滑坡。

（2）发展方向为滑坡的不稳定斜坡，实为潜在滑坡。其后缘以已出现的裂缝为边界，不能以其后方的土岩分界线为界；前缘剪出口定在陡坎、临空面脚点或地下水出露点；滑坡宽度按已有裂缝的分布范围适度扩大，结合冲沟或基岩出露等地形特征点来划分侧边界。

（3）潜在滑坡尚未形成滑动面，未达不稳定状态。其潜在滑面不能仅靠软件搜索最危险面，还应结合坡体地层结构与软弱层来综合确定，进行稳定性分析。欠稳定且有危害对象的纳入治理范畴，稳定和基本稳定的则不纳入滑坡的范畴。

1.2 地震滑坡：机理与分布

地震滑坡包括地震促发滑坡、地震孕育滑坡与古滑坡复活。5.0级地震就可诱发土质滑坡。揭示地震滑坡的机制，总结其分布规律，对地震滑坡的排查与防治有指示意义。

1.2.1 地震滑坡的形成机理与震前地下水位异动

1）地震滑坡形成机理

（1）水平地震力的推动与抛射。水平地震力叠加在滑坡下滑力上，形成突滑，或使古滑坡复活，属振动助推式滑坡。如汶川集中村老滑坡在"5·12"汶川大地震中整体滑移了30 m左右[10]。

（2）振动导致岩土体开裂和碎化，降低抗剪强度，尤其是c值降至近于0，孕育、促发坡体滑移，属振动碎裂式滑坡。裴向军等[11]发现，震裂岩体结构面普遍张开，呈架空状，张开度随坡高的降低和埋深的增大而减小。

（3）地下水位升高与浸润，致裂隙水压力加大，扬压力增加，岩土体重度降低，软弱面的抗剪强度降低甚至振动液化。这些不利因素的叠加，促发滑坡。

（4）上方坡体因地震的高程放大效应而崩滑，下方坡体受其冲击与加载而滑移，属振动加载式滑坡。如省道213线映秀至耿达段，在"5·12"汶川大地震中有30多处高边坡崩塌，加载推动坡脚堆积体下滑，堵塞渔子溪形成堰塞湖[10]。

此外，强余震尤其是双主震会进一步加剧主震或第一主震形成的山体创伤。例如，1988年11月6日19时3分在云南澜沧县发生7.6级强震，13 min后又在耿马与沧源两县之交发生7.2级强震，两次强震的宏观震中仅相距约50 km，但笔者调查二者并不在同一断裂带上，为伴生式双震型序列，引发了大量崩滑灾害[12]。

2) 震前地下水位异动

其实，地震前夕地下水位已有明显上升，地下水位异常可作为地震的一种前兆[13]。震前地下水异常体积 V（km^3）与震级 M 有关。据笔者对1980年以前全国10次5.0级以上地震的统计，震级 M 与震前地下水异常体积 V（km^3）之间的经验关系为：$M = 5.39 + 1.28 \times \lg V$。同时，震级 M 与地下水异常最大幅度 h_{max}（m）、地下水异常面积 S（km^2）均呈对数曲线关系，分别为：$M = 5.97 + 2.35 \times \lg h_{max}$、$M = 6.49 + 1.55 \times \lg S$。

以"5·12"汶川地震为例，震前在10口井观测到地下水位异常，包括四川7口井中的5口和甘肃5口井全部，异常的幅度最高1 m（邛崃台和南溪台）或超过1 m（武都台）[14]。将震前地下水位异常的平面范围概化为高900 km、顶宽300 km、底宽200 km的倒梯形，则异常面积为22.5万平方千米（倒梯形以古浪为左顶角点，泸州为右底角点，东界为清水—泸州一线，西界为古浪—蒲江一线）。异常的平均幅度按最高幅度的一半计，为0.5 m，则震前地下水异常体积 $V = 112.5$ km^3，得震级：$M = 5.39 + 1.28 \times \lg 112.5 = 8.015 \approx 8.0$。据此，可预计震级为8.0。

1.2.2 地震滑坡的分布规律

据乔建平等对"5·12"汶川大地震诱发滑坡的调查[4]，

地震滑坡的发育特征为:密度高,群发性明显;破坏高度高,顶尖震裂破坏显著;分布范围广、规模大,可形成灾害链;岩质滑坡比例高,数量大;高速远程滑坡数量多,抛掷效应作用明显。

据崔鹏团队对"5·12"汶川大地震诱发崩塌滑坡的调查[10],其分布有以下规律:

(1)发震断裂:距发震断裂愈近,崩塌滑坡面积愈大;断裂上盘的滑坡面积和密度明显大于下盘,呈现上下盘效应(图1.9);断裂带南端的滑坡面积和密度明显大于北端;次级断裂也发育较多滑坡。

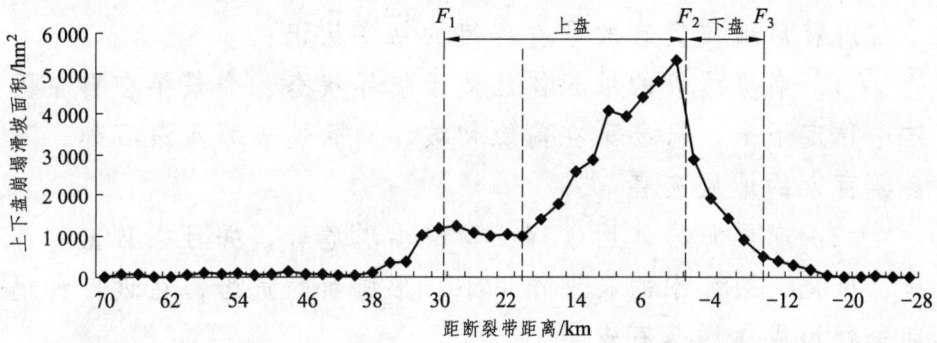

图1.9 "5·12"汶川地震诱发崩塌滑坡的上下盘效应[10]

四川彭州白鹿镇下书院,龙门山前山断裂从两座教学楼间院坝中穿过,两楼距断层均不足 10 m。"5·12"汶川地震后,上下盘错距达 3 m,位于下盘的教学楼被整体抬高了 3 m 但完好无损,位于上盘的对面教学楼则受损严重。

(2)地层岩性:古老岩层因风化严重而易发崩塌滑坡;硬岩因陡峭且利于地震力传播而易崩塌。

(3)地形:三面临空地形、凸起台地、孤立山包,因应力易集中而斜坡易破坏;地震能量有高程放大效应和应力集中效应,山脊附近与山坡坡肩因而易发崩塌滑坡;崩塌滑坡面积所占比例还有随坡度增大而增大的趋势。

"5·12"汶川大地震是鲜活的教材，笔者及时探讨了其特性及地质响应，从中得到启示，有助于地震地质灾害的勘查与治理，详见附录1.2。

1.2.3 地震次生地质灾害的孕育规律

地震除震时直接诱发了大量地质灾害之外，还致山河破碎，震松震碎了坡体，改变了地貌形态，破坏了生态环境，重构了地表水-地下水网络，因此还要孕育新的地质灾害。要更新"地震时未出问题将来永远都无问题"的观念。

对震后地质灾害的孕育规律的初步认识：

（1）崩塌滑坡的堆积体已处于临界状态，会最早在自重固结中稳定下来，只要不在前缘切坡，则除坡表零星滚石外，不会孕育大的地质灾害。

（2）崩塌源岩体已破碎松动，出现危岩，并可在自重、卸荷、风化、裂隙水的长期作用下，形成新的危岩，在近期和远期失稳形成崩塌落石灾害。

（3）地震引起的坡体变形开裂，在震后逐渐发展，孕育成滑坡。这一过程较长，震后数年出现高峰。

例如1933年叠溪地震后，沿发震的茂汶断裂发育的岷江，在其茂县至汶川段的左岸谷坡，就孕育出了5大滑坡。笔者经现场踏勘，由毗连的独角龙门、周场坪、向阳坪三大滑坡组成的滑坡群，体积达2370万立方米。滑坡长年蠕滑，后壁高大，前缘形成似贝壳纹的半同心圆状滑舌弧线，每年1弧，无力根治，国道公路被迫改线至对岸[15]，如图1.10所示。

时隔80多年，在位于叠溪地震震中附近的茂县叠溪镇新磨村，又于2017年6月24日发生了特大山体崩滑灾害。

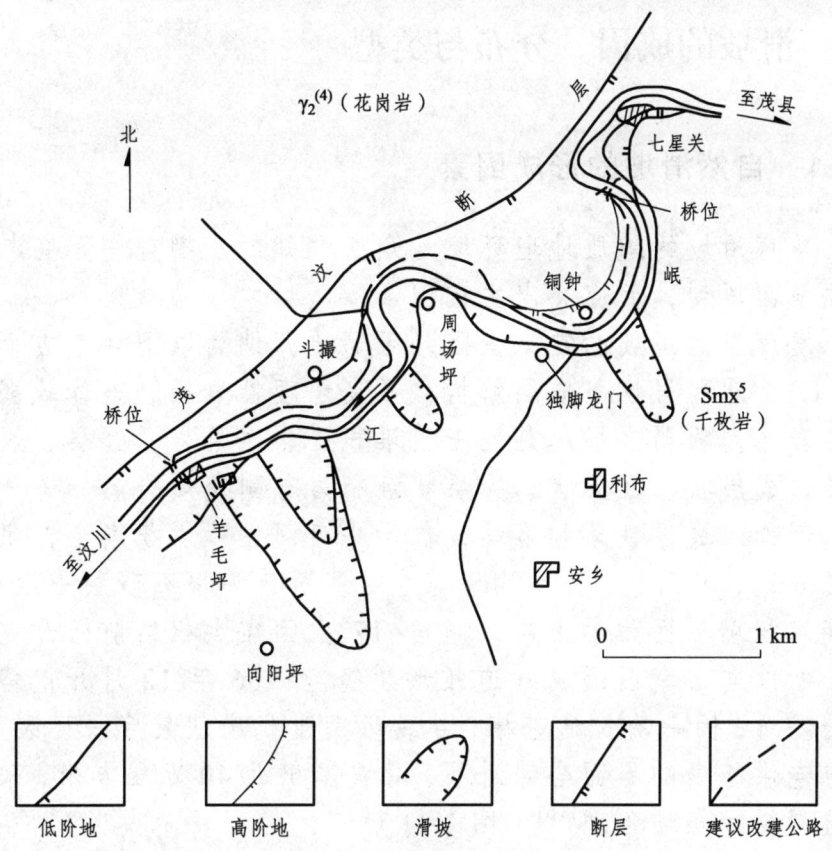

图 1.10　周场坪滑坡群及建议公路改线方案[15]

（4）崩塌滑坡物质在地震中部分入沟，残存体将逐渐失稳入沟，成为泥石流的松散固体物源，除使原泥石流沟的灾害加剧外，还会逐渐孕育新的泥石流沟。这一孕育过程漫长，直至崩塌滑坡残体稳定不再大量补给，已入沟固体物质揭底冲出殆尽时为止。

震后地质灾害的孕育是长期的、复杂的、众多的，加之恢复重建的人为活动影响，地震次生地质灾害的防治工作会任重道远。

1.3 滑坡的成因、分布与类型

1.3.1 自然滑坡的形成因素

孕育滑坡的地质地理环境是众所熟知的，勘查中不宜教科书式全面罗列，而应突出主控因素。

发育自然滑坡的常见主因，可简要归纳为以下4个方面：

（1）软弱岩性与成层结构：不良水理性岩层、整体软弱岩层、岩体内软弱夹层；黏性土、堆积土、泥页岩、红层、煤系地层；成层状、互层状、夹层状沉积岩与副变质岩。

例如，成昆铁路甘洛站，位于牛日河左岸洪积扇上；洪积扇又分近、老两期，分别由深紫色、淡黄色夹块石砂黏土组成。两期洪积扇界面为黏土层，倾角17°。因在洪积扇前缘开挖路堑，所以向后牵引形成6道弧形裂缝。1966年12月开挖路堑挡墙基坑，因一次拉通基槽，导致近期洪积扇从最后一环裂缝、顺与老洪积扇的界面全部滑下，滑坡体积近40万立方米，采用了抗滑桩加挡墙治理[16]（图1.11）。

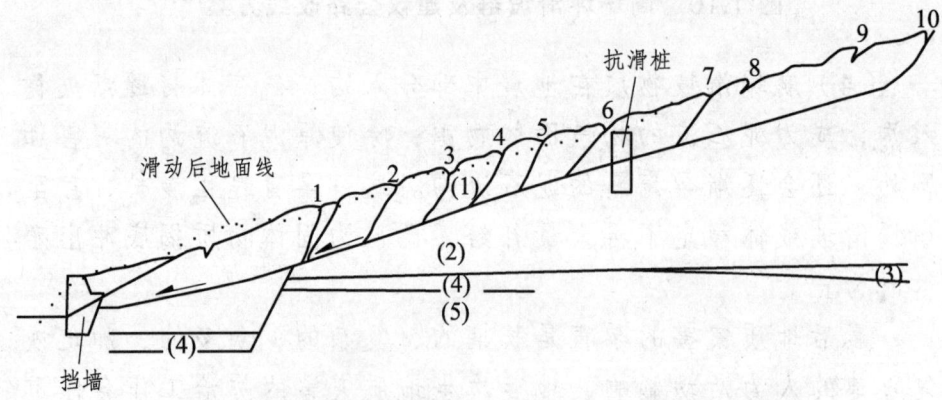

图 1.11 成昆铁路甘洛2号洪积层滑坡主轴剖面图[16]

（1）深紫色砂黏土夹块石；（2）淡黄色砂黏土夹块石；
（3）砂黏土；（4）卵石土；（5）泥质页岩

（2）复杂的地质构造：活动性构造、不同构造单元交接带、大断裂；断裂交错处、断层上盘、褶曲轴部；顺坡向的岩层产状与基覆界面；高烈度地震区。

（3）不良的地形：适中的斜坡坡度与单面山形态，临空面与陡坎，易于汇水的地貌，受冲蚀的河流凹岸。统计表明，10°~45°的斜坡利于滑动，以15°~30°为最，缓于10°一般较稳定，陡于45°更易于发生崩塌。

（4）地下水的浸泡与软化作用：地下水对滑坡的进一步扩展有多方面影响。例如，在均质黏性土中，地下水的渗透可引起滑面下延加深；地下水软化出露区的土体，可使滑坡区向两侧和上部发展；层间水的上覆层透水性较差时，接触面的上浮力可使滑坡迅速扩大。

例如，宝成铁路在1981年水害抢险中发现，被20世纪50年代设置的抗滑工程支挡的软弱变质岩被地下水软化，其滑面深度加大至工程基底以下，使支挡建筑被推移。观察同类岩质堑坡，20年来风化深度约3.0 m，并沿此逐渐产生新的滑坡[17]。

又如，前述四川山区机场填筑的高陡边坡在施工初期坍滑后，在原坡面开挖台阶再行回填并建盲沟排水加强边坡支挡，但通航仅6年于2009年又再次发生坍滑。排水盲沟失效，原软弱泥岩基底台阶被地下水浸泡软化似为原因之一（笔者作为机场建设的技术顾问，应予反思）。

据经验，常见的易发育滑坡的地质地形条件组合如下[17]：

（1）上陡下缓的堆积土谷坡，且含软弱夹层与不稳定结构面；

（2）破碎岩层组成的陡峻山坡，岩浆岩风化壳斜坡。

（3）软、硬质岩层相间的顺层斜坡，红层、煤系地层斜坡，尤为高陡临空段。

（4）碎块石土覆盖于不透水层上之斜坡，尤为其凹形坡段。

（5）黏性土、黄土、膨胀土斜坡有同向倾斜的软弱层、结核层、砾石层段。

（6）填筑土地基松软、地下水发育或积水段。

1.3.2 工程滑坡的诱因与类型

勘查中除查明发育滑坡的主控因素外,还要重点阐明促滑的诱因,才能有针对性地防治。除地震诱发外,发生滑坡往往与人为活动有关,这些由人类不合理的活动叠加不利的地质地理条件所形成的滑坡通称为工程滑坡,包括新生滑坡和古滑坡复活,尤以古滑坡复活最常见。

以四川盆地周边山区为例,据诱发滑坡的工程活动,将工程滑坡总结分类如下[18]:

1)水文地质性滑坡

人类活动改变地表径流和地下水排泄条件,导致地表水下渗或积水浸泡,改变土体容重,降低土体强度,恶化古滑面或潜在滑面性能,使已形成的滑面下移加深,变形区扩大,并增大动水压力与孔隙水压力,产生扬压力,酿成坡体滑移或古滑坡复活。

水文地质性滑坡包括3种类型:

(1)生产生活渗水型滑坡。

例如,云南镇雄县城,东半部位于古滑坡堆积体上,集中排泄该区生产生活废水的主沟未铺底防冲,该沟每年下切1m多,形成深达数十米的V形深沟,导致两岸土坡失稳,形成体积约200万立方米的对进式滑坡[7],大量民舍、厂房开裂,公路、街道变形。

(2)水利水电(水库、渠道、输水洞)渗漏型滑坡。

例如,理县杂谷脑河右岸小祁山寨滑坡,系灌溉渠开裂泄水,导致古滑坡体约 $7 \times 10^4 \, m^2$ 面积的复活坍滑。又如,汶川县草坡水电厂马岭山输水隧洞进口段通过断层破碎带,开凿隧洞引发山体滑坡,相接的输水渠道也因切坡而开裂渗水,造成古滑坡复活。

（3）水库浸泡运行型滑坡。

例如，沐川县黄丹镇位于马边河左岸古滑坡堆积体上，1995年在镇下游 2 km 处建坝蓄水发电。同年 10 月 11 日晚至 12 日晨，在 11 h 内库水位骤降 20 m，巨大的动水压力造成古滑坡局部复活，全镇大部分建筑和道路开裂变形，人心浮动。

2）工程力学性滑坡

在斜坡下方挖山切坡，上方堆载加荷，在斜交坡面上进行开凿隧洞等工程活动，破坏山体力学平衡导致的滑坡，称为工程力学性滑坡。

工程力学性滑坡包括 4 种类型：

（1）（道路、建筑、采矿）下部切坡型滑坡。这种滑坡最为常见，人所熟知，属牵引式滑坡。

例如，川藏公路 K258 龙胆溪右岸滑坡，系公路拓宽切坡所致。甚至在南昆铁路某段因挡墙等浅基础的开挖，也导致坡体从基础下侧斜坡中剪出。

（2）上部（筑路堤、堆渣、建房）堆载型滑坡。这种滑波属推移式滑坡。

例如，前述云南会泽县以礼河三级电站，位居盐水河东岸苏家坪古滑坡体后部。施工中堆填弃渣 9 万立方米，导致古滑坡复活。滑坡面积 300 m×430 m，体积 319 万立方米，副厂房、道路开裂下滑，威胁当时占云南省水力发电总量 1/4 的该电站的运行[8]（图 1.7）。

（3）斜交隧洞型滑坡：洞门仰坡和斜交浅埋段因切坡、放炮易扰动山体发生坍滑。

例如，宝成铁路广元至阳平关段顺嘉陵江峡谷采用长隧道群增建二线，进出口多与山体斜交，施工中在老鸦岩隧道进口段、飞仙关隧道出口段、明月峡隧道进口段均诱发了大滑坡[19]。

（4）（取土、开矿）减载失稳型滑坡。

例如，成昆铁路铁西站至下普雄站区间，在地下水丰富的厚层松散堆积体脚部开挖路堑，形成前缘抗滑段减载，使堆积层滑动，只好改修明洞。

3）工程振动性滑坡

工程地震、爆破开矿、大爆破施工导致的滑坡称为工程振动性滑坡。

例如，成昆铁路铁西站自通车后在内侧所辟采石场，刚好位于古滑坡体下部。采石爆破使岩体结构受破坏与松弛，1976年山体即已出现开裂、蠕动。至1980年7月3日累计采石19万立方米时，山体突然从采石场边坡下部剪出，形成体积达220万立方米的大滑坡，掩埋铁路160 m，中断行车40 d（图1.12）。

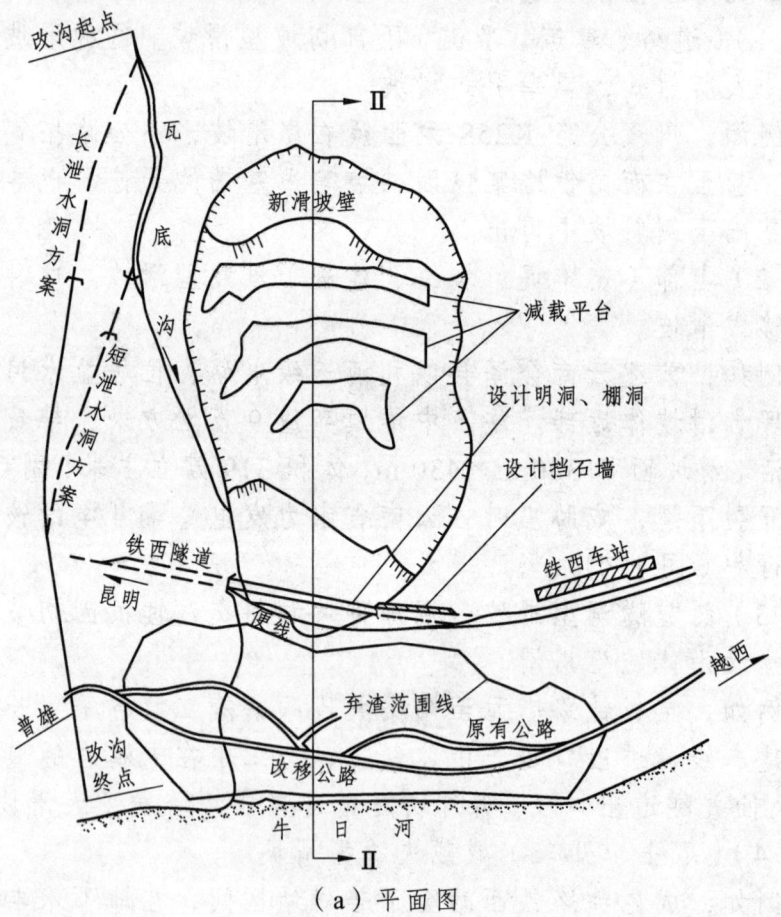

（a）平面图

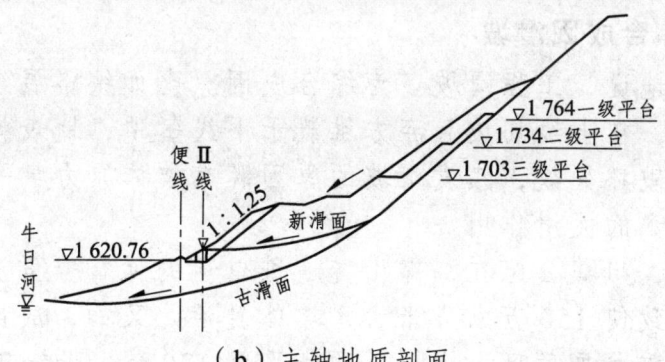

(b)主轴地质剖面

图 1.12 成昆铁路铁西滑坡之平剖面图

20世纪60年代铁路建设中风行的大爆破施工，一炮爆出数百万立方米（笔者亲历一炮填出贵昆铁路茨冲车站），严重震裂山体，孕育众多崩塌滑坡，贻害久远。

例如，襄渝铁路通过赵家塘深层岩质古滑坡，1972年8月20日开凿路堑时一次使用26 t炸药进行大爆破，致古滑坡复活，体积达200万立方米，只好采用多级抗滑桩支挡[17]（图1.13）。

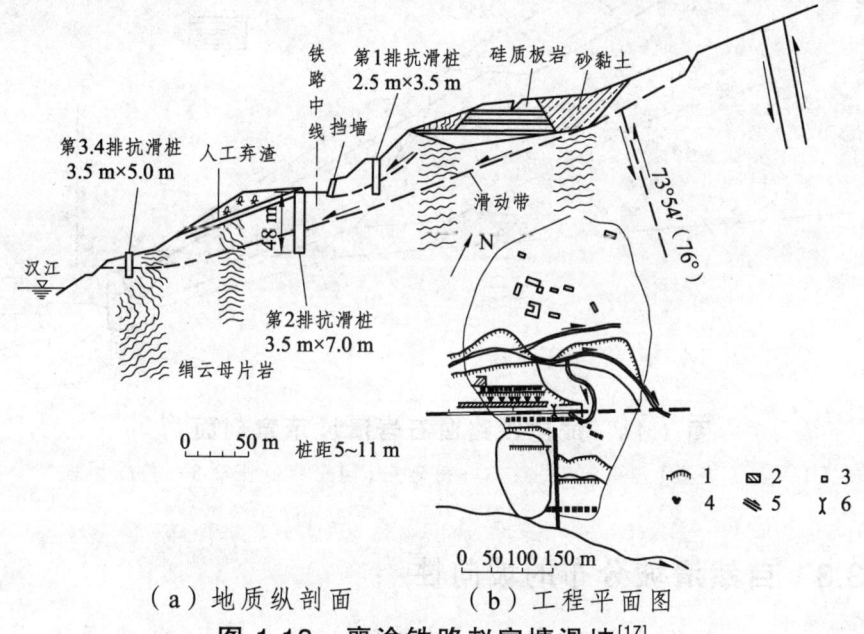

(a)地质纵剖面　　(b)工程平面图

图 1.13 襄渝铁路赵家塘滑坡[17]

1—滑坡体边界；2—挡墙；3—锚固桩；4—护坡；5—排水沟；6—涵洞

4）综合成因滑坡

严格地说，工程滑坡多为综合成因。比如铁路展线与公路的回头弯，在上线切坡且弃方堆载于下线堑顶，地表排水系统也随之被破坏失效，频发滑坡的原因既有坡体原力学平衡的破坏，又有水的促滑作用。

例如，川藏公路在二郎山隧道进口前的鸳鸯岩呈上中下三层展线，致使150万立方米古滑坡体复活。又如，成昆铁路白石岩上下重叠展线区，上、下两线平距130 m，高差70 m，施工诱使白石岩老滑坡复活，滑坡后缘接近上线，前缘抵下线路堑坡脚，宽达200 m[20]（图1.14）。

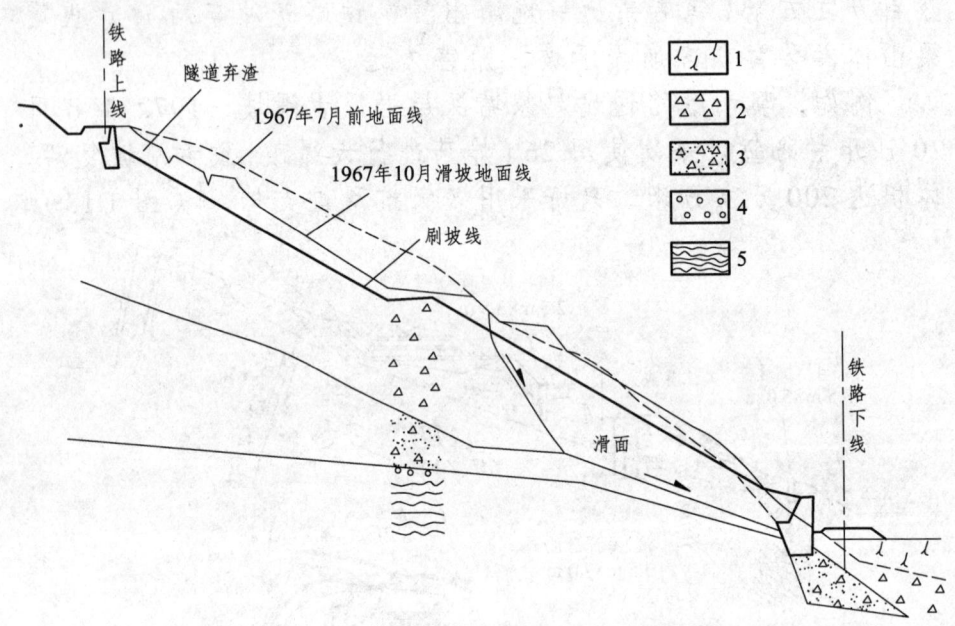

图1.14 成昆铁路白石岩滑坡示意剖面[20]
1—人工弃土；2—碎石土；3—角砾土；4—卵石土；5—泥质页岩

1.3.3 自然滑坡分布的坡向性

滑坡分布的空间规律之一是其坡向差异[21]。自然滑坡的发育除受地形地质条件控制外,水热条件的坡向分异则是一个宏观因素,其导致滑坡等山地地质灾害的分布具有一定的坡向性。总体上,阳坡比阴坡更有利于山地地质灾害的发育。了解这种坡向分布差异有助于对山地地质灾害的普查。

以云南省为例,统计发现易发育滑坡的朝向按顺序为南坡>西南坡>东北坡>西北坡和东南坡,勘查中要突出南坡和西南坡(图1.15)。详见附录1.3。

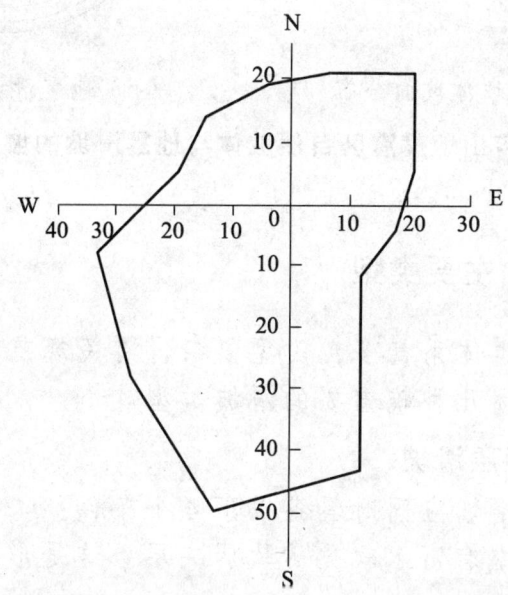

图1.15 云南滑坡之坡向分布玫瑰图[21]

但坡向性是宏观的,要叠加在具体的地质地理环境上分析。例如"5·12"汶川大地震发震的龙门山断裂是NE-SW走向,故地震滑坡相对集中分布于东南坡和南坡[4]。

2013年4月20日芦山地震震区的龙门山系亦为东北走向,其东南坡为阳坡,西北坡为阴坡,平均坡度相近(24°、22°)。统计发现[22]芦山地震促发的崩塌、滑坡以东南坡为明显的优势坡向(图1.16),远多于西北坡,体现了坡向的影响。

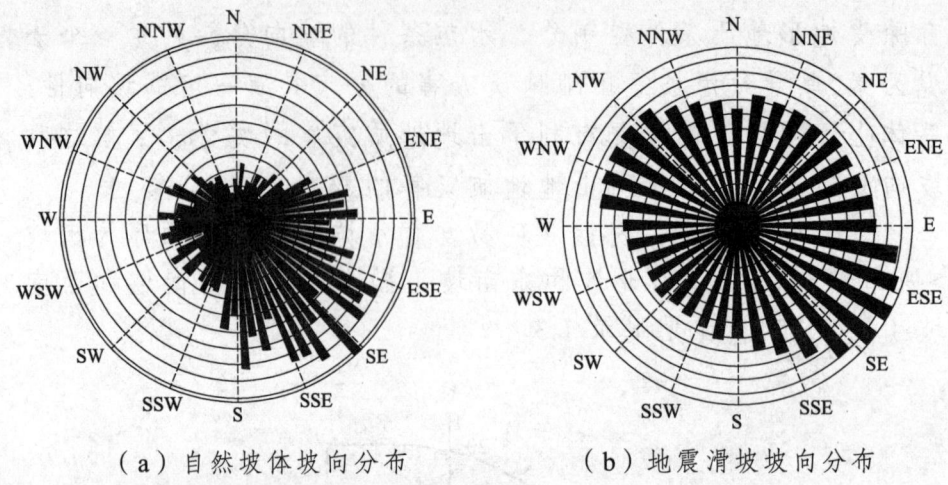

（a）自然坡体坡向分布　　　（b）地震滑坡坡向分布

图 1.16　芦山地震震区自然坡体与地震滑坡的坡向分布[22]

1.3.4　滑坡的主要类型

滑坡的分类体系甚多，类型复杂，有关规范和手册均有罗列。以下仅阐述几种较重要的滑坡类型。

1）基岩顺层滑坡

基岩顺层滑坡应同时具备以下 4 个条件：

（1）岩层中有富水软化的软弱夹层。这是形成滑动面的物质条件。

（2）有暴露出软弱夹层的临空面。这是滑动剪出的地形条件。

（3）岩层走向近于与临空面走向一致或成小角度斜交。据 5 段铁路沿线发生的 79 处顺层滑坡的统计，岩层走向与临空面走向的夹角最大为 38°~45°[9]。因此，一般以交角不大于 30° 为发生顺层滑坡的产状条件，在岩层倾角最不利的顺层段则应将交角范围扩大至 40°。

（4）岩层的倾角适度。倾角过缓，滑不动；过陡，早已坍滑。据上述统计，发生顺层滑坡的岩层最小倾角为 10°~12°[9]。

例如，四川金堂淮口镇一红层路堑顺向边坡，岩层走向与临空面走向的夹角达39°。其中，岩层倾角为15°~20°的路段，发生了顺层滑坡；岩层倾角为10°左右的相邻路段则堑坡整体稳定，未出现顺层滑移。

当前缘被切坡，后缘又被沟谷深切，坡体多面临空时，岩层走向与临空面走向较大角度相交者也可发生顺层滑坡。例如，水柏铁路银山顺层滑坡，岩层走向与临空面走向交角最大达45°，岩层倾角20°~22°，促滑主因是坡体前缘开挖高15 m的路堑边坡，A区右侧与后部又被冲沟深切，沟壁陡约45°[23]（图1.17）。

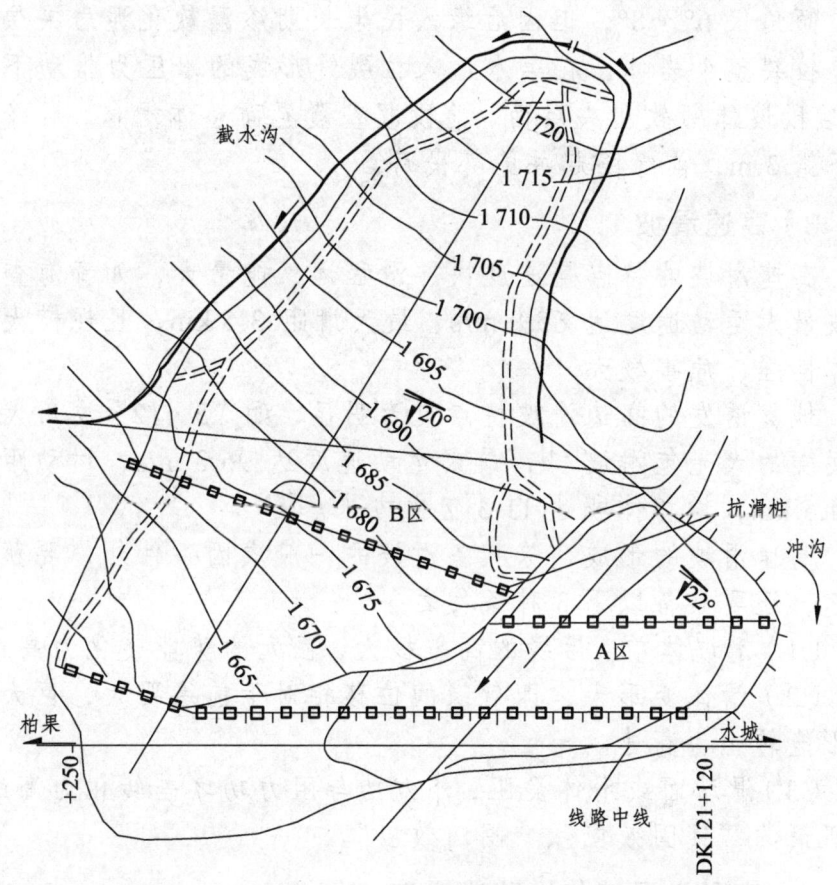

图1.17 水柏铁路银山顺层滑坡平面示意图[23]

2）基岩平推式顺层滑坡

（1）与顺层滑坡类似，基岩平推式顺层滑坡也要具备有软弱夹层、前缘临空面、岩层倾向与临空面坡向近于一致等3方面条件。这类滑坡在川中、滇中红层区多见。

（2）与顺层滑坡不同，基岩平推式顺层滑坡岩层的倾角甚缓，可以小至5°；后缘裂缝深大，形成拉陷槽，且有充水条件。由充水拉陷槽产生的巨大裂隙水压力，推动软弱夹层上覆的岩土体，小角度地从临空面滑出。

例如，发生在四川射洪莲花村的砂泥岩顺层平推式滑坡，岩层倾角仅6°~8°，但因后缘人民渠长期渗漏软化泥岩夹层，最终拉裂整个岩体，在渠水灌入拉裂缝形成的水压力推动下，中-后段坡体顺软化夹层面、前段顺基覆界面整体滑移，后缘村道下错3 m，前缘隆起并毁坏民房。

3）高速滑坡

高速滑坡的特点是速度快、滑程远、能量大，如青海查纳滑坡最大运动速度达65.8 m/s、最大滑距3.5 km，且规模大、整体性强、危害极大。

地震诱发的高速滑坡特点更为明显，如"5·12"汶川大地震促发的大光包滑坡[24]，最大运动速度达96.3 m/s，运动距离达4.5 km，堆积体积达11.3亿立方米。

高速滑坡的形成，除具备滑坡的一般成因条件外，要获得高速，还要具备以下3种条件之一[3]：

（1）滑坡体前、后缘的高差极大，巨大的势能转化为高速。

（2）滑体变形大，即后缘的位移相对于前缘要大，巨大的变形能转化为高速。

（3）滑动面或滑体受阻，外力功与阻力功之差转化为高速，即所谓的"锁固效应"、"闸门效应"。

4）牵引式滑坡与推移式滑坡

（1）发生牵引式滑坡的主要条件是人为切坡、河流冲蚀而形成前缘临空面；滑体出现多级裂缝，可发育多级滑面，逐级牵引滑动。前缘抗滑支挡、堆载反压是主要对策。

（2）发生推移式滑坡的主要条件是后部堆载加荷、地表水下渗软化等；滑体后缘主裂缝长大且变形明显，前缘可有浅表土体坍塌与之呼应。后部削方减载、后缘外截排水是相应对策。

（3）牵引与推移亦可共同作用。比如，滑坡后部推移挤压前部锁固段，前缘再开挖临空面形成牵引，使锁固段瓦解，滑动面贯通，滑坡推出。

5）水库滑坡

（1）时间上，库区滑坡多发生于水位骤然升高的水库蓄水初期。因为蓄水后头几年，库岸水文地质条件较之蓄水前有最急剧的恶化。

（2）空间上，水库滑坡多发生于谷坡陡峭的峡谷段库区。

（3）水库滑坡的直接诱因是水库运行的水位急剧变化。其中，变化的速度比变化的幅度更为重要。如前述引发沐川县黄丹滑坡的水位降速近 $2\ \mathrm{m/h}$。

（4）水库运行引发滑坡一般为水位急剧下降，形成巨大动水压力所致。但也见因水位上升而引发滑坡之例。此时水位上升所抬高的库岸浸润线形状，有利于抗滑段浮托压力的升高和滑体重量的降低。

1.4 滑坡模式与稳定性分析

在野外勘查的基础上，厘定滑坡的地质模型，进行稳定性评价与下滑力计算，作为治理工程设计的力学依据。

1.4.1 地质模型选择与稳定性评判

滑坡地质模型即反映滑体、滑面、滑床的滑坡结构剖面，供滑坡稳定性分析与治理工程设计使用，其控制因素是滑动面的形状。一般根据变形机理与变形阶段结合坡体地质特性选择坍滑的地质模型[25]。

1.4.1.1 常见的几种滑坡地质模式

（1）土质边坡与填筑边坡坍塌：多由破裂面控制，坍塌面实际上多呈浅圆弧形，前缘多在临空面，后缘一般距坡肩不远。库区边坡应据岸坡结构预测库区坍岸的范围与模式[26]。

（2）土层和填筑体滑坡：

① 在均质土层中滑面为连接后缘主裂缝与前缘剪出口的凹曲面，剖面上为凹曲线。但要凹得适度，不是愈凹愈不稳，最危险的凹度可借用超熵法评判，详见 1.4.1.2。

② 在非均质土中，中、前段滑面可顺软弱面发育，与凹曲的后段形成复合形滑面。

（3）岩质滑坡：

① 顺层滑坡滑面一般为直线形，顺岩层面从临空面剪出，也有后缘切层、中前段顺层的二折线形。

② 平推式滑坡后缘裂缝深大切层，前缘顺层，也可切层甚至翘出，前、后缘之间顺岩层面，滑面呈二折或三折线形。

③ 切层滑坡滑动面多为折线形或阶梯形，但总体上似浅凹形。

（4）倾斜基底的覆盖土层和填筑体滑坡：

① 滑面主体顺基覆界面的土质滑坡，以浅表土层滑坡最为常见。其后缘穿透土层且较陡，前缘也入土层中且较缓，滑面总体呈折线形。

② 倾斜基底的填筑体滑坡，滑面由填筑体中的后部陡直浅弧形和中前部顺基底直线形相合成；

（5）古滑坡复活：滑面可与古滑面上下叠置或部分重合。

（6）地震诱发滑坡：多为浅表层覆土顺基岩面的滑动，滑体长而薄，滑动面较陡直，要考虑多级滑动之可能。

（7）多层多级滑面：对于可能存在多层滑面或多级剪出的滑坡，要建立多个滑移地质模型，分别进行稳定性评价。

① 基覆界面阶状起伏时，或存在上下重叠的多层软弱结构面时，或有多级潜在剪出口时，推移式覆盖土层滑坡可从中部剪出，形成多级滑动。

② 牵引式滑坡中前部有多个变形裂缝时，应补充以这些裂缝为后缘的多级滑移模式。例如，贵州茅台酒厂滑坡群中，因开挖边坡斩断山体岩层过长、过深又支挡不力或不及时而引发的6处牵引式滑坡，从临空面向后逐级开裂、滑动，存在多级滑面[27]（图1.18）。

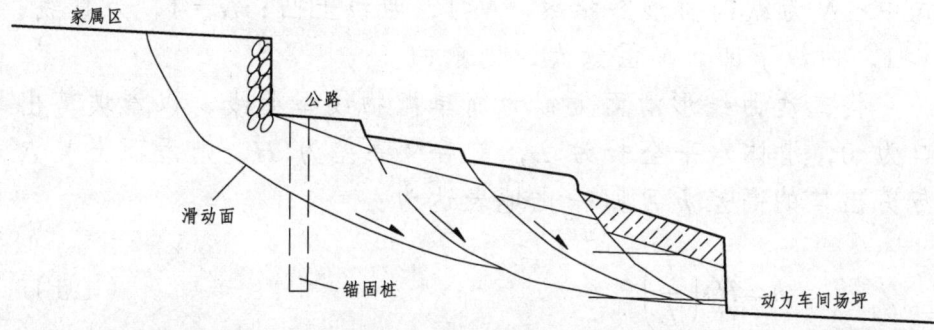

图1.18 贵州茅台酒厂扩建800 t/a锅炉房片区多级滑坡主轴剖面[27]

随滑坡的发展，地质模型可进一步演化。前述四川机场2009年9月发生的12号滑坡原为倾斜基底上高填坡体的近圆弧形的边坡坍滑，边坡高逾120 m，坍滑体积约500万立方米，后缘距坡口31 m。虽在坡口后采用钢管桩排应急加固，后又在滑壁上部用锚杆支护，然均未达到及时根治的目的。因继续受滑坡高陡后壁的牵引，2011年1月后缘裂缝已发展至距坡口100 m的道面区，两侧剪切裂缝羽状密布，场区土面明显外斜，已形成顺倾斜基底的整体滑坡，耗巨资整治后方才复航（图1.3）。

1.4.1.2 评判滑动面最危险剖面形状的超熵法

广义的熵是给系统的不确定程度以某种整体度量的量,岳天祥、艾南山[28]引进超熵的概念,用以评判流域的稳定性。由于滑坡的滑面空间形态与小流域三维形状类似,滑体与泥石流体的力学机理也有相似之处,故笔者试用泥石流流域系统的超熵来近似地宏观评价滑动面的危险程度。

对于扇形、菱形小流域,其流域系统的超熵 $\partial_X P$ 的表达式为[29]:

$$\partial_X P = \frac{N^3 \cdot (N^2-4) \cdot (N+2)}{32 \cdot (6-N)} \quad (1.4)$$

式中:N 为纵剖面形态指数。$N<1$,曲线上凸;$N=1$,为直线;$N>1$,曲线下凹,N 值愈大,则愈凹。

将二次曲线形滑面近似为简单抛物线型曲线,以滑坡剪出口为 0,滑体水平全长为 L,前后缘高差为 H,则滑面上某点与剪出口的高差 h 可归一化地表达为:

$$h = H \cdot \left(\frac{l}{L}\right)^N \quad (1.5)$$

式中:l 为滑面上某点距剪出口的水平距离。N 值可按式 $\frac{h}{H} = \left(\frac{l}{L}\right)^N$ 拟合而得。

超熵 $\partial_X P$ 的值愈小则滑面愈不稳定。当 $N=1.62$ 时,$\partial_X P$ 的值最小,为 -0.151,此时滑面稳定性最差,为最危险滑面。$N>1.62$,滑面更凹,即后部更陡,但因前部抗滑段更缓,稳定性反而升高。

例:前述西盟县城滑坡主轴断面的滑面形状方程为:

$$h = 50.00 - 0.357\,1 \times l + 0.001\,336 \times l^2$$

由 $L=100$ m,$H=22.4$ m,拟合得 $N=1.51$,与 1.62 的极

值相近；据式（1.4）得 $\partial_X P = -0.145$，与 $\partial_X P$ 的极小值 -0.151 相近。表明该滑面的确近似于最危险滑面。

1.4.1.3 滑坡的演化阶段与稳定性

剧滑前，滑坡的演化通常分为 4 个阶段，稳定性由欠稳定转化为不稳定[17]。各阶段典型的宏观变形特征如下：

（1）蠕动阶段。主滑带蠕动变形，滑坡后缘隐约出现断续的张性裂缝；滑动面未形成，滑体与滑床未分离。此时似潜在不稳定斜坡。

（2）挤压阶段。滑坡前部受明显挤压，主滑段及后部有小量移动，后缘裂缝贯通并错开，两侧出现羽状剪切裂缝但未撕开，前缘隐约可见 X 形微裂缝；主滑带的滑面已基本形成，但滑面尚未贯通。此时处于欠稳定状态。

（3）微动阶段。主滑段明显移动，抗滑段的滑带也逐步形成，滑面基本贯通；后缘张裂缝继续下错，两侧剪切裂缝贯通并微有撕开，前缘微隆，断续出现放射状裂缝，坡面具 X 裂缝处有时局部坍塌，剪出口有时出现明显潮湿带。此时进入不稳定状态。

（4）滑动阶段。滑面已贯通，滑坡时滑时停，缓慢移动；滑体上裂缝分条分级分块，纵横交错；前缘继续隆起，出现贯通的横向挤张裂缝和纵向放射裂缝，滑舌不断错出，有时还出水；滑坡前缘及两侧坡面多小坍塌。

向大滑动过渡时，滑速明显增大，前缘大量坍塌；有的可微闻滑带破碎声，有的前缘有大量流水，有的水位、水量、水质显著变化，预示剧滑即将到来。

各演化阶段的稳定系数如表 1.1。

表 1.1　滑坡各演化阶段的稳定系数取值表[17]

滑坡发育阶段	蠕动	挤压	微动	滑动	大滑动	固结稳定
稳定系数 K	1.10~1.05	1.05~1.00	1.00~0.95	0.95~0.90	<0.90	1.20

1.4.2　滑动面抗剪强度指标的确定

据滑带土剪切试验和地质类比法获取 c、φ 值，条件适合时则可采用反算法来确定。其中，对已形成的滑动面尽可能开展现场大剪试验，对尚未发育出滑动面的潜在滑带土则进行粗粒土剪切试验。

应注意以下问题：

（1）试验的代表性。

剪切试验，即使是现场大剪试验，要有代表性，否则偏差太大，甚至误导。

例如四川前述的倾斜软弱富水基底高填方机场，填筑于坡度为 10 多度的单面山面坡上，基岩顶层为不透水的炭质泥岩，上覆数米厚具胀缩性的粉质黏土，富水，施工前就已在坡体上发现了 6 处天然老滑坡，但勘查中未予类比借鉴，熟视无睹。虽在勘查中进行了十多处坡体土的现场大剪试验，但因代表性差，且均未针对滑带土，导致所提抗剪强度指标过高，据之算得各剖面的天然工况稳定系数平均高达 4.0 左右，高填方竣工加载后的稳定系数都在 2.0 以上。因其误导和缺乏经验，设计中未对基底和填筑体进行加固，导致填土期间在超过机场的一半长度内，毗连地多处屡次发生滑坡[30]（图 1.3）。

（2）滑带土的强度变化

要根据滑坡的变形阶段和滑带部位，选择采用剪切试验 c、φ 值的峰值、软化点强度或残值，一般在峰值与残余强度之间取值。

首次滑动的块体滑坡，滑带土强度变化见表 1.2。

表 1.2　不同部位滑带土在不同变形阶段的强度变化[17]

阶段\部位	主滑段	牵引段	抗滑段
蠕动阶段	已越过峰值	某些部分已越过峰值	未破坏
挤压阶段	向软化点强度过渡	已全部越过峰值	开始受力,局部越过峰值
滑动阶段	向残余强度过渡	可能向残余强度过渡	越过峰值,向残余强度过渡
剧滑阶段	残余强度	可能为残余强度	主要部分为残余强度

讨论:《滑坡防治工程勘查规范》(GB/T 32864—2016)[1]规定滑带抗剪强度指标按滑坡的稳定状态分别取峰值强度与残余强度,而滑坡的稳定状态是据稳定系数来确定的,稳定系数又是据滑带抗剪强度指标计算而得的,这就形成了一个首尾相接的循环怪圈,实际上无解。

(3)滑面强度的取值。

同一滑坡中处于不同变形阶段的各剖面,滑带强度(c、φ)取值应有区别,如表 1.2。

滑坡是渐近破坏,同一时刻在同一滑面的不同滑段的变形不同,强度有别,尽可能按表 1.2 分段取值。

同一滑面的不同岩土体段,如土层段、顺层段、切层段、基覆界面段,应分段选取相应的强度值。

实际工作中,同一滑面难以分段时,才宜选用统一的强度值。

(4)残余强度问题[17]。

残余强度与土体的颗粒级配、矿物成分、水土体系化学特性相关。例如:残余强度随含水量、塑性指数的增高而降低,残余黏着力随液限增大而增大,酸性土残余内摩擦角比碱性土高。

原状土与重塑土的强度是一致的,土的原始结构对残余强度没有影响，残余强度可用重塑土试验而得。

应力历史对残余强度没有影响，超固结与正常固结土的残余强度是一致的。

（5）剪切试验的类型。

对连续滑动的滑坡的滑面，可采用重塑土作超压密多次快剪试验。

对开始滑动和断续滑动的滑坡，可采用重塑土作多次不浸水固结快剪或慢剪的试验。

对尚未滑动的滑坡，可采用滑带原状土作固结快剪试验。

（6）粗粒土的影响。

砾石含量对残余强度有影响，但当可塑性土的砾石含量超过临界值的 30% 时影响才显著。此时可进行粗粒土剪切试验，当前最大允许粒径可达 6 cm（成都理工大学与西南交通大学，按水利行业土工试验规程）。

有的省市考虑到常规试验中的试样已剔除了大颗粒，从而采用降低 c 值，同时增大 φ 值的取值方法[31]；《滑坡防治工程勘查规范》（GB/T 32864—2016）则只规定增大 φ 值 15%~25%[1]，均尚属经验性，c、φ 值调整比例还缺乏定量依据。

（7）反演取值方法。

当难以选用试验值又缺乏类比的经验值时，可有条件地反演取值。

反算法系根据当前的滑坡变形状态，据经验确定其稳定系数，再反算 c、φ 值。按表 1.2，对蠕动、挤压、微动、滑动各变形阶段，现状稳定系数可分别在 1.10~1.05、1.05~1.00、1.00~0.95、0.95 范围内取值[32]。当滑坡未明显变形时，现状稳定系数无法确定，不适于反算。

滑坡剧滑后，也可恢复原地面，稳定系数取 0.95 以下进行反算。但反演所得为原生强度，即使考虑强度再生[33]，短期内一般也难恢复到原始强度，c、φ 取值还可酌情降低。

反演时，可先设定敏感性较弱的 c 值，再反算 φ 值。鉴于综合 φ 值不随滑体厚度而变化，现场也可设 $c=0$，反算综合 φ 值。

对条件类似的两个或多个断面联立反演，结果会更合理。

1.4.3 设计工况及安全系数的选取

1.4.3.1 设计工况选取

国标《滑坡防治设计规范（送审稿）》[34]（以下简称《滑坡设计规范》）根据荷载组合所规定的设计与校核工况，为如下4种：

（1）考虑基本荷载的工况Ⅰ，即天然工况，为设计工况。

（2）考虑基本荷载+暴雨荷载的工况Ⅱ，即暴雨工况，为校核工况。

（3）考虑基本荷载+地震荷载的工况Ⅲ，即地震工况，为校核工况。

（4）考虑基本荷载+暴雨荷载+地震荷载的工况Ⅳ，即暴雨+地震工况，为校核工况。

对此，笔者有以下意见供讨论：

（1）Ⅵ度地震区不必考虑地震工况。

烈度Ⅵ度区的综合水平地震系数近于 0，支挡工程将不考虑地震力的叠加，故可不用地震工况校核。烈度Ⅶ度及以上地区，则需考虑地震工况。

（2）一般不需考虑暴雨+地震工况。

由于暴雨同时发生地震的概率极低，滑坡治理工程如叠加暴雨与地震荷载，则初期的投入过大。因此建议，除对威胁抗震救灾的生命线工程（党政首脑机关、学校、医院、营房和重要交通、水利、通信、供电设施）的滑坡之外，可不用暴雨+地震工况校核。

（3）临水域滑坡补充水位涨落的工况。

当临水域滑坡的前部受库水或河水影响时，水位涨落是促滑的主要因素，对此应补充水位涨落工况。根据涨落带的高度和涨落速率，确定滑体浸润曲线[35]及相应的物理力学参数，进行稳定性分析。

（4）全面考虑暴雨荷载。

要根据区域和滑坡的水文地质条件，来确定滑坡的饱水深度、静水压力与渗透水压力，浸润段滑面 c、φ 值的降低和扬压力的升高，浸水带滑体重度的降低和饱和滑体重度的提高。

1.4.3.2 安全系数选取

《滑坡设计规范》[34]根据滑坡防治工程等级和设计工况，规定了设计安全系数的取值原则。

对某一防治等级的每一种工况，规定安全系数在一定的区间中取值。对在区间内如何取值，取高值还是取低值，有如下建议供参考。

（1）按危及人数划分防治等级的，安全系数宜从高取值。

防治工程等级依据威胁人数的多少和威胁设施的重要性双指标确定。为贯彻"以人为本"的思想，对按威胁人数确定防治等级的，安全系数应取区间的高值。对按威胁设施确定防治等级的，安全系数可取区间的中值或低值。

（2）据勘查工作深细度调整取值。

勘查工作深细度影响着工程条件的确定性，安全系数取值应与这种确定性相关。对地质情况勘查清晰的滑坡，安全系数应取区间中的较低值，不清晰的则应取较高值（如应急勘查）。

（3）设有抗滑辅助工程的，取区间低值。

例如，地表截排水工程对提高滑坡稳定性有作用，但现尚难定量计算，此时可对设计安全系数从低取值；锚固工程的锚孔注浆，有利于固结滑面与滑体，增加稳定性，设计中难以定量考虑其作用，故安全系数可取低值。

（4）视抗滑工程类别而取值。

例如抗滑挡墙，其基础承受的集中应力大，结构安全系数取值高，滑坡的设计安全系数就可偏小取值。

对于临时性应急治理工程，可降低一档取值；其中的多级牵引式滑坡，也可不降低安全系数，而仅按前级滑坡推力进行设计。

1.4.4 稳定性与推力的计算

一般分圆弧形滑面和折线形滑面两种滑坡模式检算，平直滑面是折线形的简化特例，楔形滑体的三维分析多见于危岩。

应注意，存在多级或多层滑面时，稳定系数小的并不等于推力就大。往往是局部滑移的稳定系数小于整体滑移，但因整体滑坡的滑体质量远大于局部滑体，导致满足一定安全系数下的局部滑移的推力还比整体滑移的要小。

1.4.4.1 圆弧形滑面稳定性检算

1）瑞典圆弧法

该法因其简便，在以往工程设计中常用，适用于饱水均质各向同性土体滑坡和松散破碎结构的岩质滑坡。

稳定系数 K：

$$K = \frac{W_2 \cdot d_2 + c \cdot L \cdot R}{W_1 \cdot d_1} \tag{1.6}$$

式中：W_1、W_2 分别为下滑段、抗滑段的单宽滑体重（kN/m）；

d_1、d_2分别为W_1、W_2重心至滑面圆心铅垂线的力臂（m）；

c、L、R分别为滑动圆弧的黏聚力（kPa）、全长（m）、半径（m）。

2）毕肖普法

国标《滑坡设计规范》[34]规定圆弧形滑面用毕肖普法进行稳定性与推力计算。与瑞典圆弧法的整体分析不同，毕肖普法对滑体进行垂直条分，并考虑了条块间的作用力，因而较精细，当然也略显复杂。其稳定系数K：

$$K = \frac{\sum_{i=1}^{n} \frac{1}{m_{\alpha i}}[c_i L_i \cos\alpha_i + (W_i + W_{bi} - D_i \cos\alpha_i)\tan\varphi_i]}{\sum_{i=1}^{n}(W_i + W_{bi})\sin\alpha_i + Q_i \cos\alpha_i} \quad (1.7\text{-}1)$$

式中：$m_{\alpha i} = \cos\alpha_i + \dfrac{\tan\varphi_i \sin\alpha_i}{K}$ （1.7-2）

n为条块数；

α、L分别为该滑块的滑面倾角（°）、长度（m）；

c、φ分别为该滑块滑面的黏聚力（kPa）、内摩擦角（°）；

W、W_b分别为该滑块的单宽滑体重、单宽竖向附加荷载（kN/m）；

D为该滑块滑面的单宽水压力（kN/m），设Δh_w为与后一条块间的水头差，则：

$$D_i = 5 \cdot \Delta h_w \cdot L_i \quad (1.7\text{-}3)$$

Q为该滑块的单宽水平荷载（kN/m）。

1.4.4.2 折线形滑面稳定性检算

实践中多将滑面近似为多折线形，《滑坡设计规范》[34]规定折线形滑面用极限平衡之传递系数法进行稳定性与推力计算，并规定一般用显式解，滑面倾角较大时用隐式解。

1）传递系数法显式解

稳定系数 K：

$$K = \frac{\sum_{i=1}^{n-1}\left(R_i \prod_{j=1}^{n-1} \Psi_j\right) + R_n}{\sum_{i=1}^{n-1}\left(T_i \prod_{j=1}^{n-1} \Psi_j\right) + T_n} \qquad (1.8)$$

（1）对土质滑坡

$$R_i = [W_i \cos\alpha_i - Q_i \sin\alpha_i - D_i \sin(\beta_i - \alpha_i)]\tan\varphi_i + c_i l_i \; (i=1,\cdots,n)$$
$$(1.9\text{-}1)$$

$$T_i = W_i \sin\alpha_i + Q_i \cos\alpha_i + D_i \cos(\beta_i - \alpha_i) \; (i=1,\cdots,n)$$
$$(1.9\text{-}2)$$

传递系数 $\Psi_j = \cos(\alpha_i - \alpha_{i+1}) - \sin(\alpha_i - \alpha_{i+1})\tan\varphi_{i+1} \; (i=j)$
$$(1.9\text{-}3)$$

式中：R_i、T_i 分别为第 i 条块的下滑力、抗滑力(kN/m)；

条块单宽滑体重 W 含附加荷载(kN/m)；

Q_i 为第 i 条块地震力(kN/m)：

$$Q = \xi W \qquad (1.9\text{-}4)$$

式中：ξ 为地震水平系数，其值为地震加速度的 1/4。当地震加速度达到 0.3g 时，对一、二级工程还可同时考虑竖向地震惯性力[1]。

D_i 为第 i 条块动水压力(kN/m)，当存在压力水头时：

$$D = 10 \times h \cdot l \cdot \cos\alpha \sin\beta \qquad (1.9\text{-}5)$$

式中：h 为地下水位至河水位的高度（m）；l 为滑块长度（m）；

β 为滑块地下水流线的平均倾角（°）。

当滑体饱水时，除考虑动水压力 D_t 外，要同时考虑浮托力 U_t：

$$D_t = 10 \times h_t \cdot l \cdot N \cdot \sin\beta \quad (1.9\text{-}6)$$

$$U_t = 10 \times l \cdot h_t (1-N) \cos\beta \quad (1.9\text{-}7)$$

式中：N 为滑体孔隙度；l 为滑面长（m），h_t 为饱水高度（m）。c_i、φ_i 分别为第 i 条块滑面的黏聚力（kPa）、内摩擦角（°）；n 为条块数。

（2）对岩质滑坡：

$$R_i = [W_i \cos\alpha_i - Q_i \sin\alpha_i - V\sin\alpha_1 - U]\tan\varphi_i + c_i l_i \quad (i=1, \cdots, n)$$
$$(1.10\text{-}1)$$

$$T_i = W_i \sin\alpha_i + Q_i \cos\alpha_i + V\cos\alpha_1 \quad (i=1, \cdots, n)$$
$$(1.10\text{-}2)$$

式中：V 为后缘裂隙水压力：

$$V = 5 \times h_w^2 \quad (h_w \text{为裂隙充水高度，m}) \quad (1.10\text{-}3)$$

U 为扬压力：

$$U = 5 \times l \cdot h_w \quad (l \text{为滑面总长，m}) \quad (1.10\text{-}4)$$

2）传递系数法隐式解

隐式解中条块下滑力 R_i、抗滑力 T_i 的算式与显式解之（1.9-1）、（1.9-2）相似，区别是联立出口剩余下滑力 P_n 为 0，且将稳定系数隐于下滑力 P 和传递系数公式中。即：

$$P_n = 0 \quad (1.11\text{-}1)$$

$$P_i = P_{i-1}\Psi_{i-1} + T_i - R_i / K \quad (1.11\text{-}2)$$

$$\Psi_{i-1} = \cos(\alpha_i - \alpha_{i+1}) - \sin(\alpha_i - \alpha_{i+1})\tan\varphi_{i+1}/K \quad (1.11\text{-}3)$$

3）讨 论

（1）隐式解中的下滑力已按稳定系数折减，与推力计算采用的强度折减法相匹配；而显式解未予折减，与推力计算采用的荷载增大法相应。

（2）对地震工况下滑坡的稳定性检算，除一般考虑的水平向惯性力之外，《滑坡设计规范》[34]规定要同时考虑孔隙水压力。但有学者认为，在Ⅷ度及以上强震区才叠加考虑会减轻滑体有效重而促滑的超静孔隙水压力[36]。

（3）根据稳定系数计算做出的稳定性评价应与滑坡的实际情况相一致，不一致时应从计算参数取值和地质模型上找原因，修正后重新计算。

1.4.4.3 滑坡推力的计算方法与简易估算

1）推力计算的两种方法

滑坡推力即出口剩余下滑力，多按传递系数法计算，实践中又分荷载增大法（$KW\sin\alpha$）和强度折减法（c/K、$\tan\varphi/K$），以往为不同规范分别选用。《滑坡设计规范》[34]显示，传递系数显式解采用的是荷载增大法，隐式解采用的是强度折减法。

对荷载增大法，推力 F_1：

$$F_1 = F_{i-1} \cdot \Psi_{i-1} + K_{st} \cdot T_i - R_i \quad (1.12\text{-}1)$$

对强度折减法，不再对下滑分力 $W\sin\alpha$ 乘以设计安全系数 K_{st}，而是对抗滑强度参数 c、φ 值按 c/K_{st}、$\tan\varphi/K_{st}$ 折减。即推力 F_2：

$$F_2 = F_{i-1} \cdot \Psi_{i-1} + T_i - R_i/K_{st} \quad (1.12\text{-}2)$$

2）两种推力间的关系

设 $F_{i-1} \cdot \Psi_{i-1} = 0$，由式（1.12-2），有 $T_i = F_2 + R_i / K_{st}$。代入式（1.12-1）得：

$$F_1 = K_{st} \cdot (F_2 + R_i / K_{st}) - R_i = K_{st} \cdot F_2 + R_i - R_i，得：$$

$$F_1 = K_{st} \cdot F_2 \qquad (1.13)$$

即荷载增大法所得滑坡推力 $F_1 = K_{st} \times$ 强度折减法所得滑坡推力 F_2[37]。详见附录1.4。

当滑动面形态典型时，笔者[38]基于极限平衡法原理，直接根据现状稳定系数 K_0、设计安全系数 K_{st}、单宽滑体重量 W（kN/m）以及滑面形态特征按下式简易地估算下滑力 F(kN/m，图1.19)。

（1）对直线形滑面：

$$F_1 = W \sin\alpha \cdot (K_1 - K_0) \quad \text{——荷载增大法} \quad (1.14\text{-}1)$$

$$F_2 = \frac{W \sin\alpha \cdot (K_1 - K_0)}{K_1} \quad \text{——强度折减法} \quad (1.14\text{-}2)$$

式中：α 为滑面倾角（°）。

将折线形滑面近似为直线形，则上式所得推力稍偏大。

（2）对圆弧形滑面：

$$F_1 = \left(\frac{W_1 d_1 - W_2 d_2}{R} \right) \cdot (K_1 - 1) \quad \text{——荷载增大法} \quad (1.15\text{-}1)$$

$$F_2 = \frac{(W_1 d_1 - W_2 d_2) \cdot (K_1 - 1)}{R \cdot K_1} \quad \text{——强度折减法} \quad (1.15\text{-}2)$$

式中：d_1、d_2 分别为下滑段、阻滑段重心至滑面圆心的水平距离（m）；

R 为圆弧滑面半径（m）。

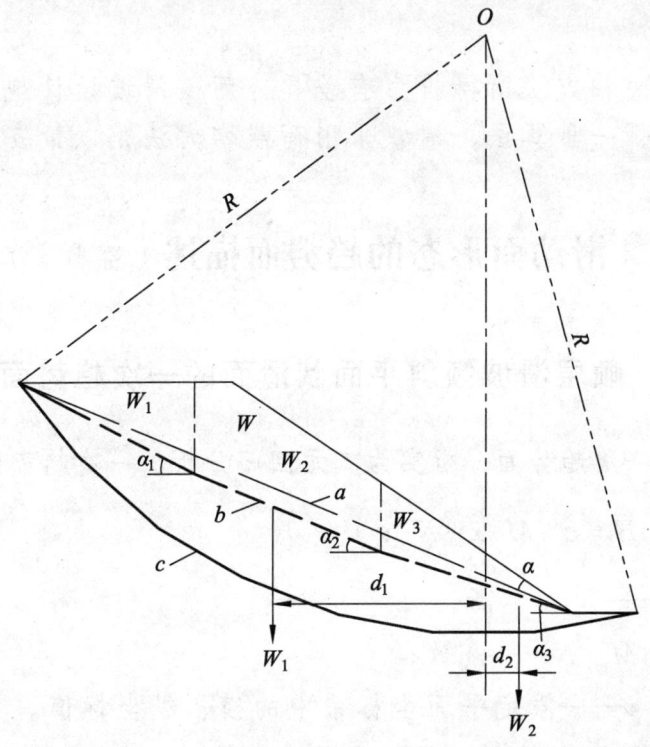

a—平直形滑面及其参数(W、a);
b—近于平直的折线形滑面及其参数(W_1、W_2、W_3、a_1、a_2、a_3、);
c—圆弧形(近似圆弧的折线形)滑面及其参数(W_1、W_2、d_1、d_2、R)

图1.19 不同形态滑动面的推力估算剖面[38]

3)小 结

(1)对已变形位移的滑坡,其推力可不反算滑面抗剪强度指标而直接按现状稳定系数和设计安全系数简易地估算。这是估算滑坡推力的捷径。

(2)按强度折减法,滑坡推力等于下滑分力乘以设计安全系数相对于现状稳定系数的提高比例值$[(K_1-K_0)/K_1]$;按荷载增大法,则为下滑分力乘以提高值(K_1-K_0),而非提高比例值。

(3)设计采用的安全系数均大于1.0,故荷载增大法所得推力大于强度折减法,前者为后者与设计安全系数之乘积,即

$F_1 = K_1 \cdot F_2$。

（4）两种方法所得推力有差异，而《滑坡设计规范》尚未规定采用哪一种算法，建议采用荷载增大法，以策安全。

附录 1.1　滑动面形态的趋势面描述（蒋忠信）[7]

附 1.1.1　顺层滑坡倾斜平面状滑面的一次趋势面描述

（1）一次趋势面分析实为二元回归分析。一次趋势面方程为：

$$H = c + M \cdot x + N \cdot y \tag{1.16}$$

式中：H——滑面标高；

　　　c、M、N——系数；

　　　x、y——假定平面坐标系中的横、纵坐标值。

（2）空间平面的倾向即为滑坡主轴方位，设为 P，则：

$$P = \arctan|M/N| \tag{1.17}$$

P 角按以下原则计数并确定其所在象限：

① 当 $M/N>0$ 时，按 Y 轴的顺时针方向计数；且当 $M>0$、$N>0$ 时，在 SW 象限；当 $M<0$、$N<0$ 时，在 NE 象限。

② 当 $M/N<0$，按 Y 轴的逆时针方向计数；且当 $M>0$、$N<0$ 时，在 NW 象限；当 $M<0$、$N>0$ 时，在 SE 象限。

（3）空间平面的倾角，设为 α，则：

$$\alpha = \arctan|M/\sin P| \tag{1.18}$$

（4）例（图 1.8）：前述苏家坪滑坡后部，顺玄武岩中凝灰岩夹层滑移。据 18 个勘探点滑面的标高与平面坐标值，拟合得滑面的一次趋势面方程为：

$$H = 0.3564x + 0.3631y - 100.5$$

滑面倾向方位 $P = \arctan|0.3564/0.3631| = 44.47°$，在 SW 象限，即主轴方向为 SW44°28′。

滑面倾角 $\alpha = \arctan\left|\dfrac{0.3564}{\sin 44.47°}\right| = 26.965°$，即滑面倾角为 27.0°。

附 1.1.2 一般滑坡箕形曲面状滑面的二次趋势面描述

（1）二次趋势面分析实为多元回归分析。二次趋势面方程为：

$$H = a_0 + a_1 x + a_2 y + a_3 x^2 + a_4 xy + a_5 y^2 \tag{1.19}$$

令：
$$I_2 = a_3 a_5 - a_4^2/4 \tag{1.20}$$

则滑面的曲面类型为：
① 椭圆型 $I_2 > 0$；② 双曲型 $I_2 < 0$；③ 抛物型 $I_2 = 0$。

（2）滑面对称轴线与 x 轴的夹角，设为 θ，则：

$$\theta = \frac{1}{2}\arctan\left(\frac{a_4}{a_3 - a_5}\right) \tag{1.21}$$

又，对称中心的坐标为：

$$x_0 = (a_2 a_4 - 2a_1 a_5)/(4a_3 a_5 - a_4^2) \tag{1.22-1}$$

$$y_0 = (2a_2 a_3 - a_1 a_4)/\left(a_4^2 - 4a_3 a_5\right) \tag{1.22-2}$$

过点（x_0, y_0）、与 x 轴夹角为 θ 的轴线即为滑面的主轴断面。

（3）主轴断面上滑面形状为二次抛物线，其曲线方程为：

$$H = \left(a_0 + a_2' y_0' + a_5' {y_0'}^2\right) + a_1' x' + a_3' {x'}^2 \tag{1.23}$$

式中：$a_1' = a_1 \cos\theta + a_2 \sin\theta$；$a_2' = a_2 \cos\theta - a_1 \sin\theta$；

$a_3' = a_5 + \dfrac{a_4}{2}\cot\theta$; $a_5' = a_5 - \dfrac{a_4}{2}\tan\theta$; $y_0' = -x_0\sin\theta + y_0\cos\theta$;

$x' = x\cos\theta + y\sin\theta$ 。

（4）例：前述滇西南西盟县城区工人俱乐部崩坡积土质滑坡，据 20 个点的滑面资料，拟合得滑面的二次趋势面方程为：

$$H = 73.44 - 0.5133x - 0.5615y + 0.001580x^2 + 0.001894xy + 0.005015y^2$$

据 $I_2 = 0.001580 \times 0.005015 - 0.001894^2/4 = 7.03 \times 10^{-6} > 0$，滑面为椭圆形凹曲面。

据 $\theta = \dfrac{1}{2}\arctan\left(\dfrac{0.001894}{0.001580 - 0.005015}\right) = -14.436°$，主轴断面方位为 SE75°34′。

据 $a_1' = -0.3571$; $a_2' = -0.6717$;

$a_3' = 0.001336$; $a_5' = 0.004771$;

$x_0 = 145.33$; $y_0 = 28.54$; $y_0' = 63.87$ 。

得主轴断面上滑面的抛物线曲线方程为：

$$H = (73.44 - 0.6717 \times 63.87 + 0.004771 \times 63.87^2) - 0.3571x' + 0.001336x'^2$$

即 $H = 50.00 - 0.3571x' + 0.001336x'^2$（图 1.7）

附录 1.2　"5·12"汶川 8.0 级特大地震的震源机制与工程启示

（蒋忠信《"5·12"汶川大地震及恢复重建有关问题探讨与启示》，2009 年中铁二院报告）

附 1.2.1　震源机制

1）震源断层

确定发震断层是指示救灾方向的基础。"5·12"汶川地震后，最初误判为茂汶断裂（龙门山后山断裂）发震，千军万马千方百计奔救汶川县城，贻误了发震的龙门山中央断裂通过的北川—汉旺一线极重灾区的抢险救灾的第一时间，教训殊深。

震源断层的长度 L 决定地震重灾区的范围。据我国经验公式 $M = 3.3 + 2.11\lg L(\text{km})$、舍巴林公式 $\lg L = 0.55M - 2.0$ 和托赫尔公式 $M = 5.65 + 0.98\lg L$，按 $M = 8.0$ 计，三式所得 L 分别为 173 km、251 km、250 km。实际上，从震中至川陕界的发震带长度约为 270 km，后二公式所得震源断层长度与实际值相近。

2）发震与紫坪铺水库蓄水有关吗

此次震中在映秀附近，处于岷江紫坪铺水库库区；发震前水库已蓄水 11.12 亿立方米。水库蓄水对断层有加载、润滑和软化作用，可能诱发水库地震。

有记录的水库蓄水诱发的破坏性地震，国外有美国米德湖 5 级地震，赞比亚沙漠峡谷水库 6 级地震，法国蒙地纳水库 5 级地震，希腊克利玛斯塔水库 6.2 级地震，印度柯艾纳水库 6.4 级地震。我国新丰江水库 1962 年 3 月 16 日发生了 6.4 级地震。可见，国内外水库地震最大震级为 6.4 级，能量比"5·12"汶川 8.0 级大地震相差 251 倍。因此，紫坪铺水库蓄水不会是诱发地震的主要因素。

3）为什么从震中向东北端发震

此次地震震源断层为龙门山中央断裂。该断裂从震中映秀向东北至川陕省界段为发震段，而从震中映秀向西南至宝兴段却未发震，为什么？

这是龙门山中央断裂的活动性有分段差异所致。从映秀向东北，中央断裂在地貌上表现为断续相接的断裂河谷。其中北川县城至川陕省界的断裂河谷几乎相连，长达 150 km。这表明映秀向东北的中央断裂在地质历史上较活跃，易于发震。

相反，映秀向西南的中央断裂，穿行于崇山峻岭中，在地貌和水系上均无表现，说明断裂在地质历史上较稳定，似已固化，不易发震。

（注：2013年4月20日发生的7.0级芦山地震，虽位于映秀西南110 km，但发震断层并不属于龙门山断裂带的南支。）

4）地震重现期

地震震中重复的时间间隔即重现期。国内外强度相近的震中重复很少见，即使重复，其重现期也会很长，我国X度以上地震在原地重复发生尚无先例，"5·12"汶川地震区短期内不会再发破坏性地震。这是因为断裂发震后其应变能释放殆尽，地下介质已十分破碎，再聚集足够大的能量需要一个漫长的过程，至少数十至数百年。

国外破坏性强震震中重复的有：智利康塞普西翁城，1751年、1835年、1960年三次强震，重现期84~105年；厄瓜多尔（W81.5°、N1°），1906年和1942年发生8.6、7.9级地震，重现期37年。

我国IX度强震震中重复的有3例：广东南澳，1600年地震烈度IX$^+$度，1918年X$^+$度，重现期316年；四川炉霍绰倭，1811年地震烈度IX度，1967年IX度，重现期156年；云南东川紫牛坡，1733年地震烈度IX度，1966年IX~X度，重现期233年。

5）龙门山前山断裂的发震可能性

龙门山前山断裂(灌县—江油断裂)位于龙门山与山前平原交接带。因印度板块向东推覆，1933年龙门山后山断裂发生了叠溪7.5级强震，时隔75年龙门山中央断裂又发生了8.0级强震，再隔若干年，是否该转移至龙门山前山断裂发生强震？

"5·12"汶川大地震造成穿过彭州白鹿下书院的龙门山前山断裂垂直错裂3 m，还有报道说导致前山断裂破裂长80 km，这释放了相当大的应变能（至少相当于释放了7.2级强震的能量），因此百年内前山断裂不大可能再发生破坏性地震。

6）强化地震地质调查

一段时期以来，有关部门热衷于地震的地球物理化学监测，将地壳形变、地下水微动态、水文地球化学、地电、地磁、重力等作为地震预报的手段，恰恰疏懒于深入现场对活动性断层进行地质调查，以至于"5·12"汶川发生地震后，尚不清发震断层何在，情急之下才匆忙到有关院校搜集龙门山断裂带的资料，贻误战机。

地震地质调查的任务是通过复查断裂的新活动，修正地震烈度。调查的重点区域是新活动断裂的交汇区、断陷盆地中差异性活动大的地段和横向断裂-隆起区、新活动三角形构造盆地的顶角区等。活动断裂带上发生破坏性地震的构造部位多为断裂的端点、拐点、交汇点、分支点和错列点，对此要倍加重视。

例如，1973年铁二院三总队开展了胶济铁路复线的地震地质调查，在山东临朐，发现控制临朐断陷盆地北界的双山——李家庄断裂在西端的宋家阁错断了Q_3新黄土，垂直断距达4 m，位置与1829年11月29日发生6级地震的震中(E118.5°、N36.6°)相合[39]。这说明该断裂的新活动强烈，遂提高了该段复线的地震基本烈度。

附1.2.2 既有边坡支护工程的抗震性能

1）深浅支护工程的抗震性能

地震诱发的滑坡、崩塌以浅表层为主，因此边坡浅层支护工程易受破坏，极震区的短锚杆、框架梁、主动柔性防护网等多遭破坏，边坡坍塌；相反，抗滑桩、预应力锚索等深层加固工程则多完好，边坡整体稳定。

例如北川县委后山滑坡，震前花100多万修建了抗滑桩，地震中桩仅略偏斜，滑坡未失稳，使地震时在县委礼堂开会的和周边的民众超过1 000人幸免于难。

2）路堑挡土墙的破坏特征

在极震区可见，路堑挡土墙以墙体开裂、局部垮塌为多，整体倾倒或滑移破坏的少见。这说明，墙体质量是突出问题，开裂墙体多为浆砌石甚至浆砌卵漂石。重建中必须严格墙体质量要求，严用浆砌卵漂石，慎用浆砌片块条石，宜用片石混凝土甚至素混凝土。

附录1.3 自然滑坡分布的坡向性原理（蒋忠信）[21]

1）山地地质灾害分布的坡向性原理

山坡朝向不同，其水热状况、小气候有规律性差异。朝南的阳坡与朝北的阴坡相比，日照时间长、太阳辐射强、热量较充沛、气温与土温高、日较差大，空气与土壤的湿度较低。这导致阳坡与阴坡在植被、水文、土壤、地形等自然地理要素方面存在差异。其对山地地质灾害发育的影响可归纳于表1.3。总体上，在其他地质地理环境相似的条件下，阳坡比阴坡易于发生各种山地地质灾害，表现为灾害分布的坡向差异。

表1.3 自然地理要素的坡向分异及其对山地地质灾害发育的影响

要素	坡向分异（阳坡比阴坡）	山地地质灾害
地形	坡陡而短，沟谷发育，侵蚀强	阳坡易发各种山地地质灾害
植被	覆盖度低，乔木少而灌木草本多	阳坡利于暴发泥石流，阴坡乔木根系固表土不易发生水土流失
土壤	风化成土强烈，但残存土层薄	阳坡岩体风化破碎易发生岩质滑坡，阴坡土层厚易发生土体坍滑
水文	地表径流系数大，坡面冲刷强，潜水少，裂隙水发育	阳坡利于暴发泥石流和岩质滑坡，阴坡利于土体浅层坍滑

2）云南滑坡的坡向分布规律

以云南省为例，笔者统计了 17 个地区 338 例滑坡的朝向，得出其坡向分布的以下规律（图 1.15）[21]：

（1）广义阳坡（朝向 90°~270°）分布滑坡 205 个，为广义阴坡（朝向 270°~90°）133 个的 1.54 倍。

（2）主要阳坡（朝向 SE30°~W）分布滑坡 170 个，发生滑坡概率为其他坡向的 2.02 倍。

（3）标准阳坡（朝向 SE30°~SW30°）分布滑坡 97 个，为标准阴坡（朝向 NW30°~NE30°）41 个的 2.33 倍。

总体上，易发育滑坡的朝向按顺序为南坡>西南坡>东北坡>西北坡和东南坡，勘查中要突出南坡和西南坡。

附录 1.4 从反算滑面抗剪强度估算滑坡推力的方法
（蒋忠信）[38]

附 1.4.1 按强度折减的滑坡推力估算公式

以平直滑面为例，圆弧形滑面原理类似，从略。

1）基于反算综合 φ_0 的推力估算

设滑坡体总重为 W，滑面倾角为 α，长度为 L，内聚力 c 为 0；滑坡现状稳定系数为 K_0。反算综合内摩擦角 φ_0，得：

$$\varphi_0 = \arctan(K_0 \sin\alpha / \cos\alpha)$$

设现状工况下设计安全系数为 K_{st}，按强度折减法，滑坡推力 F_2 为：

$$F_2 = W \sin\alpha - W \cos\alpha \tan\varphi_0 / K_{st}$$

综合以上两式，则：

$$F_2 = W \sin\alpha (K_{st} - K_0) / K_{st} \tag{1.14-2}$$

2）基于反算 c、φ 的推力估算

以设定内聚力 c 值，反算滑面的内摩擦角 φ 为例，反算得：

$$\varphi = \arctan[(K_0 W \sin\alpha - c L)/(W \cos\alpha)]$$

安全系数为 K_{st} 时的滑坡推力 F_2 为：

$$F_2 = W \sin\alpha - (W \cos\alpha \tan\varphi + c L)/K_{st}$$

综合以上两式，则：

$$F_{12} = W \sin\alpha (K_{st} - K_0)/K_{st}$$

结果与式（1.14-2）相同。即：滑坡推力 F_2 等于下滑分力（$W\sin\alpha$）乘以设计安全系数相对于现状稳定系数的提高比例值 $[(K_{st} - K_0)/K_{st}]$。

附 1.4.2 按荷载增大的滑坡推力估算公式

以平直滑面基于反算综合 φ_0 的推力估算为例。由：

$$K_0 = \cos\alpha \tan\varphi_0 / \sin\alpha$$

得： $\varphi_0 = \arctan(K_0 \sin\alpha / \cos\alpha)$

即： $\tan\varphi_0 = K_0 \tan\alpha$

按荷载增大法，滑坡推力 F_1 为：

$$F_1 = K_{st} W \sin\alpha - W \cos\alpha \tan\varphi_0$$

综合上两式，则：

$$F_1 = W \sin\alpha (K_{st} - K_0) \qquad (1.14\text{-}1)$$

即：滑坡推力 F_1 等于下滑分力（$W\sin\alpha$）乘以设计安全系数相对于现状稳定系数的提高值（$K_{st} - K_0$）。

附 1.4.3　估算方法的适用条件与实例

（1）当滑面为折线时，滑面倾角采用加权平均值，计算推力有一定误差。当转角总和不大于 10° 时，其计算的正误差小于 5%，偏于安全。

（2）上述估算为天然工况。暴雨工况下，如果滑面尚未浸水软化，滑体仅因含水量增加而导致滑体重量由 W 增加为 $W+\Delta W$，则其推力 F' 为：

$$F' = F\left[(W+\Delta W)/W\right] \qquad (1.24)$$

（3）不能采用本方法估算滑坡推力的情况：
① 现状稳定系数难以选定的，本方法的误差偏大。
② 暴雨工况下滑面因受水浸润而 c、φ 值有所降低的。
③ 滑面为转角较大的不规则的折线形的。

（4）应用范围：
① 基岩顺层滑坡、覆盖层沿基岩面的滑坡，滑面近于平直的。
② 饱和黏性土填筑体滑坡为圆弧形滑面的。
③ 开挖坡体引发的工程滑坡，滑面为浅折线形的。

实例：民航西南管理局牧马山滑坡

该滑坡处于岷江Ⅱ、Ⅲ级阶地间的斜坡中部。滑体长 400 m，宽 60~90 m，平均厚 5 m，体积 15 万立方米；主要为全新统含卵石黏性土。20 世纪 60 年代初，开挖干渠并输水，引起渠坡坍塌，牵引后侧斜坡坡体顺富水强风化白垩系泥岩面滑移而形成牵引式滑坡，每年雨季都发生滑动。

该滑坡于 2006 年由笔者设计采用抗滑桩板墙加地表、地下排水工程措施综合整治。设计中，考虑到滑体可能具膨胀性、滑面可能加深、部分建筑物加载等不利因素的叠加，安全系数取强度折减法的 1.50（相当于荷载增大法的 1.33）。

由于滑坡处于极限平衡状态，滑面近于平直，采用强度折减法的公式（1.14-2）估算滑坡推力。现状稳定系数 K_0 取 1.0，设计安全系数 K_{st} 取 1.50。各剖面计算的滑坡推力见表 1.4。

表 1.4　牧马山滑坡推力(kN/m)计算

剖面号	滑体重 W(kN)	滑面平均倾角 α(°)/$\sin\alpha$	$(K_{st} - K_0)/K_{st}$	滑坡推力 F	采用推力
2	6 600	13.0/0.225 0	0.333	494.4	500
3	8 050	14.5/0.250 4	0.333	671.2	670
4	9 800	13.0/0.225 0	0.333	734.1	740
5	9 100	15.0/0.258 8	0.333	784.3	800
6	4 050	16.0/0.275 6	0.333	371.7	400

参考文献

[1] 国家标准. GB/T 32864—2016 滑坡防治工程勘查规范. 北京：标准出版社，2016.

[2] 李光辉. 武隆县政府滑坡特征与稳定性分析//铁路工程地质实例. 北京：中国铁道出版社，2011.

[3] 王思敬，等. 大型高速滑坡的能量分析及其灾害预报//滑坡论文选集. 成都：四川科学技术出版社，1989.

[4] 乔建平. 大地震诱发滑坡分布规律及危险性评价方法研究. 北京：科学出版社，2014.

[5] 蒋忠信，崔鹏，蒋良潍. 冰碛湖漫溢型溃决临界水文条件. 铁道工程学报，2004 (4).

[6] 唐邦兴，等. 岷江上游茂县叠溪大小海子溃决型山洪泥石流//泥石流(4). 北京：科学出版社，1995.

[7] 蒋忠信. 滑坡床形态的定量描述[J]. 工程勘察，1990(6).

[8] 蒋忠信. 滇东北苏家坪滑坡参数的统计分析//地貌与第四纪研究进展. 北京：测绘出版社，1991.

[9] 交通部第一铁路设计院. 铁路工程地质手册. 北京：人民交通出版社，1975.

[10] 崔鹏，等. 汶川地震山地灾害形成机理与风险控制. 北京：科学出版社，2011.

[11] 裴向军，等. 汶川地震震裂的斜坡岩体结构特征. 中国地质灾害与防治学报，2013 (2).

[12] 蒋忠信. 澜沧耿马地震灾害及重建的问题探讨. 云南建筑，1990(1-2).

[13] 蒋忠信. 大震震级与震前地下水异常体积之经验关系. 中国地质灾害与防治学报，2004(2).

[14] 兰双双，等. 汶川地震近区深层井孔-含水层系统水位异常响应研究. 水文地质工程地质，2010(2).

[15] 蒋忠信，陈光曦，吴宗俭. 岷江茂灌段及杂谷脑河理汶段坡地重力灾害的初步观察//第一届全国山地灾害学术讨论会论文. 1990.

[16] 涂正林. 成昆铁路甘洛车站 1、2 号滑坡整治//铁路工程地质实例. 北京：中国铁道出版社，2011.

[17] 蒋忠信，陈光曦，吴宗俭，等. 中国山区道路灾害防治. 重庆：重庆大学出版社，1996.

[18] 蒋忠信. 四川盆周的工程滑坡灾害及其防治对策//海峡两岸山地灾害与环境保育研究，第一卷. 成都：四川科学技术出版社，1998.

[19] 蒋忠信，陈宝林，黄俊，等. 宝成二线加固隧道滑坡的预应力锚索施工. 铁道建筑技术，2004 (2).

[20] 成昆铁路技术总结委员会. 成昆铁路 2：线路、工程地质及路基. 北京：人民铁道出版社，1980.

[21] 蒋忠信. 云南滑坡分布的坡向性浅析//国际滑坡与岩土工程学术会议论文集. 武汉：华中理工大学出版社，1991.

[22] 朱颖，等. 复杂艰险山区铁路减灾选线理论与技术. 北京：科学出版社，2016.

[23] 阳旭东. 水柏铁路银山顺层滑坡工程地质特征及其治理//铁路工程地质实例. 北京：中国铁道出版社，2011.

[24] 李天涛，等. 强震触发大光包巨型滑坡运动特性研究. 水文地质工程地质，2014(2).

[25] 张倬元，等. 工程地质分析原理. 北京：地质出版社，1981.

[26] 许强，等. 三峡库区坍岸预测新方法：岸坡结构法. 水文地质工程地质，2007(3).

[27] 卿三惠. 茅台酒厂滑坡及其综合治理//铁路工程地质实例，北京：中国铁道出版社，2011.

[28] 岳天祥，艾南山. 论流域系统稳定性的判别指标：超熵. 水土保持学报. 1989(2).

[29] 蒋忠信. 泥石流流域系统的超熵. 中国地质灾害与防治学报，1992 (2).

[30] 蒋忠信. 某山区机场倾斜基底高填方滑坡与防治. 岩土工程技术，2003 (1).

[31] 重庆市地方标准. DB50/143—2003 地质灾害防治工程勘察规范.

[32] 杨宗玠. 反算法中的滑坡稳定系数//滑坡论文选集. 成都：四川科学技术出版社，1989.

[33] 任光明，等. 大型滑坡滑带土结构强度再生特征及其机理探讨. 水文地质工程地质，1997 (3).

[34] 国家标准. 滑坡防治设计规范(送审稿).

[35] 郑颖人，等. 库水位下降对渗透力及地下水浸润线的计算. 岩石力学与工程学报，2004 (18).

[36] 毛昶熙,等. 山体滑坡泥石流的地震力算法与防治. 岩土工程学报, 2012 (11).

[37] 郑颖人,等. 边(滑)坡工程设计中安全系数的讨论. 岩石力学与工程学报, 2006 (9).

[38] 蒋忠信. 基于反算原理的滑坡推力简易估算. 岩土工程技术, 2005 (6).

[39] 蒋忠信. 山东临朐双山-李家庄断裂的新活动. 地震地质, 1983(3).

第 2 章 滑坡治理与边坡支挡的工程设计

本章重点阐述滑坡治理的工程设计，对既可支挡滑坡又可支挡边坡的挡土墙及其土压力，也一并论述。

2.1 滑坡防治工程方案研究

在勘查成果的基础上，进行山地地质灾害的治理工程设计，一般分为可行性（方案）研究、初步设计和施工图设计 3 个阶段，简单或应急治理的工程可简化设计阶段。

首先要进行方案比选与论证。据实践经验，宜按以下 4 个层次分步进行防治方案研究。

2.1.1 防与治（非工程措施与工程方案）的选择

滑坡等地质灾害的防治分防与治两类途径。预防灾害采用的非工程措施包括避让搬迁与绕避、监测预警与群测群防两个方面；治则是对灾体进行工程治理。

1）避让搬迁与绕避

避让搬迁与绕避是将危险区内人员与建/构筑物搬至安全区避灾，或是对线性工程（铁路、公路、道路、输电线路、油气管路、输水渠系）进行改线以绕避危险区。建议遵循如下原则：

（1）适用于危险性大但危害对象少、搬迁规模小而工程治理的投资效益比过低的灾体，比如仅威胁一户民居而需投入数十万元治理工程费者。

（2）安置地或改线段要经地质灾害危险性评估，置于安全区，并预估不会产生新的工程灾害，尤其是场坪开挖所致边坡灾害。

（3）遵循就地、就近、分散（或大分散、小集中）的安置原则，使灾民不远离土地等生产资料，生计有着。整体远地搬迁是不可持续的，常出现返迁。

2）监测预警与群测群防

监测预警与群测群防是专业性监测预警与群众性群测群防的结合。建议遵循如下原则：

（1）适用于近期危险性较小、治理紧迫性不大的灾体，或工程治理艰巨、投资过大、需分期实施的灾体。

（2）监测与预警紧密结合，健全预警预报体系，落实避难场所与物资，进行避难演习。

（3）对危险性明显、有人力物力进行工程治理的灾体，不宜长期监测，以免灾体进一步发展与恶化，贻误战机。尤其是对滑坡，其进一步牵引将扩大范围，且滑带抗剪强度会持续降低，治理工程与费用将更大，迟治不如早治。

3）工程治理

对危险性与危害性较大、投资效益比较高的灾体应不失时机地进行工程治理。

实例：达成铁路金堂悦来场滑坡工程治理，经历一波三折，应为教训[1]。地勘未察觉这一古滑坡，1993年未予治理就开挖路堑边坡，导致堑顶上方边坡坍塌。1994年2月第一次变更设计认为是表土坍塌，未补勘，仅按边坡失稳而设挡墙，墙顶以上边坡放缓为 1∶1.5。施工挡墙正值雨季，且全段拉通开挖，临时边坡又偏陡，导致再次坍塌，又向上逐级牵引，拉裂民房与涵洞。后经补勘，认为是古滑坡的局部复活，故 1995 年 6 月第二变更设计，按基覆界面的浅层滑坡，采用预应力锚索加挡墙辅以减载与地面排水综合整治，得以暂时稳定。但 1998 年遇大暴雨，九龙滩水库又泄洪冲刷古滑坡前缘，古滑坡再次复活，向上牵引造成大部分锚索失效，三段挡墙共长 243 m 变形破坏，铁路外移 10～30 m，11 户民房受损。再次补勘后，于 1999 年进行第三次变更设计，按古滑坡整体复活整治，增设大量抗滑桩，修复失效锚索，重建挡墙与地表排水系统，才彻底整治和稳定了滑坡（图 2.1）。

2.1.2 工程治理方案的研究

2.1.2.1 原则与措施

1）一般原则

（1）工程方案应遵循安全可靠、技术可行、经济合理、环境友好的原则。

（2）工程方案应视灾体成因与类型、规模与危害、环境与人文等因素拟订。

（3）工程方案应综合采取抗滑措施，并尽量采用效果好、水平高、与环境协调的新技术与新工艺。

（4）供比选的方案不少于两个，应在治理思路、方案组成、工程类型方面有可比性。不能为比选而将无实质性区别的方案或在技术、经济方面明显不合理的方案作为比选的陪衬方案。

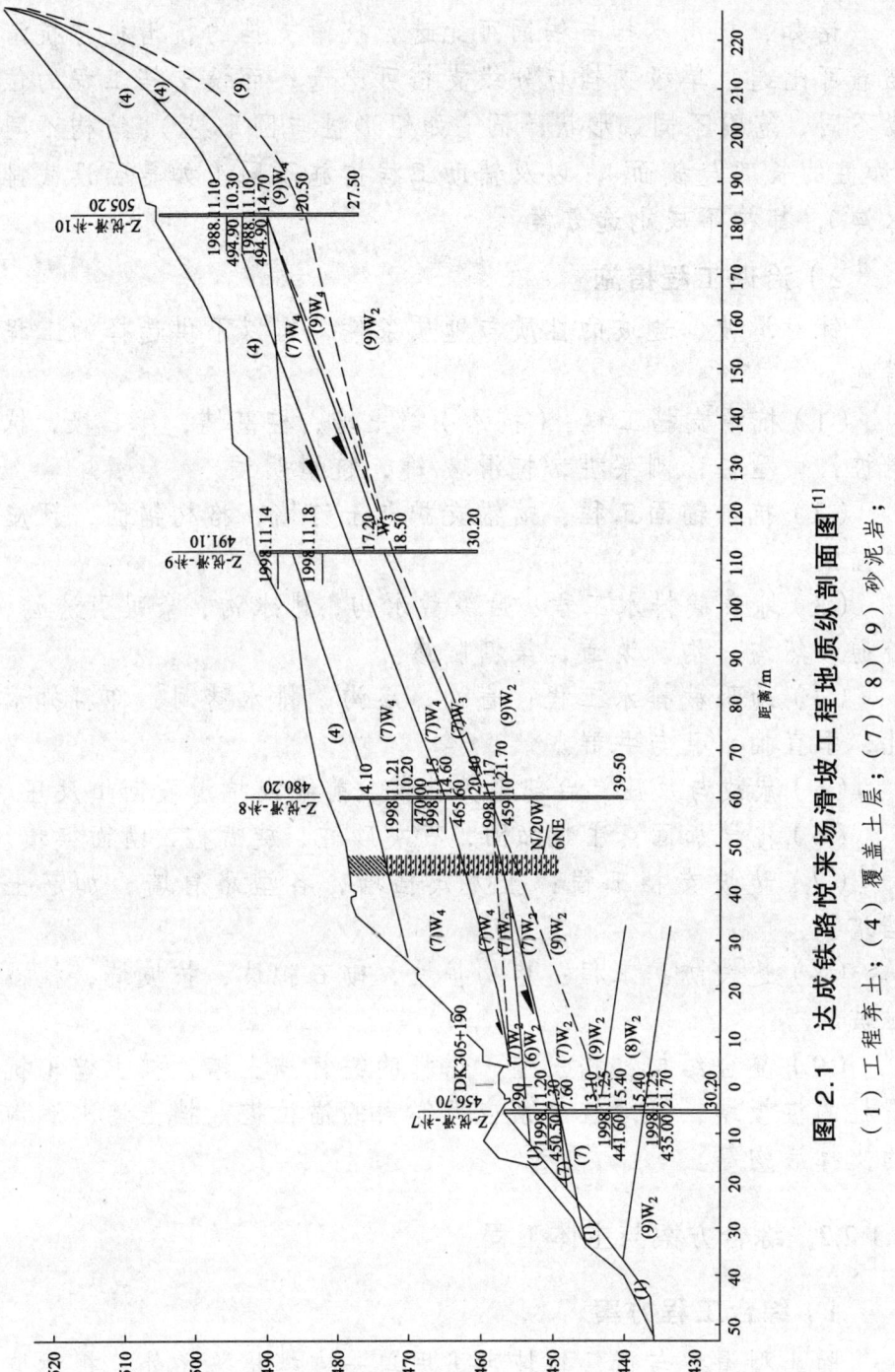

图 2.1 达成铁路悦来场滑坡工程地质纵剖面图[1]

(1) 工程弃土;(4) 覆盖土层;(7)(8)(9) 砂泥岩;
W_4、W_3、W_2—全、强、中风化层

诸如，抗滑支挡与锚固可比选，抗滑支挡的抗滑桩与抗滑挡墙可比选，单级支挡与分级支挡可比选；而设支挡工程的位置不同、范围不同、形状不同（如矩形桩与圆形桩）、结构不同（如桩的长度与截面），以及辅助工程措施不同（如是否设截排水沟），都构不成比选方案。

2）治理工程措施

针对滑坡、边坡的性质与地质条件，有以下供选择的工程措施。

（1）抗滑支挡工程：（抗滑）挡土墙，桩基墙，片石垛，抗滑桩，微型桩，刚架桩，抗滑墩/键，抗滑明洞。

（2）抗滑锚固工程：喷锚支护与土钉墙，格构锚固，预应力锚索。

（3）地表截排水工程：后缘截水沟，排水沟，泉眼引流沟，疏通天然沟，沟河改道，渠塘防渗。

（4）地下截排水工程：盲沟、渗沟，排水隧洞，仰斜排水孔，垂直抽水孔与井群。

（5）减载与反压：后部削方减载，前缘或抗滑段回填反压。

（6）化学加固：注浆加固，石灰砂桩，旋喷桩，滑面换填。

（7）边坡支挡工程：重力式挡墙，各型路肩墙，加筋土挡墙。

（8）边坡防护工程：格构护坡，砌石护坡，护坡墙，植被护坡。

（9）复合结构：挡土墙+锚杆的锚杆挡土墙，挡土墙+抗滑桩的桩板墙，抗滑桩+预应力锚索的锚拉桩，挡土墙+渗沟的支撑渗沟等。

2.1.2.2 综合方案与主体工程

1）综合工程方案

除小型滑坡与低矮边坡可采用单一支挡措施之外，视滑坡成因与特性，有针对性地选择多项工程措施组合成治理工程综合方案，一般是抗滑支挡或锚固工程＋截排水工程，有条件时辅以生物工程。

国内滑坡工程治理思路在20世纪历经了一个发展过程[2]：中华人民共和国成立初期的截排水＋挡土墙，20世纪60年代的抗滑挡墙＋支撑渗沟，70年代的抗滑桩及复合桩，80年代的预应力锚索与锚拉桩。

2）主体抗滑工程

在抗滑工程方案中要优选合适的主体工程：

（1）对常见的牵引、推移式滑坡，多以抗滑支挡、锚固为主体工程，削方减载因毁坏土地已少用。其中小型滑坡与低矮边坡多用挡土墙，中型滑坡多用抗滑桩，大型滑坡多用预应力锚索与锚拉桩。

（2）对边坡坍塌，多以挡土墙、格构锚固为主体工程，全封闭的护墙与喷锚因破坏植被已少用。

（3）对临河库等水文地质性滑坡，多用地下排水隧洞为主体工程（如三峡库区黄腊石滑坡），竖井排水采用较少。

（4）对沟谷两岸对冲式滑坡与威胁线性工程的滑坡，较多选用抗滑明洞，如镇雄县城两滑坡之间沟中设抗滑兼排水明洞。

（5）对堆填土滑坡与边坡，较低的多用加筋土挡土墙或桩板墙，较高的多在桩板墙以上回填加筋土或锚固，也可对坡体采用石灰砂桩加固。

（6）对滑坡的应急治理，微型钢管桩、回填反压因工效高而多被首选。

2.1.3 抗滑支挡与锚固工程的比选

2.1.3.1 抗滑支挡与锚固工程的类型

1）支挡与锚固工程的结构类型

滑坡工程治理的主体抗滑工程多采用支挡与锚固及其复合结构等3类工程，各类工程的结构类型较多。

（1）支挡工程：又分墙、桩两类。以圬工挡土墙为源，派生出重力式路堑墙与衡重式路肩墙、干砌片石垛、桩基承台挡土墙、托盘式挡墙、加筋土挡墙等；抗滑桩则衍生出埋入式桩、抗滑墩、抗滑键、复合式桩等。

（2）锚固工程：又分锚杆与预应力锚索两类。锚杆工程的主要结构类型有喷锚支护、土钉墙；格构锚固则是坡面格构与锚杆或预应力锚索的结合。

（3）支挡与锚固的复合结构：主要有锚杆挡土墙、桩板墙、锚拉桩、抗滑桩+桩间挡土结构等。

2）选择工程类型的一些注意问题

（1）各类抗滑工程均有其优点和适用条件，传统技术并非一无是处，新技术也不能普适天下。目前，主要抗滑支挡工程类型采用抗滑挡土墙、抗滑桩、预应力锚索及复合结构锚索桩、桩板墙等。

（2）复合抗滑支挡结构的实践超前于理论，其设计方法尚在探索中，锚索桩囿于桩与锚的受力分配和协调变形[3]，桩板墙囿于桩间土拱理论和板的受力。

（3）一般地，抗滑挡土墙用于支挡推力较小的滑坡（经验为<300 kN/m）；抗滑桩与预应力锚索用于加固推力较大的滑坡。

其中仅从经济性考虑，抗滑桩宜用于滑体较薄者，预应力锚索宜用于滑体较厚者；锚索桩用于推力过大或桩过长的滑坡，桩板墙用于桩间要回填土或桩间土不稳定的滑坡(边坡)。

（4）在Ⅷ度及以上的高烈度地震区，经"5·12"汶川地震的检验，对滑坡采用预应力锚索、抗滑桩及桩板墙等深长抗滑结构与浅层支挡相比，抗震效果较好。振动台模型试验显示[4]，埋入式抗滑桩位移为桩长的 1/15～1/25，在不同工况下土压力无明显变化，支护效果较好。对边坡，振动台试验表明[5]，下部抗滑桩支挡、上部锚固的混合支护能同时抑止边坡上部的抗裂破坏和下部的剪切破坏，抗震性能明显优于可能产生上部拉裂破坏的单一桩支护。

（5）应急抢险多采用工效高的微型钢管桩，但其费用也较高，且难达永久稳定的效果，故应及时跟进后续的治理工程。

如四川前述机场 12 号滑坡于 2009 年 9 月 3 日突滑后，立即在滑坡后缘以外的机场土面区设 3 排钢管桩应急加固（图 1.3），短期内遏制了滑坡向其后场区的急剧牵引变形，维持了一年多的基本通航。但因钢管桩以边坡潜在破裂面为滑面进行设计，桩长有限，于 2011 年 8 月滑面就穿过桩底重新滑移，仅起到临时应急抢险加固之作用。

（6）在川中、滇中红层顺向坡区，多砂泥岩互层岩体顺软弱泥岩夹层滑坡，如构成滑带的泥岩夹层较薄且剪出口明显，则可用抗滑键置换泥岩夹层以锁住剪出口。抗滑键为钢筋混凝土之矩形截面，水平地向滑带内延伸，间隔布设似琴键状，工程量小而抗滑贡献大。

例如截面 2 m×2 m、长 4 m、间隔 5 m 布设的抗滑键，按混凝土与砂岩的允许剪应力为 200 kPa，则单个键的抗滑力可达 1 600 kN，单宽抗滑力达 320 kN。

2.1.3.2　预应力锚索与抗滑桩的比较

作为常用的两类主体抗滑工程，预应力锚索与抗滑桩的区别可归纳如下，供分析与选用。

（1）原理上，预应力锚索是主动加固，可改善岩土体及结构面的强度,而抗滑桩是被动支挡。

(2)变形上,预应力锚索尤其适合于保护允许变形较小的工程结构(如隧道),而抗滑桩允许变形较大。同时,预应力锚索加固面积大,滞后变形的未加固区较小。

(3)地质上,对岩质滑坡加固采用预应力锚索比采用抗滑桩的效果更好;土质滑坡相反,采用抗滑桩比采用预应力锚索的效果更好。

(4)施工上,预应力锚索是地面作业,较安全,且能在高陡坡体上施工,但要求有运输机械的条件;抗滑桩多采用人工在地下开挖与作业,有风险。

(5)经济上,滑体较厚时宜用预应力锚索,滑体较薄时宜用抗滑桩。因为锚索仅自由段长度与滑体厚度成线性关系,锚固段长度与滑体厚度无关,因而锚索的总长度不会与滑体厚度成正比,而是更小;而抗滑桩不但受荷段而且嵌固段的长度同时与滑体厚度成线性关系,因而抗滑桩的总长度会与滑体厚度成正比,加之截面面积和配筋还与滑体厚度近似呈线性关系,因而工程量更大。

算例:滑体厚 10 m 与 20 m,如设锚索,其自由段长度为 16 m 与 32 m,锚固段均为 8 m,则锚索全长为 24 m 与 40 m,即滑体厚一倍,锚索长度仅增加 2/3。如设抗滑桩,其受荷段长度为 10 m 与 20 m,嵌固段长度按自由段的 1/2,为 5 m 与 10 m,则抗滑桩全长为 15 m 与 30 m,即滑体厚一倍,抗滑桩长度也要增加一倍;同时,因滑体厚一倍,桩的弯距也约增加一倍,为抗弯矩,桩的截面面积和配筋量也会相应增大。

2.1.4 抗滑工程的设置原则

1)抗滑工程的设置范围

理论上抗滑工程宜适当超出滑体边界。但因地震诱发滑坡往往规模硕大，保护对象疏少，治理经费有限，故在无突滑堵沟造成次生灾害的前提下，可酌情减小工程范围，仅针对有保护对象的范围设置。

但是，未支挡段发生滑移后会在保护对象一侧形成较陡的侧边坡，该边坡可能会失稳继而发生牵引。为使保护对象不受其影响，工程范围应适当超过保护对象的范围。

2）纵剖面上的工程设置部位

纵向上，从工程的受力、数量与施工条件出发，抗滑工程应尽量设在阻滑段（最好是滑坡前缘）、滑体较薄处、基岩埋深较浅处、被保护对象前后、有施工空间处。

但工程又不能脱离滑坡剪出口，而应适当切入滑体前缘，才能贴住滑体而发挥抗滑作用。不能靠在支挡工程与剪出口之间回填土体来有效抗滑，因为回填土难以密实，滑坡推力会使之产生较大的压缩变形，抗滑失效。

3）多级抗滑

滑体推力大者，或滑体过长可能多级剪出者，可设两排甚至多排抗滑工程，可以是单一类型也可以是抗滑桩与挡墙的组合。但多排支挡的应力传递和分配问题尚未完全解决，尤其是相距甚近的两排支挡的力学问题更有待探讨[6]。有学者认为两排桩间相距大于8倍桩径时，前排桩与单排桩所受主动土压力相同[7]。

对多排支挡的推力分配，建议选择以下两种途径进行：

（1）每级推力与抗力平衡。即上一级支挡的抗力取该处的剩余下滑力减去一定的被动土压力之差值，下一级支挡的抗力则取下传的被动土压力加上两级支挡之间的剩余下滑力再减去本级的被动土压力。

（2）总推力与抗力平衡。即各级推力之和等于总的剩余下滑力，每级支挡不完全按该处的全部推力设计，允许有剩余推力下传,但最下一级剩余推力为 0。

4)工程平面布置

平面上,抗滑工程多平行于等高线而成排状,亦可据地形或保护对象而分段设置,总体呈阶状。

各排支挡应尽量与主滑方向垂直。

不同纵剖面代表的滑坡段,如地质地形条件有别,则其支挡工程位置应相应调整。

2.2 抗滑桩设计要点

抗滑桩由于其布置灵活、施工快捷安全、对滑体扰动小、可动态调整设计等优点,自 20 世纪 70 年代初在成昆铁路建设中问世以来,就得到广泛推广应用,成为主要的抗滑支挡工程措施[8]。

抗滑桩设计的步骤为:设计推力→桩的构造尺寸(桩长、嵌固段长、间距、截面)→桩身配筋→锁口与护壁。

桩身混凝土不低于 C20,常用 C25,不必高至 C30。

2.2.1 设计推力选取及其分布形式

1)推力选取

(1)当桩前滑体会失稳形成悬臂时,按设桩处推力作为设计推力。桩较高时应比较滑坡推力与主动土压力,取大值作为设计推力。主动土压力 E_a(kN/m)按下式计算。

$$E_a = \frac{1}{2}\gamma \cdot h^2 \cdot K_a - 2 \cdot c \cdot h \cdot \sqrt{K_a} + \frac{2c^2}{\gamma} \qquad (2.1)$$

式中:γ、c 分别为土体的重度(kN/m^3)、黏聚力(kPa);

h 为桩受荷段高度(m);

K_a 为桩后主动土压力系数，见式（2.12）。

（2）当桩前滑体不会失稳时，按设桩处推力与桩前抗力之差作为设计推力，桩前抗力取桩前抗滑力和被动土压力二者中之小值(图 2.2)。

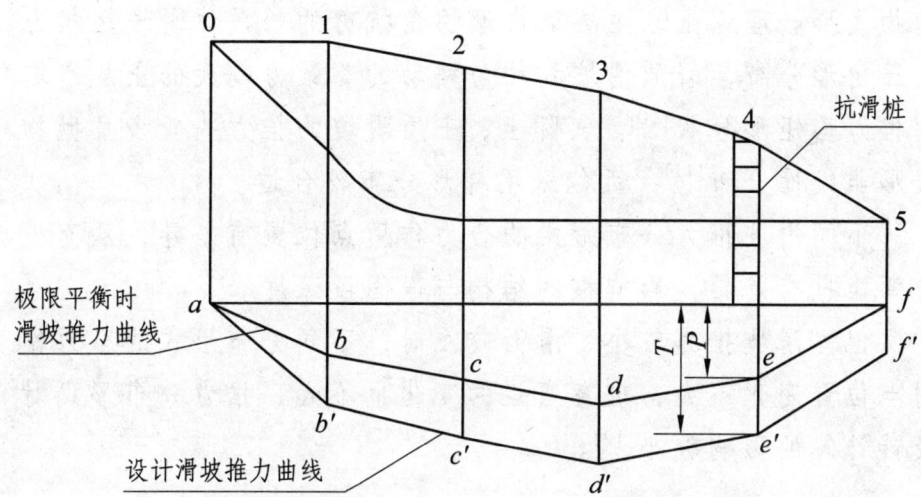

T—桩上滑坡推力(kN/m); P—桩前滑体抗力（kN/m）

图 2.2 滑坡推力曲线[9]

（3）在滑坡前缘设桩可近似采用出口剩余下滑力。

2）桩前被动土压力计算

桩前被动土压力的估算较复杂，由于桩间存在土拱，是否按桩体宽度计算被动土压力还有待探讨；桩的位移往往较小，被动土压力不能充分发挥，如何取值也是问题。

现据经验，建议取被动土压力计算值的 $1/3$[9] 再乘以桩体宽度与桩中心间距之比值，即桩前被动土压力 E_{pz}(kN/m):

$$E_{pz} = \frac{1}{3} \times \left(\frac{1}{2} \gamma \cdot h^2 K_p + 2ch\sqrt{K_p} \right) \times \frac{b}{B} \qquad (2.2)$$

式中：b、B 分别为桩体宽度（m）、桩中心间距（m）；

K_p 为被动土压力系数，见后述之式（2.13）。

其余见式（2.1）。

3）推力分布形式

滑坡推力沿桩的竖向分布形式，有三角形、矩形、梯形与抛物线形。理论上，主要以内摩擦角抗剪的松散体滑坡之推力呈三角形分布，岩质滑坡和均匀蠕动的黏聚力较大的土层滑坡的推力呈矩形分布[10]。实际上，土质滑坡的推力一般多呈抛物线形非线性分布[11]，近似采用梯形分布较合适。

不同滑坡推力分布形式的合力作用点位置有差异，从而桩身弯矩也有差异，影响桩的结构与嵌固段深度。

但当滑坡推力较小、滑面较浅时，不同分布形式的合力作用点位置变化不大，桩身弯矩的变化也不大，推力分布形式对设计计算的影响较小[12]。

2.2.2 抗滑桩结构设计：原则与经验

抗滑桩结构设计方法分悬臂桩法与地基系数法两种。地基系数法有大量规范、文献、软件可供参用，本节则部分参照悬臂桩法。

悬臂桩法将滑坡推力和桩前剩余抗滑力作为外加荷载，受荷段桩体按悬臂桩设计，嵌固段用地层侧向容许应力控制，求得桩的最小嵌固深度，再根据桩的侧壁应力图计算桩的内力。

抗滑桩的结构要素有：桩间距、桩高（桩长）、嵌固段、桩截面与配筋、锁口与护壁。

2.2.2.1 合理桩间距

1）桩间土拱问题

桩间距与桩间土拱效应相关。桩间土土拱理论和合理桩间距问题现正在热烈探讨中，土拱的平面形状、竖向上土拱厚度的变化、形成土拱的力学机制，均待进一步研究[13]。

对土拱的形成，有的仅强调计桩间土与桩侧面的摩阻，也有的仅计桩背面的抗力，亦有同时计桩侧摩阻力与桩背抗力共同作用的。

2）合理桩间距经验值

合理桩间距与桩间土强度、桩的截面尺寸有关。据经验，桩心间距一般采用 4~8 m，净间距为 3~5 m，且桩心距为桩宽的 2.5[14]~5.0 倍[15]。

要体现大而疏、小而密的原则，即 3 m 宽的宽桩的桩心距取 7.0~8.0 m（净间距 4.0~5.0 m），2 m 宽的中等宽度桩的桩心距取 5.5~6.5 m（净间距 3.5~4.5 m），1 m 宽的窄桩的桩心距取 4.0~5.0 m（净间距 3.0~4.0 m）。

同样推力下，桩过密而小则护壁工程量比例增大，显得不经济；桩过疏则桩间土可能形不成土拱而失稳。相关规范将最大桩间距放宽为 10 m[9,14]，对土质较松软的滑体似偏大。

笔者主持的南昆铁路膨胀岩土路基工程试验段，支挡边坡的抗滑桩在桩心距 8 m、净间距大于 6 m 时，即桩间距大于桩宽的 4.0 倍时，桩间土依然发生挤出坍塌，是为教训[16]。

3）高烈度区桩间距

在地震力叠加下，桩间距应减小。工程实例[17]表明，考虑地震作用与不考虑相比，桩的净间距要降低21%，因此提出Ⅵ、Ⅶ、Ⅷ烈度区桩间距的折减系数分别为 0.96、0.92、0.77~0.82。

据此，建议在Ⅷ度及以上高烈度区，桩心间距比照上述经验值减小 0.5～1.0 m。

2.2.2.2 桩高（桩长）的确定原则

（1）桩的高度一般齐坡面，形成全埋式桩。桩位剖面上地形起伏较大时，可分段设为不同高度，桩顶线呈阶状。

常见因桩长以米为单位设计，使锁口全高出地面，应改为以 0.5 m 为单位设计桩长，避免浪费。

（2）在前缘临空面设桩，或在滑体由厚变薄处设桩，应据从桩顶剪出的滑移模式进行越顶检算来控制。

越顶检算应搜索滑体从桩顶剪出模式的最危险潜在滑面，并相应采用滑体土（不是滑动面）的抗剪强度指标。

例如，前述四川高填方机场的 12 号滑坡段，在填土初期就曾发生过坍滑。坍滑体未破坏抗滑桩，而是从桩顶越顶剪出，还继续向前推倒桩前 20 m 外的挡土墙。

（3）有越顶剪出之虑时，桩可高于坡面并在悬空段桩间挂挡土板，在桩板后回填土，以免桩后滑体越桩顶剪出。

因一般回填于抗滑段，会有一定反压作用，滑坡的推力还有所降低。

（4）坡面较平缓、滑体强度明显大于滑面强度而无越顶可能时，亦可将上部做成空桩形成下埋式桩，仅加固滑带及上下，以减小桩身钢筋混凝土工程。

空桩段也要有锁口与护壁，并要用土石回填，滑坡推力几无变化。

（5）桩的高度应与截面大小相匹配，不要太过细长，但现尚无成熟经验。

有规范认为悬臂段长度不宜超过桩截面长度的 6 倍[15]，有经验认为埋入式桩的全长不宜超过桩截面长度的 10 倍。

2.2.2.3 嵌固段长度的确定原则

嵌固段长度在经验值的基础上据检算确定，且要求嵌固在滑动面以下稳定岩土体中。当桩底以下还存在软弱结构面时，因下滑力被桩封顶而可能在桩底开拓新的出路，故要补充论证从桩底软弱结构面产生深层滑动的可能性，如可能则应相应增加嵌固深度。

在无深层滑动条件下，嵌固段长度的经验值是桩全长的1/2（土层）～1/3（岩层），锚拉桩减小为1/3（土层）～1/4（岩层）。

中铁二院丁杨等总结的估算嵌岩抗滑桩嵌固段长度的经验式为：

$$h_2 = \frac{H}{4} + 1 \text{（m）} \tag{2.3}$$

式中：H 为桩的全长。即桩长为 12 m 时，锚固段长 4 m，为桩长的 1/3；桩长大于 12 m 后，锚固段长不足桩长的 1/3；桩长小于 12 m 后，锚固段长略大于桩长的 1/3。

嵌固段可不全长设于基岩的中风化层中，部分仍可设于强风化层与土层中。此时的综合计算方法尚不成熟，可对强风化层、土层的嵌固力按经验折减，或按地基系数法中 mk 法将抗力设为等面积梯形来近似计算。

滑床土较深时，嵌固段也可全长设于土层中，认为抗滑桩不嵌入基岩就不可靠是缺乏依据的。

设于滑坡中部的抗滑桩，其嵌固段应从桩前壁处的滑动面处起算（图 2.3 右）。当滑面较陡时，从桩底向上的被动破裂面（$45° - \varphi/2$）与滑动面交点的高度，要比桩前壁处滑动面高度低，建议此时从二者的中值起算嵌固段（图 2.3 左）。

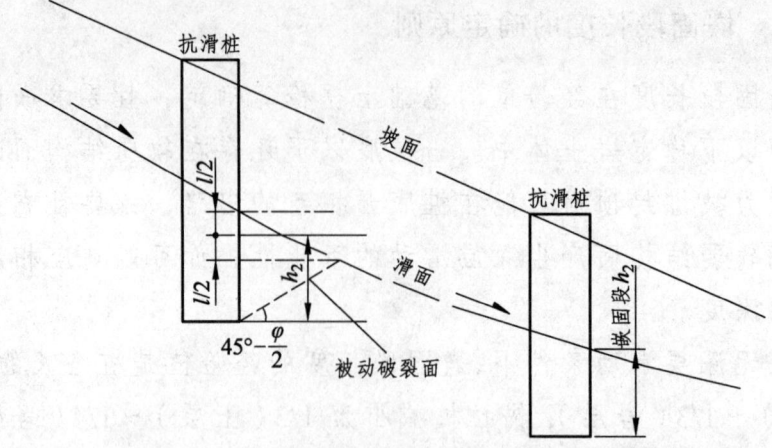

图 2.3 斜坡上抗滑桩嵌固段的起算点

2.2.2.4 嵌固段长度的拟悬臂简化计算方法

按拟悬臂桩法,滑坡推力已考虑减去桩前抗力,并假设滑动面以下地基系数值为常数,则桩的嵌固段长度 $h_{2\min}$(m)可据以下简化公式计算[18](图 2.4):

$$h_{2\min} = \frac{E'_T}{[\sigma]\cdot B_p} + \sqrt{\frac{E'_T}{[\sigma]\cdot B_p}\left(\frac{3E'_T}{[\sigma]\cdot B_p} + A\cdot h_1\right)} \qquad (2.4)$$

式中:A 取 3.0(推力矩形分布)、2.0(推力三角形分布)、2.5(推力梯形分布);

E'_T 为单桩荷载(kN),$E'_T = E_T$(减去桩前抗力的单宽滑坡推力)$\times L$(桩心间距);

h_1 为桩的受荷段长度(m);

B_p 为桩的计算宽度(m),取桩的设计宽度 $b+1$ m;

$[\sigma]$ 为侧向容许承载力(kN/m²)。

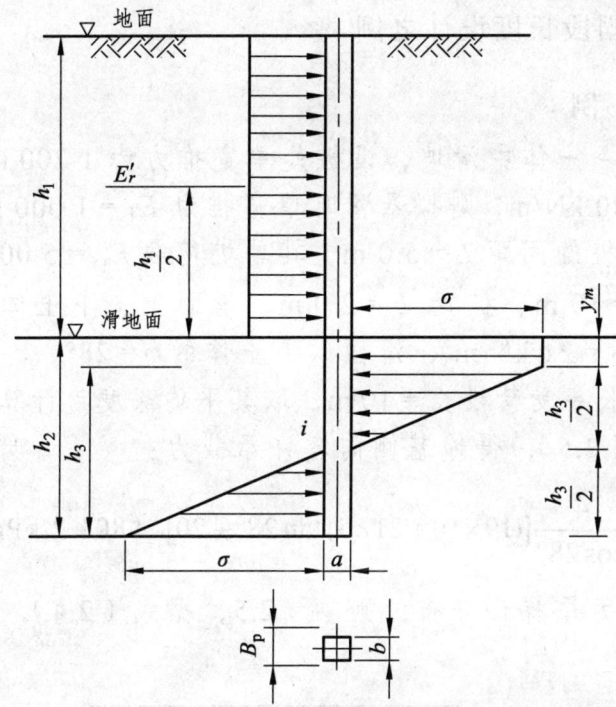

y_m 为嵌固地段达 $[\sigma]$ 区的厚度；h_3 为嵌固地段弹性区的厚度；
a、b 分别为桩截面的长度与宽度；$h_2 = h_3 + y_m$

图 2.4　悬臂桩简化计算图[18]

其中，侧向容许承载力取值如下：

（1）岩体侧向容许承载力可据单轴极限抗压强度折减（折减系数为 1/5～1/7）。

（2）土体侧向容许承载力 $[\sigma_H]$（kPa）一般可据下式确定[18]：

$$[\sigma_H] = \frac{4}{\cos\varphi}[(\gamma_1 h_1 + \gamma_2 y)\tan\varphi + c] \tag{2.5}$$

式中：γ_1、γ_2 分别为滑面以上、以下土体的重度（kN/m³）；

φ、c 分别为滑面以下土体的内摩擦角(°)、黏聚力(kPa)；

h_1 为设桩处滑动面至地面的距离（m）；

y 为滑动面至嵌固段上计算点的距离（m）。

2.2.2.5 嵌固段长度设计之例

1）算 例

（1）对一土体中滑坡，设桩处单宽推力为 1 200 kN/m，桩前抗力为 200 kN/m，则拟悬臂时单宽推力 $E_T = 1\,000$ kN/m；所设矩形抗滑桩的间距 $L = 5.0$ m，其单桩荷载 $E'_T = 5\,000$ kN、受荷段长 $h_1 = 10$ m、桩宽 $b = 2.0$ m，滑面上、下土体重度 $\gamma_1 = 19$ kN/m、$\gamma_2 = 21$ kN/m³，滑面以下土体的 $\varphi = 28°$、$c = 20$ kPa，假设嵌固段长＝受荷段长＝10 m，取其平均深度为计算点则 $y = 5$ m，据式（2.5），得地基侧向容许承载力：

$$[\sigma_H] = \frac{4}{\cos 28°}[(19 \times 10 + 21 \times 5)\tan 28° + 20] = 801.2 \text{ kPa}$$

又设推力按梯形分布，则 $A = 2.5$，据式（2.4），得嵌固段长度 $h_{2\min}$：

$$h_{2\min} = \frac{5\,000}{801 \times 3.0} + \sqrt{\frac{5\,000}{801 \times 3.0}\left(\frac{3 \times 5\,000}{801 \times 3.0} + 2.5 \times 10\right)} = 10.1 \text{ m}$$

故嵌固段长可设计为 10 m，为桩长 20 m 的 1/2。

（2）对单宽推力 $E_T = 1\,000$ kN/m 的基覆界面滑坡，所设矩形抗滑桩的参数同上例，地基侧向容许承载力 $[\sigma_H] = 2\,500$ kPa，假设嵌固段长＝受荷段长/2＝5 m，又设推力按梯形分布，$A = 2.5$，据式（2.4），得嵌固段长度 $h_{2\min}$：

$$h_{2\min} = \frac{5\,000}{2\,500 \times 3.0} + \sqrt{\frac{5\,000}{2\,500 \times 3.0}\left(\frac{3 \times 5\,000}{2\,500 \times 3.0} + 2.5 \times 10\right)} = 4.91 \text{ m}$$

故嵌固段长可设计为 5.0 m，为桩长 15 m 的 1/3。

2）破坏实例

抗滑桩最常见的事故是桩身倾倒失效，原因主要是嵌固深度不够，地基侧向抗力不足。

例如，对贵昆铁路曲靖站膨胀土路堤滑坡[18]，1982 年在抗滑段设 1.5 m×2.0 m 截面抗滑桩 14 根，辅以坡脚挡墙进行治理。1990 年 11 月滑坡再次滑动，中部 11 根桩外倾 5°～25°，坡脚墙和墙前出现隆起。原因主要是桩底嵌入砂页岩仅 0.5～1.0 m。再次整治时设两排共 30 根抗滑桩，加大了桩深，嵌入砂页岩风化层 4 m 以上，滑坡得以稳定（图 2.5）。

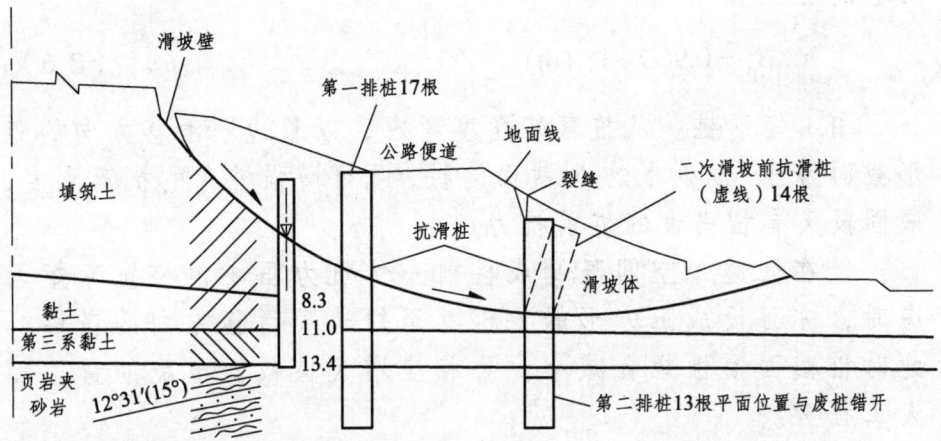

图 2.5　贵昆铁路曲靖站贵阳端右侧滑坡整治工程剖面图[18]

又如，成都剧场改建工程的基坑护壁桩，因悬臂高、嵌入浅而发生倾斜，桩顶外移 50 cm 以上，其后的太和酱油厂厂房严重开裂，即将垮塌，迅即在外倾桩的腰部加设扣轨梁，在梁上施加预应力，仅各施加 200 kN 就将桩压回扶直，酱油厂得以保全，但扣轨梁已被压弯。

2.2.2.6　桩截面的设计原则

1）桩的截面形状

桩的截面有圆形与矩形两种。虽然圆形桩与等截面面积矩形桩的效果相当，但以往在我国，廉价人工开挖桩井的矩形桩比机械钻井的圆形桩要经济且易于施工，且桩的侧壁摩阻力较大,因此抗滑桩截面一般采用矩形,仅推力方向难确定时用圆形,基坑支护桩也多用圆形(但也多为人工挖孔)。

圆形桩与矩形桩效果相当的表现之一为,相同截面面积时,两种桩的计算宽度相近。例如:$1.2 \text{ m} \times 1.5 \text{ m}$ 的矩形桩,截面面积 1.8 m^2,计算宽度 B_p 为 2.2 m;直径 $D=1.5$ m 的圆形桩,截面面积 1.77 m^2,计算宽度 B_p 据式(2.6)[14]为 2.25 m,与矩形桩的 2.20 m 相近。

$$B_p = 0.9(D+1) \text{ (m)} \tag{2.6}$$

(1)矩形桩。从抗弯矩角度考虑,以长边顺滑移方向的矩形截面为优。这种长方形截面的桩,既可增强桩身的抗弯刚度,嵌固段又有相当大的桩前抗力。

但在受施工空间限制或桩前土体抗力虽小但桩抗弯矩无虑时,亦可设成正方形的方桩甚至短边顺滑移方向的扁桩。此时桩截面惯性矩会减小,要相应增大桩截面与配筋量,加大工程费。

(2)圆形桩。基坑护壁桩的特点是小、密、浅、排,即桩直径小,可至 80 cm;桩间距小,最小桩心距仅 2.0 m;因多系临时工程,桩嵌入土层浅,不足桩长的一半;悬臂高,桩顶加冠梁,连接成排桩,并常与桩上锚拉相结合。其结构设计参见有关规范。

2)矩形桩的截面尺寸

矩形桩截面的长、宽尺寸一般按 0.25 m 的倍数取值,细化设计时也可精细到 0.1 m。

确定桩身的截面尺寸要兼顾两个方面,一是宽度要保证嵌固段有足够的侧向承载力,二是截面面积要满足桩身抗弯与抗剪的需要。当弯矩与剪力较大时,采用长方形截面并保证截面面积为主要考量;当弯矩与剪力较小,桩身宽度为主要因素,甚至可采用方桩或扁桩;

矩形桩截面的长宽比一般取 1∶1.25~1∶1.5，顺滑移方向为长边，与之垂直的短边为桩宽，呈长方形。

受桩井人工开挖控制，矩形短边宽不宜小于 1.0~1.25 m，此时加上护壁空间，开挖作业面宽度不会短于 1.30 m。桩宽一般取 1.0~3.0 m。

当滑坡推力过大时，桩可更巨大。例如前述襄渝铁路赵家塘滑坡所设路肩抗滑桩，最大截面为 3.5 m×7.0 m[19]（注：时为 20 世纪 70 年代初，锚拉桩尚未问世）。

2.2.2.7　桩身配筋的设计原则

根据滑面处的弯矩和剪力按规范要求对抗滑桩配置钢筋[10, 20]。须注意：

（1）配筋量兼顾抗弯与抗剪，但通常受抗弯控制。抗滑桩破坏多为桩身弯斜与混凝土剪裂，鲜见钢筋剪断的。

中铁二院丁杨等总结的估算桩身最大弯矩（$\sum M$，kN·m）的经验式为：

$$\sum M = E \cdot \frac{1}{2} \cdot \left(H - \frac{H}{4} - 1\right) \cdot 1.3 \tag{2.7}$$

式中：E 为 1/2 受荷段处之拟悬臂状态下推力（kN）；

H 为桩的全长（m）。

（2）构造筋和箍筋要合理而不过多。纵向构造筋间距宜为 40~50 cm，直径不宜小于 12 mm；架立筋直径不宜小于 16 mm。箍筋不宜多于 4 肢，直径不宜小于 14 mm，间距不大于 50 cm。

（3）受力筋配于桩的靠山侧，直径不小于 16 mm，间距不小于 12 cm，最多可配 3 排；束筋每束不多于 3 根，保护层厚度不小于 6 cm。

（4）对受力筋要纵向截筋但又不要过分，因为计算剖面代表段的滑面位置会有一定的上下变化。

（5）配筋量要与桩截面面积相匹配，不能超筋。

2.2.2.8 抗弯矩的结构估计方法

1）经 验

据经验，对 $1\ m^2$ 截面的桩体合理配筋至少可抗 $3\ 000\sim4\ 000\ kN/m$ 的弯矩。中铁二院丁杨等列出了两排束筋满布时不同桩截面、不同钢筋直径所抗弯矩（表 2.1，详见附录 2.1），据之可据最大弯矩预估桩的截面与配筋。

表 2.1 两排束筋满布时不同截面桩身所承受弯矩（kN·m）（据丁杨等）

筋径(mm)	桩宽(m)/束筋量(根)	桩截面长(m)	总承受弯矩	弯矩/(mm² 钢筋)	弯矩/(m² 桩身)
22	1.25/54	1.50	8 114.1	0.395	4 327.7
		1.75	9 858.8		4 506.9
	1.50/66	2.00	14 150.5	0.564	4 716.8
		2.50	18 415.2		4 910.7
	2.00/90	2.50	25 058.0		5 011.6
		3.00	30 873.5	0.902	5 145.6
25	1.25/54	1.50	9 908.7	0.374	
		1.75	12 161.9		
	1.50/66	2.00	17 566.0	0.542	
		2.50	23 073.9		
	2.00/90	2.50	31 374.9		
		3.00	38 885.6	0.880	
28	1.25/48	1.50	10 223.8	0.346	
		1.75	12 586.6		
	1.50/60	2.00	18 553.7	0.502	
		2.50	24 460.6		
	2.00/84	2.50	34 012.3		
		3.00	42 281.9	0.817	

例如，对设计推力 1 000 kN/m、桩心距 5 m、受荷段长 10 m、嵌固段长 5 m 的嵌岩抗滑桩，据式(2.7)，桩身最大弯矩 $\sum M$ = 1 000×5×1/2×(15 − 15/4 − 1)×1.3 = 33 312.5 kN·m。查表 2.1 知，配 90 根 $\phi25$ 钢筋，桩截面可匹配为 2.0 m×2.75 m，设计截面 2 m×3 m 则是留有余地的。

2）讨 论

从表 2.1 可分析出以下趋势供设计中参考：

（1）桩身截面相同时，配较细钢筋的抗弯矩能力比配较粗钢筋要强。表中显示 $\phi22$ 比 $\phi28$ 的单位截面面积钢筋的可承受弯矩大 10.4% ~ 14.2%。

（2）桩截面愈窄而长，其抗弯矩能力则愈大，致单位截面面积桩身可承受的弯矩愈大。但这会影响嵌固段的抗力，故还不能一味追求窄长，而应使截面的长宽比适度（1.25 ~ 1.50）。

（3）由于置筋在工程费中所占比例少于桩身混凝土，虽用细筋抗弯较合理，但综合计，抗相同的弯矩，采用较小截面面积配较多钢筋在经济上往往比较大截面面积配较少钢筋合算。

例如，上例也可采用配 84 根 $\phi28$ 钢筋的 2.0 m×2.5 m 截面抗滑桩。与配 90 根 $\phi25$ 钢筋 2.0 m×2.75 m 截面桩相比，每根桩少用混凝土 7.5 m³，多用受力钢筋(按 1/2 截筋计)441 kg，总费用较低。再与配 90 根 $\phi22$ 钢筋 2.0 m×3.25 m 截面桩相比，每根桩少用混凝土 22.5 m³，多用受力钢筋（按 1/2 截筋计）1024 kg，总费用也较低。

因此，桩的截面面积与配筋要匹配。按抗弯矩与剪力配筋，不能过多以至超筋，但也不应过少。当配筋率偏低时（一般每立方米桩体在 80 ~ 100 kg 以下），要复核桩截面是否偏大，在桩抗力满足要求的前提下优化桩的截面尺寸，但同时要相应调大配筋量。

2.2.2.9 锁口与护壁及细化桩结构设计

1) 锁口与护壁设计

（1）锁口、护壁混凝土不低于 C15。锁口盘不宜太大太厚，有悬臂时不能悬置于桩顶，而应设于悬臂底面。土层中护壁厚度一般不大于 15 cm，基岩强风化层中护壁要减薄，中风化层中可取消护壁。

（2）锁口、护壁按构造配筋。

（3）在陡坡上设桩时，锁口盘宜稍高出坡面，以免盘后开挖出高陡边坡；必要时可对边坡临时加固。

（4）桩井有地下水渗出时，应加大护壁厚度，并采用防水混凝土。

2) 注意按不同剖面细化设计

（1）滑坡纵剖面不应过疏，间距以 50~100 m 为宜。不宜为减少勘查费用而过分削减勘探剖面，桩位横剖面上的勘探点还可加密。

（2）滑坡不同纵剖面的推力及地形地质条件不同，桩的高度、截面、嵌固段长度、配筋均应不同，从而组合设计成不同桩型，达到施工图深细度。

（3）同时要审视桩位横剖面。当纵剖面间距较大时，横剖面上滑面可能有较大起伏，也应据之分段设计为不同桩型。

（4）桩顶高度要平齐，困难时可顺应地形而呈阶状。切忌套用同一桩型于不同地段。例如，宜宾某场镇道路滑坡，在道路堡坎前采用抗滑桩支撑，但近百根抗滑桩套用同一长度（12 m）之单一桩型（截面 1.5 m×2.0 m），并要求嵌入中风化基岩同一深度（6 m），由于基岩中风化面波状起伏，竣工后桩顶高低不齐，高差甚大，致使各桩的支撑高度不一，低桩支撑作用不足，且景观怪异，饱受村民责问，花费了大力气整改。

2.2.3 抗滑桩复合结构类型

1) 复合式桩

抗滑桩一般采用排式单桩。推力特别大、滑动面深时，在一般抗滑桩的基础上，还衍生出不同的新结构形式(图 2.6)[8]。这种复合式桩包括Π形刚架桩、排架抗滑桩和 h 形抗滑桩。其共同点都是将前后两桩用梁架相连，理论上认为抗滑力比两单桩之和更大。

Π形刚架桩的内桩受拉，外桩受压，每排由两根竖桩和一根横梁组成，能承受较大推力。

排架抗滑桩在Π形刚架桩的基础上增设了下横梁，此梁可按隧道导坑掘进法施工。

h 形抗滑桩在Π形刚架桩的基础上增高内桩，起到收坡作用。

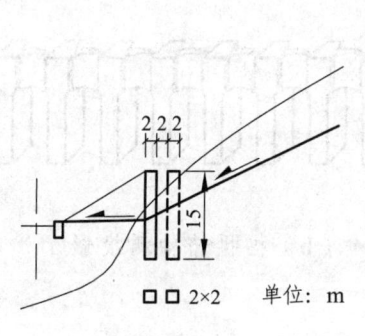

(a) 一般抗滑桩排

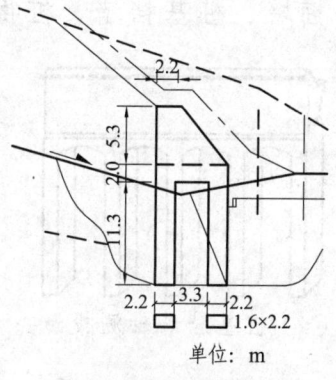

(b) 椅形桩墙
（枝柳铁路施容溪滑坡）

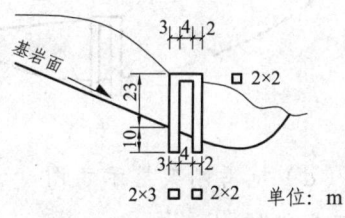

(c) Π形刚架桩
（枝柳铁路罗依溪滑坡）

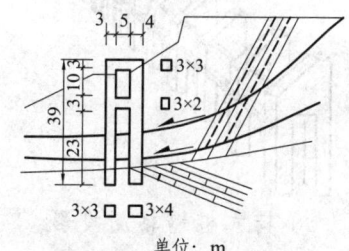

(d) 排架抗滑桩
（成昆铁路玉田滑坡）

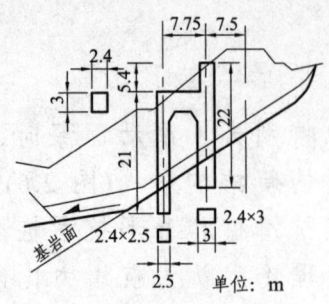 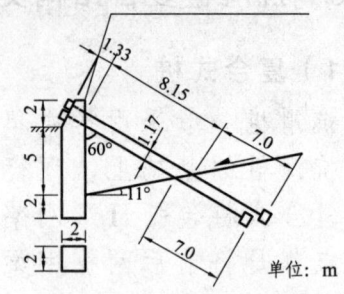

（e）h形抗滑桩　　　　　　　（f）预应力锚索抗滑桩
（川黔铁路K180路堤滑坡）　　（松藻矿务局金鸡岩块石土滑坡）

图 1.4　新型抗滑结构型式实例[17]

2）桩、墙复合类型

为解决挡墙基础过深、施工困难又不经济之问题，出现了椅形桩墙、桩基挡墙、桩拱墙等桩与墙的复合结构（图 2.7）。

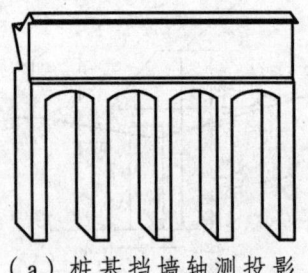 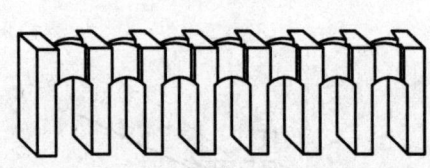

（a）桩基挡墙轴测投影　　　　（b）桩拱墙轴测投影

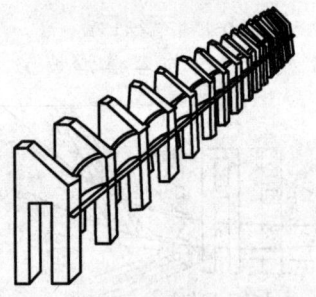 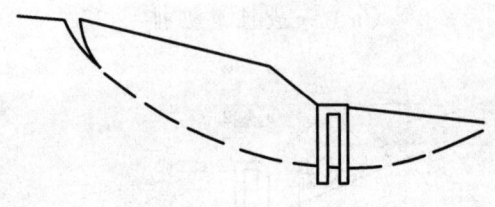

（c）椅式桩墙轴测投影　　　　（d）抗滑刚架桩示意图

图 2.7　几种桩、墙复合结构[21]

例如椅形桩墙，由内桩、外桩、承台、上墙及拱板组成，用拱板支承滑坡体，将推力通过内、外两桩传至稳定地层；因用刚性承台将内、外两桩联成整体框架，转动惯量大，能承受较大的弯矩，而桩壁应力较小，对软弱地层更显其优越性。

3）问题探讨

目前，上述异形桩的检算并不完全成熟，实践多限于个案，据经验设计[22]。尤其是前、后桩分摊推力还是统一承受总推力，前、后桩按单桩受力特性还是作为整桩的受拉、受压两面而受力不同，前、后桩的合理间距，如何贯彻强梁弱桩的原则，梁与桩相连接的性质与结构，两桩间挟持的土体的作用等，都还不够明晰[23]，故应用尚不广泛。

2.2.4 微型(钢管)桩

1）构造与应用

作为圆形钻孔桩之一种，微型(钢管)桩直径通常不大于 30 cm，成孔孔径不小于 180 mm；一般采用电焊直缝钢管，管径不小于 140 mm，内外灌注水泥砂浆；钢管内还可加插钢筋或束筋。一般设 2～3 排，品字形布桩，桩顶用纵、斜梁连接。按圆形抗滑桩进行结构设计，嵌固段不长于总桩长的 1/3。

微型钢管桩原用于应急抢险。近年来，因人工及材料费飞涨，钢管桩与人工挖孔桩的单价差价在急剧缩小，且钢管防腐工艺已趋成熟，故应用日渐广泛，甚至开始作为中小型滑坡的永久性抗滑工程。得荣城南大滑坡前缘临空面用微型钢管桩支挡，宁南白水河大滑坡高陡后壁用微型钢管桩加固均初见成效。

2）抗滑力

据四川省公路设计院等在广巴高速公路的现场破坏试验[24]，间距 1.5 m、桩径 18 cm、管径 140 mm、受荷段长 8 m 的二、三排群桩的极限抗滑力分别达到463 kN/m、595 kN/m，造价比采用人工挖孔桩还低；考虑1.5的安全系数，分别作为治理推力不大于300 kN/m、400 kN/m的中小型滑坡的永久性工程是可行的。

但由于群桩土拱效应和桩与梁的力学问题，微型(钢管)桩的设计方法还在研究中[25]。

3）排距问题

微型桩的排距尚待研究。有物理模型试验显示[26]，单排微型桩桩土相互作用范围为15倍桩径，破坏时桩顶位移为1/4桩径。

又有研究表明[27]，微型桩群可承受较大的横向力，传统方法夸大了其弯曲变形，桩的排距不应小于8倍桩径。

据上，桩的排距暂按桩径的8～15倍取值为宜。

4）推力分配问题

各排桩所受推力不同，总趋势是滑坡推力沿荷载传递方向逐排减小，第一排承受水平推力最大，排数过多后作用逐渐减弱。但具体的推力分配尚无成熟模式可循。

例如李乾坤等对达县一油井场滑坡，采用4排直径0.12 m、排距1.0 m、列距1.2 m的微型组合抗滑桩进行治理，实测应变显示抗滑作用以靠滑坡的两排桩为主，第三排桩受推力小，第四排桩不起作用[28]。

另一黄土滑坡的微型桩现场试验显示[29]，滑坡推力沿荷载传递方向减小，五排桩的推力分配比为：0.279、0.195、0.189、0.161、0.171。

5）连　梁

加强桩顶连梁，体现强梁弱桩的原则很重要。连梁能有效减小桩顶和滑面处桩身的位移，提高滑坡的稳定系数[30]。

有研究认为[27]，连梁宽1～2 m、厚0.5～1.0 m较合适。

连梁结构可近似按两端固定单跨超静定梁计算[14]。

例如，南昆铁路膨胀岩土路基试验工点采用微型桩应急加固边坡浅层坍塌，因无法上钻孔机具而用洛阳铲成孔，致孔径小而无法下钢管，改下束筋，且无连梁。完工不久微型桩排即自内而外逐排被推弯折而失效，缺连梁是一主要原因。

6) 群桩效应问题

据杭州的现场水平荷载试验[31]，微型钢管桩群桩效应明显。试验所得水平极限承载力，单桩为 90 kN，3×3 群桩为 550 kN，4×4 群桩为 1 000 kN，群桩效率分别为 0.68、0.69。

据此，微型桩应考虑群桩效应对允许承受推力进行折减。

2.2.5 锚拉桩

对承受推力大、受荷段或悬臂段长的抗滑桩，可在桩的顶段加设预应力锚索，复合而成锚拉桩。桩顶锚索构成支点，使桩形成似简支结构，其计算弯矩变小，桩长和截面得以优化，从而节省投资可多达 60%，缩短工期 1/3[32]。

锚拉桩自 20 世纪 80 年代由铁科院西北所倡导以来，虽得到较广泛应用，但设计方法至今仍不够成熟，处于半理论半经验状态。笔者在成都群光广场深基锚拉桩支护方案设计中进行了尝试，列为附录 2.2 供参考。

归纳锚拉桩设计要点如下：

（1）锚索拉力。

理论上应按控制桩顶位移的方法[14]计算，但各家计算的偏差较大。

经验上也差别较大，李传珠等取净滑坡推力的 1/2～4/7[33]，显得偏大；有经验从造价考虑，取滑坡推力的 15%～25%，又显得偏小。据此，综合取值区间宜为 1/2～1/5。

（2）锚索锁定力。

锚拉桩允许桩顶产生一定的位移，故锚索锁定力应小于设计锚固力，原则上应按锚索设计力与桩-锚协同变形时所产生力之差值作为锁定力[34]。

经验上，按设计锚固力的 50%～80% 锁定[35]。

（3）锚索布置。

（a）锚索设于桩的顶段，但离桩顶的距离不得小于 0.5 m。

（b）多根锚索时可多排布设，竖向排距不宜小于 1.5～2.0 m。

（c）每排也可设两根锚索，水平间距不得小于 5 倍锚孔直径，且两索不并行而是向下分开。

（4）优化桩的结构。

（a）锚拉桩可减小嵌固段的长度，经验值不超过桩全长的 1/3（土层）～1/4（岩层）。

（b）减小桩的截面，桩径与受荷段长度之比可放宽至 1/12[14]。

（c）按减小后的弯矩配筋，按升高后的合力作用点调整竖向受力筋的布设范围。

（d）将桩顶设锚处削成斜面，桩身设锚处加斜托，使锚索与之垂直。

（5）h 型锚拉桩。

据张永杰等的研究[36]，h 型锚拉桩的设计桩参数为：嵌固段长度为 1/3～1/2 桩长，后桩悬臂段长度为 1/4 桩长，前后桩的净排距稍大于桩截面长度，桩的列距为 2.5～3.5 倍桩宽，横梁刚度取桩基刚度的 1.0～2.0 倍。后桩按推力设计，前桩按土压力设计。

2.3 人工挖孔抗滑桩施工：工序与问题

人工挖孔抗滑桩施工中的关键工序及其常见问题如下。

2.3.1 井口仰坡支护与开挖工序

1）井口仰坡支护

坡面甚陡时，开挖锁口削坡可能使坡体坍塌，必须先行支护坡面后再行开挖，或抬高锁口不开挖坡体。

例如，都江堰市龙池镇汤家沟滑坡，抗滑桩设于高陡凸形山坡上，中段桩顶低于坡面，下挖锁口盘即导致后壁坡体开裂坍塌。后据专家现场意见，对后壁增用喷锚加固后，稳定了边坡，遂恢复桩井施工。

2）跳桩开挖

要严格跳桩开挖，避免同时开挖扰动滑体，加剧变形。一般为跳1挖1；桩宽过大、桩净间距过小时，可间2桩挖1桩。

例如，甘孜州某城南滑坡，由于在滑坡前缘桩位拉槽开挖等原因，使滑坡变形速率与范围扩大，甚至殃及毗连的已用桩板墙治理并已稳定的另一滑坡，使之也产生了大范围变形开裂，甚至部分抗滑桩桩顶也明显位移，被迫进行应急加固、补充勘查，治理工程范围和力度都加大。

3）先侧后中

对主轴断面推力很大的滑坡，宜先行开挖其两侧的抗滑桩，浇注后再行开挖中段桩井。

2.3.2 桩井护壁与开挖

因对滑坡地质条件认识不足，桩井开挖中常见以下问题：

（1）为赶工期，未跳桩开挖，甚至雨季施工，影响坡体稳定。

例如，笔者主持治理设计的南昆铁路林逢站膨胀岩土滑坡，因雨季施工抗滑桩，桩前膨胀土强度和抗力剧降，成桩后桩身倾斜失效，除另行增设抗滑工程外，因斜桩已侵入铁路限界，还费大力气进行扶正、切除，仍不彻底，影响观感。

（2）因护壁偏弱，分节偏长，地下水作用，导致井壁坍塌，重新回填，护壁工程量大且难得认可。

例如，古蔺县二郎镇滑坡，地下水位高，桩井开挖措施与之不适应，井壁坍塌严重，补救花费甚大。但因施工图已标明地下水位，施工投标理应考虑相关措施，故补救工程仅实际水位高于设计水位的部分得到承认。

（3）土石比变化，岩层、块石层人工开挖困难；放炮震动引起坡体变形。

前者如开江金山寺滑坡，煤田137队施工为避免放炮，用磨盘钻套钻完整砂岩成桩井，虽成本提高，然精神可嘉。

后者如都江堰市红梅村滑坡，距之百余米外的道路因外侧高堡坎已局部变形而欠稳定，受桩井开挖放炮的轻微振动影响叠加，道路内侧路面微裂，引起村民投诉，施工单位被勒令停工并课以罚金。

（4）软弱层中，桩井护壁内缩，井底上鼓。

例如，南昆铁路永丰营填方滑坡，位于宽缓溶蚀洼地中，铁路从前后路堑取土以挖作填。因拟填高度超过软基极限填高，累填都达不到高度要求，超量的填土从地下将软基向前推挤，致使距路基百余米外的平缓田地鼓胀隆起，形成塑性滑坡。初，在填方脚设桩抗滑，但在软基中开挖桩井十分困难，0.5 m 一节护壁也开裂内缩，尤其是井底上鼓量可超过前一班的开挖深度，被迫放弃抗滑桩方案，对耕地作赔偿并内移改线绕避。

（5）悬臂桩施工工序不当，悬臂段桩体倾倒。

有悬臂段的抗滑桩应先在地面浇注锁口，然后开挖下部桩井并护壁，绑扎全长钢筋笼，再在上部悬臂段立模，最后全桩一次性浇筑混凝土再养护。工序颠倒会造成事故。

例如，四川丹巴县城某滑坡，抗滑桩上部贴陡壁而呈悬臂，施工时先仅向下开挖很浅一段桩井，就立模浇注悬臂段钢筋混凝土。因悬臂段无基础不能承受陡壁土压力，致桩体外倾，拆除和扶正均困难。

2.3.3 动态调整、桩身浇注、质量检测与按图施工

1) 动态设计与桩身浇注

根据及时反馈的开挖桩井所揭示的地质与滑动面信息，重新计算滑坡推力，进行动态设计，变更桩长、截面与配筋。

按比例用无损检测抽检桩身，查明桩身质量及有无断桩、沉渣。因此要先行清除桩底沉渣，然后一次性浇注桩身，必要时采用商品混凝土。

2) 立模与放线

悬臂桩及桩间板立模和放线要直而准，保证桩截面和板厚度达设计要求，平面和立面平直美观。

例如，都江堰市青城后山一桩板墙工程，桩体顶面歪扭，桩的两侧边凹进致宽度不足，桩间板平面上歪曲且厚薄不均，各段板错置不成一直线，立面上凸凹不平，外观极丑，且影响结构受力和钢筋防护，整改难度甚大。

3) 按图施工，不要心存侥幸去偷工减料

试举三例。

例1：某中学边坡的抗滑桩，施工单位在施工中擅自降低桩身混凝土标号，所设钢筋趁天黑抽出，遭到目击市民投诉，且完工不久，偷工减料的抗滑桩全部被推倒剪断，边坡大规模坍滑，只得领罚。

例2：南昆铁路某车站高边坡设计3级抗滑桩支挡，施工单位在相关人士的暗示下，对易见的最下一级按图施工，中间一级减小桩长，不易察觉的最上一级只做锁口，后因纠纷牵连终于得以暴露。

例3：笔者组织实施的成都冠城大厦深基坑护壁桩工程，

设计桩间土用短锚杆喷混凝土加固。一日,所邻东打铜街水管爆裂,水流大量渗入坑壁,坑壁上部之纯砂层(最厚 5 m)即从桩间坍塌,牵动桩后砂层也相继溜坍,西打铜街街面也被牵引而开裂,大力进行了应急处置。事后以爆管系不可抗力为由向业主索赔损失,但业主提供证据证明,具体施工单位偷工减料,对桩间坑壁未打锚杆,且抹混凝土厚度不及设计之一半,是为人祸。最终业主与我方各负担一半的损失费。

2.3.4 桩顶位移与监测

1)允许位移

桩顶位移允许值,《建筑桩基技术规范》(JGJ 94—2008)统一设为 100 mm,铁路支挡工程设为桩受荷段长度的 1%且不大于 100 mm,依据似不足。

桩顶位移的计算,可据相关规范公式[37],但对悬臂桩和全埋桩如何区别对待,尚不明晰。对悬臂桩,建议试用以下公式直接计算桩顶位移量 $x(\mathrm{m})$[38]:

$$x = \frac{11 \cdot F \cdot L \cdot h^3}{60 \cdot E \cdot I} \quad (2.8\text{-}1)$$

式中:F 为单宽滑坡推力或主动土压力(kN/m);

L 为桩心间距(m);

h 为受荷段高度(m);

E 为钢筋混凝土弹性模量,取混凝土弹性模量的 0.8 倍,对 C20、C25、C30 分别取 21.6 GPa、23.2 GPa、24.8 GPa;

I 为桩截面惯性矩(m⁴):

$$I = \frac{b \cdot l^3}{12} \quad (2.8\text{-}2)$$

式中：b、l 分别为桩截面的宽度与长度（m）。

式（2.8-1）系针对三角形分布的土压力导出，对推力为矩形或梯形分布的滑坡，桩顶位移会大于计算值，设计要留有余地。

算例：滑坡单宽推力 1 000 kN/m，所设矩形抗滑桩的间距 $L = 6.0$ m，受荷段长 $h = 10$ m，桩截面 $b = 2.0$ m、$l = 2.5$ m；C25 钢筋混凝土桩身。则据式（2.8-2），桩截面惯性矩 $I = \dfrac{2 \times 2.5^3}{12} = 2.60$ m^4；再据式（2.8-1），得桩顶位移：

$$x = \frac{11 \times 1\,000 \times 6 \times 10^3}{60 \times 23\,200\,000 \times 2.6} = 0.018\,2 \text{ m}$$

即 19 mm，远小于规范的 100 mm，约为受荷段高度的 0.2%<1%。计算结果似乎偏小。

2）位移监测

按监测设计设点进行桩顶位移监测，超过规范允许值应及时补救。监测基准点要能对各测点通视。

例如，青城山前某山庄加固路堑边坡的抗滑桩，完工后不久即发现长桩的桩顶位移过大，超出允许值，遂在桩顶段增打预应力锚索补救，遏制了进一步位移。

再如，美姑县红茶楼滑坡，为古滑坡的部分复活，新滑面下尚有软弱面。抗滑桩完工后桩顶以桩底端为支点明显向外倾斜位移，遂实施排水隧洞补强。后实测又显示全桩平行外移，推测系沿桩底以下软弱面又形成了深层滑面，整桩坐船蠕移。

2.4 （抗滑）挡土墙设计

2.4.1 挡土墙类型及其结构

挡土墙常用以下7大类。

2.4.1.1 抗滑与边坡支挡之重力式挡土墙

抗滑挡土墙和边坡支挡墙用重力式，断面型式如图2.8，据滑面高低和滑坡推力/土压力选用。墙高一般不超过10 m（土质）~12 m（岩质）。对各种形式重力式抗滑挡土墙简要说明如下：

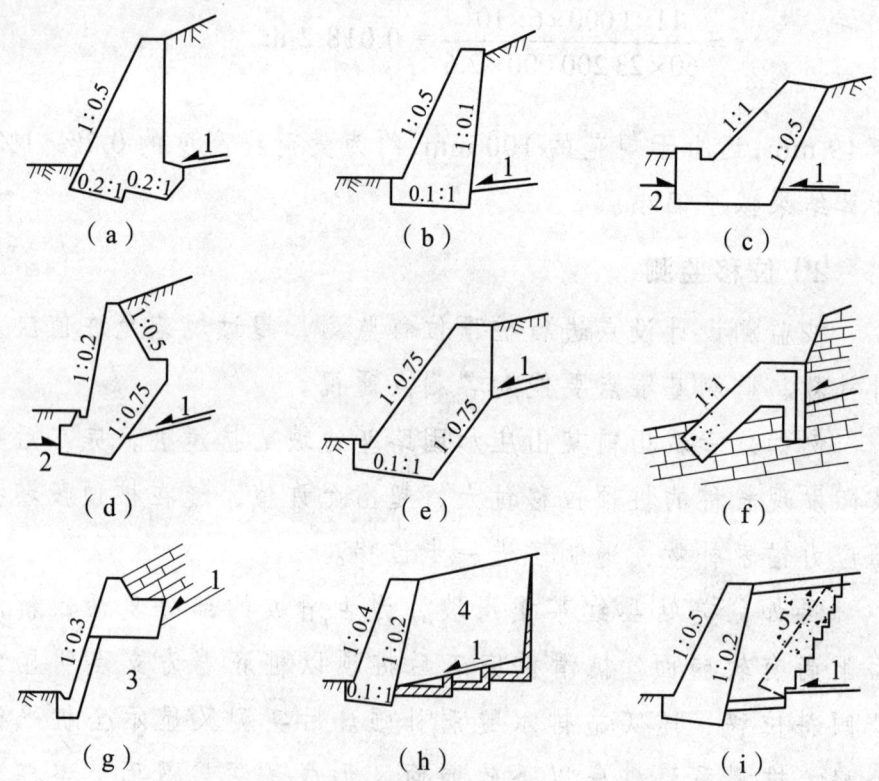

图 2.8 重力式抗滑挡土墙的断面型式[8]

1—滑动面；2—墙趾被动土压；3—完整基岩；
4—支撑渗沟；5—反压平台

（1）常用图 2.8（b）所示形式，要点是面坡缓于背坡，背坡可直立；底宽大于顶宽，甚至加墙趾，以增大抗倾力矩；墙底外翘形成反坡以增大抗滑力。

（2）滑面甚浅的可改用（a）型墙，用阶状墙底减小墙踵深度，滑面处墙踵伸长以抗滑。

（3）滑面较深（1.5 m 以上）可考虑被动土压力时，改用（c）、（d）型墙，墙深埋于滑面以下，被动土压力较大。（c）型墙近似卧式，有利于抗倾；（d）型墙近似衡重式，可省圬工，且增长墙趾以抗倾。

（4）剪出口悬于边坡中上部时，对土质滑坡可改用（e）型墙，背坡在滑面处转折，墙底设反坡抗滑；对岩质滑坡可改用（g）型墙，在滑面以上用大圬工抗滑，滑面以下岩质坡面的圬工与墙基甚薄，起支撑与护面作用。

（5）对近坡底处剪出的岩质滑坡可改用（f）型墙，其"Π"形组合结构的抗滑力甚大，且主要由较厚而斜的外墙承受推力。

（6）与滑坡前缘回填反压配套的挡土墙可采用（i）型，形状与（b）型墙相似。

（7）支撑渗沟的端墙用（h）型。

此外，为增大抗力可加锚杆形成锚杆挡土墙。

加固挖方边坡也常采用上述重力式圬工挡土墙。

在较陡坡体上，为拦截坡面表层溜坍，仿民间可设简易的挡土埂。挡土埂上下多级布设，低矮，结构似墙或埂，用浆砌石。笔者在宣汉华景镇试用效果尚可。

对较低矮的边坡，因土压力小，也可采用非圬工的简易支挡措施，如框格石笼挡墙、民间常用的干砌石堡坎。

2.4.1.2 悬臂式与扶壁式挡土墙[9, 14, 38]

在缺石料且地基承载力较低的地区，支挡边坡也可采用钢筋混凝土悬臂式与扶壁式挡土墙，统称薄壁式挡土墙。墙高 6 m

以内用悬臂式，6~10m 用扶壁式。在城市及风景区采用能与景观协调，但不宜在地质不良区采用（图2.9）。

1）悬臂式挡土墙

由立壁（墙面板）和墙底板（包括墙趾板与墙踵板）组成，底板可加凸榫。立壁顶宽不小于20cm，墙较低时可等厚，较高时下部可加厚，面坡1：0.02~1：0.05；底板厚度不小于30cm；墙趾板外伸长度取墙高的1/5~1/20，墙踵板内伸长度取墙高的1/2~1/4，底板总宽度为墙高的0.5~0.7倍。

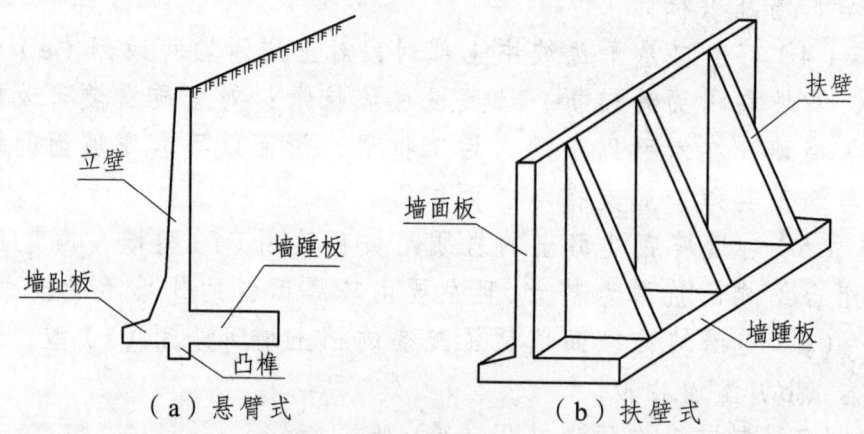

图2.9 填筑边坡之薄壁式挡土墙断面型式[8]

混凝土强度不小于C20，受力筋不小于$\phi12$。立壁受力筋沿墙背竖直布设，上段可截，底部筋距100~150mm，顶部筋距不大于500mm；水平向布构造筋不小于$\phi6$，间距不大于500mm，截面面积不小于壁底受力筋的10%。墙踵板受力筋布于顶面，墙趾板受力筋布于底面，均伸过立壁底，保护层厚度大于75mm。

2）扶壁式挡土墙

扶壁式挡土墙是在悬臂式的基础上增设扶肋（扶壁），常在板底加设凸榫以增加被动土压力。墙基埋深不小于1.0m，扶壁间距取墙高的1/2~1/3，扶壁厚度取间距的1/6~1/8且不小于 30 cm；立板与底板厚度不小于 20 cm，墙踵板内伸长度取墙高的 1/2～1/4，立板在扶壁处外伸长度取扶壁净间距的 0.35 倍。

立板的水平受力筋分别布于内、外侧，承受水平负、正弯矩；竖向受力筋也布于内、外两侧，承受竖向负、正弯矩；立板与扶壁间布 U 形拉筋。墙踵板顶面配横向水平钢筋，顶、底面配纵向水平受拉筋；墙趾板配筋同悬臂式。扶壁的背侧配受拉钢筋，并配箍筋与构造筋。

结构检算与设计参见文献[9]、[14]、[38]。要细化结构设计。如都江堰市一边坡之两段薄壁式挡土墙，高 4.5 m、7.0 m，全部采用扶壁式挡土墙，其低墙段如采用悬臂式挡土墙，可节省工程；面板厚度也未据结构检算而有所差异，一律 40 cm，显得粗放。

2.4.1.3 填筑边坡之衡重式与短卸荷板式挡土墙

支挡填筑边坡的圬工挡土墙常用衡重式及卸荷板式、托盘式与锚碇板式，墙基较深时改用桩基式。先简述衡重式、短卸荷板式挡土墙（图 2.10）。

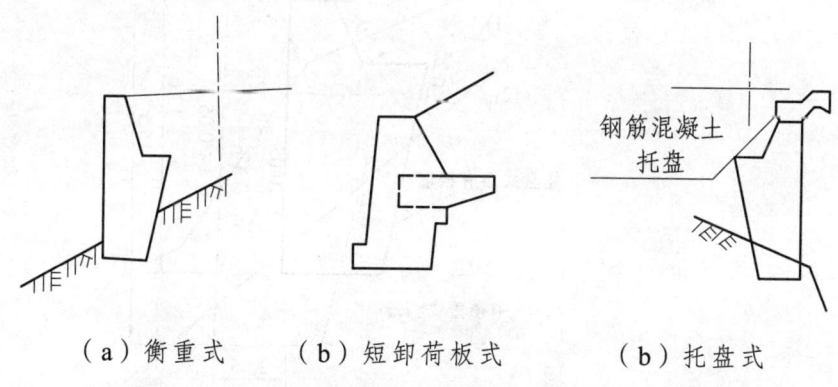

（a）衡重式　　（b）短卸荷板式　　（b）托盘式

图 2.10　填筑边坡之三种挡土墙断面型式[8]

该类挡墙利用衡重台、卸荷板上的填土使全墙重心后移增加墙身稳定，减小截面；衡重台、卸荷板将墙身分为上、下墙，其高度比一般为 4∶6。胸墙陡，下墙背仰斜，可降低墙高，减少基础开挖[8]。

其中以衡重式挡土墙常用。短卸荷板式挡土墙用于地基强度较大、墙高大于 6 m 时。两类墙高均不宜超过 12 m。

其土压力计算见 2.4.3.4，结构检算与设计参见相关支挡规范[9]。

2.4.1.4 填筑边坡之托盘式与桩基承台式挡土墙

1）托盘式挡墙

托盘式挡墙由混凝土或浆砌石墙体、钢筋托盘组合而成，除具整体抗滑功能外，在地基较好、地形陡峭地段用作路肩挡墙时，可降低墙的高度，减少圬工（图 2.11）；如用作路堑挡墙，则称为檐式挡墙，可遮拦少量坍塌落石。

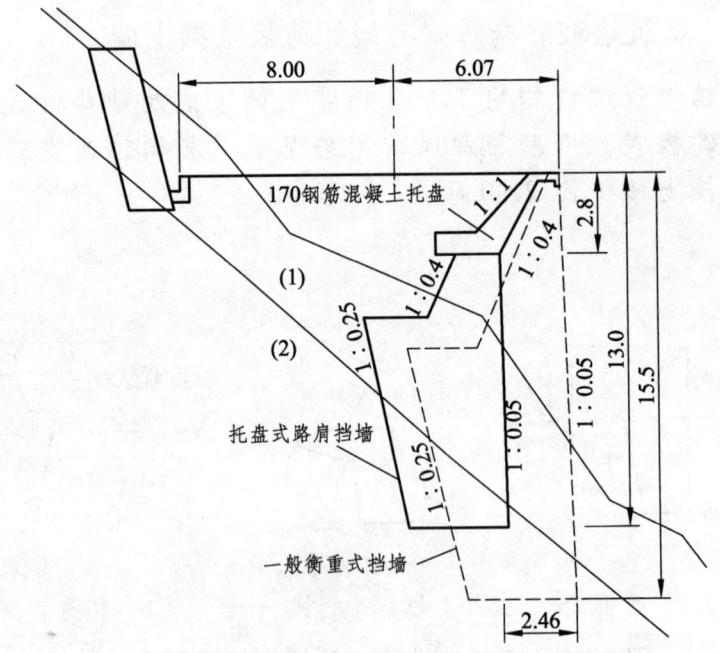

图 2.11 成昆铁路白果车站托盘式路肩挡墙[39]（m）

（1）碎石土；（2）砂页岩

托盘高度一般为 1.5～3.0 m，托盘槽内填土不浅于 1 m，留泄水孔向墙外排水，基座长度要考虑未填土时的稳定。墙身用衡重式较有利。

2）桩基承台挡墙

当斜坡上堆积层较厚且不能作基础持力层时，深基挡墙工程大、施工难，易产生工程滑坡。改用桩基承台挡墙，圬工小，施工扰动微，有利于山坡稳定（图2.12）。

承台厚度不小于桩径且不小于1.5 m，C20～C25钢筋混凝土。

桩基采用钻孔桩、挖孔桩，桩的截面一般为 1.5 m×（2.0 m～3.0 m），桩心距不小于2.0～2.5倍桩径，桩底嵌入完整基岩约1 m。

桩顶主筋伸入承台的，自桩顶伸入承台10 cm即可；桩顶直接伸入承台的，伸入长度不小于桩径。

结构检算与设计参见文献[8]。

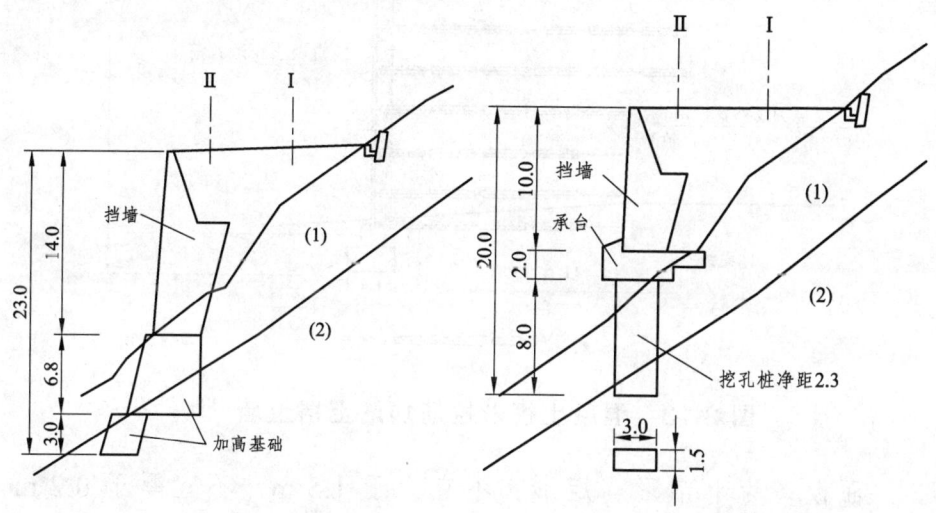

（a）原设计加高基础方案　　（b）采用的挖孔桩技术方案

图2.12　成昆铁路铁西车站路肩挡墙[39]

（1）块石土；（2）页岩夹砂岩

2.4.1.5 填筑边坡的柔性加筋土挡土墙

1）构　造

支挡填筑边坡的柔性墙则多用加筋土挡土墙，由面板、拉筋、条基、帽石与填土构成。墙高不宜大于 10 m，以拉筋的锚固力抵抗土压力。

一般用土工格栅或土工带拉筋，较新的拉筋材料有混凝土楔形拉筋（图 2.13）与钢塑复合带拉筋[40]。

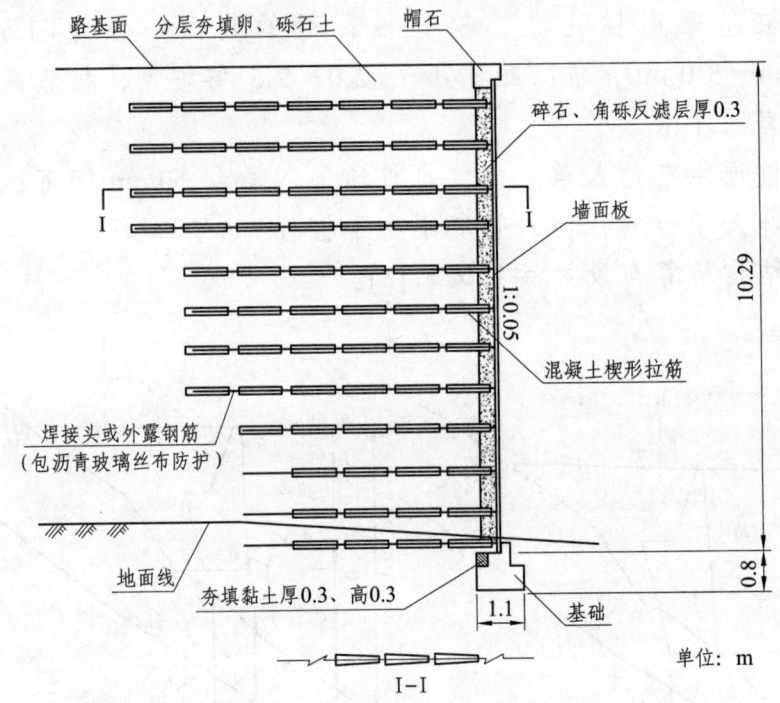

图 2.13　混凝土楔形拉筋加筋土挡土墙[40]

面板多为十字形、矩形，不宜大于 1.5 m，不宜厚于 0.2 m 且不小于 8 cm，混凝土强度不低于 C20，与拉筋间焊接或环接。板底设厚度不小于 0.4 m 的条形坞工基础，板顶设至少宽 0.4 m、高 0.5 m 之帽石。

沿墙每 20～30 m 设沉降缝，板内全高设 0.2 m 厚之渗滤布，填黏性土时加设 0.3 m 厚反滤层。

不得采用劣质填料，粒径不应大于 10 cm，分层压实。

2）锚固段

锚固段的起算点，对直立墙（一般后仰 20∶1），按"$0.3H$ 法"计，即在墙的上半段为 0.3 倍墙高，从墙高中点向墙底从 0.3 倍墙高线性变小至 0（图 2.14）。据此，拉筋长度应不小于 0.6～0.8 倍墙高且不小于 4.0 m（低墙）～5.0 m（高墙），间距、层距不宜大于 1.0 m。拉筋摩擦系数取 0.3～0.4，抗拔安全系数取 2.0。

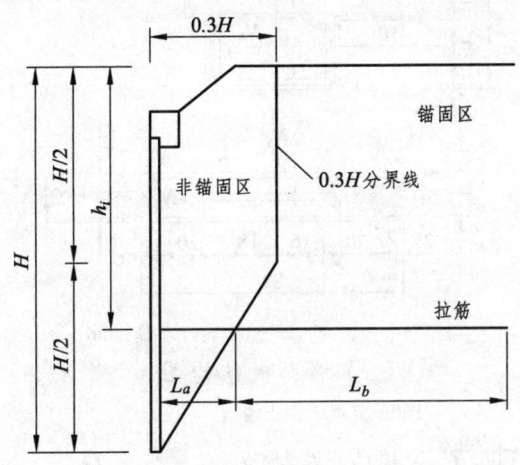

图 2.14 加筋土挡墙锚固区与非锚固区分界线[39]

倾斜式面板少见，对此"$0.3H$ 法"不适用，$H/2$ 以上破裂角为（$45°+\varphi/2$），$H/2$ 以下破裂角为（$45°+\varphi/2-\alpha$）[41]。

3）抗变形

加筋土挡墙为柔性结构，拼装式面板可逐步加高，抗变形能力强，基底应力低，甚至可建于软基上。

例如，笔者主持设计施工总承包的昆明南过境干道公路，在未加固处理的滇池软弱泥炭土地基上，直接修建长 1016 m、高 3～6 m 的加筋土挡土墙，完工后 22 个月的实测最大沉降达 41.7 cm，为墙高的 7%，涵洞因下沉而积水较深致中断通行。

尽管如此，但差异性沉降不大，因而墙体仍然稳定，甚至刚性路面也未开裂破损[42]（图 2.15）。

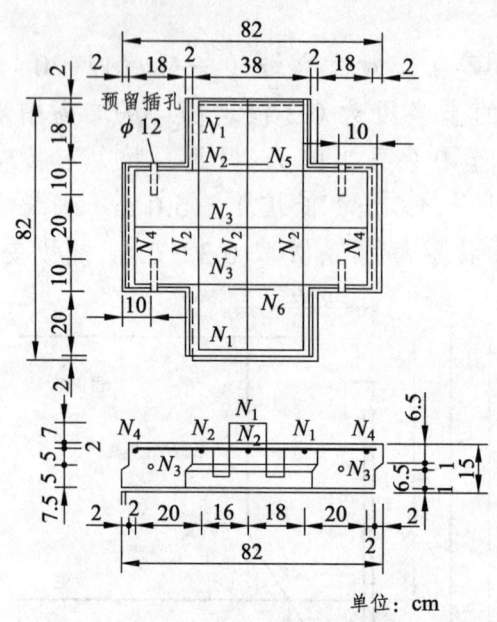

（a）墙面板结构图

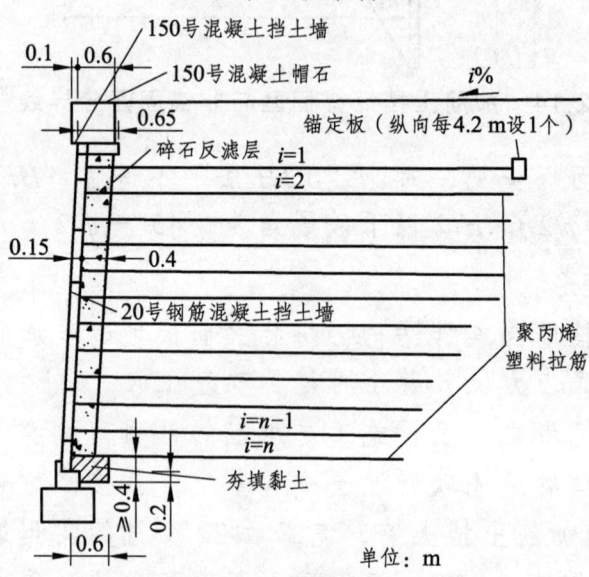

（b）横断面设计图

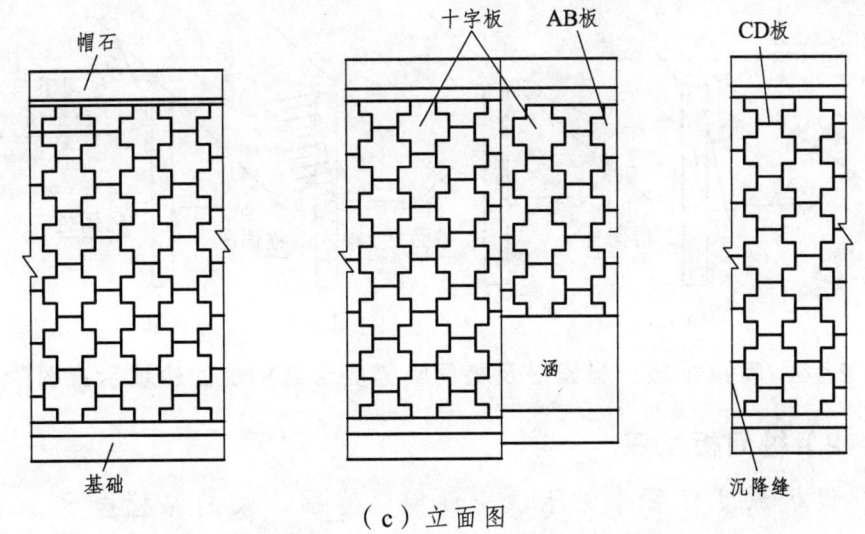

（c）立面图

图 2.15 昆明泥炭土地基加筋土挡土墙设计图[42]

4）抗 震

振动台试验显示，加筋土挡墙对位移、加速度的放大相对较小，抗震性能良好[43]。

采用包裹式加筋土挡墙与一般的砌块式拉筋之加筋土挡墙相比，抗变形能力更强，有抗震要求时应为首选[44]。

2.4.1.6 桩板墙

1）桩与桩间墙之组合结构

当抗滑桩间的土质临空面较高陡而呈悬臂桩时，或挖方、填方边坡稳定性不足时，桩间要设墙组成桩-墙复合支挡结构，包括桩间挂挡土板的桩板墙，桩间设挡土墙或土钉墙及上部挂板下部设墙等（图2.16）[40]。以桩板墙使用最广泛。

桩后要回填土时，也要采用桩板结构。

以滑坡推力或土压力进行设计，主动土压力以挡土板后竖直墙背按库仑理论计算。

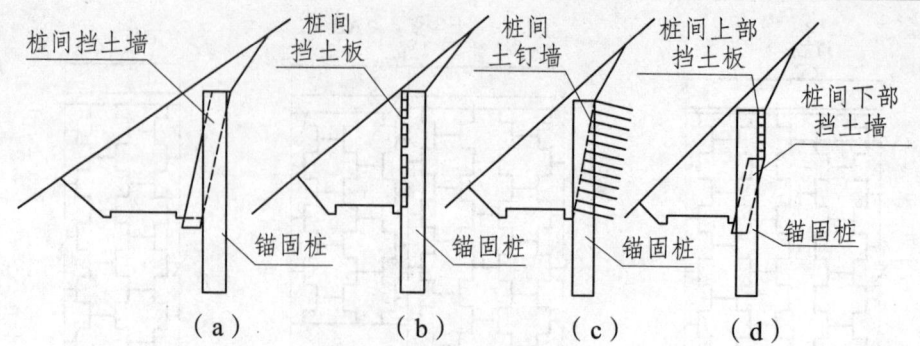

图 2.16 喷锚护坡、锚索桩及桩间喷锚复合结构加固边坡示意图[40]

2）桩间板之深

设板深度只可略深于填土面或临空面，切忌深挖挂板。深挖挂板不但无谓增加土方和挡土板工程，还可能扰动坡体。

例如，对宣汉某滑坡，原本可设全埋式抗滑桩，无须挂板，但设计还拟挂桩间板，遂在桩实施前就开挖出数米高的临空面，且为能挂板而开挖陡直。此高陡边坡庚即变形开裂，有剪出迹象，幸被专家现场察觉，才又匆忙回填压脚。

3）桩板墙之桩

桩板墙的桩截面长度不宜小于 1.25 m，以利挂板；桩心间距取 5～8 m，以利在桩之间形成土拱。嵌固深度不小于总桩长的 1/3（土质）～1/4（岩质）。

桩的结构设计，全悬臂时按桩后全部主动土压力计算，桩间板的力仍会全传至桩，故不宜扣除桩间板所承受的土压力，以策安全；部分悬臂时按桩后主动土压力与滑坡推力二者中之大值，可适当扣除桩前抗力，此时的主动土压力包括滑体与回填土两部分。

4）桩板墙之板

桩间结构承受土拱剩余应力，因土拱厚度有限，其值应小于主动土压力。由于桩间土拱理论尚不成熟，桩间挡土板、挡土墙或土钉墙的检算也还不成熟，挡土板的受力和结构仍处于经验阶段[45]。

挡土板用不低于C20的钢筋混凝土，单块板宽0.5~1.0 m，板厚一般为25~30 cm，双面构造配筋，板后设反滤层，板上设泄水孔。

5）桩与板的连接

挡土板可现浇并与预留钢筋的桩体连接，对于长联现浇桩板墙是否要解决和如何解决热胀冷缩问题，尚无成熟经验。现规范要求留伸缩缝[14]，但缝如何构造尚未明确。

例如，笔者对西南民航局成都牧马山滑坡设计了全长420 m的桩板墙，计82根抗滑桩。桩心距4~6 m，桩间板高2~6 m，长2.5~4.0 m，挂于桩中部，现浇。考虑420 m长度的胀缩量可能较大，在桩与板之间尝试性地分段留有企口伸缩缝，即板端不与桩身浇死。

也可预制挡土板，板可挂于桩背凸榫之上，与桩背搭接长度不小于40 cm；或插于桩侧凹槽之中或凸榫之上，榫高不小于40 cm，宽不小于30 cm。限于吊装机械，现少用预制板，多用现浇板。

从受力角度分析，板设于桩截面长边的中、前部较挂于桩后好，以发挥桩侧边的摩阻抗力。一般用平板，也可试用受力更佳的拱形板。从施工角度分析，桩后置板开挖量大，板也较长。

2.4.1.7　复合式桩板墙：锚拉式与衡重式

1）锚拉式桩板墙

当桩板墙甚高、推力（或土压力）与弯矩过大时，可在桩上加设预应力锚索，组成锚拉式桩板墙。通过拉索使墙面桩在巨大侧荷载下的挠曲变位受到一定的约束与控制，大幅度减小墙面桩的内力与埋置深度。桩的结构与设计与单纯锚拉桩相似，不另阐述。

例如，南昆铁路石头寨预应力锚拉式桩板墙[40]，在地面以上的墙高达到 24 m，加上列车动载，总荷载巨大。但其墙面桩的截面仅为 1.5 m×2.0 m，嵌固于灰岩中的深度不足桩全长的 1/4；桩上仅设用锚锭桩(孔)进行锚固的预应力锚索两排共 3 根，工程先进且节省（图 2.17）。

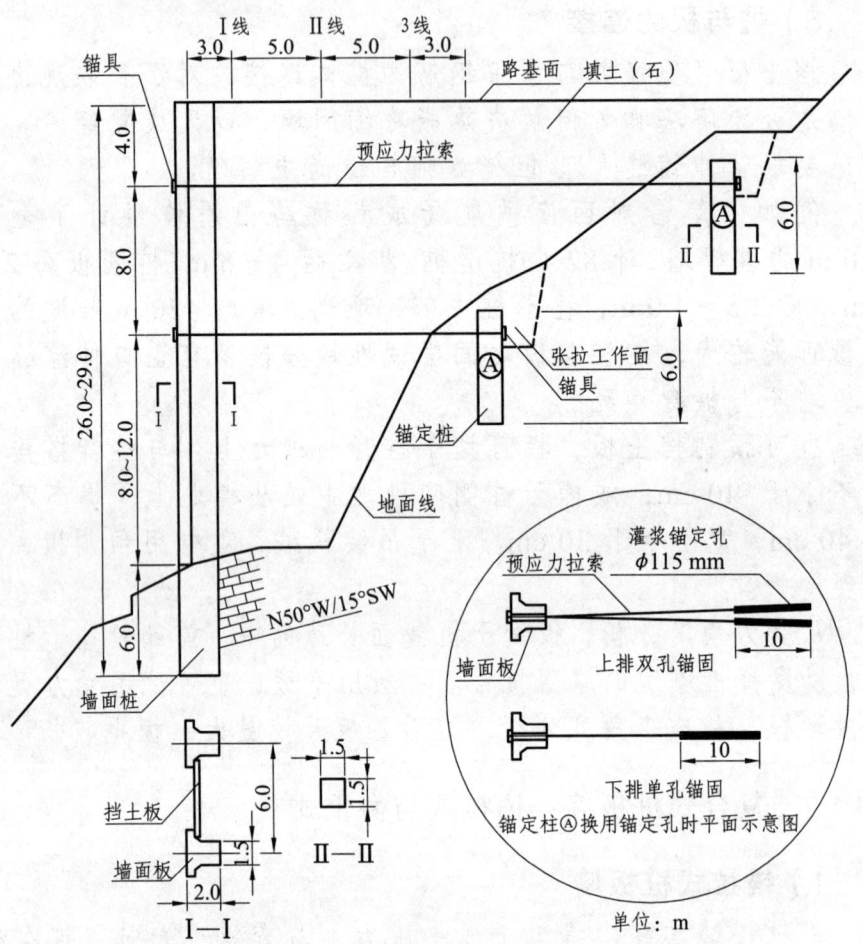

图 2.17 南昆铁路石头寨预应力锚拉式桩板墙断面图[40]

2）衡重式桩板墙

为优化结构，刘国楠[46]提出了带衡重台的桩板墙新结构，

116

由桩、扶壁、挡土板和衡重台组成，衡重台用卸荷板（图2.18）。卸荷板改善了整体结构受力条件，减小了卸荷板下部的土压力，并为桩提供了反弯矩，达到减小结构断面的目的，已在深圳地区得到应用。其模型试验表明，卸荷板下土压力为0，桩前抗力可按m法计算。

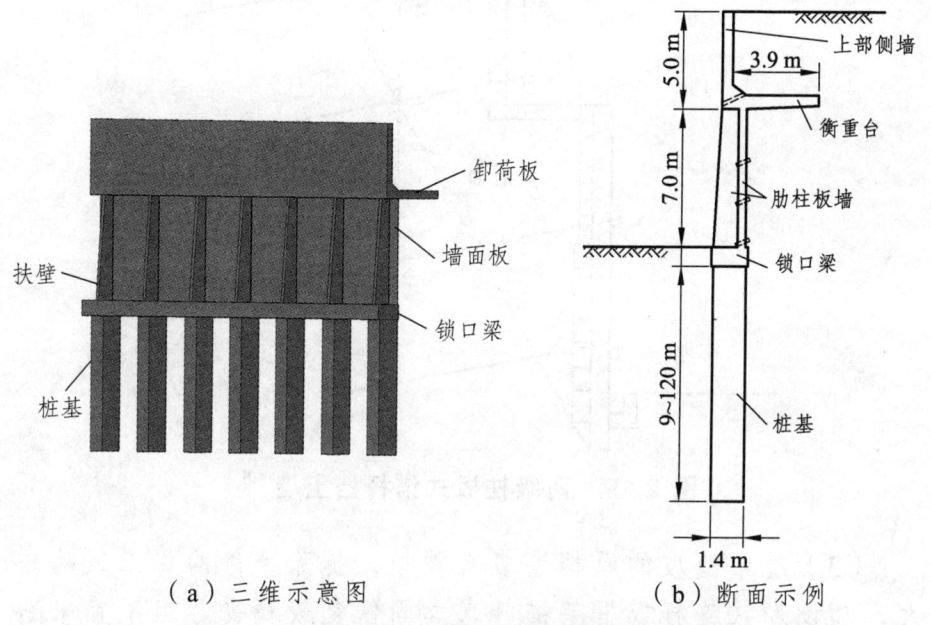

（a）三维示意图　　　　（b）断面示例

图2.18　衡重式桩板墙[46]

2.4.1.8　锚杆挡土墙

1）应用与构造

（1）新建锚杆挡土墙为面板式，用锚杆的锚固力抵抗土压力（图2.19），用于治理锚固力大的岩质坡体时效果更好。

（2）土压力或滑坡推力较大时，可对已建挡土墙加设锚杆，也形成锚杆挡土墙，由边坡主动破裂面后的锚固力与墙体的抗力共同抗滑。

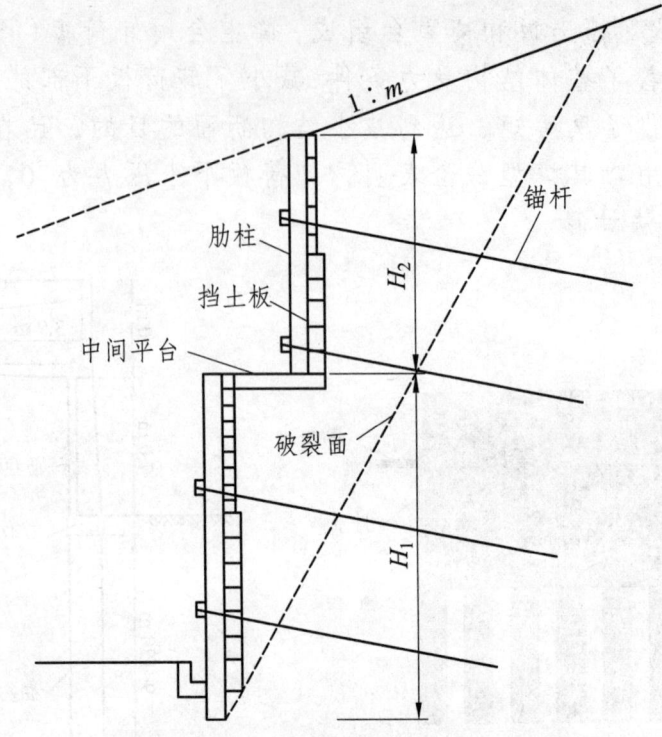

图 2.19 两级柱板式锚杆挡土墙[40]

（3）震中边坡的原挡墙多有破损，拆除重修的施工风险较大，加设肋柱锚杆或框架锚杆来加固修复较稳妥。但不宜采用预应力锚固，以免锚索张拉压毁已有破损的墙体。

2）锚 杆

锚杆近水平向设置，一般不加预应力。1974年在成昆铁路狮子山滑坡试用的竖向预应力锚杆挡土墙[47]，因锚杆与滑面近于正交而预应力折减过大，事倍功半而未能推广。四川建筑设计院近年对竖向预应力锚杆结构有新的探索。

一般采用普通砂浆锚杆，多排，砂浆强度不低于M30。锚杆采用$\phi 25 \sim \phi 32$的螺纹钢筋，必要时用2~3根成束。束筋系数取0.85（两根一束）、0.70（三根一束）。

锚杆的密度、长度、孔径据所需锚固力检算来确定。锚杆长度一般取 4~8 m，以破裂面划分自由段与锚固段进行锚固力检算，砂浆与孔壁的极限剪应力参见表 2.2；每级墙的锚杆不宜等长，应自上而下减短。锚杆排距、列距不小于 2.0 m，孔径一般不小于 100 mm。

表 2.2　砂浆与孔壁的极限剪应力 τ [9]

孔壁岩层类别	风化砂页岩互层、碳质与泥质页层	细砂及粉砂质泥岩	薄层灰岩夹页岩	薄层灰岩夹石灰质页岩、风化灰岩
τ (MPa)	0.15~0.25	0.20~0.40	0.40~0.60	0.60~0.80

在原墙上增设锚杆时，应将滑坡推力或土压力减去原墙的抗力后作为锚杆所需的锚固力，进行锚杆设计。

3）肋　柱

锚杆挡土墙可为肋柱式或无肋柱式，墙较高时可分级并留平台，每级高度不宜大于 8 m，总高度不宜大于 18 m，平台宽度不宜大于 2.0 m[9]。

肋柱间距一般取 2.0~3.0 m，截面多用矩形，宽度为 30~50 cm，材料为钢筋混凝土，对称配筋，混凝土等级不低于 C20。柱底伸入地面以下不小于 0.5 m（岩层）、1.0 m（土层），必要时设墩基。

4）面　板

面板可为预制装配式与就地浇注式。装配式墙面板有槽形板、空心板和矩形板。钢筋混凝土板的结构由检算确定，混凝土等级不低于 C20。

面板一般厚 20 cm，适当嵌入地面；挂双层钢筋网，宜为竖向为 $\phi 10@150$，横向为 $\phi 12@150$；设泄水孔，横向间距 3~4 m。

2.4.2 土压力及其分布

据墙背形状选用库仑土压力系数(墙背倾斜)或朗金土压力系数(墙背直立)，进而计算土压力，作为挡土墙结构设计的主要力学依据。抗滑时比较土压力与滑坡推力，选用大值。

2.4.2.1 土压力计算的通用公式

1）采用综合内摩擦角

对砂性土和采用综合内摩擦角的黏性土，土压力通用公式为：

$$E = \frac{1}{2} \times \gamma \cdot H^2 \cdot K \quad (2.9)$$

K 为土压力系数，按综合内摩擦角计算（注意"综合"）。K 取主动土压力系数 K_a，则 E 为主动土压力 E_a；K 取被动土压力系数 K_p，则 E 为被动土压力 E_p。

2）同时采用黏聚力和内摩擦角

对同时采用黏聚力 c(kPa)和内摩擦角 φ(°)的黏性土，主动土压力、被动土压力分别为：

$$E_a = \frac{1}{2}\gamma \cdot H^2 K_a - 2cH\sqrt{K_a} + \frac{2c^2}{\gamma} \quad (2.10)$$

$$E_p = \frac{1}{2}\gamma \cdot H^2 K_p + 2cH\sqrt{K_p} \quad (2.11)$$

式中：γ 为土体的重度(kN/m³)；

H 为墙背全高(m，注意"墙背")。

3）被动土压力的采用

产生被动极限状态时的位移量远较主动极限状态为大，砂性土中绕墙趾转动时产生主动土压力所需位移量为1‰倍墙高，而黏性土中绕墙趾转动时产生被动土压力所需位移量为 4‰倍墙高，故埋深较浅时墙前被动土压力可不计，较深（1.5 m 以上）且墙前土体稳定时最多采用 1/3[9]。

2.4.2.2 库仑和朗金土压力系数

1）库仑土压力系数

库仑主动土压力系数 K_a:

$$K_a = \frac{\cos^2(\varphi - \alpha)}{\cos^2\alpha \cdot \cos(\delta + \alpha) \cdot \left[1 + \sqrt{\dfrac{\sin(\varphi + \delta)\sin(\varphi - \beta)}{\cos(\delta + \alpha)\cos(\alpha - \beta)}}\right]^2} \quad (2.12)$$

库仑被动土压力系数 K_p:

$$K_p = \frac{\cos^2(\varphi + \alpha)}{\cos^2\alpha \cdot \cos(\delta - \alpha) \cdot \left[1 + \sqrt{\dfrac{\sin(\varphi + \delta)\sin(\varphi + \beta)}{\cos(\delta - \alpha)\cos(\alpha - \beta)}}\right]^2} \quad (2.13)$$

式中：α 为墙背倾角(°)；

β 为填土面倾角(°)。

2）朗金土压力系数

对墙背直立（$\alpha = 0$）且光滑（$\delta = 0$）、填土面水平（$\beta = 0$）的朗金假设，式（2.12）、（2.13）分别简化为朗金主动土压力系数 K_a 与被动土压力系数 K_p：

$$K_a = \tan^2\left(45° - \frac{\varphi}{2}\right) \quad (2.14)$$

$$K_p = \tan^2\left(45° + \frac{\varphi}{2}\right) \quad (2.15)$$

当填土面倾斜（$\beta \neq 0$）时，朗金主动土压力系数 K_a 与被动土压力系数 K_p 为：

$$K_a = \cos\beta \cdot \frac{\cos\beta - \sqrt{\cos^2\beta - \cos^2\varphi}}{\cos\beta + \sqrt{\cos^2\beta - \cos^2\varphi}} \quad (2.16)$$

$$K_p = \cos\beta \cdot \frac{\cos\beta + \sqrt{\cos^2\beta - \cos^2\varphi}}{\cos\beta - \sqrt{\cos^2\beta - \cos^2\varphi}} \quad (2.17)$$

结果与库仑式稍有差异。例如，$\alpha = 0$ 且 $\delta = 0$，$\beta = 10°$，$\varphi = 30°$，则据式（2.12），库仑主动土压力系数 $K_{a1} = 0.3737$；而据式（2.16），朗金主动土压力系数 $K_{a2} = 0.3495$，比 K_{a1} 小 6.9%。这一差异比例随 φ 角的减小而略增大，随 β 角的增大而略减小。

2.4.2.3 一般地区土压力分布图式

滑体往往不是典型的松散体，因此其土压力分布一般不符合库仑理论的三角形，合力作用点高于 1/3 墙高，可达 1/2 墙高，按库仑理论计算的抗倾安全系数理应比抗滑要求高。

笔者据南昆铁路几种支挡结构实测资料[48]（图 2.20），认为土压力分布符合偏态抛物线模式（式 2.17），为上部三角形与下部矩形的叠合，或为上、下两三角形与中部矩形的组合；合力作用点为 0.375～0.5 倍墙高（图 2.21）。

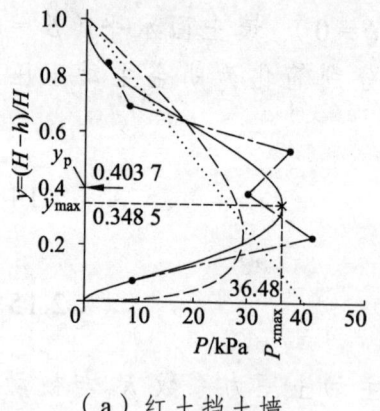

（a）红土挡土墙

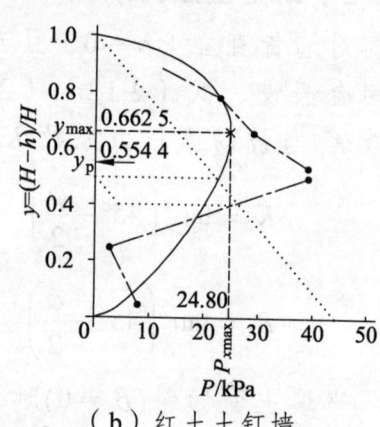

（b）红土土钉墙

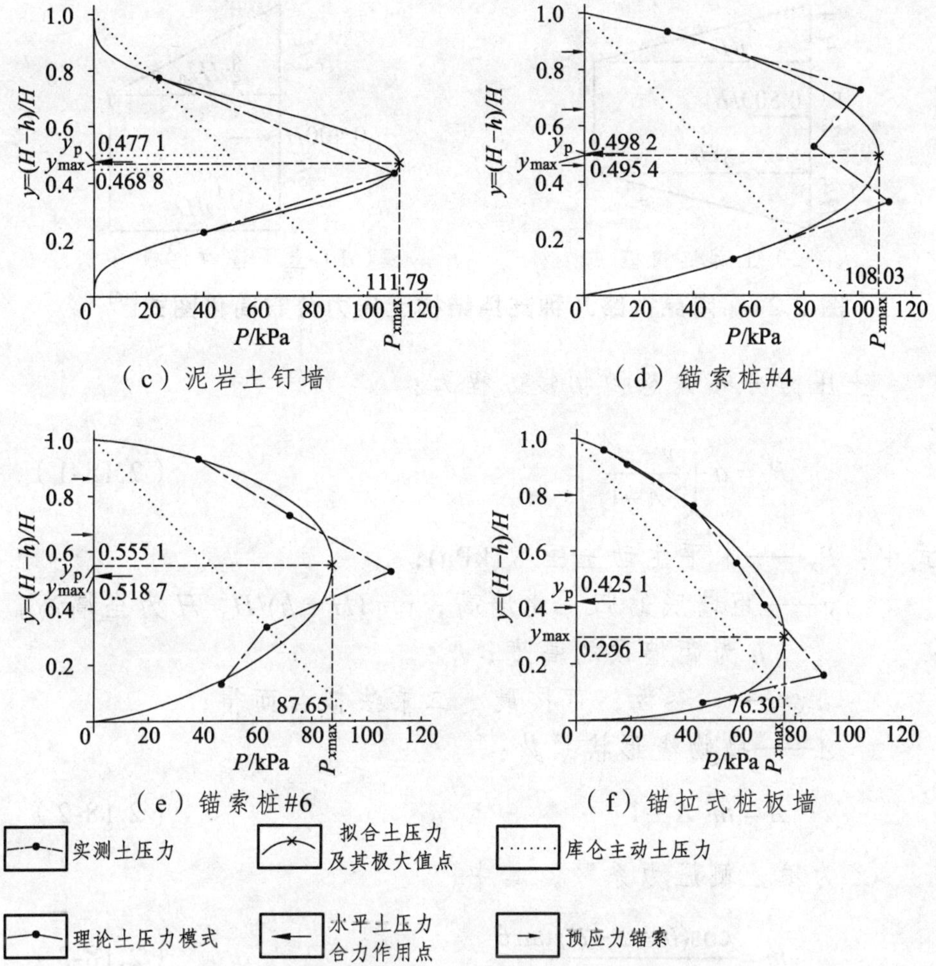

(c) 泥岩土钉墙　　　　　　　　(d) 锚索桩#4

(e) 锚索桩#6　　　　　　　　(f) 锚拉式桩板墙

- ─●─ 实测土压力
- ─✕─ 拟合土压力及其极大值点
- ……… 库仑主动土压力
- ─●─ 理论土压力模式
- ←── 水平土压力合力作用点
- →── 预应力锚索

图 2.20　南昆铁路支挡结构土压力分布图式[48]

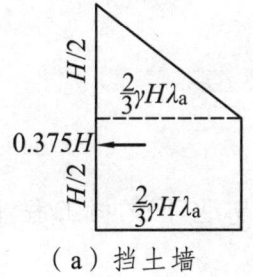

(a) 挡土墙

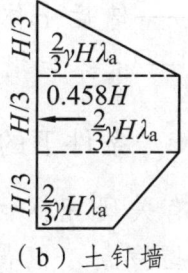

(b) 土钉墙

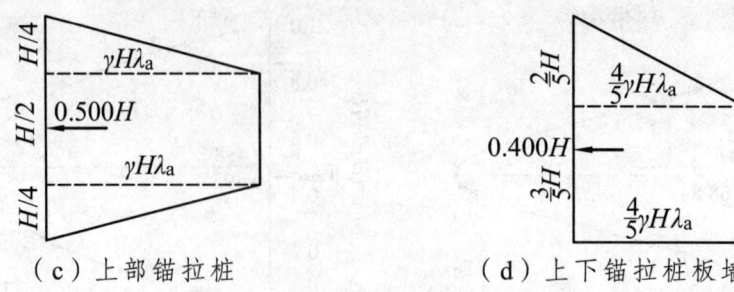

（c）上部锚拉桩　　　　　　（d）上下锚拉桩板墙

图 2.21　南昆铁路几种支挡结构土压力分布简化图式[48]

土压力分布偏态抛物线方程为：

$$P_x = a \cdot \left(\frac{y - y^A}{A - 1} \right)^b \tag{2.18-1}$$

式中：P_x——水平主动土压力(kPa)；

　　　y——距墙底的归一化墙高，$y = (H-h)/H$，H 为全墙高，h 为距墙顶的高度；

　　　a、b——参数，可按最小二乘法拟合而得；

　　　A——抛物线形状系数：

$$A = m \cdot K - 1 \tag{2.18-2}$$

K 为填土侧压力系数，其中：

$$m = \frac{\cos(\theta - \varphi - \delta)\tan\theta}{\sin(\theta - \varphi)\cos\delta} \tag{2.18-3}$$

式中：θ——墙后土体破裂面与水平面的夹角；

　　　φ——墙后土体内摩擦角；

　　　δ——土体与墙背的摩擦角。

2.4.2.4　特殊条件下的土压力分布

近期有关研究探讨了地震区及温度变化下支挡工程土压力分布的一些特点，值得震区设计中借鉴。

1）震区岩基墙与土基墙的差异

"5·12"汶川地震震害调查表明[49]，挡墙的变形方式与地震土压力分布，岩基墙与土基墙有差别。

变形方式，岩基墙主要为倾斜，土基墙主要为推移。

地震土压力分布，岩基墙上部为三角形，下部为倒梯形（与图2.21之挡土墙图式相近）；土基墙近似为三角形，但比规范计算值要小；岩基墙地震土压力大于土基墙，合力作用点也较高。

2）与烈度的关系

张建经等的大型振动台模型试验显示[50]，墙体位移，地震烈度小于Ⅷ度时以转动为主，Ⅷ度以上为转动与滑动之耦合，Ⅸ度以上位移迅速增大。

土压力沿墙高为非线性分布，地震加速度愈大分布愈接近三角形。用均值拟合法的经验位移（L）公式估算较准确：

$$L = 37 \frac{V_m^2}{k_m g} \cdot \exp\left(-9.4 \frac{k_c}{k_m}\right) \quad (2.19)$$

式中：V_m为峰值加速度，k_m为峰值地震加速度系数，k_c为滑动临界加速度系数。

3）震区悬臂桩

几何相似比1:20振动台模型试验显示[51]，地震作用下悬臂桩的桩后土压力分布为抛物线形（与图2.21中锚拉桩相似），上部开口较大，地震过程中分布形式不变，但抛物线顶点高度会有变化，峰值时刻达最高点。

4）气温变化下

郦能惠等研究表明[52]，气温变化会引起挡墙土压力分布的改变，气温的周期性变化也造成挡墙土压力分布的周期性变化。

实测某混凝土重力式挡墙显示，气温高，则土压力大，但分布较均匀；年最高气温时的土压力比年最低气温时要大22.5%。

2.4.3 挡土墙检算

2.4.3.1 边坡重力式挡土墙检算[9]

重力式挡土墙检算包括抗滑、抗倾、偏心、基底应力和截面强度等内容，主要是抗滑、抗倾之稳定性检算。

1）稳定性检算公式

抗滑稳定系数 $K_c = \dfrac{[\sum N + (\sum E_x - E'_x) \cdot \tan \alpha_0] \cdot f + E'_x}{\sum E_x - \sum N \cdot \tan \alpha_0}$

（2.20）

抗倾稳定系数 $K_0 = \dfrac{\sum M_y}{\sum M_0}$ （2.21）

式中：$\sum N$——作用在基底上的总竖向力（kN）；

$\sum E_x$——墙后主动土压力的总水平分力（kN）；

$\sum E'_x$——墙前土压力的水平分力（kN）；

α_0——基底倾斜角(°)；

f——基底与地层间的摩擦系数；

$\sum M_y$、$\sum M_0$ 分别为稳定力系、倾覆力系对墙趾的总力矩（kN·m）。

对一般平底墙，$\alpha_0 = 0$，且不计墙前被动土压力时，式（2.20）可减化为：

抗滑稳定系数 $K_c = \dfrac{\sum N \cdot f}{\sum E_X}$ （2.22）

2）荷载类型

一般挡土墙的荷载类型如表 2.3。抗滑挡土墙滑坡推力为主力；当滑坡推力较小时，按推力与主动土压力的大值进行结构检算与设计。

表 2.3 挡土墙荷载类型[9]

荷载分类	荷载名称	荷载性质
主力	墙背主动土压力	水平力
	墙身重力及墙顶恒载	竖向力
	车辆动载产生的侧压力	水平力
	基底的法向反力与摩擦力	竖向力与水平力
	常水位时静水压力与浮力	水平力与竖向力
附加力	设计水位的静水压力与浮力	水平力与竖向力
	水位下降时的动水压力	水平力
	冻胀力与冰压力	
特殊力	地震力（不与洪水叠加）	水平力
	施工及临时荷载	水平力

水平地震力：$P_h = 0.25 K_h W$ （2.23）

式中：K_h 为地震加速度；W 为填土破裂棱体自重。

3）其他检算

（1）偏心矩 e：

$$e = \frac{B}{2} - \frac{\sum M_y - \sum M_0}{\sum N}$$ （2.24）

式中：B 为墙基宽度或斜宽（m），其余符号意义同上。

对土质地基，e 不得大于 $B/6$；对岩质地基，e 不得大于 $B/4$。

（2）基底压应力 σ(kPa)：当 $|e| \leq B/6$ 时

$$\sigma_{1,2} = \frac{\sum N}{B}\left(1 \pm \frac{6e}{B}\right)$$ （2.25）

式中：σ_1、σ_2 分别为墙趾、墙踵的压应力，均不得大于基底的容许承载力 $[\sigma]$。但主力加附加力时，容许承载力可提高 20%。

2.4.3.2 计算参数与稳定系数取值

要合理选用填料的重度、黏聚力 c、内摩擦角 φ 或综合内摩擦角 φ_0，填料与墙背间的摩擦角 δ、基底摩擦系数 f 及圬工强度等参数。

1）填料综合内摩擦角 φ_0

对各类土填料，其综合内摩擦角 φ_0 见表 2.4。对黏性土，也可直接增大内摩擦角 5°～10° 作为综合内摩擦角。据经验[9]，填料为细粒土，墙愈高综合内摩擦角取值应愈小，即墙高不大于 6 m 时，综合内摩擦角 φ_0 取 35°～40°；墙高 6～12 m，φ_0 取 30°～35°；墙高大于 12 m，φ_0 取 30° 以下。

有试验资料时，按下式计算综合内摩擦角 φ_0（°）：

$$\varphi_0 = \arctan \cdot \left(\tan \varphi + \frac{c}{\gamma \cdot H} \right) \quad (2.26)$$

式中：γ 为墙体重度（kN/m³）；H 为墙全高（m）。

表 2.4 填料的综合内摩擦角 φ_0[9]

填料种类	粉土、黏土类	砂类土	砾石、碎石类土	不易风化的块石类土
综合内摩擦角 φ_0	35°～40°(墙高≤6 m) 30°～35°(墙高>6 m)	35°	40°	45°

2）填料与墙背间的摩擦角 δ（参见表 2.5）

表 2.5 挡土墙填料与墙背间的摩擦角取值[9]

墙身材料	墙背填料	
	岩块及粗粒土	细粒土
混凝土	$\frac{1}{2}\varphi$（φ 为填料内摩擦角）	$\frac{2}{3}\varphi$ 或 $\frac{1}{2}\varphi_0$（φ_0 为填料综合内摩擦角）
石砌体	$\frac{2}{3}\varphi$	φ 或 $\frac{2}{3}\varphi_0$
第二破裂面土体	φ	φ_0

3）挡土墙基底摩擦系数 f（取值见表 2.6）

表 2.6 挡土墙基底与地层间摩擦系数 f 取值[9]

地层类别	软塑黏土	硬塑黏土	粉质黏土	砂类土	碎石类土	软质岩	硬质岩、粉土、半干硬黏土
摩擦系数 f	0.25	0.30	0.30~0.40	0.40	0.50	0.40~0.60	0.60~0.70

岩土体的物理力学参数是挡土墙工程设计的基础，要合理厘定，不能过低。

例如，瀑布沟水电站某移民安置区拟建挡土墙，勘查所提墙背回填可塑粉质黏土的综合内摩擦角仅 22°，墙底与含块碎石可塑-硬塑粉质黏土的摩擦系数仅 0.25，明显偏小，致使设计的墙体结构过于保守，有的甚至墙厚还大于墙高，形如卧牛。若仅将基底摩擦系数合理提高至 0.35，即可节省挡墙圬工近 30%。

4）稳定系数取值

挡土墙抗滑稳定系数 K_c 不得小于 1.30，抗倾稳定系数 K_0 不得小于 1.50[9]~1.60[14]。计暴雨、地震附加力时，稳定系数取值可适当降低，抗滑 K_c 不小于 1.10~1.20，抗倾 K_0 不小于 1.30[9]~1.40[14]。

但稳定系数过大而过于保守时，应优化截面尺寸重新检算，以减小工程。抗滑不满足时，墙底可内倾形成反坡或在墙底加混凝土凸榫；抗倾不满足时，可在墙底前加趾；地基承载力不满足时，可加混凝土垫层。

汶川地震极震区的烈度高达Ⅺ度，原按Ⅷ度设计的路肩重力式挡墙的震害以砌体破坏为主，鲜见整体滑移与倾倒破坏，因此要注意检算墙体强度，慎用浆砌卵石，提高浆砌片石或条石的强度等级，必要时用片石混凝土或素混凝土[53]。

2.4.3.3 抗滑挡土墙检算

当滑坡推力大于主动土压力时，按抗滑挡土墙分自重、地震、暴雨三种工况进行检算。其中，抗倾稳定性仍按式（2.21）检算，仅其中力系的组成与边坡挡墙有所差别，不再另述。以下简介抗滑稳定性的检算公式[14]。

1）自重工况

抗滑稳定系数

$$K_c = \frac{[(G+P_y)\cdot\cos\alpha_0 + P_x\cdot\sin\alpha_0]\cdot f}{P_x\cos\alpha_0 - (G+P_y)\sin\alpha_0} \quad (2.27\text{-}1)$$

式中：G——挡墙每延米自重（kN/m）；

α_0——墙基底倾角（°）；

f——墙基底摩擦系数；

P_x、P_y 分别为滑坡推力的水平分力、竖向分力（kN/m）。

式（2.27-1）除以 $\cos\alpha_0$，则可简化为与式（2.20）相似的形式：

$$K_c = \frac{[(G+P_y) + P_x\cdot\tan\alpha_0]\cdot f}{P_x - (G+P_y)\tan\alpha_0} \quad (2.27\text{-}2)$$

当墙基水平时，$\tan\alpha_0 = 0$，故上式简化为：

抗滑稳定系数 $K_c = \dfrac{(G+P_y)\cdot f}{P_x}$ （2.28）

2）地震工况

按平底墙：

抗滑稳定系数 $K_c = \dfrac{(G+P_y)\cdot f}{P_x + P_h}$ （2.29）

即在自重工况基础下，水平推力增加一项地震力 P_h（kN/m）。

3）暴雨工况

按平底墙：

抗滑稳定系数 $K_c = \dfrac{(G+P_y-N_w)\cdot f}{P_x}$ （2.30）

即在自重工况基础下，竖向力系中减去总浮力 N_w（kN/m）。

2.4.3.4　衡重式挡土墙土压力[38]

衡重式挡土墙的稳定性检算较复杂，主要是因其土压力计算复杂。因墙背呈折线且设有衡重台，不能对全墙土压力用库仑理论公式计算，而是对以衡重台划分的上、下墙分别计算土压力，再求矢量和而为全墙土压力。

1）上墙土压力

上墙土压力，一般按库仑理论公式计算；上墙背倾斜较大、出现第二破裂面时，采用第二破裂面法计算。作用于第二破裂面上的土压力 E_a 按下式计算：

$$E_a = W \cdot \dfrac{\cos(\theta_i + \varphi)}{\sin[(\alpha_i + \varphi)+(\theta_i + \varphi)]}$$ （2.31-1）

式中：W 为破裂棱体自重；θ_i、α_i 分别为第一、第二破裂角（°）。第二破裂角 α_i 按下式计。

$$\alpha_i = \frac{1}{2} \cdot (90° - \varphi) - \frac{1}{2} \cdot \left[\arcsin\left(\frac{\sin\beta}{\sin\varphi}\right) - \beta \right] \quad (2.31\text{-}2)$$

式中：β 为地面倾角（°）。

2）下墙土压力

下墙土压力 E_2 采用力多边形法计算：

$$E_2 = W_2 \cdot \frac{\cos(\theta_2 + \varphi)}{\sin(\theta_2 + \varphi + \delta_2 - \alpha_2)} - \Delta E \quad (2.32\text{-}1)$$

$$\Delta E = R_1 \cdot \frac{\sin(\theta_2 - \theta_i)}{\sin(\theta_2 + \varphi + \delta_2 - \alpha_2)} \quad (2.32\text{-}2)$$

$$R_1 = E_1 \cdot \frac{\cos(\alpha_1 + \delta_1)}{\cos(\theta_2 + \varphi)} \quad (2.32\text{-}3)$$

式中：W_2——下墙破裂棱体重力及荷载（kN）；

θ_2、δ_2、α_2——下墙的破裂角、墙背摩擦角、墙背倾角（°）；

δ_1、α_1——上墙的墙背摩擦角、墙背倾角（°）；

θ_i——上墙第一破裂角（°）；

φ——填土内摩擦角（°）；

R_1、E_1——上墙破裂面上的反力、上墙土压力（kN）。

2.4.4 重力式挡土墙设计

抗滑挡土墙和边坡挡土墙一般选用圬工重力式路堑挡土墙，不用衡重式墙型。

2.4.4.1 挡土墙的布设原则与设计图件

1）范　围

设墙长度应稍超出有保护对象的滑坡或边坡段的范围，两端适当嵌入坡体。

两端临空者应作端墙来支挡墙后回填土的侧边坡,或侧边坡设为填土的稳定坡率(不陡于1:1.5)。

2)位 置

墙设于滑坡前缘或边坡处,要适当楔入滑体或边坡坡脚,以发挥墙的抗力。

不能远离滑体或边坡设墙。这不但回填土量大,占地较多,且因墙后回填土不密实,不利于抗滑。

另一方面,墙也不宜楔进坡体较深,以免大量开挖,且形成高陡临时边坡。只有当空间不足时,如紧邻房后,才不得不挖坡作墙。

3)设计图件

挡土墙设计图应包含以下4幅:

(1)工程平面布置图。它主要反映设墙的范围与位置、不同的墙型区段、地形地质内容与危害对象等,并注设计说明。

(2)工程立面图。其作用是突出墙顶线、地面线、墙底线(斜底时分绘趾、踵二线),伸缩缝与泄水孔以及墙前水沟,显示不同高度墙顶、不同深度墙基段间的过渡以及台阶状基底,尤其是基底地质条件(图2.22)。

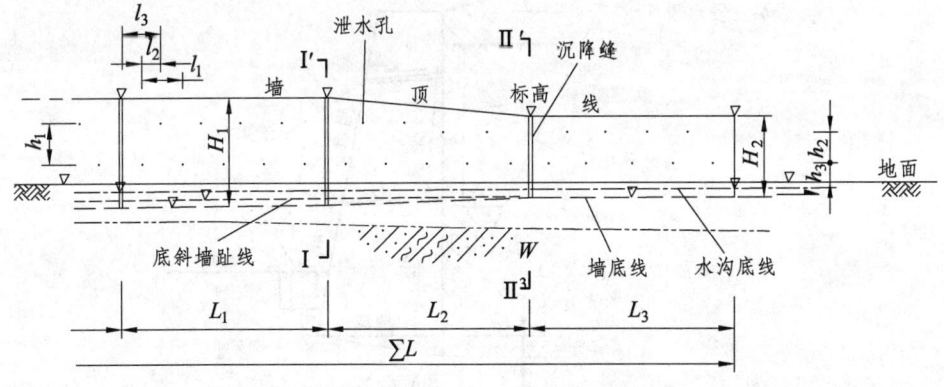

图 2.22 挡土墙立面图

H—墙高;h、l—泄水孔竖向、水平间距;
W—风化带;L—墙长;Ⅰ、Ⅱ—剖面号

（3）工程结构平面图。工程结构平面图即俯视图，显示墙顶两边线、墙身与地面前后交切的两条线、墙底的趾线与踵线（虚线），反映不同宽度的墙顶、墙底段间的渐变线（图2.23）。此图在以往设计中多有缺失。

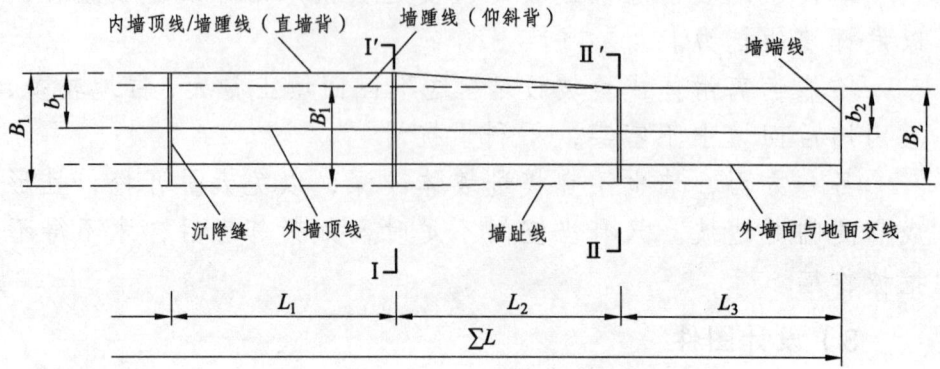

图2.23 挡土墙俯视图

b—墙顶宽；B—墙底宽；L—墙长；Ⅰ、Ⅱ—剖面号

（4）结构大样图。除图示墙体截面外，还要配套反映墙前水沟、泄水孔及其纵坡、墙后反滤层及其上下黏土隔水层、临时开挖边坡线与回填土面（图2.24a）。

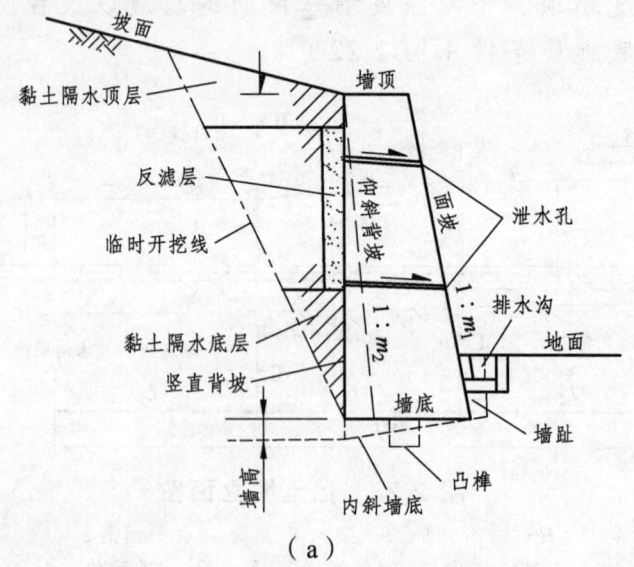

(a)

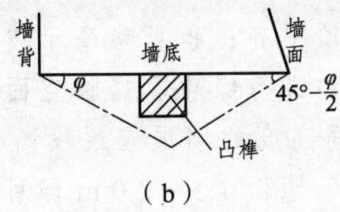

(b)

图 2.24 挡土墙结构示意图

$1:m$—墙面坡比，$n:1$—墙底坡比；φ—土体内摩擦角

4）分段进行结构设计

按剩余下滑力设计时，对不同推力的剖面段的挡墙应逐一检算；按土压力设计时，对不同高度的挡墙也应逐一检算，并汇总成挡墙参数表。

对不同推力或不同高度的挡墙，不能粗放地设计为统一的顶宽和面、背坡率而仅墙高不同。不同高度的墙，其内、外坡比都相同时，顶宽应不同，墙越高顶宽应越大。这是因为土压力与墙高的平方成正比，而顶宽相同时，墙的抗滑力仅与墙高的 $(1+m)$ 次方成正比。m 为内外坡率系数之和，一般都小于1，故 $(1+m)<2$。例如墙背直立，面坡为 $1:0.25$ 时，$m=0+0.25=0.25$，抗滑力仅与墙高的 1.25 次方成正比。具体可参用有关挡土墙图册。

不同高度墙段之间应设过渡段，墙顶、墙背、墙底均渐变顺接。

2.4.4.2 重力式挡土墙截面的设计与估算

重力式挡土墙截面的基本形状为直角梯形，为增加稳定性再在梯形的基础上增加或变化结构。挡土墙梯形截面的结构参数为墙高、埋深、顶宽与底宽、面坡与背坡。

1）墙 高

墙高以 0.5 m 为单位设计，斜底时按墙背计。

挡土墙墙顶与坡顶平齐；也可略高于坡面，顶后回填成平台以拦停坡面撒落物和进行绿化。据临空面高度的变化，分段设为不同的墙高，不同高度的墙顶应逐段渐变，不形成阶坎状。

矮小的坡脚墙高于地面 1.5~2.0 m 即可。

有征地削坡条件时，也可不全高设墙，即在边坡下部设挡墙，墙顶留平台，再向上削坡为稳定坡率（土质不陡于 1：1.25）。

2）埋深与襟边

埋深与襟边以 0.25 m 为单位设计。

挡土墙基础埋深一般取 0.5~1.0 m，不超过 1.5 m；超过 1.5 m 可计墙前被动土压力的 1/3。不同埋深墙段的墙底在过渡段渐变顺接，不形成阶状；但纵向陡坡墙段之墙底则应台阶化。

注意斜坡上墙基埋深与襟边[9]。土层、软岩中埋深不小于 1.0 m 且深入侧沟砌体底面不小于 0.2 m，襟边 1.5~2.5 m(表 2.7)，故慎在半坡修建抗滑挡土墙。

表 2.7 倾斜地面墙趾埋入的最小尺寸(m)[9]

地层	埋入深度	距斜坡地面的水平距离（襟边）
较完整的硬质岩层	0.25	0.25~0.50
硬质岩层	0.60	0.60~1.50
软质岩层	1.00	1.00~2.00
土层	≥1.00	1.50~2.50

不应机械地要求墙基嵌入基岩甚至中风化层而过度深埋。如汉源新县城的挡墙不分高低，多要求嵌入中风化基岩，实际上土层与强风化层已能满足大多数墙基承载力要求，致使墙埋深过大。而且因处于滑坡影响区而岩体破碎，中风化基岩也误认属强风化层，使墙的埋深更大，有墙高出地面仅 2 m 而基础

埋深达 7 m 多的极端事例。

3）面坡与背坡

面坡与背坡以 1∶0.05 为单位设计。

重力式挡土墙面坡陡[1∶(0.2~0.3)，一般 1∶0.25]，背坡一般直立，也可适当俯斜或仰斜，内俯不宜过缓以免过多增大土压力甚至可能形成第二破裂面。

墙底有施工空间时，也可设为贴坡墙，即背坡与边坡一致外仰。其优点是基本不开挖墙后临时边坡也不回填，且因破裂棱体减小，墙所受土压力也减小，但墙后反滤层不易施工。

一般条件下，内俯 0.15 所受土压力为直墙背的 1.51 倍，而外仰 0.15 所受土压力仅为直墙背的 86%[38]。

4）顶宽与底宽

顶宽以 0.10 m 为单位设计。

墙顶宽度不小于 0.5 m（浆砌石）、0.4 m（混凝土）、0.2 m（钢筋混凝土）；据面坡与背坡及墙高计算底宽。

面坡愈缓于背坡，则底宽愈大，顶宽愈小；两坡相同，则顶宽与底宽相同，墙截面为平行四边形。

重力式挡土墙以墙身自重抗滑，抗滑力与墙截面面积相关而与截面形状无关。当墙底紧邻建筑而空间有限时，可放陡面坡，减小底宽，有利施工；相应增大顶宽，维持平均宽度不变从而截面面积不变，墙的抗力也就不变。

不同宽度墙段的墙面要一致，仅过渡段的墙背渐变顺接。

5）基于抗滑力估算挡土墙截面的面积与尺寸

挡土墙一般受抗滑稳定性控制，设计时可按常见条件从抗滑稳定性预估墙的截面面积，进而预设截面的结构尺寸，供结构设计计算之用。

设墙全高为 H，一般回填土重度为 20 kN/m³，综合内摩擦角为 30°（高墙）、35°（中墙）与 40°（低墙），墙顶、底水平，内坡直立，则朗金主动土压力系数分别为 0.333、0.271 与 0.217，得主动土压力 = $20/2 \times (0.333, 0.271, 0.217) \times H^2 = (3.33, 2.71, 2.17) \times H^2$；基底摩擦系数 f 为 0.40、0.50，抗滑稳定系数取 1.3，墙体圬工重度为 23 kN/m³，则墙的截面面积 $S = (3.33, 2.71, 2.17) \times H^2/f \times 1.3/23 = (0.188, 0.153, 0.123) \times H^2/f$（表 2.8）。

表 2.8 典型条件下不同 H、f 的挡土墙截面面积 S 与建议结构尺寸

墙高 H(m)	f	截面面积 S(m²)	平均宽(m)	顶宽(m)	面坡	底宽(m)
3.0	0.40	2.77	0.92	0.60	1∶0.20	1.20
	0.50	2.21	0.74	0.50	1∶0.20	1.10
6.0	0.40	13.77	2.30	1.50	1∶0.25	3.00
	0.50	11.02	1.84	1.10	1∶0.25	2.60
10.0	0.40	47.00	4.70	3.20	1∶0.30	6.20
	0.50	37.60	3.76	2.30	1∶0.30	5.30

2.4.4.3 提高稳定性的结构：斜底、凸榫、墙趾、纵阶

1）斜 底

底面适当向内倾斜以利抗滑，斜率不宜大于 0.2∶1（土质）、0.3∶1（岩质）。斜度过大会影响墙前基础埋深，且在土基中要补充顺墙底面沿被动土压力破裂面滑出的检算。据经验，滑坡推力大于主动土压力的抗滑挡土墙设斜底的作用，比受土压力的边坡挡土墙更大。斜底墙的抗滑稳定系数可按式（2.27）计算。

斜底还会增加墙背埋深，进而增大土压力，使斜底提高的抗滑力有较大折减。算例：高 10 m 的边坡挡土墙，平底的底

宽 6.2 m，改为 1:0.2 的斜底，墙趾埋深不变，则墙踵加深 1.24 m，朗金主动土压力增加 26.3%。同时，墙的挖基与圬工量、墙背挖方与回填量则均相应增加。

2）凸榫

在墙底面向下加设凸榫基础，形似抗滑键。

凸榫应设于过墙趾向内下斜（$45° - \varphi/2$）线与过墙踵向外下斜 φ 度线所圈三角区内（图 2.24b）。凸榫的高度、宽度、距墙趾的最小距离的计算参见文献[8]。

凸榫不会被剪断，其抗滑作用主要体现在加深墙基，增大墙前被动土压力。但因榫的深度有限，不会大于墙底宽的 1/5，被动土压力的增加也是有限的。譬如底宽 2.5 m、埋深 1.6 m 的挡墙，加深 0.4 m 之凸榫，一般土质中被动土压力增加 43.2 kN/m，取 1/3 仅增大 14.4 kN/m。

3）墙　趾

抗倾稳定性不满足时，可在墙底前加趾，增大抗倾力臂，从而加大抗倾力矩。

墙趾的长度不大于墙高的 1/20；高度考虑圬工的刚性角（混凝土 45°，浆砌石 35°），混凝土不大于趾长，浆砌石不大于 1.43 倍趾长，但又不得小于 0.4 m。

墙趾占用施工空间，紧邻建筑时不宜增设。

4）纵　阶

墙底纵坡大于 5% 时，基底设成台阶状抗滑。

2.4.4.4　挡土墙的配套结构：反滤层与泄水孔、排水沟、伸缩缝、勾缝抹面

1）反滤层与泄水孔及黏土隔水层

强调墙背反滤层与墙体泄水孔的设置。泄水孔按上下左右每隔 2～3 m 交错布置，最下一排孔距侧沟水面不小于 30 cm，

圆孔、方孔均可，方孔 10 cm×10 cm，圆孔孔径 5～10 cm，向外坡度不小于 4%；反滤层厚度不小于 0.3 m，必要时加设反滤包。反滤层深至下排泄水孔底即可，再深反而积水增加水压力。

反滤层顶、底面要设黏土封闭隔水层，顶部隔水层厚 0.5 m，顶面外斜 5%泄水。

2）墙前排水沟

道路挡墙设排水沟与道路边沟结合，取相同截面。

边坡挡墙一般泄水甚少，墙前不一定非设排水沟不可，以免影响墙的埋深和占用空间；房后的墙前可铺散水，将水归入房周水沟。

需设排水沟时，沟截面要小，且以墙体为内壁，出流要顺畅接入既有沟渠。

3）伸缩缝（沉降缝）

墙身每隔 10～25 m 设一道伸缩缝，墙高、埋深和基底地层的变化处加设沉降缝，两缝可合并设置，合称变形缝。

缝宽 2～3 cm，缝内沿墙的内、外、顶三边填塞沥青麻筋或沥青木板，塞入深度不小于 20 cm。

4）勾缝与抹面

砌石挡墙要对石块接缝处用水泥砂浆进行勾缝，以加强石块连接且美化墙体。内凹呈阴缝或外凸呈阳缝均可。

墙顶面平抹水泥砂浆，厚 2～3 cm。

2.4.4.5 挡土墙设计施工常见质量与安全问题：挖基、石料与砂浆、排水

挡土墙是结构最简单但又是问题最常见的支挡工程类型。正因为其工程简易而不受各方重视，施工也多外包给当地民工又疏于监管，因而设计施工普遍出现不少质量与安全问题，应引起足够关注。

1）基坑开挖

设计与施工中要选好临时边坡坡率，一般可比永久边坡坡率放陡一级；要严格跳槽开挖，每段开槽不能过长；因条件限制致临时边坡过陡时，要加强基坑临时支撑，缩短拉槽长度，严防坑壁坍塌。

例如，德格县城看守所挡土墙，设于人工填土的高陡边坡坡脚，基坑临时开挖边坡设计陡达 1∶0.39，据施工图审查意见，设计补充强调了基坑临时支护。但外包的施工单位对全长 10 多米的基槽未进行跳槽开挖，对坑壁又未加强临时支护，导致开挖中边坡坍塌，掩埋致死多名工人，相关单位与个人被依法追责，教训殊深。

2）圬工石料

浆砌圬工必须保证石料的规格和强度。

常用石料规格分片石、块石与条石，统称毛石。片石为爆破直接所得不规则石块，但其中部厚度不得小于 15 cm；块石由片石加工而成，大体方正且顶底面平整，其中部厚度不小于 20 cm；条石为粗凿石，厚度不小于 20 cm 且不小于长度的 1/4。设计石料不宜泛用"毛石"，而应细分。

不能用漂卵石直接作为料石，至少应破解。漂卵石粗大且表面光滑，与砂浆的黏合强度甚低，降低了墙体强度。此问题十分普遍，完工后察觉又不忍心推倒返工，应在施工过程中加强监管。

石料的极限抗压强度，一般要求不小于 30 MPa（M30）。红层中泥质砂岩尤其是砂质泥岩难达此强度，要坚持对料石做抗压试验。

3）水泥砂浆

常见砂浆强度等级不足，为节省水泥而多掺粗砂甚至角砾。

更普遍的通病是砂浆充填不饱满，甚至近于干砌。验收时出于种种压力又难以责令返工，姑息了偷工减料的侥幸心理。要在施工过程中及时监查整改，工程监理不要流于形式。

为规避砂浆不饱满的问题，设计往往不敢采用浆砌圬工，在有石料地区也改而采用混凝土，加大了投资。

4）泄水孔与隔水层

泄水孔与隔水层常见问题为：

（1）泄水孔少而不通畅，有的工点高墙段的孔还少于低墙段。

（2）PVC管伸出墙面，未切除。

（3）反滤层顶未设黏土隔水层，或隔水层厚度不足（<50 cm）。

（4）反滤层底过深，其下所设隔水层的顶面远低于最下排泄水孔，造成泄水孔以下墙背积水，形成水压力。

5）墙前水沟

墙前水沟常见问题为：

（1）在前后均无水沟的墙前设排水沟，沟水无出路。

（2）水沟过大过深，工程大且影响挡墙埋深。

（3）未利用挡墙面作水沟内壁（盖板沟除外），另砌圬工内壁，造成浪费且多占空间。

（4）水沟设于墙顶，甚至在墙顶悬设集水池，极不合理，花钱埋隐患。

6）其他问题

（1）伸缩缝竖向参差不直、间距不等；缝未按规范充塞。

（2）墙面未勾缝，墙顶未抹面。

（3）不同高度、不同宽度的墙顶间未渐变顺接，立面、平面上形成台阶状。

（4）墙端段的回填土侧边坡未处理。

2.5 其他常用抗滑工程措施

2.5.1 减载、反压

于滑坡后部削方减载，前缘回填反压，是传统的但仍行之有效的抗滑措施。

1）削方减载

削方减载要在坡面较陡的下滑段，且不要在后部和两侧形成新的临空面，必要时削成台阶状并注意坡面排水与防护。

例如对成昆铁路岩质错落体转化的会仙桥滑坡，采用以削方减载加坡脚回填为主，辅以挡墙加支撑渗沟及改沟的治理措施，使安全系数达到了1.25。共减载12.1万立方米，回填7.3万立方米，筑圬工1.2万方[39]（图2.25）。

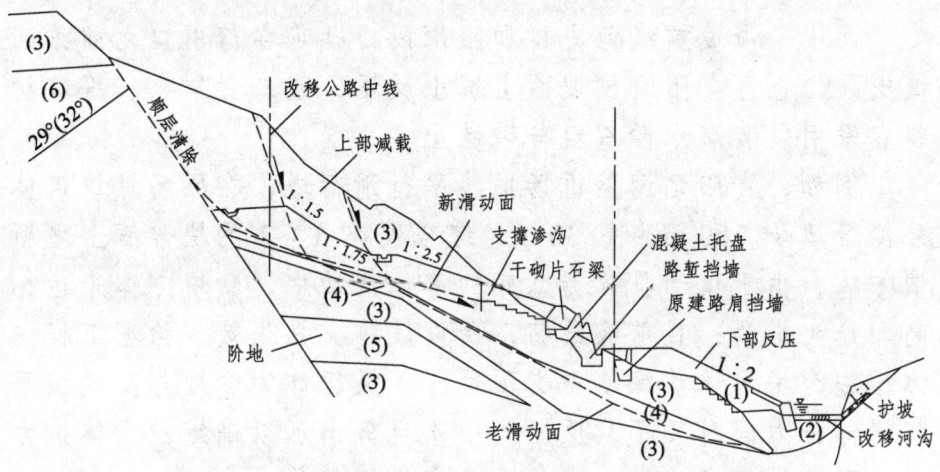

图2.25 成昆铁路会仙桥滑坡工程纵剖面图
（1）人工填土；（2）卵砾石土；（3）碎块石土；（4）砂黏土夹碎石；
（5）砂黏土夹砾石；（6）泥灰岩页岩互层

削方往往毁坏农民赖以生存的耕地或林地，因此不宜大面积削坡，必要的局部削方亦要考虑恢复耕地的措施。

但是，对于后部堆载所致推移式滑坡，削方减载不但见效快，还可能恢复被掩埋的耕地，应为首选之举。例如，成（都）南（充）高速公路在对K1952砂页岩顺层滑坡的抢险施工中，弃土6千多立方米于三元村民房后坡顶，引发坡体滑移。经论证，治理工程方案为清理后部的弃土并用以在前部回填反压，辅以村道内侧挡墙；比后部抗滑桩支挡方案投资省、工期短。

对顺层滑坡，纵剖面上全长均为下滑段，故在任何部位削方减载均可起稳定滑坡的作用。例如重庆三江粮库17m高砂页岩边坡，设计过陡且一坡到顶，支护不力且贯通性爆破开槽，形成长100m、宽80m、平均厚12m、近10万立方米之顺层滑坡，滑面倾角12°。建议工程方案为削方+支挡：限于弃渣场规模，削方1万多立方米，分两级顺岩层面清方，级间高差6m、坡率1∶1；在前缘剩余6m高之边坡设抗滑桩。

2）回填反压

反压于滑坡前缘剪出口和阻滑段，既可在剪出口之前方回填支顶，也可在阻滑段坡面上填土反压，或二者结合。压坡材料宜采用袋装渗水砂石料与砂性土。

例如，贵阳龙洞堡机场扩建平行滑行道，在原场坪填筑体外侧帮填长160m、高30m、综合坡率1∶2的块碎石土之新填方体，由于填于具软弱基底的溶蚀洼地中，新填方体未达标高即产生坍滑，且前缘鼓翘，所设坡脚支挡失效。治理工程主体措施为坍滑体前缘填土支顶反压，反压体的宽度与高度按平衡滑体推力同时又不从反压体中次生剪出加以确定，滑体推力以填至设计标高推算，实施后稳定了填筑体。

对切坡引发的滑坡，回填反压工程量不等同于开挖量，力度应更大。因为开挖前滑体抗剪强度处于峰值，滑移后滑面的抗剪强度已向残值降低。

例如丹巴老街后山滑坡突滑后，在滑坡前缘用人工码砌大量土袋支顶、反压，初步遏止了滑坡进一步向前推进，但反压力度仍不足，数月后反压体即发生位移，赓即实施抗滑桩和预应力锚索等永久性工程，才使滑体得以稳定。

2.5.2 地表截排水工程

此处主要简述常用的地表截排水沟与独特的抗滑涵洞。

2.5.2.1 地表截水沟

1）布置与圬工

截水沟修于滑坡后缘 2 m 之外，多为环形，并尽早接入两侧自然沟道。滑体较大时可在滑体中修横向截水沟，对滑体中泉眼要设沟引排。

因滑体加固后仍会有滞后蠕变，圬工水沟可能开裂渗水促滑，故应尽量少在滑体中设圬工排水沟，有条件时可采用可伸缩的叠瓦式金属质沟（见韩国采用）。

一般用 M10 浆砌石，厚度不小于 30 cm；采用混凝土则厚度不小于 20 cm。

水沟应坐落在稳定的坡体上，以免变形开裂。都江堰市花龙小区滑坡截水沟之一段建于抛填土上，因填土下滑而致水沟开裂、下错，预验、初验后均返工重建，但屡建屡裂，终验要求在沟外侧挖设挡墙。

2）纵横剖面

要现场核实沟的平面位置，使之形成合理的排水纵坡，不过陡与过缓（不得小于 2%，不宜小于 3%～4%），可设成单面排水或双向人字形排水。

用典型横断面校核沟位，填、挖较大则沟位内靠或外移，尤要避免内挖过高，即应基本顺等高线布设。挖沟形成的土质边坡要按稳定坡率设计,否则易坍塌堵沟;也慎内挖外填成沟,因横坡上填土易失稳。

3）截 面

地表截排水沟的截面一般为倒梯形,较浅时可用矩形;横坡过陡时,设矩形沟挖沟形成的内边坡,要比倒梯形沟低矮。梯形截面一般底宽 0.4 m,深 0.4~0.6 m,边坡率 1∶1~1∶1.5。

侧墙应紧贴开挖边坡砌筑,使墙后不空出难以回填的楔缝。流量较大时则按过流能力检算截面尺寸（安全高取 20 cm）。

横坡陡时两侧墙可不等高,内侧墙不能高于坡面而阻水。例如宣汉某滑坡,截水沟的大段内边墙高于其后坡面,不能汇水,拆低边墙、墙上开孔、填平墙后坡面均很棘手。

4）消 能

纵坡陡时设急流槽、消能台阶,纵坡或平面上的转折处设消能沉砂井（池）。台阶与急流槽的起端、终端设垂裙,厚 30（混凝土）~40 cm（浆砌石）。消能池起端设消力槛,消能池的长度 $L(\text{m})$ 按下式计:

$$L = l_1 + l_2 + a \tag{2.33}$$

式中:l_1、l_2 分别为水流跌落距离和水跃长度;a 为消力槛的顶宽。消能池和消力槛的水力计算和结构设计具体参见文献[54]。

也可在陡沟内设横肋或人字肋加糙减速,但要在水沟大样图上标明流向,人字肋的尖角朝向来水方向。都江堰市灵岩寺三社滑坡的截水沟设计图未标水流方向,施工单位将人字肋的尖角朝向下游,不会消能反而汇流加速,且部分沟段的肋未设于陡降沟段,反而设于平缓沟段,反而阻水。

5）天 沟

路堑边坡的天沟也为截水沟,尤其要注意其圬工不能开裂,否则会变成渗水沟,适得其反。南昆铁路软弱膨胀岩土段,部分天沟开裂渗水，造成边坡坍滑，后只得改在坡顶后喷混凝土形成护裙以隔水。

6）常见设计问题

截水沟的布设是细活，没软件可用，一定要到现场核实沟的流路、纵坡、入流与出流、转折与消能，最好在现场设计，舍此无捷径可走。其常见问题有：

（1）截水沟过长，未尽早接入两侧自然沟道或作无害散流。

（2）截水沟流路基本不沿等高线，造成沟坡高填深挖。

（3）截水沟纵坡过缓甚至下凹，致水流不畅甚至积水。

（4）截水沟内壁虚高阻水，或不够高而致其上边坡坍塌。

（5）未计算过流能力，沟截面过大。

（6）未在陡坡段设消能台阶，纵坡与平面上的转折处未设消能池，甚至出口高悬于边坡上，导致射流之害。

（7）沟壁圬工偏厚，材质不合理，甚至用砖砌。

（8）流路不畅，设计不合理。例如，在宜宾喜捷场与武胜县城，因排水沟无出路而设计拆除阻沟民房，国土部门为赔偿民房伤透脑筋。尤其是在喜捷场滑坡设计评审中，专家已指出不能拆房建沟，但设计拒而不改，工程验收时生米已煮成熟饭。

2.5.2.2 抗滑涵洞

地表径流在松散坡体和古滑坡堆积体中集中下切与侧蚀，会在沟道两岸形成高陡临空面，进而牵引松散体失稳，产生两岸向沟滑移的相向滑坡。对此，顺沟道兴建抗滑涵洞，既可遏制沟水的下切与侧蚀，又可通过涵洞及洞顶回填土平衡两岸滑坡的推力，稳定滑坡。

产生于20世纪80年代的滇东北镇雄县城滑坡，就是城区排水主沟在古滑坡堆积体中以每年超过1 m的速率快速下切形成的牵引式滑坡，两岸向主沟相向滑移。治理工程的主体是在滑坡区的主沟上兴建大型涵洞，畅排沟水，并铺底以防下切；涵洞以抗压结构平衡两岸滑坡的相向滑动，并在洞顶之上沟域回填土，使两岸滑坡的上部也得以相向平衡。工程措施简易，投资省，效果好，不但稳住了滑坡，回填土面还为县城营造了难得的大面积场坪，一举两得[55]。

2.5.3 地下截排水工程[8]

地下截排水工程类型较多，包括明沟、槽沟、渗沟、排水孔、渗水洞、集水井等。碍于地下排水工程的排水效果难以预测，抗滑效果难以检算，现应用过少，应提倡。

以地下截排水为综合治理工程之一的甘肃东乡县城文体广场滑坡是成功实例[56]。对该 18 万立方米的土质滑坡，除采用填方压脚、削方减载并完善城区地表排水系统外，还配套了以下地下截排水工程：在深 5 m 处设纵横向截排水盲沟，在泉眼处设集水井，在原沟心设砂卵石连通井，在原沟道段设隧洞式地下集水廊道。

2.5.3.1 明沟、槽沟、渗沟

1）明沟、槽沟

截排水明沟、槽沟兼有截排地表水和地下潜水、上层滞水之功能（图 2.26）。

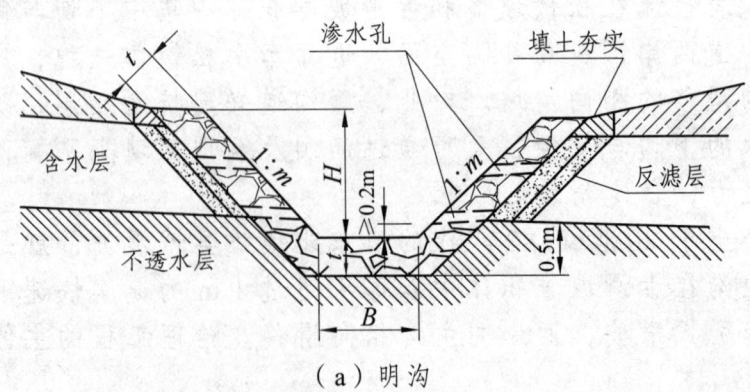

（a）明沟

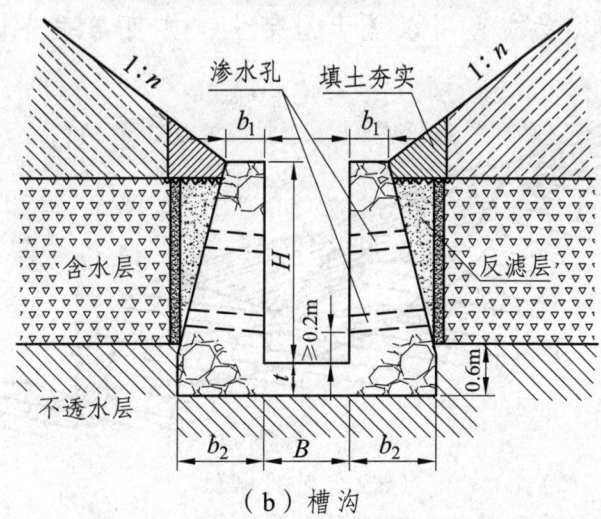

(b) 槽沟

图 2.26 浆砌片石明沟、槽沟断面图[8]

明沟的截面一般为倒梯形，槽沟截面为矩形；明沟最深 1.2 m，槽沟 1.2~2.0 m，再深则改用渗沟。

截面尺寸经检算要满足过流要求，一般用 M10 浆砌石。沟外壁设反滤层，并设渗水孔。沟身每隔 10~15 m 设一伸缩缝。

2）渗　沟

引排滑体中的泉眼和湿地最好采用引水渗沟与截水渗沟（暗沟），循最短路径引出滑体。

渗沟截面为矩形，沟内充填渗水料且与沟壁间设反滤层。以沟底设有盖板的矩形沟（0.3 m×0.4 m）或内径为 0.3 m~0.5 m 的圆管作为排水通道，盖板和圆管上留进水裂缝或孔眼。沟顶干砌片石层之上夯填厚度不小于 0.5 m 土层并与地面齐平，以隔水。

渗沟出口接端墙，墙下部留排水洞，墙外铺砌一段排水沟。

2.5.3.2　水平与垂直排水孔

1）仰斜式排水孔

仰斜式排水孔设于滑坡前缘，疏排滑体的地下水，滑面较陡、孔深可及者亦可用以疏干滑带土；亦可与垂直砂井联合排水（图 2.27）。

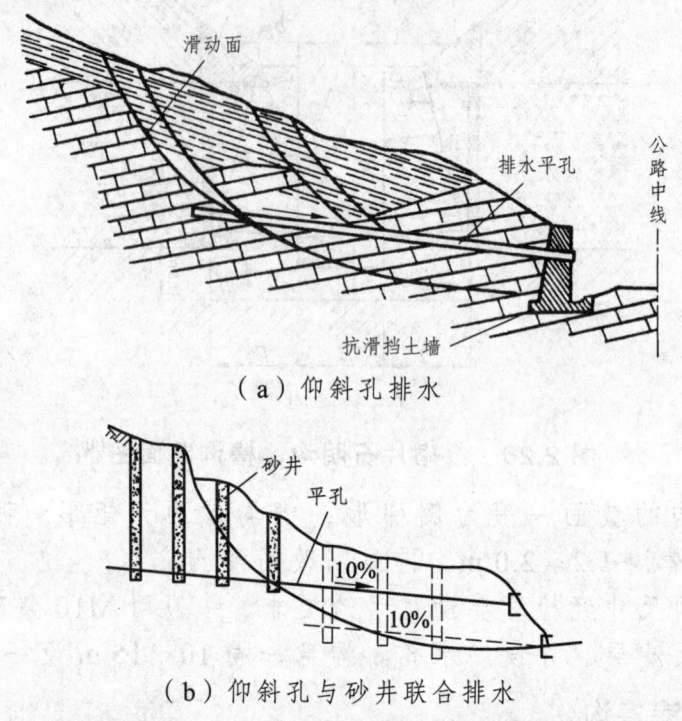

（a）仰斜孔排水

（b）仰斜孔与砂井联合排水

图 2.27　仰斜孔排水示意图[18]

孔的仰斜坡率一般为 10%～15%，成排布设，多排时交错布置。孔径为 50～130 mm，一般为 100 mm，插入具反滤功能的第三代排水软管或包反滤网的带孔塑料管。孔深受施工条件限制，过深后孔向前下弯而可能无法排水。

含水层较多、钻孔过长时，可采用集水井与水平排水孔相结合来排水。

2）垂直钻孔群（井）

成昆铁路体积 650 万立方米之甘洛 1 号顺层老滑坡，其破碎粉砂岩与泥岩中地下水发育，含水层厚 10～30 m，旱季水位已近路肩标高，贸然开挖路堑必将失稳。鉴于滑带以下有古河道砂卵石强透水层，遂采用穿过滑带的垂直钻孔群排除滑体地下水。排水孔的滤管外径为 65 mm，钻孔孔径为 127 mm，其间充填砂砾滤层；共实施 43 孔，列距（1/5～1/7）R（影响半径），排距为 2 倍列距；孔深至砂卵石层，平均深 35 m。竣工后古河道两出口的排水量由每昼夜 30 m³ 增加至 180 m³，滑体内地下水位下降 10～20 m，疏干效果明显[39]（图 2.28）。

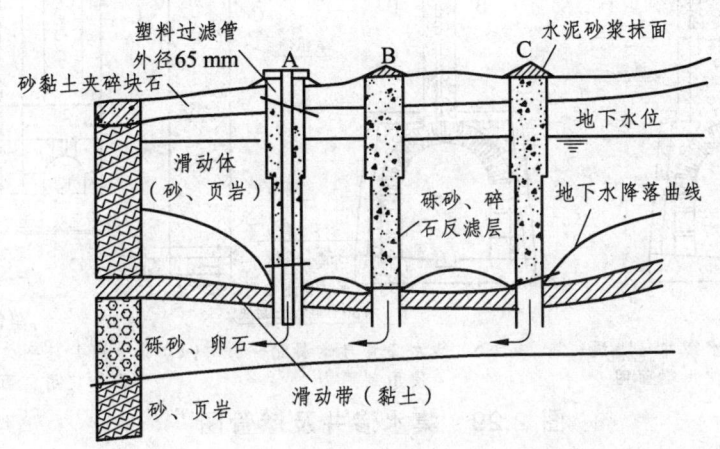

图 2.28 竖直钻孔排水示意图[39]

A—安设过滤管的排水井；B、C—全填砂砾、碎石反滤层的排水井

2.5.3.3 渗水隧洞与集水渗井

渗水隧洞用以截疏深部滑带的地下水，集水渗井也有相似功能（图 2.29）。

滑坡中一般形不成统一的含水层，往往为裂隙水和滞水，必须根据较详的水文地质资料布设隧洞，力争有水可排。

隧洞洞顶设于滑面以下不小于 0.5 m，在岩质滑坡中用直墙式，在土质滑坡中用曲墙式，净空以便于施工和维护进行设计控制，不宜小于 1.5 m×2.0 m，衬砌比照隧道设计。

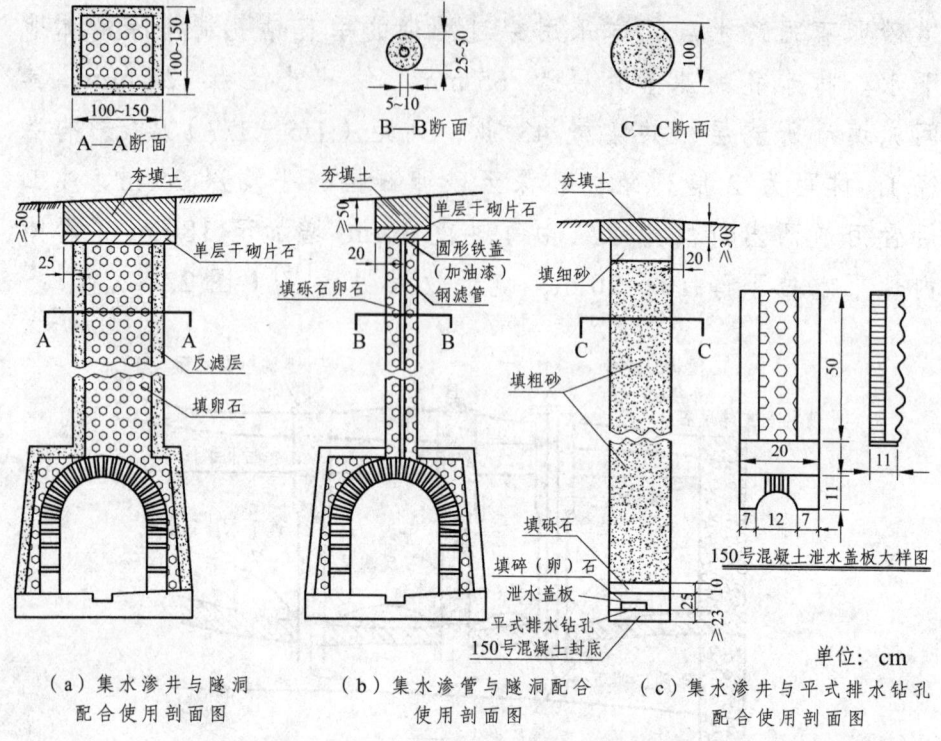

图 2.29 集水渗井及渗管图[8]

隧洞纵坡不宜小于 5‰，拱部和边墙留渗水孔，孔外设反滤包，亦可打放射状集水孔，还可与集水渗井（渗管）联合使用。洞口设于滑体之外，洞门墙按挡土墙设计（图 2.30）。

2.5.4 几种实用的抗滑工程措施

2.5.4.1 支撑渗沟

1）原理与应用

支撑渗沟为地下排水工程与支挡工程之结合。由于用砌石体置换滑体，并穿过滑面并作台阶，可兼起疏排滑坡地下水和支撑滑体的双重作用，用于滑体前缘富水且薄缓者，可配合抗滑挡墙使用[18](图2.31)。

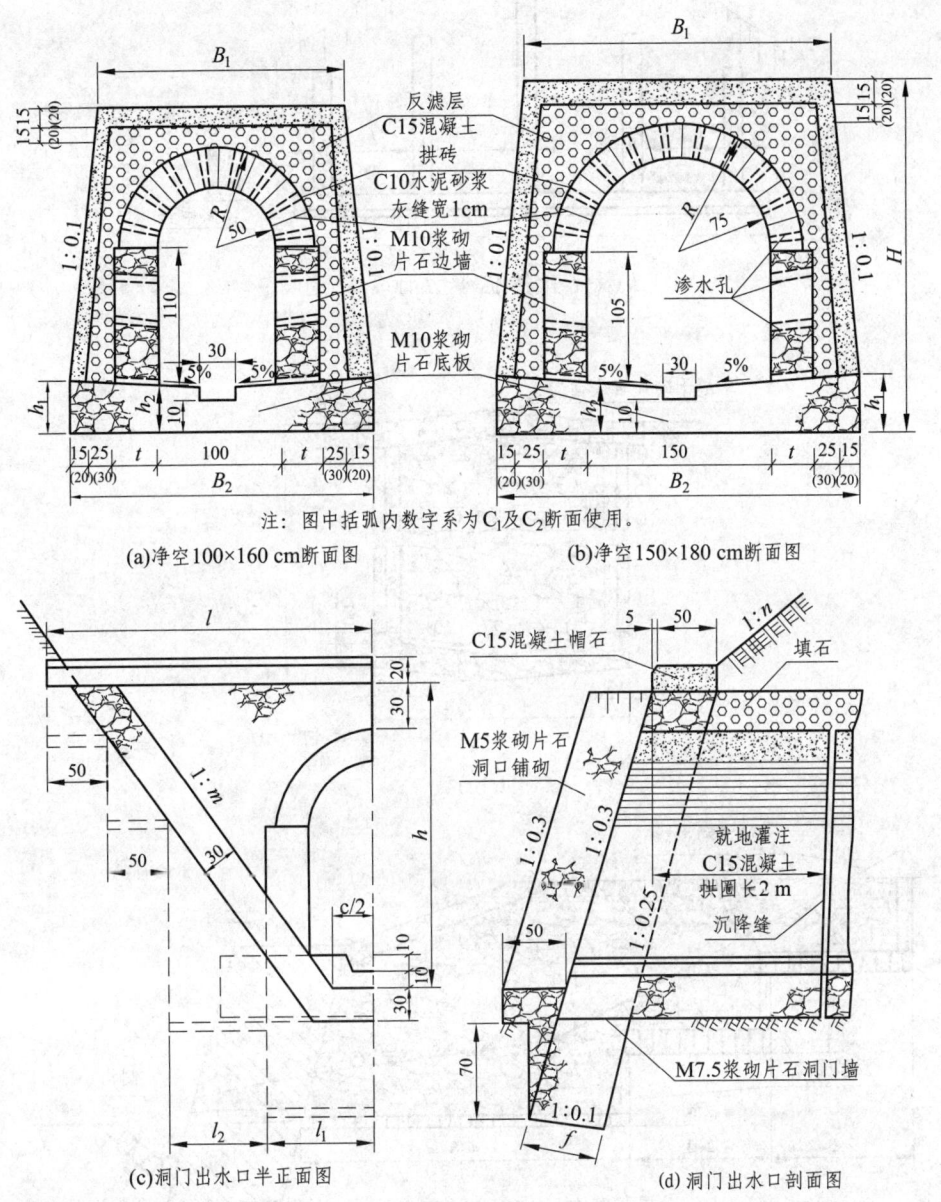

(a)净空100×160 cm断面图　　(b)净空150×180 cm断面图

(c)洞门出水口半正面图　　(d)洞门出水口剖面图

单位：cm

图 2.30　直墙式渗水隧洞及洞门图[8]

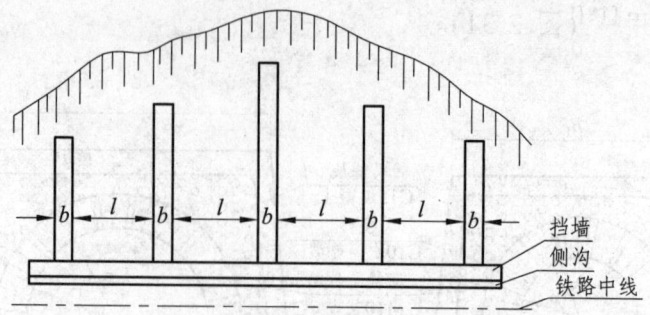

b 及 l 宜按抗滑力计算决定

(a)

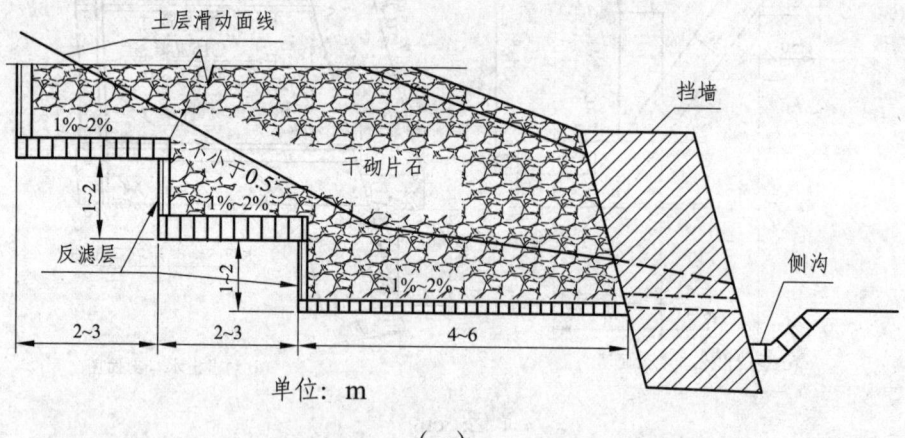

(b)

(c)

图2.31 支撑渗沟结构示意图[18]

支撑渗沟有事半功倍之效，铁路系统采用较多，应提倡。例如，对成昆铁路狮子山膨胀土滑坡，因滑体较薄、坡面较缓，采用支撑渗沟加路堑挡墙为主的疏挡结合措施，得以逐年稳定。支撑渗沟长、短结合，间距 10 m，纵坡 4%，汇流于高 3.6 m 之挡墙背下的暗沟，十余年后暗沟仍水流不断[39]（图 2.32）。

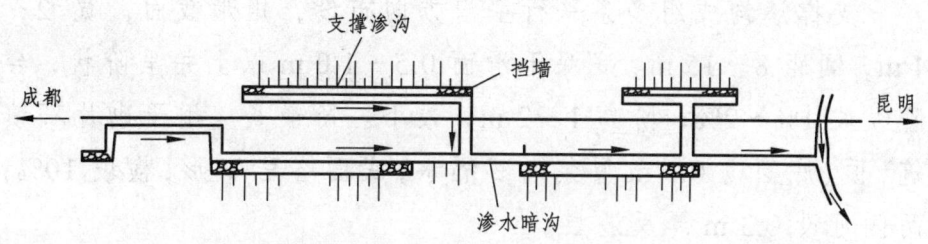

（a）渗水暗沟平面布置图

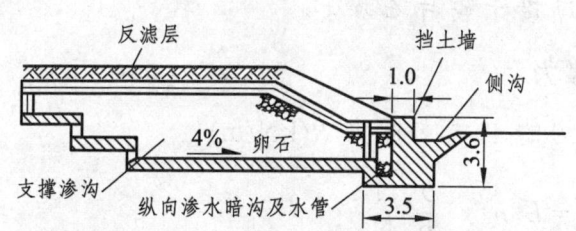

（b）挡墙+支撑渗沟结构

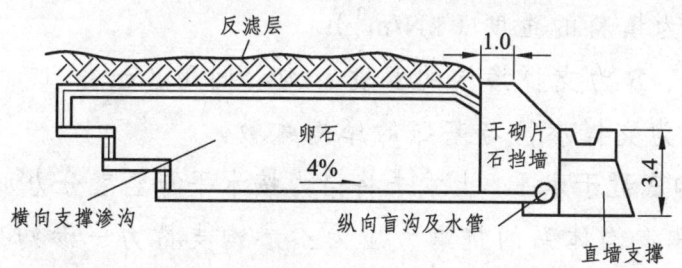

（c）挡墙+支撑渗沟结构

图 2.32 成昆铁路狮子山滑坡治理工程图[39]

但对较陡的滑坡，不能开挖较长的支撑渗沟，开挖深度不宜大于 8～10 m，应用受限，有条件时可采用。例如位于攀田高速公路末段的田房大桥滑坡，由 2008 年攀枝花 8.30 级地震触发，坐落于金沙江平缓的高谷肩上，滑体前缘较薄且饱水，有开挖较长支撑渗沟的条件。

2）构　造

支撑渗沟成组多条平行主滑方向布设，矩形截面，宽 2～4 m，间距 8～15 m。底深于滑面 0.5～1.0 m 以上并呈阶状，台阶纵坡 1%～2%；阶高 1～2 m，最下一阶最长。用干砌片石填筑，顶、底面砌 0.3 m 厚浆砌石隔水，底面略呈 V 形，横坡 10%；两侧可设 0.3 m 厚反滤层。

出口所接抗滑挡墙的下部设泄水孔，墙外侧设排水沟。单独使用时出口接干砌片石垛。

3）支撑力

支撑渗沟的单宽支撑力 R(kN/m)：

$$R = L \cdot h \cdot \gamma \cdot \frac{b}{B} \cdot f \tag{2.34}$$

式中：L、h 为支撑渗沟的纵向长度、平均高度（m）；

　　　γ 为填料的重度（kN/m³）；

　　　b、B 为支撑渗沟的宽度、沟心间距（m）；

　　　f 为支撑渗沟与基底的摩擦系数。

因沟底近于水平，上式未将诸力按水平与竖直分力加以分解。

支撑渗沟体系的抗滑力应为：渗沟支撑力－渗沟处原土体抗滑力＋挡土端墙抗滑力。

支撑渗沟的长度应以满足支撑力为度，可据式（2.34）反演。

例如狮子山滑坡(图 2.32 c),所设支撑渗沟长 15 m、宽 2.5 m、高 6 m(加反滤层与顶底面)、净间距 8 m、填料重度 22 kN/m³,基底的摩擦系数取 0.5,则其抗滑力:

$$R = 15 \times 6 \times 22 \times \frac{2.5}{10} \times 0.5 = 247.5 \text{ kN/m}$$

再加上出口挡墙,可联合抵御 300 kN/m 推力的滑坡。

2.5.4.2 抗滑明洞

抗滑明洞具有抗滑与遮挡双重作用,适用于支挡滑坡前缘临空面下的线性工程。洞型一般为拱形,常用在外墙回填反压的偏压斜墙式(图 2.33)与外墙不回填的单压式。

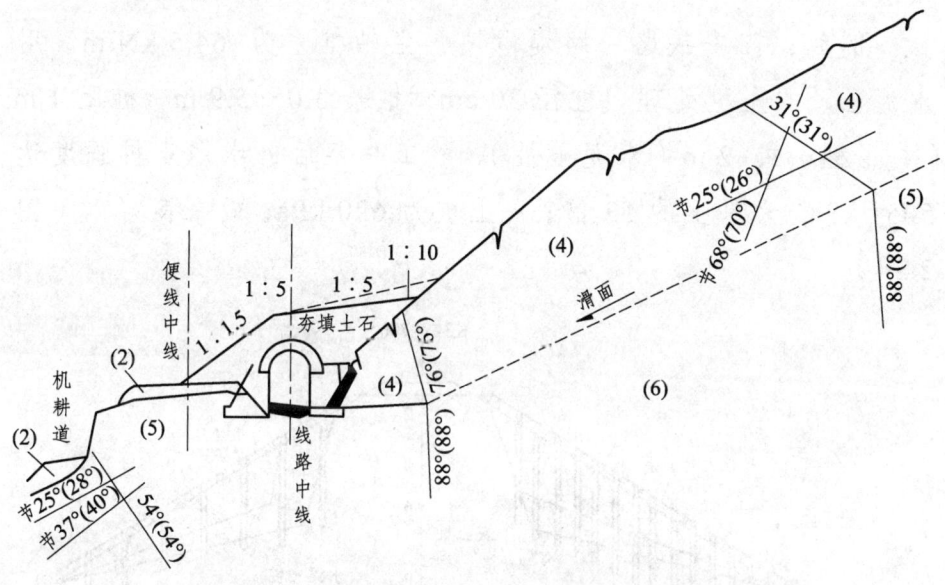

图 2.33 偏压斜墙式抗滑明洞设计图[18]

(2)人工填筑土;(4)岩块;(5)绿泥石片岩;(6)云母石英片岩

明洞与滑坡上部抗滑桩组合,效果更显著;也可将抗滑桩设于明洞内边墙处，成为明洞的一部分。在明洞顶部回填土，会有利于结构稳定与增强抗滑力。

1970年，已稳定50年的阿底老滑坡因成昆铁路施工开挖而局部复活，对之采用带仰拱的钢筋混凝土明洞支挡，并利用河侧弃渣回填反压洞顶及明洞外侧，以恢复山体平衡，稳定滑坡。但工程力度不足，两年后在线路外40 m以上的坡面又出现裂缝，以后还稍有发展，滑坡尚未稳定[39]。

2.5.4.3 改性土桩

用石灰桩、石灰砂桩、水泥土桩等改性土桩整治黏性土填土边坡之浅层滑坡，可加强桩周土体的强度，还有改良土质的作用。

例如，阳安铁路一路堤滑坡，主轴推力为64.5 kN/m，用水泥土、灰土桩处理。桩径30 cm，桩长3.0~5.9 m，桩距1 m（灰土桩）或2 m（水泥土桩）。竣工一年后，水泥土桩强度达5051 kPa，为原土的53倍；灰土桩为620 kPa，效果良好[18]（图2.34）。

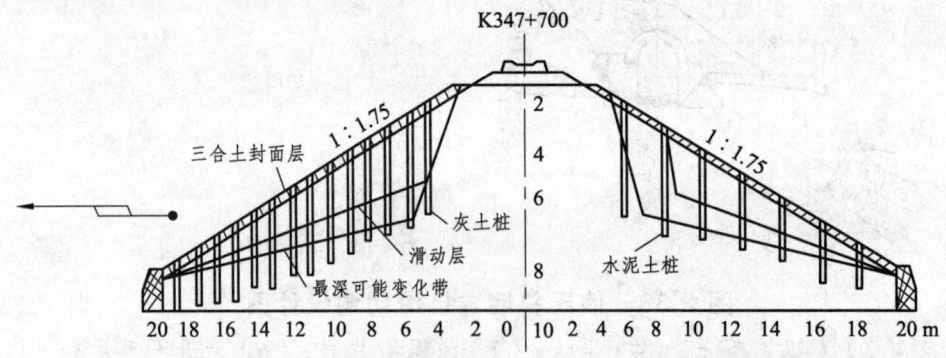

图 2.34 阳安铁路五里铺滑坡水泥土与灰土桩的设计断面图[18]

附录 2.1　两排束筋满布时不同截面桩身所承受弯矩（kN·m）（据丁杨等）

表 2.9　两排 $\phi25$ 束筋满布时不同截面桩身所承受弯矩（kN·m）

桩截面长 （m）	桩截面宽 1.25 m 钢筋 54 根	桩截面宽 1.50 m 钢筋 66 根	桩截面宽 1.75 m 钢筋 78 根	桩截面宽 2.00 m 钢筋 90 根
1.25	7 655.5			
1.50	9 908.7	1 2058.1		
1.75	12 161.9	14 812.1	17 460.8	
2.00	14 415.2	17 566.0	20 715.5	23 864.1
2.25		20 319.9	23 970.1	27 619.5
2.50		23 073.9	27 224.8	31 374.9
2.75			30 479.5	35 130.2
3.00				38 885.6
3.25				42 641.0

表 2.10　两排 $\phi28$ 束筋满布时不同截面桩身所承受弯矩（kN·m）

桩截面长 （m）	桩截面宽 1.25 m 钢筋 48 根	桩截面宽 1.50 m 钢筋 60 根	桩截面宽 1.75 m 钢筋 72 根	桩截面宽 2.00 m 钢筋 84 根
1.25	7 861.1			
1.50	10 223.8	12 646.9		
1.75	12 586.6	15 600.3	18 606.4	
2.00	14 949.3	18 553.7	22 150.6	25 742.6
2.25		21 507.2	25 694.7	29 877.5
2.50		24 460.6	29 238.8	34 012.3
2.75			32 782.9	38 147.1
3.00				42 281.9
3.25				46 416.7

附录 2.2 成都群光广场基坑支护锚拉桩建议方案

（蒋忠信，2003）

附 2.2.1 基坑参数与锚拉桩方案

1）基坑参数

基坑南北向长 131 m，东西向宽 81 m，深度 H 暂按 22 m。基坑壁的长度 $L = (131\ \text{m} + 81\ \text{m}) \times 2 = 424\ \text{m}$，面积 $S = 9\,328\ \text{m}^2$。

基坑地层自上而下如下，由各层综合内摩擦角 φ_0 得主动土压力系数 K_a。

（1）杂（素）填土，厚 4.2 m，重度 $\gamma = 17\ \text{kN/m}^3$，$\varphi_0 = 20°$，$K_a = 0.490$。

（2）粉质黏土（粉土），厚 0.7 m，$\gamma = 20\ \text{kN/m}^3$，$\varphi_0 = 24°$，$K_a = 0.422$。

（3）中砂，厚 0.7 m，$\gamma = 20\ \text{kN/m}^3$，$\varphi_0 = 30°$，$K_a = 0.333$。

（4）卵石夹中砂，厚 11.7 m。其中，卵石层厚 11.1 m，$\gamma = 22\ \text{kN/m}^3$，$\varphi_0 = 42°$，$K_a = 0.198$；中砂夹层厚 0.6 m，$\gamma = 20\ \text{kN/m}^3$，$\varphi_0 = 30°$。

（5）强风化泥岩，厚 1.2 m，$\gamma = 21\ \text{kN/m}^3$，$\varphi_0 = 35°$，$K_a = 0.271$。

（6）中风化泥岩，顶面深 18.5 m，$\gamma = 24\ \text{kN/m}^3$，$\varphi_0 = 45°$，$K_a = 0.172$。

2）拟设锚拉桩方案

本方案为单排锚拉桩。其中，钢筋混凝土护壁桩长 30 m（坑底以下锚固段长 8 m），桩边长 1.0 m，正方形（为方便施加锚索），桩心距 2.0 m。

预应力锚索设于桩顶以下 5 m 上下，500 kN 级，各桩设 2 根，每根长 15 ~ 22 m。

桩间网喷混凝土，厚 8 cm；桩顶用钢筋混凝土梁连接。

附 2.2.2　土压力计算

1）分层主动土压力

P_a 为主动土压力强度，E_a 为主动土压力合力。

（1）填土层 $P_{a1} = 4.2 \times 17 \times 0.49 = 35.0$ kN/m，

　　　　　　$E_{a1} = 0.5 \times 35.0 \times 4.2 = 73.5$ kN/m。

（2）粉土层 $P_{a2顶} = 4.2 \times 17 \times 0.422 = 30.1$ kN/m，

　　　　　　$P_{a2底} = (4.2 \times 17 + 0.7 \times 20) \times 0.422 = 36.0$ kN/m，

　　　　　　$E_{a2} = 0.5 \times (30.1 + 36.0) \times 0.7 = 23.1$ kN/m。

（3）中砂层 $P_{a3顶} = 28.4$ kN/m，$P_{a3底} = 37.1$ kN/m，

　　　　　　$E_{a3} = 42.6$ kN/m。

（4）卵石层 $P_{a4顶} = 22.1$ kN/m，$P_{a4底} = 70.4$ kN/m，

　　　　　　$E_{a4} = 513.4$ kN/m；

（5）强风化泥岩 $P_{a5顶} = 96.4$ kN/m，$P_{a5底} = 103.2$ kN/m，

　　　　　　　　$E_{a5} = 119.8$ kN/m。

（6）坑底以上中风化泥岩。

$P_{a6顶} = (4.2 \times 17 + 0.7 \times 20 + 1.3 \times 20 + 11.1 \times 22 + 1.2 \times 21) \times$

　　　$0.172 = 65.5$ kN/m，

$P_{a6底} = (4.2 \times 17 + 0.7 \times 201.3 \times 20 + 11.1 \times 22 + 1.2 \times 21 + 3.5 \times$

　　　$24) \times 0.172 = 79.9$ kN/m，

$E_{a6} = 0.5 \times (65.5 + 79.9) \times 3.5 = 354.5$ kN/m。

2）主动土压力合力

（1）坑底以上主动土压力合力：

$E_{a上} = 73.5 + 23.1 + 42.6 + 513.4 + 119.8 + 354.5 = 1\,126.9$ kN/m。

（2）桩长 29.5 m 时，坑底以下抗力段长 7.5 m，其主动土压力合力 $E_a'' = 79.9 \times 7.5 = 599.2$ kN/m。

（3）全桩主动土压力合力 $E_a = 1\,126.9 + 599.2 = 1\,726.1$ kN/m。

3）被动土压力

（1）坑底以下中风化泥岩被动土压力系数 $K_p = \tan^2(45° + 45°/2) = 5.83$。

（2）桩长 29.5 m 时，坑底以下抗力段长 7.5 m，则桩底处被动土压力 $P_p = 24 × 7.5 × 5.83 = 1\,049.4$ kN/m。

（3）被动土压力合力 $E_p = 0.5 × 7.5 × 10\,499.4 = 3\,935.2$ kN/m。

附 2.2.3 桩与锚索的参数计算

1）弯矩零点距坑底的深度 h_c

由被动土压力 $P_p = P_{a6}$ 底处确定。$P_p = \gamma h_c K_p = 24 × 5.83 × h_c = 79.9$，故 $h_c = 79.9/(24 × 5.83) = 0.57$ m，取 $h_c = 0.6$ m。

2）支点力 T_c

（1）弯矩零点以上坑底水平主动主压力合力 $E'_a = 1\,126.9 + 79.9 × 0.6 = 1\,174.8$ kN/m。

（2）合力 E'_a 作用点至 h_c 的高度 h_{a1}：

$0 \sim h_c$ 处 $E_a = 1\,174.8/2 = 587.4$ kN/m。$587.4 - 73.5 - 23.1 - 42.6 = 448.2 < 513.4$ kN/m，故 h_c 位于卵石层中。设卵石层顶至合力 E'_a 作用点的高度为 h，则由 $[22.1 + (22.1 + 22h × 0.198)] × 0.5h = 448.2$，得 $h = 10.1$ m。故 $h_{a1} = 22 - 4.2 - 0.7 - 1.3 - 10.1 + 0.6 = 6.3$ m。

（3）弯矩零点以上坑底水平抗力合力 $E_p = 0.5 × 0.6 × 24 × 5.83 × 0.6 = 25.2$ kN/m。

（4）上述合力 E_p 作用点至 h_c 的高度 $h_p = 0.6/3 = 0.2$ m。

（5）支点距基坑底的高度 h_t 设为 $(22-5)$m $= 17$ m，得支点力：

$T_c = (1\,174.8 × 6.3 - 25.2 × 0.2)/(17 + 0.6) = 420.2$ kN/m。

3）桩的锚固段长 h_d

（1）抗力合力作用点至桩端的高度 $h_p = 7.5/3 = 2.5$ m。

（2）抗力合力 $E_p = 3935.2$ kN/m。

（3）$T_c(h_t + h_d) = 420.2h_d + 7143.4$。

（4）主动土压力合力作用点至桩底的高度 h_a：由 $1726.1/2 - 599.2 = 263.8$，知 h_a 在坑底以上中风化泥岩中。据层顶的 $E_{a5} = 354.5 - 263.8 = 90.7$ kN/m 处，则由 $[65.5 + (65.5 + 24h \times 0.172)] \times 0.5h = 90.7$，得 $h = 1.3$ m。故 $h_a = 7.5 + (3.5 - 1.3) = 9.7$ m。

（5）由 $E_a = 1726.1$ kN/m,
故 $2.5 \times 3935.2 + 420.2h_d + 7143.4 - 1.2 \times 9.7 \times 1726.1 \geqslant 0$，
得 $h_d = (20091.8 - 16981.4)/420.2 \geqslant 7.4$ m。

因此 h_d 取 7.5 m 可满足要求，约为桩全长的 1/4。

（印证：按悬臂段加权平均的重度 21.2 kN/m³，综合内摩擦角 36.2°，锚固段长 7.5 m，则据公式（2.5），得容许侧壁压力 $[\sigma_H] = 2018.6$ kPa；单桩受主动土压力 3452.4 kN，按矩形分布，据式（2.4），得嵌固段长度 $h_{2\min} = 7.87$ m，与 7.5 m 相近）。

4）预应力锚索参数

（1）桩上支点力 $T_c = 420.2$ kN/m，桩间距 2 m，故每桩锚固力要求 $(420.2 \times 2)/\cos10° = 853.4$ kN，因此每桩采用 500 kN 锚索 2 根。约为单桩承受主动土压力的 1/4。

（2）锚索布为 2 排，设于桩顶下 3 m、7 m 处，下倾角 10°，锚孔直径 15 cm。

（3）深 3 m 处，破裂面在填土中，深 $h = \tan(45° - 20°/2) \times (22 - 3) = 13.3$ m，故设自由段 13.5 m；锚固段已斜入卵石层中，每米锚固力 $= 3.14 \times 0.15 \times 190 = 90$ kN，按安全系数 1.5，锚固段长 $= 500 \times 1.5/90 = 8.3$ m，取 8.5 m，故锚索全长 22 m。

（4）深 7 m 处，破裂面在卵石层中，深 $h = \tan(45° - 40°/2)$

×(22-3) = 7.0 m，故设自由段 7.5 m；锚固段亦在卵石层中，每 m 锚固力 = 3.14×0.15×220 = 104 kN，按安全系数 1.5，锚固段长 = 500×1.5/104 = 7.2 m，取 7.5 m，故锚索全长 15 m。

参考文献

[1] 涂正林，等. 达成铁路悦来场滑坡工程地质勘查与整治//铁路工程地质实例. 北京：中国铁道出版社，2011.

[2] 王恭先. 抗滑支挡建筑物的发展动向//滑坡文集：第十三集. 北京：中国铁道出版社，1998.

[3] 蒋楚生. 路堤(肩)式预应力锚索桩板墙结构设计理论及工程应用研究. 成都：西南交通大学，2006.

[4] 赖杰，等. 地震作用下双排抗滑桩支护边坡振动台试验研究. 岩土工程学报，2014 (4).

[5] 许江波，等. 埋入式抗滑桩振动台模型试验研究. 岩土工程学报，2012 (10).

[6] 徐建强，等. 广西某滑坡双排抗滑桩加固设计. 工程勘察，2011 (9).

[7] 周翠英，等. 门架式双排抗滑桩设计计算新模式. 岩土力学. 2005 (3).

[8] 铁道部第一勘测设计院. 铁路工程设计技术手册：路基(修订版). 北京：中国铁道出版社，1992.

[9] 铁道部第二勘察设计院. TB10025—2001 铁路路基支挡结构设计规范. 北京：中国铁道出版社，2001.

[10] 铁道部第二勘测设计院. 抗滑桩设计与计算. 北京：中国铁道出版社，1983.

[11] 张健，等. 堆积层滑坡抗滑桩所受推力计算及分布特征研

究. 岩土工程学报, 2012(11).

[12] 戴自航, 等. 现场模拟水平分布式滑坡推力的抗滑桩试验研究. 岩土工程学报, 2010(10).

[13] 蒋良潍, 等. 粘性土桩间土拱效应计算与桩间距分析. 岩土力学, 2006 (3).

[14] 国家标准. 滑坡防治设计规范(送审稿).

[15] 重庆市地方标准. 地质灾害防治工程设计规范. 2004.

[16] 蒋忠信, 李敏, 牛怀俊, 等. 南昆铁路膨胀泥岩路堑边坡工程试验. 路基工程, 1999 (5).

[17] 焦赟, 等. 基于土拱效应下的地震作用与抗滑桩桩间距关系分析. 水文地质工程地质, 2013（5）.

[18] 蒋忠信, 陈光曦, 吴宗俭, 等. 中国山区道路灾害防治. 重庆: 重庆大学出版社, 1996.

[19] 罗成模. 襄渝铁路赵家塘滑坡//铁路工程地质实例. 北京: 中国铁道出版社, 2011

[20] 李功伯, 等. 滑坡稳定性分析与工程治理. 北京: 地震出版社, 1997.

[21] 徐凤鹤. 关于抗滑桩的设计与计算//滑坡论文选集. 成都: 四川科学技术出版社, 1989.

[22] 尉学勇, 等. 抗滑刚架桩挡墙的设计与应用. 水文地质工程地质, 2010 (4).

[23] 朱华, 等. 门架式双排桩围护结构的三维有限元分析. 工程勘察, 2011(1).

[24] 四川省公路设计院, 等. 小直径钢管排桩抗滑机理及施工技术研究, 2011.

[25] 孙书伟, 等. 微型桩群与普通抗滑桩抗滑特性的对比试验

研究. 岩石力学与工程学报，2009 (10).

[26] 闫金凯，等. 滑坡防治独立微型桩性状的大型物理模型试验. 水文地质工程地质，2012(4).

[27] 孙书伟，等. 基于极限抗力分析的微型桩群加固土质边坡设计方法. 岩土工程学报，2010(11).

[28] 李乾坤，等. 某滑坡治理工程微型组合抗滑桩应用效果分析. 中国地质灾害与防治学报，2013(3).

[29] 王树丰，等. 黄土滑坡微型桩抗滑作用现场试验与数值模拟. 水文地质工程地质，2010(6).

[30] 方志森，等. 滑坡微型桩连梁作用试验研究. 工程勘察，2012 (6).

[31] 龚健，等. 微型桩原型水平荷载试验研究. 岩石力学与工程学报，2004(20).

[32] 王化卿，等. 预应力锚索抗滑桩//滑坡研究与防治（1）. 成都：四川科学技术出版社，1996.

[33] 李传珠，等. 预应力锚索抗滑桩锚索锚固力形成机理及锚索设计拉力的确定//滑坡论文选集. 成都：四川科学技术出版社，1989.

[34] 蒋楚生，等. 锚索桩板墙结构锚索预应力的确定方法. 路基工程，1997 (3).

[35] 张亮，等. 锚索抗滑桩设计拉力及锁定值的规划求解研究. 水文地质工程地质，2010 (5).

[36] 张永杰，等. 大型滑坡预应力锚索h型抗滑桩处置方法研究. 水文地质工程地质，2014 (5).

[37] 行业标准. JGJ94—94 建筑桩基技术规范. 北京：中国建筑出版社，1994.

[38] 陈忠达. 公路挡土墙设计. 北京: 人民交通出版社, 2004.

[39] 成昆铁路技术总结委员会. 成昆铁路 2: 线路、工程地质及路基. 北京: 人民铁道出版社, 1980.

[40] 铁道部第二勘测设计院. 复杂地质艰险山区修建大能力南昆铁路干线成套技术. 成都: 电子科技大学出版社, 2000.

[41] 刘泽, 等. 倾斜面板加筋土挡墙施工过程仿真与潜在破裂面分析. 工程勘察, 2011(10).

[42] 蒋忠信, 黄俊, 蔡贤才, 等. 滇池泥炭土 (地质·工程). 成都: 西南交通大学出版社, 1994.

[43] 陈建峰, 等. 加筋土挡墙动力特性研究进展. 灾害学, 2011(3).

[44] 朱宏伟, 等. 两种加筋土挡墙的动力特性比较及抗震设计建议. 岩土工程学报, 2012(11).

[45] 蒋楚生. 路堤 (肩) 式预应力锚索桩板墙柔性支挡结构的土压力分布新探索. 铁道工程学报, 2007 (4).

[46] 刘国楠, 等. 衡重式桩板墙受力特性模型试验研究. 岩土工程学报, 2013(1).

[47] 吴宗俭. 成昆铁路狮子山膨胀土滑坡整治的回顾与展望. 路基工程, 1991(2).

[48] 蒋忠信, 蒋良潍. 南昆铁路支挡结构主动土压力分布图式. 岩石力学与工程学报, 2005(6).

[49] 朱宏伟, 等. 考虑变形影响的重力式挡墙地震土压力分布. 岩土工程学报, 2013(6).

[50] 张建经, 等. 重力式挡墙基于位移的抗震设计方法研究. 岩土工程学报, 2012(3).

[51] 叶海林, 等. 地震作用下边坡抗滑桩振动台试验研究. 岩

土工程学报，2012(2).

[52] 郏能惠，等．挡墙土压力及其分布影响因素的研究．岩土工程学报，2013(8).

[53] 赵静,等．汶川 8.0 级地震路堑墙震害特征及机理分析．灾害学，2011(1).

[54] 铁道部第二设计院．铁路小桥涵设计．北京：人民铁道出版社，1978.

[55] 蒋忠信．四川盆周的工程滑坡灾害及其防治对策//海峡两岸山地灾害与环境保育研究，第一卷．成都：四川科学技术出版社，1998.

[56] 付东林，等．甘肃东乡县城滑坡综合治理中的排水工程设计思路．中国地质灾害与防治学报，2012(4).

第3章 边坡开挖、加固与防护工程设计

本章阐述边坡开挖原理、边坡原位加固与坡面防护工程设计技术，挡土墙类边坡支挡工程设计已述于第2章。

3.1 切坡技术

地震灾区恢复重建中将不可避免人为切坡，但要切忌形成高陡边坡与临空面，以免破坏环境，耗资支护，甚至失稳成灾。

3.1.1 切坡的地形、地质条件

3.1.1.1 切坡的坡形条件

切坡要看坡形条件。凹形坡和直线形坡不宜切坡，凸形坡且坡面较缓或坡顶平缓时切坡工程量小，形成的边坡较低，在确保稳定的前提下可行（图3.1）。

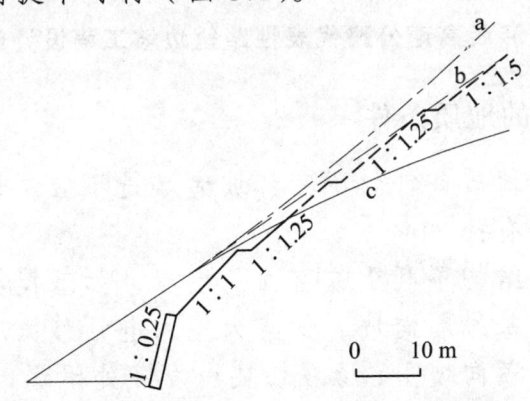

图 3.1 路堑边坡工程与坡形的关系[1]

a—凹形坡（点划线）；b—直坡（虚线）；c—凸形坡（实线）

由于边坡坡率要向上逐渐变缓，坡面较陡时不宜切坡，否则会削山皮形成高边坡，易于失稳。

如泸西高速公路对路堑边坡分级放坡开挖，坡脚未设足够支挡工程收坡，开挖坡率向上逐渐变缓，刷山皮形成4个毗连的高近百米的高陡边坡，并相继失稳，只得重新治理(图3.2)[1]。

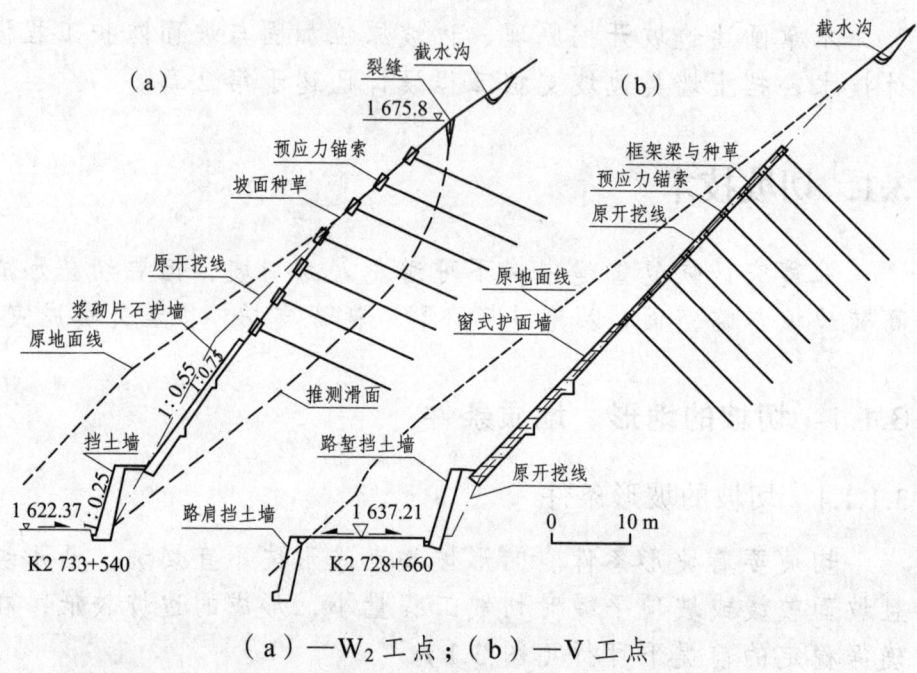

（a）—W₂工点；（b）—V工点

图3.2　泸西高速公路代表性路堑边坡工程设计断面图[1]

3.1.1.2　切坡的地质条件

切坡要看地质条件。不宜切坡尤其是不应深切坡体的不利地质条件主要有：

（1）地质结构不利于临空面稳定者，如基覆界面较陡直、有软弱夹层、基岩顺向坡。如某大型水电站移民迁建的汉源新县城大部位于顺向坡上，场坪切坡引发多处滑塌，耗巨资整治，工期延迟。

（2）构造破碎的基岩坡体，如断层破碎带、节理密集带、严重风化带、深大卸荷带。

（3）软弱岩土坡体，如软质岩、不良土、堆积体。震后重建多要在坡脚崩塌堆积体前部切坡，由于堆积体松散，处于极限平衡状态，不宜深切。

（4）不利的水文地质条件，如地下水丰富甚至承压的坡体、受库（河）水位升降影响的坡体。

尤其是集多方面不利地质条件于一体的坡体，切忌切坡。例如，内昆铁路田梁子站，开挖高 18 m 的路堑边坡，采用了抗滑桩预加固。但开挖后桩间土坍塌，桩后 120 m 地表弧形开裂，抗滑桩向外偏移（最大达 65.7 cm），酿成工程滑坡（图 3.3）。地质原因包括：岩性由勘察的砂岩变为炭质页岩，处于两条断层挟持的破碎带中，风化严重且裂隙水发育[2]。后增设抗滑桩与预应力锚索整治。

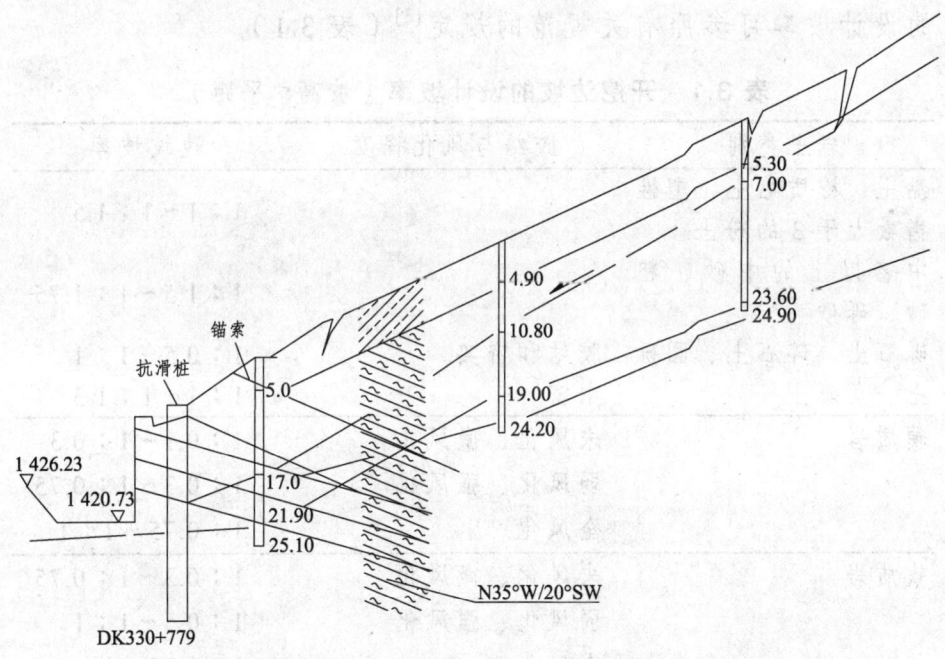

图 3.3　内昆铁路田梁子站路堑边坡变形之示意剖面[2]

3.1.2 切坡的稳定坡率与特殊效应

3.1.2.1 切坡的坡形与稳定坡率

1）边坡坡形

切坡要按稳定坡率，多级时向上逐渐放缓，每级高不宜超过 12 m，最高 20 m，级间留不窄于 2 m 的马道。一般土质边坡稳定坡率最陡为 1：1.25，向上逐级（或逐两级）放缓 0.25。马道上要有纵向排水沟或横向排水坡。

对于低矮不稳定边坡，有征地条件时，也可按稳定坡率削坡使之稳定，称之为坡率法。对不同坡率的削坡段或加固边坡段之间，坡率差异要适当，尤其要设计渐变过渡段，包括马道的过渡。边坡端部形成侧边坡者，应加处理，如削坡或设端墙。

2）稳定坡率

边坡的稳定性可按后述卡尔曼公式（3.2）检算。开挖边坡的设计坡率可参照有关规范的规定[3]（表 3.1）。

表 3.1 开挖边坡的设计坡率（坡高：平距）

岩土类别	胶结与风化程度	边坡坡率
黏土、粉质黏土、塑性指数大于 3 的粉土		1：1～1：1.5
中密以上的中砂、粗砂、砾砂		1：1.5～1：1.75
砾石土、碎石土、圆砾土、角砾土	胶结和密实	1：0.5～1：1
	中密	1：1～1：1.5
硬质岩	未风化、微风化	1：0.1～1：0.3
	弱风化、强风化	1：0.3～1：0.75
	全风化	1：0.75～1：1
软质岩	未风化、微风化	1：0.3～1：0.75
	弱风化、强风化	1：0.5～1：1
	全风化	1：0.75～1：1.5

3.1.2.2 切坡效应：折角效应与弯折变形

1）平面折角效应

平面上，切坡形成的边坡走向可能发生转折，向内转折形成的凸角称为阳角，向外转折形成的凹角称为阴角。此时边坡会显现三维空间效应，即阳角边坡的稳定性低于直线段边坡，阴角边坡的稳定性高于直线段边坡，通称为"折角效应"。

建筑基坑，包括土钉支护的基坑壁，因其高陡，折角效应明显，近年来对其阳角和阴角效应已有较多研究[4]。但对一般边坡，折角效应则鲜有提及与研究。

笔者在 2008 年对犍为县人民医院门诊大楼边坡失稳事件的现场调查中，发现失稳边坡处于内折的凸角段，疑有阳角效应。该砂泥岩边坡高 19 m，坡率 1：0.25，岩体被不利结构面切割，支护工程设计单薄且开挖后未及时实施，雨期中排水不畅，于 7 月 19 发生整体滑塌，以阳角段为剧。

2015 年在河南灵宝县城一建筑边坡失稳事件的现场调查中，又发现有阳角段边坡开裂变形，遂形成对边坡折角效应的以下初步认识：

（1）由于阳角段边坡的土压力与水平位移得到发散，阴角段边坡则受到抑制，边坡会表现出一定程度的折角效应。

（2）边坡折角效应导致阳角边坡的稳定性低于直线段，阴角边坡则高于直线段。

（3）边坡愈高、愈陡，岩土体强度愈低，转折角愈大，则其折角效应愈明显。

（4）阴角效应趋于安全，影响范围也小，可作为安全储备而不另加考虑；阳角效应趋于不安全，且影响的边坡范围较大（建筑基坑为 1~3 倍基坑深度），应充分考虑，其坡率应比一般边坡段为缓，或要加强支挡。

2）立面弯折变形

对岩层反倾的坡体，开挖高陡边坡一般认为较安全。但深切陡倾角、薄层状岩体，则可出现边坡"点头哈腰"，从中部折断、上部弯曲顺倒的弯折变形，最终导致滑坡，以水电站首部枢纽的高陡边坡最常见。

发生边坡弯折变形的地质地形条件可归纳为：薄层状较软弱岩层，岩层走向与边坡走向近于平行，岩层倾向坡内且倾角陡（大于65°），挖方边坡较高、较陡。

例如，浙赣铁路提速改造工程，在薄层状浅变质岩中开挖路堑，最高达30多米。片理倾向山里，倾角70°。设计重视顺向侧堑坡，采用了较强支护，边坡稳定；对反向侧堑坡，下部设挡墙，中上部按稳定坡率削坡，开挖后于2004年12月山坡发生倾倒变形，虽经清方减载，然次年6月堑顶又开裂变形[5]（图3.4）。

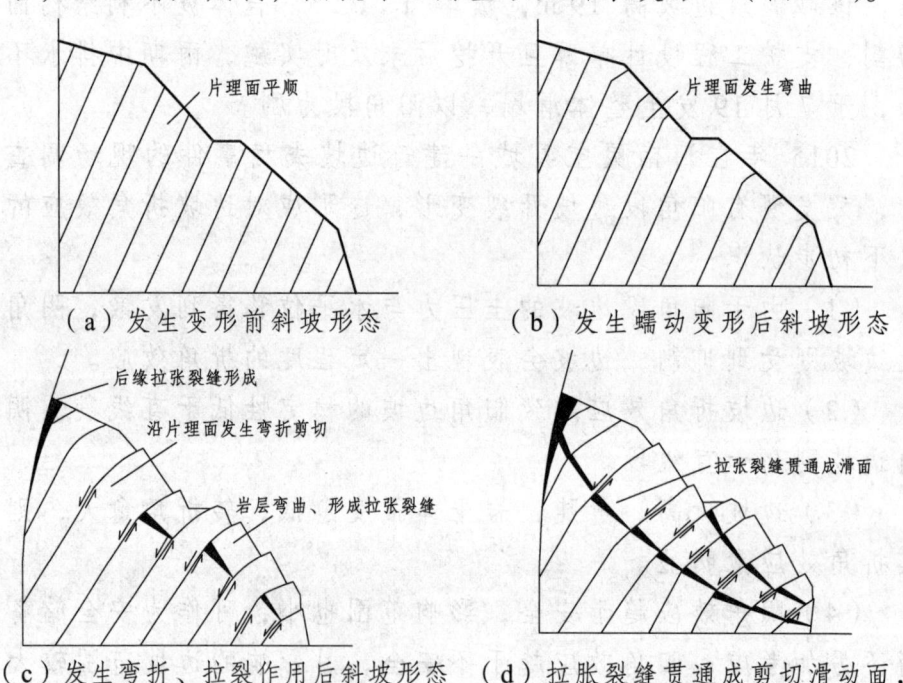

（a）发生变形前斜坡形态　　　（b）发生蠕动变形后斜坡形态

（c）发生弯折、拉裂作用后斜坡形态　（d）拉胀裂缝贯通成剪切滑动面，形成滑坡

图3.4　反倾边坡弯折、拉裂、滑坡形成过程示意图[5]

3.1.3 两条原理：支挡收坡与坡脚预加固

1）坡脚支挡收坡

必须挖切较陡坡体时，应在坡脚设近于直立的支挡工程收坡，避免边坡过高。

按挡土墙仰坡 1∶0.25，坡面为 30°计，墙每高出地面 1 m，上方土质边坡高度就降低 0.58 m，边坡斜长减少 1.15 m。如果用直立的悬臂桩，收坡则更明显（图 3.5）[6]。

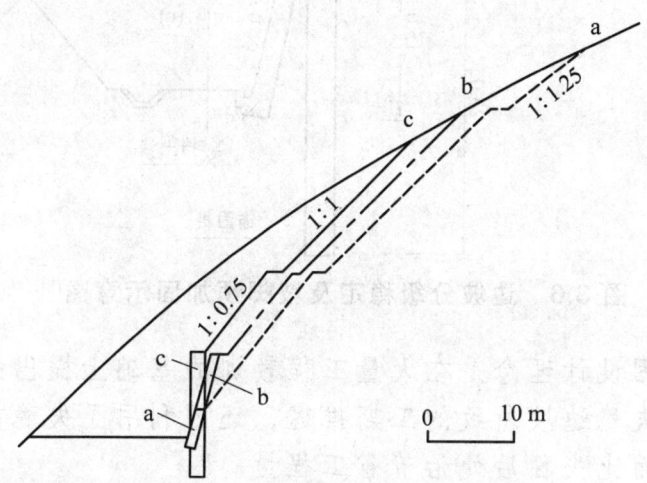

图 3.5 路堑坡脚支挡工程与边坡高度的关系[1]
a—脚墙；b—高挡土墙；c—悬臂桩

岩质边坡的稳定性是一个动态演化的地质历史过程，切坡后要及时支挡，控制变形是其关键[7]。

挖高陡边坡时，应避免机械化拉槽以免边坡失稳，并应自上而下实施分级支护[8]。

2）坡脚预加固

挖切可能失稳的坡体时，开挖前应先在坡脚设抗滑桩等工程进行预加固，然后再行对桩前开挖；对崩塌堆积体切脚有条件时亦应预加固（图 3.6）[9]。

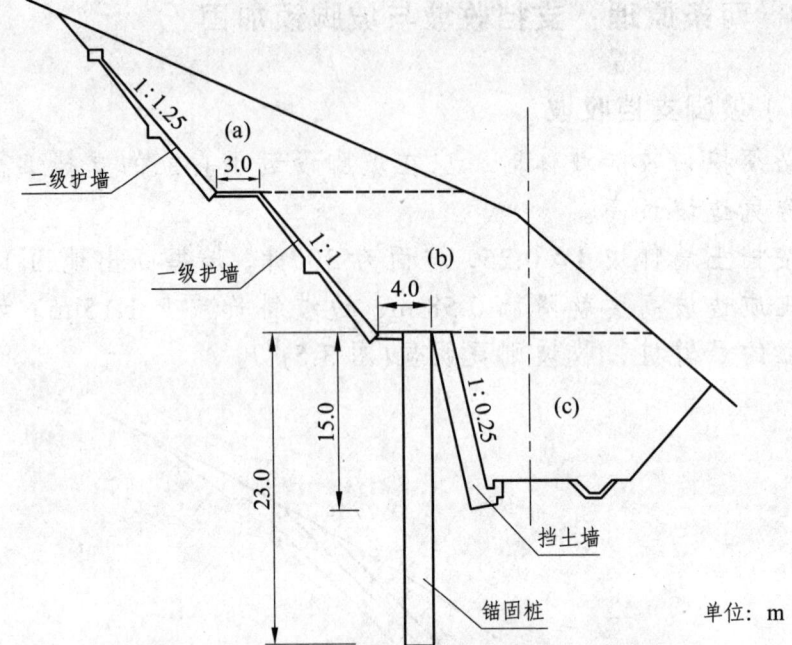

图 3.6 边坡分级稳定及坡脚预加固示意图[9]

预加固设计理念是在大量工程教训的基础上提出的,它能避免处理失稳边坡所致的工期推迟,还因利用了失稳前坡体的原生强度而比失稳后处治节省工程量。

3.2 边坡的临界高度 H 与破裂角 α

3.2.1 边坡的临界高度

如何定量评判边坡的稳定性,常令人困惑。搜索最危险潜在滑面,采用滑坡稳定性评价方法来分析边坡的稳定性,既复杂又不符合边坡的实际。据经验,推荐据卡尔曼公式确定边坡的临界高度,进而评价边坡的稳定性,既简便又较符合实际。

3.2.1.1 临界高度的卡尔曼公式系列

早在 19 世纪后半叶,卡尔曼(Culmann. C., 1866)就分析了一般边坡的临界高度。之后,太沙基(Terzaghi. K., 1943)等对卡尔曼法进行了拓展,分析顶面有张裂隙的边坡和直立边坡的临界高度,形成边坡临界高度理论公式系列。今天,尽管时光流逝了上百年,科学技术经历了飞速发展,但古典的卡尔曼法[10]仍具有顽强的生命力,其确定边坡临界高度的公式还有实际应用价值。

但不无遗憾的是,人们对这些久远的科学遗产的认识似乎在逐渐淡化,应用也远不够全面[1, 11],甚至至今还有重复性的推演结果发表[12]。因此,重温边坡临界高度卡尔曼理论公式系列,强化这些公式在岩土工程和地质灾害防治工程中的应用,对于信息时代的岩土工程师仍然是必要的。为不再出现重复性工作,特将笔者推演过程列为附录 3.1。

计算边坡的临界高度 $H(\mathrm{m})$ 的卡尔曼公式如下(图 3.7)[13]:

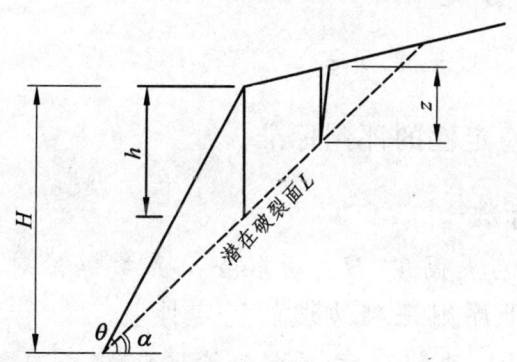

图 3.7 边坡稳定性分析之卡尔曼法[13]

(1)对一般边坡:

$$H = \frac{4c}{\gamma} \times \frac{\sin\theta\cos\varphi}{1-\cos(\theta-\varphi)} \qquad (3.1\text{-}1)$$

式中：θ 为边坡坡度（°）；

γ、c、φ 分别为坡体岩土的重度（kN/m³）、黏聚力（kPa）、内摩擦角（°）。

可见，一般边坡的临界高度 H 与边坡坡度 θ 和岩土体物理力学特性 γ、c、φ 有关。对于特定的边坡，其 γ、c、φ 既定，临界高度 H 与坡度 θ 呈负相关关系，即边坡坡度愈缓，其临界高度愈高。

（2）对直立边坡，上式简化为：

$$H = \frac{4c}{\gamma} \tan\left(45° + \frac{\varphi}{2}\right) \tag{3.1-2}$$

可见，直立边坡的临界高度 H 仅与岩土体物理力学特性 γ、c、φ 有关。对于特定的边坡，其 γ、c、φ 既定，临界高度 H 是一个定值，与岩土体内摩擦角和黏聚力正相关，与岩土体重度 γ 负相关。

（3）对有张裂隙(垂直深度为 z)的平顶边坡：

$$H^* = H - z \tag{3.1-3}$$

适用于危岩，见第 5 章。

3.2.1.2 边坡稳定性的评判标准

1）评判标准

据边坡的临界高度 H、所取安全系数 k，对比边坡的实际高度 h，按以下原则评判边坡的稳定性。

（1）$h < H/k$，边坡稳定，不予治理；

（2）$H > h \geqslant H/k$，边坡欠稳定，应予治理；

（3）$h > H/k$，边坡不稳定，天然边坡应及时治理，开挖边坡应立即支护。

边坡安全系数 k，建议按天然工况与防治等级分别取值。即 Ⅰ、Ⅱ、Ⅲ 级分别取 1.30、1.20、1.10。

案例：笔者主持的南昆铁路膨胀岩路基工程之一的浆砌片石护坡加脚墙的路堑试验段，挡土墙高 3 m，基坑深 1.5 m，坑壁直立。对挡墙基坑采用昼夜连续作业进行跳槽开挖，每槽长仅 5 m，基坑都难以稳定，多数坑壁坍塌。计算参数如下：按一次干湿循环后泥岩体的抗剪强度 c = 5.0 kPa，φ = 5.7°，泥岩体 γ = 20.1 kN/m³[14]。按式（3.1-2），基坑开挖临界高度 H = 4×5×tan(45°+ 5.7°/2)/20.1 = 1.10 m，远小于基坑深度（1.5 m），基坑发生坍塌是必然的[15]。

2）强调两点

（1）评判应采用岩土体的抗剪强度指标。

由于风化与构造破碎，岩土体尤其是岩体的抗剪强度要小于岩土块，边坡稳定性评判应采用岩土体的抗剪强度指标，而不是岩土块的室内剪切试验指标，对室内剪切试验指标适当折减方可采用，否则会使评判结论失真。

以四川金堂淮口镇环城路砂泥岩高边坡为例。边坡高约 32 m，每 8 m 一级，共 4 级；级间马道宽 2 m。单级边坡坡率自下而上从 1∶0.5 放缓至 1∶1.25，开挖后下部坡率 1∶0.5 的风化破碎边坡有一部分从其上马道向下坍塌。

室内剪切试验所得 c = 34 kPa，φ = 30°，γ = 23 kN/m³，据此按式（3.1-1）得 1∶0.5（63.4°）边坡的临界高度 H = 27.7 m，远大于实际的 8.0 m，边坡应稳定。但据笔者对类似岩层的对比试验[14]，显示现场大剪试验代表的岩体的 c 值仅为室内快剪的 45%，φ 值为 80%。如按此比例折减，则 c 折减为 15.3 kPa，φ 折减为 24.0°，据此按式（3.2-1）得边坡的临界高度：

$$H = \frac{4 \times 15.3}{23} \times \frac{\sin 63.4° \times \cos 24.0°}{1 - \cos(63.4° - 24.0°)} = 9.56 \text{ m}$$

坡高 h = 8.0 m，安全系数 k = 9.56/8.0 = 1.195 < 1.20，偏小，故部分饱水坡段发生了坍塌。

(2) 评判应分边坡整体与单级边坡分别进行

除对单级边坡外，还要评判边坡整体的稳定性。上例边坡总高 32 m，含马道的综合坡度约 42.5°，按折减后的 c、φ 值，据式（3.1-1）得边坡的临界高度 H = 31.8 m ≈ 32.0 m，即边坡整体处于临界状态，没有安全储备，故对整个边坡设计了全面的锚杆支护。

又例如，成都龙泉驿一砂泥岩边坡，最高约 50 m，每 8 m 一级，共 6 级；级间马道宽 1.5 m。各级边坡坡率均为 1∶0.5，未向上放缓。开挖后坡顶和下部马道即发生开裂，后加设 2.0 m 高的脚桩也无济于事，裂缝继续发展。笔者离开现场仅 1h，下部两级边坡即大段坍塌，坡顶多道弧形裂缝加剧。对之全面支护加固则工程过巨，放缓边坡则又会加大坡高与用地，只好放弃对边坡的治理，让出临坡别墅用地作为边坡坍塌的堆场，外围修桩板墙拦挡，不久较高段边坡即整体坍塌。

该边坡含马道的综合坡度约为 53°，借用淮口砂泥岩体的指标，即使按不折减的 c、φ 值计算，临界高度 H 也仅为 51.4 m，50 m 的高边坡整体已为临界状态；按折减后的 c、φ 值计，临界高度 H 减小为 15.5 m，远小于实际的 50 m，边坡整体不稳定，较高段必然率先坍塌；其两侧较低边坡目前未坍塌，但变形开裂严重，仍不稳定。

3.2.1.3 临界高度公式的其他应用

卡尔曼法临界高度理论公式的边坡是广义的，既包括一般的人工边坡、自然斜坡和滑坡，还包括直立的基坑和危岩以及顶面发育有张裂隙的各类边坡。

（1）对已知滑移面角度 α 的边坡或滑坡，用一般边坡卡尔曼公式的另一表达式（3.2）推求其临界高度值 H（m）：

$$H = \frac{2 \cdot c}{\gamma} \cdot \frac{\sin\theta}{\sin(\theta-\alpha)(\sin\alpha - \cos\alpha\tan\varphi)} \quad (3.2)$$

例：前述牧马山滑坡断面 7，滑坡体重度 $\gamma = 20 \text{ kN/m}^3$，粉质黏土中滑面的平均坡度 $\alpha = 14°$，黏聚力 $c = 5 \text{ kPa}$，内摩擦角 $\varphi = 5.5°$，滑坡剪出口以上的干渠边坡高 $H = 3.4 \text{ m}$，坡度 $\theta = 70°$。按式（3.2），边坡的临界高度：

$$H = 2 \times 5 \times \sin 70°/[20 \times \sin(70° - 14°) \times (\sin 14° - \cos 14° \times \tan 5.5°)] = 3.82 \text{ m}$$

计算所得的临界高度（3.82 m）略大于边坡实际高度（3.4 m），与滑坡处于欠稳定状态在不利工况下可能失稳的现状是相符的，整治滑坡势在必行。

（2）对已知滑移面角度 α 的边坡或滑坡，据以下的式（3.3）推求其极限稳定坡度值 θ（°）。式中 c、φ 用滑移面的值。

$$c\tan\theta = c\tan\alpha - \frac{2\cdot c}{\gamma \cdot H \cdot \sin(2\alpha) \cdot (\tan\alpha - \tan\varphi)} \quad (3.3)$$

（3）对未出现滑移面的边坡和斜坡，用式（3.1-1）推求其极限高度值，或据式（3.3）反求其极限稳定坡度值。式中 c、φ 用岩土体的值。

（4）公式的应用是有条件的，包括：

① 对坡面形态，要求整个坡面为二折线形，即由边坡面和缓直的坡顶面构成。对不够平顺的坡面，应直线化处理。

② 对坡体中的岩土体，要求性质均一，物理力学指标无明显差异。对不均质的岩土坡体，其物理力学参数可近似地采用加权平均值。

③ 边坡中无地下水富集和泄出，地下水动力作用可忽略。

卡尔曼法基于简化的理想条件，现实的边坡不可能完全符合，会给应用结果带来相当大的偏差。但算例表明，有条件时用以定性评价边坡稳定性还是可行的。

3.2.2 边坡破裂角

1）边坡破裂角公式

边坡的失稳模式、土钉与锚杆的锚固力检算都要以边坡潜在破裂面为基础，边坡破裂角 α 的理论公式为[16]：

$$\alpha = \frac{\beta}{2} + \frac{\varphi}{2} \tag{3.4}$$

式中：β 为边坡角，φ 为坡体内摩擦角。

对垂直边坡 $\beta = 90°$ 时（如建筑基坑），才有：

$$\alpha = 45° + \varphi/2 \tag{3.5}$$

现经常有人对非直立边坡也误用式（3.5），应予纠正。

例如前述龙泉驿高边坡，后缘最远裂缝在坡肩外约 20 m，总的坍塌角约为 39°。按边坡综合坡角 $\beta = 53°$、岩体 $\varphi = 24°$，据式（3.4），得破裂角 $\alpha = 38.5°$，与坍塌角相符。

公式（3.4）早在 1866 年卡尔曼公式推导中就已引用，但一个半世纪后的现代，仍不乏有人重复推演，甚至形式比式（3.4）繁复且不普适[17]。故笔者将自己的推导列为附录 3.2。

2）岩质边坡溃屈型破坏临界长度

对柔性较大的层状岩质边坡溃屈型破坏的边坡临界长度 L(斜长)可用以下理论公式估算[18]：

$$L = \left[\frac{\pi^2 E \cdot t^2}{A\gamma(\sin\alpha - \cos\alpha \tan\varphi)} \right]^{\frac{1}{3}} \tag{3.6}$$

式中：E、γ——岩体的弹性模量(kPa)、容重(kN/m^3)；

t、α——岩层的厚度(m)、倾角(°)；

φ——岩层内摩擦角(°);

A——肖树芳式为 6,刘红岩式为 14.5。

3.3 边坡原位加固技术:土钉墙与锚固

除第 2 章所述挡土墙类支挡工程之外,边坡治理工程分坡体原位加固与坡面防护两类。原位加固是针对稳定性不足的边坡,使之不发生坍塌;坡面防护是针对稳定的边坡,以避免坡面冲刷与水土流失。两类工程的性质不同。

边坡原位加固工程又分全封闭型与非全封闭型。全封闭型不利于泄水与绿化,但对陡峭边坡的效果较好;非全封闭型要与植草绿化等措施相结合,方能有效防护整个边坡。

全封闭型边坡支护工程以土钉墙和喷锚支护为常用。土钉墙是一种新型原位加固不稳定边坡的全封闭型支挡措施;喷锚支护则既可用来加固欠稳定的边坡,也可用以防护整体稳定边坡的坡面,适用面较广。非全封闭型主要为格构锚固,从环保与景观的角度,应尽量选用。

3.3.1 土钉墙设计与施工

3.3.1.1 土钉墙的构造与施工

1)总体构造

土钉墙是一种重力式挡土墙,是用土钉(似锚杆)与其间土体形成复合墙体,增大抗滑功效,起挡土作用的挡土墙(图 3.8)。

但土钉固底不够,使土钉墙无基础,抗滑功能有限,要配矮脚墙固脚(高 1.5~2.0 m),或增设锁脚锚杆;此外,富水土体中不宜采用土钉墙[20]。

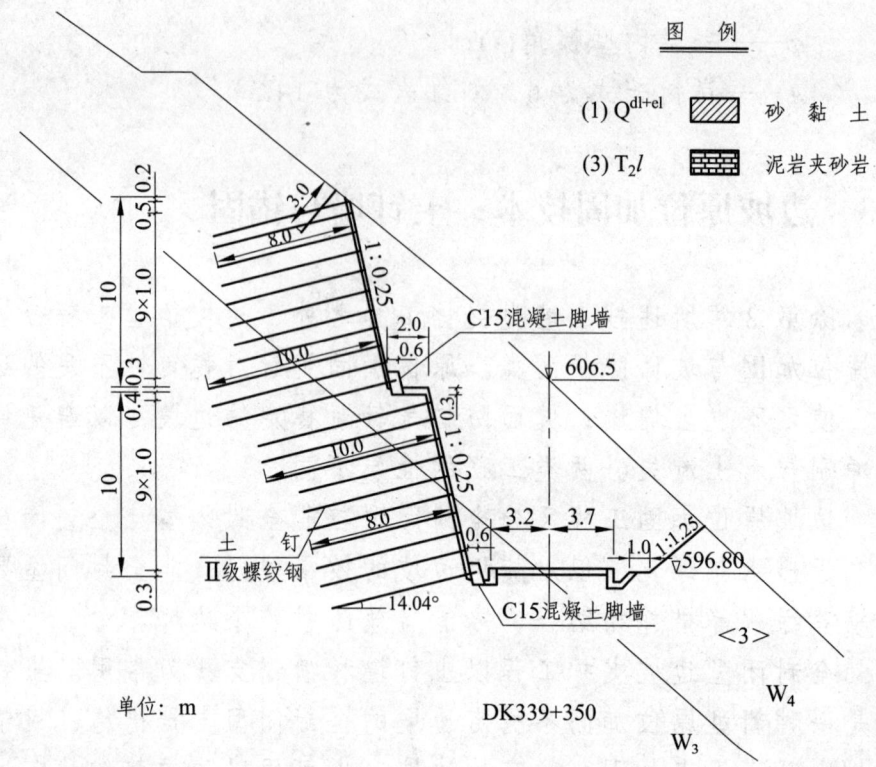

图 3.8 南昆铁路土钉墙加固路堑边坡示意图[19]

土钉墙总高不宜超过 20 m，可分级，单级高不应超过 12 m，级间平台不窄于 2 m，面坡可陡至 1∶0.1，不缓于 1∶0.25。

2）土　钉

土钉墙由挂网喷混凝土形成的面板与连接于面板的土钉构成，结构为挂网-喷混凝土-锚固。

土钉墙的土钉密，才能挟持其间土体形成复合墙体，一般等长。可形成土钉墙的土钉密度问题现尚未研究解决，理论上土钉应密至使土钉注浆的影响区相互重叠。土钉的水平、竖直间距一般相同，对不同土质的土钉间距经验值为 0.75~2.0 m，土质愈差则应愈密。建筑基坑土钉间距取 6~8 倍孔径（1.0~2.5 m）[21]。

土钉长度为墙高的 0.4～1.0 倍，具体据稳定性检算确定。振动台模型试验表明[22]，钉长为 0.6 倍坡高的较深土钉墙具较好的抗震性能，振动过程中坡腹变形最大，坡趾变形较小。

作为钉材的钢筋直径取 16～22 mm，孔径 100 mm 左右，孔内注 M30 水泥砂浆。

3）面　层

土钉墙面板受力很小，约为库仑土压力的 30%～40%[23]，故土钉墙面板可较薄，厚 12～20 cm，现场除见湿核处面层鼓裂外，鲜见墙面破坏。

面板分两层喷射不低于 C20 的混凝土，每层厚 6～10 cm；层间挂网，网的钢筋用 $\phi 8$ 左右，@150～300 mm；网与锚杆可焊接、螺接，或锚头设钢垫板连接。

面板后坡体中的水分在日照和温度变化下会进行迁移，在面板下形成湿核，故应在面板上留泄水孔，湿核区可设水平排水孔。

4）施　工

自上而下分层开挖，分层施作土钉与面板，这有利于边坡的及时封闭与稳定。分层开挖深度据岩土特性取 0.5～2.0 m，与土钉排距对应，土质愈差则应愈浅。

施工顺序：清理坡面（使之平整化）—喷底层混凝土（防钢筋网受边坡水分锈蚀）—挂钢筋网（承受边坡力）—打锚杆（称为土钉）—锚杆与钢筋网连接（使坡体压力由钢筋网传至锚杆）—喷面层混凝土（护钢筋网与护面）。可不喷底层混凝土以减少工程量的认识是不全面的，过分减薄混凝土喷层厚度不可取。

喷射混凝土要试调水灰比、喷射压力与距离，以减小回弹率，笔者实际操作的回弹率小于 30%。

南昆铁路施工单位用简易的洛阳铲人工开凿锚孔，按锚孔倾角搭设导向架，工效高且利润丰（预算是按机械成孔）。

3.3.1.2 土钉墙的稳定性检算

按现规范，除对土钉锚固力进行内部稳定检算外，还要按与土钉长度等厚的挡土墙进行墙体外部稳定性的检算（可忽略下倾角所致墙厚度的折减，建筑基坑取钉长的11/12[21]），据之确定土钉长度，其经验值为单级墙高的0.4~1.0倍。

据笔者在南昆铁路的现场工程试验，当土质较差时土钉并不能全长都形成墙体，坍塌后显示墙厚为钉长的2/3，其后钢筋连同砂浆体呈活塞状拔出，难以按现规范进行稳定检算。此时外部稳定性检算中应叠加考虑2/3厚墙体的抗滑力和1/3长土钉的锚固力[24]，可称之墙-锚复合模式。

（1）外部稳定性的检算。抗滑稳定系数：

$$K_c = (H \cdot B \cdot \gamma \cdot \tan\varphi + c \cdot B)/E_a \tag{3.7}$$

式中：H、γ分别为土钉墙的高度（m）、重度（kN/m³），墙分级时，γ按加权平均值计；

B为土钉墙的厚度（m），因土钉下倾角β甚小，$\cos\beta$接近1.0，为简便计，B不乘以$\cos\beta$，直接按墙体中钉长计；

c、φ为土体的黏聚力（kPa）、内摩擦角（°）；

E_a为单宽主动土压力（kN/m）。土钉墙墙背土压应力分布如图3.9所示，图中应力面积即主动土压力 $E_a = \left(\frac{1}{2} \times \frac{2}{3}H \times \frac{H}{3} + \frac{2}{3}H \times \frac{2}{3}H\right) \cdot \gamma \cdot K_a \cdot \cos\delta$（$K_a$为主动土压力系数），得土钉墙主动土压力：

$$E_a = \frac{5}{9} \cdot H^2 \cdot \gamma \cdot K_a \cdot \cos\delta \tag{3.8}$$

K_a按综合内摩擦角φ_0计算；δ为墙背摩擦角，可取$\varphi_0/2$。

可见，土钉墙墙背的主动土压力比一般挡土墙略大。

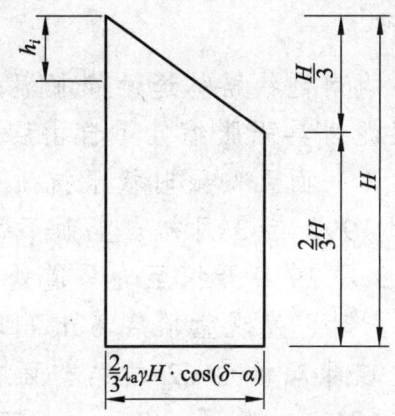

图 3.9　土钉墙墙背土压应力分布图

（2）内部稳定性的检算。抗滑稳定系数：

$$K_c = \left(\pi \cdot D \cdot (L-l) \cdot \tau \cdot \frac{H}{b_h \cdot b_V} \right) / E_a \qquad (3.9)$$

式中：D、b_h、b_V 分别为土钉的孔径、水平间距、竖直间距（m）；

L、l 分别为土钉全长、自由段长（m），l 取 0.3～0.35 倍墙高。

τ 为水泥砂浆与孔壁的侧阻剪应力（kPa），按试验值或表 2.2 取值。

（3）墙-锚复合模式。单宽土钉墙的综合抗力 F(kN/m)为：

$$F = H \cdot (B - l_m) \cdot \gamma \cdot \tan\varphi + c \cdot (B - l_m) + \pi \cdot D \cdot l_m \cdot \tau \cdot \frac{H}{b_h \cdot b_V} \qquad (3.10)$$

式中：l_m 为土钉被拔出的长度（m）。

3.3.1.3 土钉墙破坏实例

1）破坏实例[24]

笔者主持设计的南昆铁路林逢站膨胀泥岩边坡试验工点，其老第三系那读组泥岩具强胀缩性（自由膨胀率可达 98%）、碎裂性、低强度性（一面无侧限时极限抗压强度仅 70 kPa）。

左侧土钉墙于 1992 年 3 月初自上而下每 2 m 一层分层开挖与施作土钉墙，3 月 29 日开挖至近马道处，在对上级边坡第 3 层喷射底层混凝土时，发现堑顶后 6 m 出现纵向裂缝并急剧扩大，5 分钟后边坡即顺倾角 62°的结构面整体推滑而出（图 3.10）。推滑边坡长 36 m，最高 5.7 m；土钉长 4.2 m，纵横间距均 1.2 m，形成的土钉墙体厚 3.0 m，后部 1.2 m 长钉体被拔出，墙厚约为钉长的 70%。

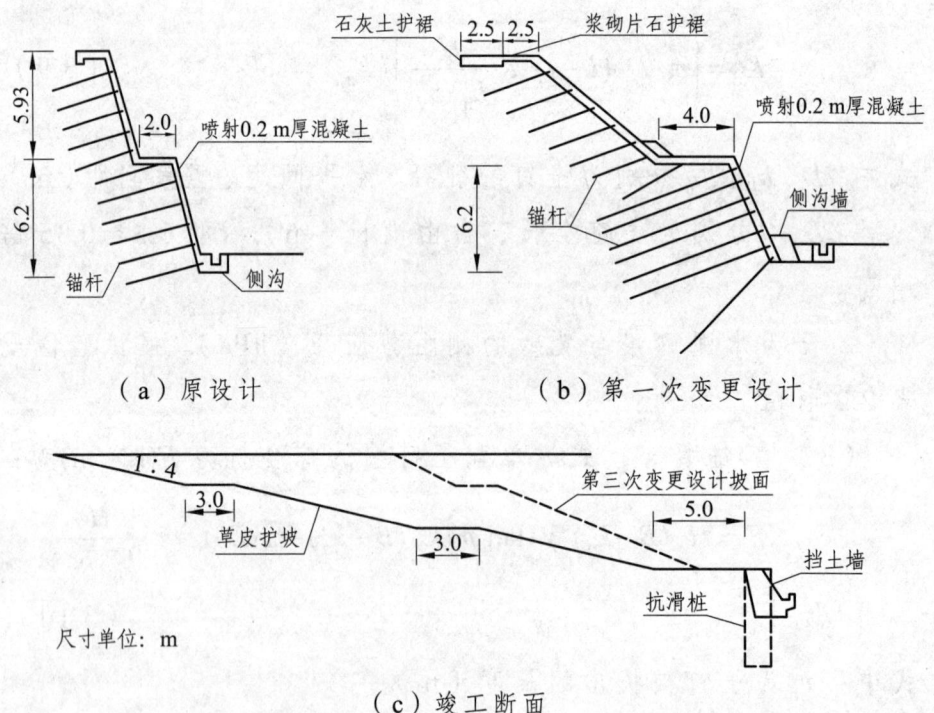

图 3.10 南昆铁路林逢膨胀泥岩试验工点左侧土钉墙堑坡设计断面[25]

右侧土钉墙于1992年3月19日分层开挖，4月5日晨开挖至深仅4 m的第2层，尚未及喷护时，坡底咔吱声响，系岩体压缩屈服，见原微倾坡内的层面转而向坡外倾斜，仅2分钟后，该段边坡即整体推滑而出，并拉裂相邻坡段天沟，导致相继坍滑或倾倒。至8日晚，失稳边坡累计长133 m（DK右146+390～+523），高3～7 m，后壁在堑顶后4.2～5.6 m；土钉长4.5 m，纵横间距1.2 m、1.0 m，形成的土钉墙体厚约3 m，后部1.5 m长钉体呈活塞状拔出，墙厚约为钉长的2/3。

上述土钉墙在旱季施工中即失事，且仅钉长的2/3形成墙体，主要因岩体软弱、碎裂。此事故虽受原铁道部领导严厉斥责，然作为罕见的原型工程试验，也属难得。

2）检 算

上述左侧的膨胀岩体重度 $\gamma = 23$ kN/m³，现场大剪得黏聚力 $c = 32.5$ kPa，内摩擦角 $\varphi = 14.3°$；失稳土钉墙的高度 $H = 5.7$ m，成形土钉墙厚 $(B - l_m) = 3.0$ m；被拔出的钉长 $l_m = 1.2$ m，孔径 $D = 0.1$ m，纵横孔距 $b = 1.2$ m；现场拉拔试验得极限抗拔强度平均为 $\tau = 50$ kPa，按安全系数1.5取为33.3 kPa。

（1）按墙-锚复合模式检算。据（3.10）式得墙的总极限抗力为：

$$F = 5.7 \times 3 \times 23 \times \tan 14.3° + 32.5 \times 3 + \pi \times 0.1 \times 1.2 \times 33.3 \times \frac{5.7}{1.2^2}$$

$$= 247.4 \text{（kN/m）}$$

又，山坡坡度 $\beta = 21.8°$，综合内摩擦角

$$\varphi_0 = \arctan \cdot \left(\tan 14.3° + \frac{32.5}{23 \times 5.7} \right) = 26.7°$$

则据（2.16）式，朗金主动土压力系数为：

$$K_a = \cos 21.8° \times \frac{\cos 21.8° - \sqrt{\cos^2 21.8° - \cos^2 26.7°}}{\cos 21.8° + \sqrt{\cos^2 21.8° - \cos^2 26.7°}} = 0.531$$

主动土压力据式（3.8）为：

$$E_\mathrm{a} = \frac{5}{9} \times 5.7^2 \times 23 \times 0.531 \times \cos 13.35° = 214.5（\mathrm{kN/m}）$$

抗滑稳定系数 $K_\mathrm{c} = 247.4/214.5 = 1.15$

（2）按现规范的外部稳定检算。墙体厚按土钉全长 $L = 4.2$ m，则按式（3.7），得抗滑稳定系数：

$$K_\mathrm{c} = (4.2 \times 5.7 \times 23 \times \tan 14.3° + 32.5 \times 4.2)/214.5 = 1.29$$

（3）按现规范的内部稳定检算。实测土钉自由段长为 1.5 m，据式（3.9），得抗滑稳定系数：

$$K_\mathrm{c} = \left[\pi \times 0.1 \times (4.2 - 1.5) \times 33.3 \times \frac{5.7}{1.2^2}\right]/214.5 = 0.52$$

（4）结论：外部稳定检算结果偏高，应属稳定；但内部稳定检算结果过低，土钉应早已全部被拔出；墙-锚复合模式检算结果适中，属欠稳定，不利条件下会失稳。

3.3.2 喷锚与格构锚杆及其结构设计

3.3.2.1 边坡锚固工程类型与应用

边坡锚固工程常用全封闭型的喷锚（喷混凝土挂网锚杆）与非全封闭型的格构锚杆两类，格构锚杆又一般与植草相结合。喷锚边坡应辅以脚墙，控制坡脚的塑性区；格构锚杆应辅以底梁、顶梁与边梁。

锚杆锚入欠稳边坡的破裂面以内，甚至可施加预应力，以兼起锚固、框箍边坡的作用[26]，来支护边坡。高陡边坡亦可采用喷锚与抗滑桩、预应力锚索的复合结构（图3.11）[19]。

喷锚与格构锚杆除用以支护欠稳定的边坡外，均可用于整体稳定的边坡，作为防坡面冲蚀与浅层溜坍的坡面防护工程。

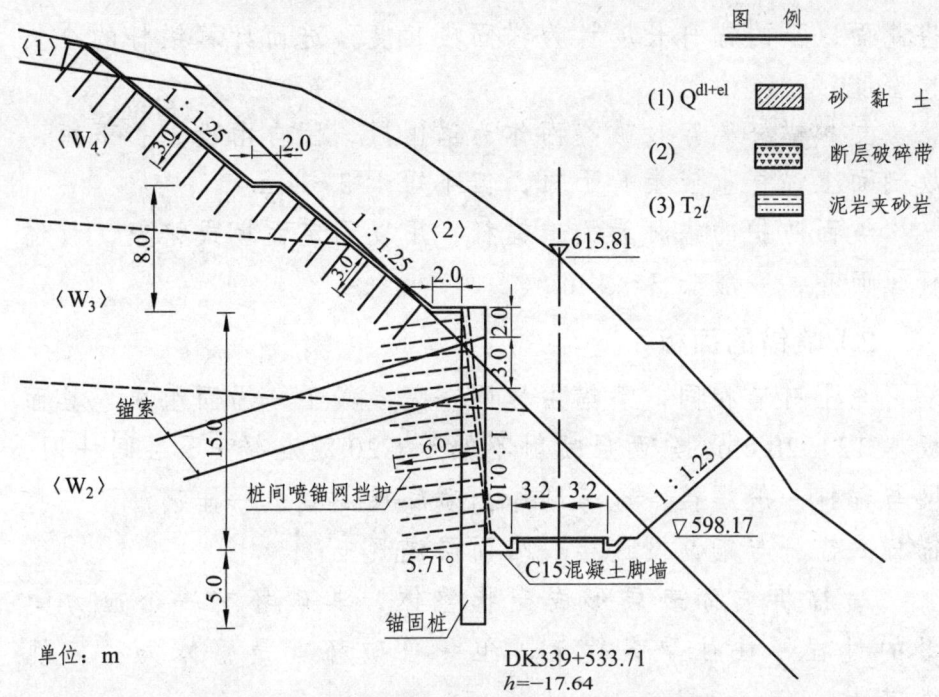

图 3.11 悬臂式抗滑桩与桩间挡土工程组成的复合支挡结构[19]

为体现绿色环境与景观的理念,不论是边坡支护还是防护坡面,应尽量选用可绿化的格构锚杆,尽量不选用光秃的喷锚。

喷锚与格构锚杆是单纯靠锚杆的锚固力加固和防护边坡,不宜用于陡于 1∶1 的边坡;一般自上而下开挖到底后再自下而上加固,边坡暴露时间长,于稳定不利。

3.3.2.2 边坡锚固工程结构设计

1）锚杆设计

喷锚与格构锚杆的锚杆设计原理相同。

作为欠稳定边坡的支护工程时,据边坡破裂面确定锚杆的锚固段,根据锚固力抵抗边坡破裂棱体的下滑力进行结构检算。以边坡破裂角或松动层面作为潜在失稳面计算所需锚固力,并将此面以下的锚杆长度计为锚固段长度，进而计算锚杆的全长和密度。

支护锚杆要穿过破裂面作为锚固段，因自由段上长下短，故剖面上锚杆也应上长下短，但不短于3~4m。

坡面防护的锚杆为构造锚杆，用以固定面板或格架，故锚杆短而齐，一般长3~4m。

2）喷锚的面板

与土钉墙相同，喷锚由挂网—喷混凝土—锚固组成，其面板厚12~20cm，分两层喷射不低于C20的混凝土，层间挂网，网与锚杆一般焊接。施工顺序：喷底层混凝土—挂钢筋网—打锚杆—锚杆与钢筋网连接—喷面层混凝土。

喷锚将坡体表层形成壳状整体，其破坏有一个应力集聚的过程，往往孕育数年，但一旦破坏就是整体失稳，规模甚大。

锚杆与钢丝网的连接要牢固，才能发挥其锚固坡体的作用。四川得荣城东加油站陡边坡局部发生浅表层土质坍塌，原因之一是原喷锚工程施工质量控制不严，尤其是锚杆未有效与钢丝网相连接，形同虚设。

3）格构锚杆的框架

格构锚杆的框架宜为正菱形，梁的尖底处留浅凹槽向下排水。不宜用不利于排水的矩形格架。

格梁不宜太密，间距一般为2~3m；矩形截面，一般高30cm，宽40cm，不要过粗；采用钢筋混凝土。格架中种草。格梁嵌入坡面20cm，其上10cm用于客土植草（喷播+客土一般厚5~8cm）。做好格架结点与锚杆的连接。

切忌格梁不嵌进坡体而浮于坡面，此时不但不能框箍边坡，反而增加了边坡的荷载。

3.3.3 边坡锚固的设计步骤与检算

边坡喷锚、格构锚杆甚至锚杆挡土墙的锚杆设计原理相同。实际工作中常见问题是对锚杆不检算或胡乱检算,凭主观设计。对此总结锚杆设计经验如下。

1) 设计步骤

(1) 据 3.2.1 所述卡尔曼公式判定边坡的稳定性式 (3.1) 与失稳的潜在破裂角式 (3.4),进而计算破裂棱体的下滑力;加固边坡则计算主动土压力。

(2) 据边坡坡率与土质,厘定锚杆的合适纵、横间距,计算锚杆的根数;边坡较陡且土质较差,则应较密。

(3) 确定锚孔直径,据经验或试验选用砂浆与孔壁的黏结力(剪切强度),计算每米长锚固段所提供的抗拔力。

(4) 据下滑力(或土压力)除以每米长锚固段所提供的抗拔力,计得应设锚固段的总长度,除以锚杆总数得每根锚杆应有的锚固段长度。

(5) 每根锚杆的锚固段是等长的,加上破裂面之外的自由段的长度,得整根锚杆的长度,在剖面上是自上而下逐步减短。但长度设计也不宜太零碎,以 0.5 m 为单位即可。

(6) 据锚杆轴力计算所需的钢筋截面面积,匹配钢筋的直径与根数。

2) 算例:中铁二院重庆分院新建肋柱式锚杆挡墙的锚杆设计检算(蒋忠信,2008)

(1) 土压力:边坡高 7 m,直立,3 m 厚砂泥岩强风化层土压力 = 148.4 kN/m,4 m 厚中风化层土压力 = 95.6 kN/m,总土压力 = 244.0 kN/m。

(2) 锚杆布设:拟设 M30 水泥砂浆锚杆,肋柱间距 2.0 m,每肋上设 3 根锚杆,垂直间距 2.5 m。

(3) 单位长锚固段的锚固力:孔径 100 mm,M30 砂浆体与砂泥岩孔壁的极限黏着力为 400 kPa，锚杆每米锚固段的黏着力 = $0.10 \times \pi \times 400$ = 125.7 kN。

（4）单根锚杆的锚固力：按安全系数 1.2，所需总锚固力 = 1.2×244.0 = 292.8 kN/m。肋柱间距 2.0 m，每根肋柱需锚固力 585.6 kN，每肋上设 3 根锚杆，每根锚杆所需锚固力 = 195.2 kN。

（5）锚固段长度：取安全系数 = 3.0 时，锚杆的锚固段应长($195.2 \times 3/125.7$) = 4.66 m，设计取 5.0 m。

（6）锚杆长度：岩层内摩擦角 = 42°，破裂面与水平面夹角 = 42°/2 + 90°/2 = 66°，边坡高 7 m，加上基坑壁共高 15 m，故坡顶与破裂面的最大水平距离 = $15 \times \sin 24°$ = 6.1 m。锚杆设于高 6.0 m、3.5 m、1.0 m 处，设锚杆处坡面与破裂面的最大水平距离为 5.7 m、4.7 m、3.7 m，加上锚固段长 5.0 m，锚杆总长 10.7 m、9.7 m、8.7 m，设计锚杆长度取 11.0 m（上排）、10.0 m（中排）、9.0 m（下排）。

（7）钢筋：锚杆下倾 12°，每根锚杆所受轴向拉力标准值 = $195.2/\cos 12°$ = 199.6 kN，所受轴向拉力设计值 = 199.6×1.2 = 239.5 kN。所需钢筋截面面积 = $23.95 \times 1.1 \times 1\,000/(0.69 \times 3\,100)$ = 12.32 cm^2，钢筋直径应 = $\sqrt{12.32/3.14} \times 2$ = 3.96 cm，过粗。故每根锚杆设 2 根钢筋，钢筋直径应 = $\sqrt{12.32/2/3.14} \times 2$ = 2.80 cm，设计取 ϕ = 28 mm。

结论：设 M30 水泥砂浆锚杆，间距 2 m×2.5 m，长 11 m（上）、10 m（中）、9.0 m（下），2Φ28 螺纹钢筋。

3.3.4 土钉墙与喷锚支护的异同

土钉墙的结构与喷锚支护类似，容易混为一谈。虽然土钉与锚杆的结构相同，但其原理、工序却不同[27]。据体会，归纳二者的异同点如下。

1）土钉墙与喷锚支护的相同处

（1）构造相同。土钉墙与喷锚支护一般均由面板、锚固（土钉或锚杆）、脚墙三部分构成。

（2）面板相同。土钉墙与喷锚支护的面板结构相同，均由底层混凝土、钢筋网、面层混凝土组成。

（3）锚固相同。土钉墙的土钉与喷锚支护的锚杆都是钢筋砂浆锚杆，仅名称不同而已。

2）土钉墙与喷锚支护的不同处

（1）性质相异。土钉墙是一种重力式挡土墙，属原位支挡工程；喷锚支护是一种边坡锚固工程，属原位加固。

（2）应用有别。土钉墙用于高陡边坡的支挡，面坡陡达 1：0.1。喷锚支护用于欠稳定土质边坡的加固，边坡较缓，坡率一般不陡于 1：1，仅在加固岩质边坡或用作加固抗滑桩或护壁桩的桩间土时才较陡；也可作为坡面防护工程用于更缓的整体稳定的边坡。

（3）原理不同。土钉墙是由土钉及其间土体组成的复合墙体以其自重抵抗边坡土压力，喷锚支护是用锚杆的锚固力抵抗边坡下滑力。

（4）检算有区别。土钉墙既要按重力式挡土墙进行整体稳定性检算，又要按土钉的抗拔力进行内部稳定性检算；喷锚支护则只进行锚杆锚固力的检算。

（5）锚固有差异。每级土钉墙的土钉等长，且要相当密，才能形成厚度与土钉长度相等的墙体；喷锚支护按边坡破裂角确定锚杆的锚固段，锚杆长度因而自上而下渐减，锚杆密度比土钉要稀。

（6）工序相反。土钉墙因坡陡，要自上而下分层开挖，分层实施面板与土钉，及时形成墙体方能保持边坡稳定；喷锚支护边坡较缓，一般是开挖到底后，再统一自下而上实施面板与锚杆。

3.4 边坡坡面防护技术

对稳定的坡面,为防冲刷、风化剥落,应采用工程措施加以防护,并尽量与环境协调[6]。防护工程不受侧压力,与坡脚支挡工程和坡面加固工程有别。

3.4.1 全封闭护坡措施:砌石护坡与抹面

1)工程类型与应用

全封闭护坡措施除前述的喷锚护坡外,还包括干砌石护坡、浆砌石护坡与浆砌石护墙、喷水泥砂浆(或混凝土)等[28]。其中干砌片石护坡具柔性且利于泄水,较浆砌石护墙为优。全封闭坡面难以绿化,坡面斑秃,影响景观,不推荐采用。

例如,南昆铁路膨胀岩土路基工程试验对边坡防护工程的总结认为,非全封闭的锚杆框架护坡最有效,边坡较低时也可用浆砌片石骨架或具柔性的干砌片石护坡,地面反坡时才可采用全封闭的浆砌片石护坡[29]。

2)浆砌片石护墙(图3.12)

浆砌片石护墙适用于土质边坡和易风化剥落的岩质边坡,岩质边坡坡率不大于1:0.5。

浆砌石护墙单级不宜高于8~12 m,多级的总高不大于30 m;顶窄(等截面墙厚约0.5 m,变截面墙顶宽约0.4 m);背坡贴边坡,面坡可缓于内坡;墙嵌入坡底,反坡0.1~0.2;高于8 m时加耳墙,耳墙底宽0.5~1.0 m。

墙顶设厚25 cm之墙帽,嵌入边坡内20 cm。墙高于6 m时应设检查梯。

第3章 边坡开挖、加固与防护工程设计

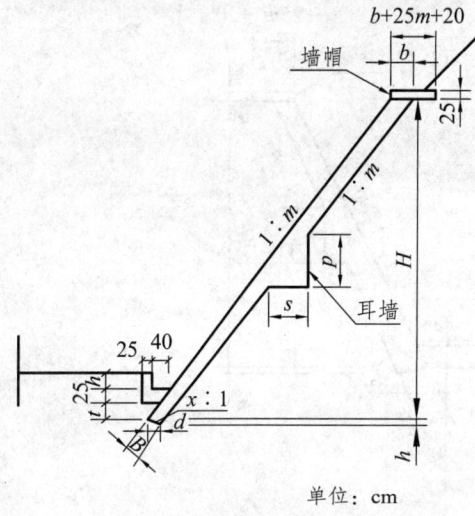

单级护墙断面图（一）

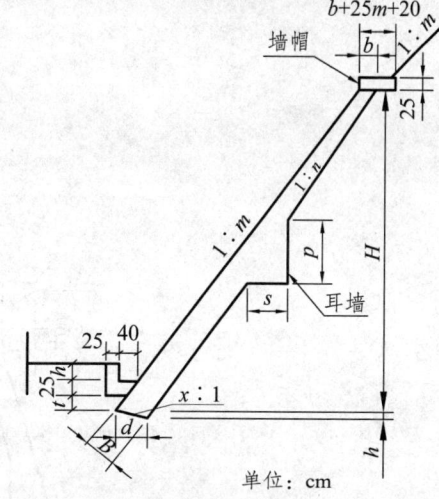

单级护墙断面图（二）

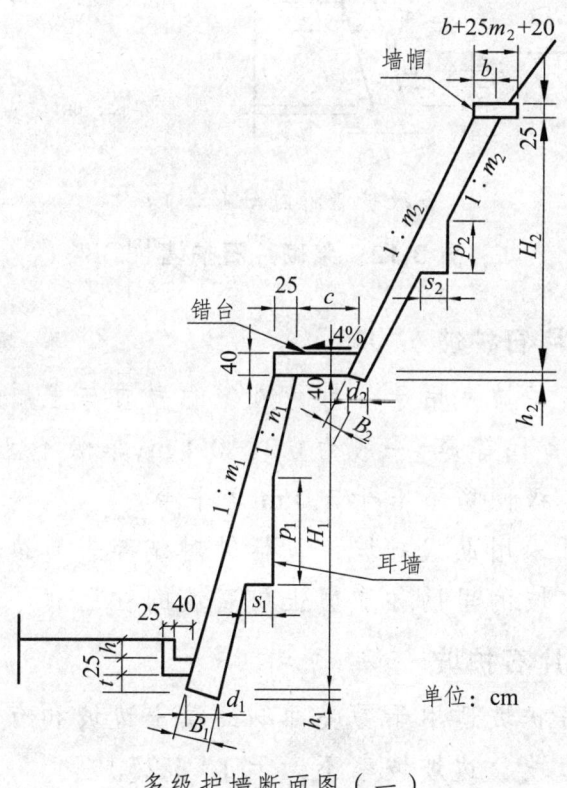

多级护墙断面图（一）

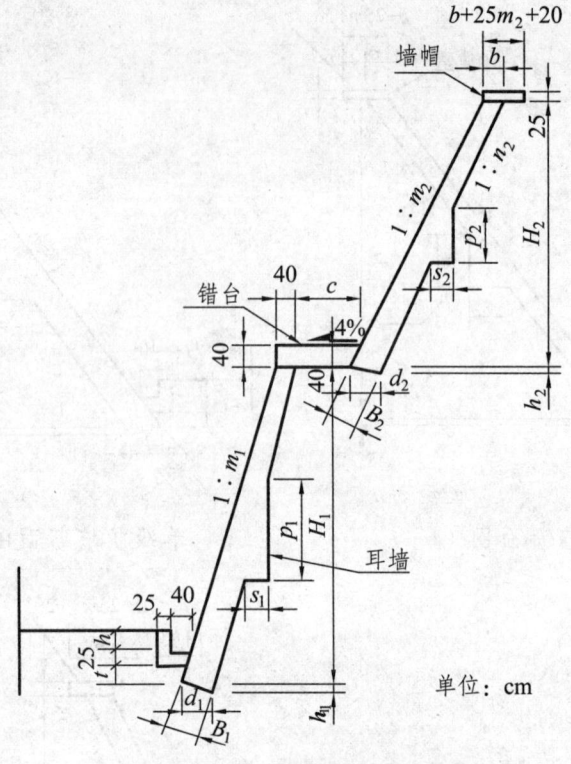

多级护墙断面图（二）

图 3.12　浆砌片石护墙[28]

3）浆砌片石护坡

浆砌片石护坡适用于各种易风化的岩质与土质边坡，边坡坡率不大于 1∶1；等厚，一般为 0.3~0.4 m；单级不宜高于 20 m，再高时分级，级间留不窄于 1.0 m 之平台。

较陡时可采用肋式护坡，包括针对破碎岩质边坡的外肋，土质与软岩边坡的里肋和溜坍土质堑坡的柱肋。

4）干砌片石护坡

干砌片石护坡适用于易受冲刷的填土边坡和有少量地下水渗出的土质边坡，边坡坡率不大于 1∶1.25。

干砌片石厚度约 0.3 m，下设 0.1 m 厚之砂砾垫层。基础用大块石砌筑，深至侧沟底（图 3.13）。

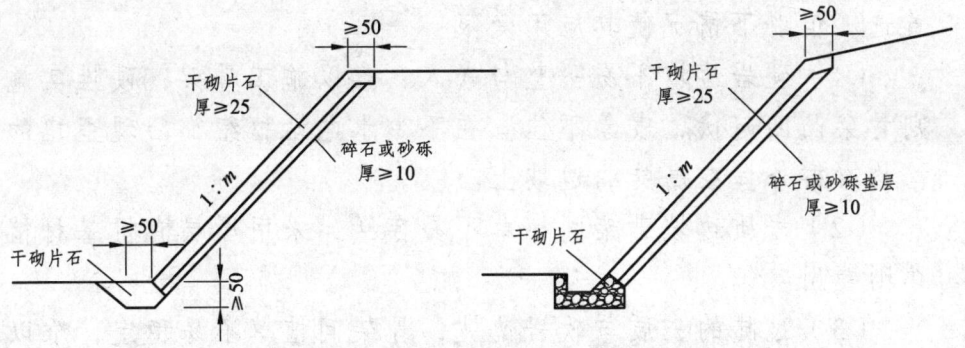

图 3.13　干砌片石护坡（cm）[28]

5）抹　面

抹面适用于易风化和较干燥的岩质边坡，不包括煤系地层和红色泥岩，坡率不限。其使用年限较短，一般为 8~10 年。

抹面材料可用 1∶4 水泥砂浆与 1∶2∶9 水泥石灰砂浆；厚度 3~5 cm，分 2 层。周边凿槽嵌入岩层不少于 10 cm，坡脚设 1~2 m 高浆砌片石护坡。为防冲蚀与开裂，表面可涂沥青保护层。

坡面喷浆与喷混凝土全封闭不利泄水，在气候影响下坡体内水分易向封闭层中心部位迁移而形成湿核，增大水压力，孕育一定年限后易开裂破坏。如成渝铁路，抹面喷浆所成硬壳后多破损。

3.4.2　非全封闭之骨架类护坡

1）工程类型与应用

非全封闭骨架类护坡工程包括菱形或方形格构、拱形骨架和人字形骨架等形式，采用浆砌石或素混凝土，宜用于稳定的土质或强风化层岩质边坡，骨架中应植草绿化。

出于环保理念,可绿化的非全封闭骨架类成为护坡工程的首选。但以下情况使其应用受限:

(1)硬岩边坡不易平整与嵌入,难以施工骨架,硬性实施则骨架凸凹起伏,表象不佳。在不少水电站枢纽都凸现歪扭的格构梁群外挂在高陡的边坡上。

(2)岩质边坡骨架间植草不易存活,采用厚层有机基材植草则费用甚昂。

(3)过陡的土质与软岩边坡,骨架间植草不易稳定,难以绿化与防冲。

2)格构护坡

应用较多,以菱形为宜;方形格构中不易泄水,在多雨地区慎用。格构间距3~4 m,顶部、坡脚及两侧镶边。间距不宜过大,否则格构中土体易冲蚀。也有在格构中铺石块或花砖防冲蚀的,但有悖于绿色环保理念。

格构梁为矩形,宽40~50 cm,厚30~40 cm。应先平整坡面,格构梁嵌入坡面20~30 cm,上余10 cm供植草用,梁顶面与草皮平齐。主骨架格构梁截面要加大。

多雨地区坡面径流较大时,梁的上侧半宽可下削呈截水沟状(图3.14)。

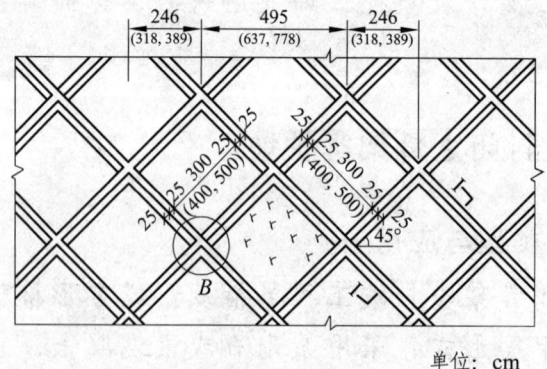

单位:cm

法向投影图

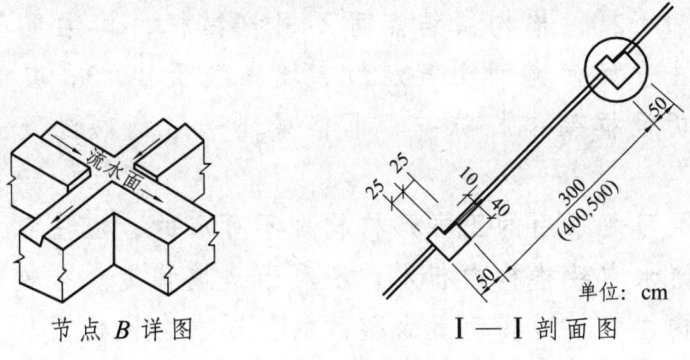

图 3.14 菱形格构护坡截水沟[28]

3）其他骨架类护坡

（1）拱形骨架：主骨架间距 4~6m，拱高 4~6m（图 3.15）。

（2）人字形骨架：主骨架间距 6~8m，人字骨架高 3~5m。

（3）骨架截面尺寸同格构，结点处留泄水孔。顶部 0.5m 镶边，坡脚 1m 镶边并构成侧沟。分段设检查梯步。

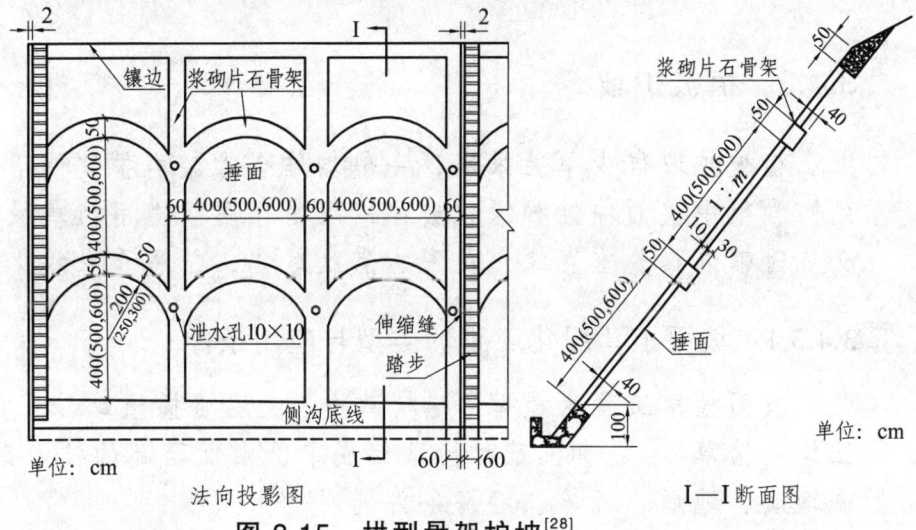

图 3.15 拱型骨架护坡[28]

4）骨架类护坡常见问题

（1）对于稳定坡体（土质挖方坡率不陡于 1:1.5，填方不陡于 1∶2），格构梁结点可不用打锚杆，格梁更不要用钢筋混凝土。如南充西山某斜坡，坡率缓于 1∶3，坡体十分稳定，但仍设框架锚杆防护，框格梁还采用钢筋混凝土，实属多余。

（2）习惯采用的正方形格构是不可取的，应注意纠正。因其底梁堵水常致格构内积水，不利于边坡稳定。验收中有因正方形格构内积水过多而责令整改的，要求在格构内从上梁底向下梁顶回填为一泄水坡。

（3）对地形无大变化的坡面，格构护坡勿需分区，以免重复设边梁。验收中曾发现一范围不大的格构护坡还被人为一分为二，致分界处二边梁重叠，甚至三条边梁平行密叠，明显浪费。

（4）骨架不能浮贴于坡面，否则不起护坡作用，还堵水恶化坡体。不得已时也应在格中填土并捶实。

3.4.3 植被护坡

植被护坡很少单独采用，一般均结合骨架类护坡使用，起到防骨架中坡面冲蚀和绿化坡体的双重作用。常用植草绿化，必要时辅以藤蔓垂直绿化及灌木点状绿化，忌种乔木绿化。

3.4.3.1 坡面植草绿化工程的类型与应用条件

坡面植草工程由撒草籽、植草皮、液压喷播植草、植生袋、三维网植草、厚层有机基材植草组成单价由低至高的技术系列，据地质、地形、气候、经济条件选用[30]。

1）种 草

撒草籽种草用于壤土质较缓边坡与填土边坡及其骨架间，坡率缓于 1∶1.25，但浸水边坡不宜种草，每平米单价数元。

一般在春、秋季撒播，草籽埋入深度不小于 5 cm。

2）植草皮

植草皮适用于各种土质边坡、强风化软岩边坡及其骨架间，坡率不陡于 1∶1。草皮规格一般为 20 cm×30 cm，厚 5~10 cm，每平方米单价十数元。

应选根系发达、茎矮叶茂的耐旱草种。一般在春季与初夏进行，铺前将坡表挖松整平，洒水湿润，草皮与坡面密贴，竹桩钉固。

但挖取天然草皮会破坏环境，人工草皮则较贵，现边坡上应用较少。

3）新近植草技术

液压喷播植草、植生袋、三维网植草用于属生土的稍陡边坡或骨架间，每平方米单价数十元。

植生袋成品购入，码砌于骨架梁上，适用于较陡的岩质边坡。但边坡过陡时，码砌仍可能失稳，如"5·12"震后所建绕北川老县城的道路边坡。

震区基岩陡坡可采用厚层有机基材植草[31]，但费用高，每平米单价超过 100 元，且存活期尚未经长期考验。

4）其他绿化措施

对难以植草绿化的岩质边坡，宜在地形较缓处或马道上种高灌木进行点状绿化；在边坡底部墙顶平台、边坡顶部种藤蔓、攀援植物，自上向下垂和自下向上攀呈垂直绿化。

不宜种高大乔木，以防根劈。

3.4.3.2 草种选择

1）原　则

（1）植物群落选用与当地气候、土壤条件相适应的物种，最好冷与暖、干与湿的各型草种配搭，具体可咨询园林专业单位，表 3.2 供参考。

表 3.2 常用草坪草种类型与习性

气候区	草种	习性
凉爽湿润区	翦股颖（细弱、葡茎、绒毛等型）	短葡萄枝、葡萄枝
	早熟禾（一年生、粗茎、加拿大、草地等型）	丛生型、短葡萄枝、地下茎
	无芒雀麦	地下茎
	细羊茅、羊茅、硬羊茅、高羊茅	丛生型
	多年生黑麦草、鸭茅、猫尾草	丛生型
凉爽干旱区	格兰马草、垂穗草	短地下茎
	扁穗冰草、兰茎冰草	丛生型、地下茎
温暖湿润区	狗牙根、铺地狼尾草、结缕草	地下茎及葡萄茎
	地毯草、假俭草、纯叶草	葡萄茎
	巴哈雀稗	短地下茎及葡萄茎

（2）地理条件差时则选用易生先锋物种，如泥石流滩地常种剑麻。

（3）由于最终会被本地物种所替代，对选用物种也不宜过分苛求。

如遂渝铁路北碚站砂泥岩堑坡厚层基材植草试验段，当年植草的长势良好，次年逢重庆 200 年一遇大旱，草枯坡黄但根未死，第三年雨后草又复生，但已夹混本地草本，并见零星灌木高踞于边坡上，客草最终会被本地物种取代。

护坡植被的后期养护很重要，且历时长。要保证存活率，必要时可由园林专业单位承包实施。有条件时可设置自动喷灌系统，水管遍布全绿化区，对各个绿化区用闸门进行控制。为节约成本，也可采用洒水车进行人工养护。

2）实 例

笔者主持的攀枝花机场填土边坡绿化设计，鉴于场区属暖润半山气候，旱、湿季明显，土壤团粒结构差且不稳定，肥力较差，通透性一般，且差异性极大等地理条件，根据攀市园林学会的咨询意见，选择混合草种，其品种及比例为：先锋草种多年生黑麦草10%，骨干种高羊茅20%、狗牙根30%，辅助草种百喜草20%、白三叶10%、弯叶画眉草10%。

草种中，多年生黑麦草、高羊茅、狗牙根根系发育，定植速度快，是群落主要种。其中，高羊茅、多年生黑麦草是冷季型草，狗牙根是暖季型草，可使坡面四季长青。高羊茅、狗牙根等还具有强耐干旱、耐贫瘠土壤和强再生力的性能。

这种配置能营造成稳定的坡面人工植物群落，形成一个自我调节的生态系统，发挥最大的生态防护效益。

3.4.3.3 液压喷播植草的特点与工法

液压喷播植草是利用液态播种原理，将草籽、肥料、黏着剂、保水剂、纸浆、土壤改良剂和色素等按一定比例在混合箱内配水搅匀，通过机械加压喷射到边坡坡面而完成植草施工的绿化技术。

1）特　点

（1）施工简单、速度快，只要有能让喷播机械卡车走行的通道，即可施工，每台喷播机每天可植草 $2\,500\sim3\,500\,m^2$。

（2）施工质量高，草籽喷播均匀，而且由于在坡面上形成了一层能保水保湿的薄膜，使得种子发芽生长快，密度均匀，整齐一致。配料中的保水剂能改善土壤物理性质，有利于通风透气，蓄水排水，尤其可提高抗旱性。

（3）防护效果好，正常情况下，喷播一个月后坡面植被覆盖率可达70%，两个月后可实现防护、绿化功能。

（4）适应性广，喷播机的喷射枪喷料扬程为 $30\sim80\,m$，还可配置30多米的喷料软管，在较广的地域及任何土质条件下均可施工。

（5）养护简单，喷播后基本不用浇水就能成坪，适合管理粗放的边坡。

（6）工程造价低。

2）工　艺

（1）喷播前对边坡坡面进行清理平整，清除杂物、孤石，填平低洼。

（2）挖方边坡一般先铺摊 3~5 cm 厚的种植土，客土应粉碎风干过 8 mm 筛。

（3）喷播配料必须准确计量，充分拌合，喷播应均匀，喷播厚度不小于 2~3 cm。

（4）喷播时，不断调整喷嘴方向和移动速度，使喷洒厚度基本均匀。

（5）合理安排工期，尽量在春季施工，使植物在雨季前形成边坡防护能力。

（6）外购的植物种子应注明品种、品系、生产单位、采收年份、纯净度及发芽率，不得有病虫害。

3.4.3.4　三维网喷播植草的原理与工法

三维网喷播植草是在液压喷播植草技术的基础上，增加三维网兜形成的复合体系。

1）原　理

三维植被网具有防冲刷和有利于植物生长的两大功能。在草皮未形成之前，可保护坡面免受风雨侵蚀。同时，黑色网垫能大量吸收热能，增加地温，促进种子发芽，延长植物生长期。其表面粗糙不平，促使风水流所携带物沉淀到网垫中，形成植物生长的复合保护层，可经受较高水位和较大流速的冲刷。此草皮长成后，草根与网垫、泥土形成一个牢固的复合力学嵌锁体系，起到防止冲刷、坡面表层加筋、加固坡面、美化环境的作用。

对不陡于 1∶0.5 的土质边坡和强风化岩质边坡效果较好。

三维植被网是以热塑性树脂为原料制成，由多层非拉伸网和双向拉伸平面网组成，并采用不同的组合方式，在多层网交接点处，经热熔融后黏结，形成的稳定空间网垫。网垫质地疏松、柔软，有合适的高度和空间，可充填并储存泥土、砂粒和草籽，植物的根系可以穿过网孔，舒适、整齐、均衡地生长。长成后的草皮使网垫、草皮、泥土表层牢固地结合在一起。

2）工 艺

（1）人工清坡，刈除野草及杂树，并适当喷药以抑制野草生长。

（2）覆厚 1~2 cm 的种植土于坡面上，用水将坡面浇湿。

（3）网采用三层结构，总高度不小于 12 mm。将网沿坡面铺下，整平，用交错布置的 U 形钉和钢钉将网垫固定。U 形钉纵、横向间距为 100 cm、140 cm，其间打钢钉。网垫应紧贴坡面，不密贴之处加设竹钉。

（4）坡顶设埋压沟，沟底加 U 形钉固定，沟内填土夯实固定三维植被网。坡脚三维植被网埋于填土内。

（5）各幅网横向搭接 10 cm，并用 U 形钉固定（间距 1~1.5 m）。纵向搭接长度 10 cm，土工绳串通连接。

（6）网铺设的周边，应将网卷边 5~10 cm，用 U 形钉压边。

（7）网全部铺通后，覆 2~3 cm 厚的种植土于平整好的坡面上。

（8）采用液压喷播机将混有种籽、肥料、土壤改良剂、种子黏结剂、保水剂和水的混合物均匀喷洒在坡面上。

（9）喷播植草后，及时洒水养护，并分段覆盖无纺土工布，直至植草成坪。无纺土工布由木纤维组成，覆盖地面三个月内将完全降解。

3.4.3.5 厚层有机基材植草的原理与工法[31]

厚层有机基材植草技术即喷混植生护坡,由西南交通大学周德培教授团队于 2000 年研创,是采用特定的有机基材配方和种子配方,对岩石边坡进行防护和绿化的新技术。

1) 原 理

该技术是使用经改进的混凝土喷射机将拌和均匀的厚层基材混合物按设计厚度喷射到岩石坡面上的绿色护坡技术,基本构造由锚钉或锚杆、金属网和厚层基材三部分组成。

厚层基材根据边坡地理位置与坡度、岩性、绿化要求等确定黏结剂、土、腐殖质、保水剂、混合植绿种子的组成比例。混合植绿种子采用冷季型草种和暖季型草种根据生物生长特性混合优选而成。

锚杆主要用以加固边坡,长 2.5 m,间距 2 m,品字形布置,挂 $\phi 6$ 注塑钢筋网(孔距 20 cm)。锚杆采用 Φ20 钢筋,孔径 50 mm,灌注 M35 水泥砂浆。

坡面挂 14# 注塑铁丝网(网孔距 5 cm)。

挂网后,用喷射机将搅拌均匀的绿化基材、稳定剂、团结剂、混合草种及水按一定比例喷射到坡面上,喷射厚度一般不小于 10 cm。

由于植生混合料中含有高分子稳定剂,喷射后的坡面具有较好的抗雨水冲刷和水土保持能力。一般喷射一周左右即可发芽,1~2 个月覆盖率为 80%~100%。

2) 工 艺

流程:先在岩坡上铺铁丝网,用锚钉和锚杆固定。再将有机基材原料经搅拌后喷射到岩石坡面,形成约 10 cm 厚的营养土层。喷射完毕后,覆盖一层无纺布防晒保湿,黏结剂会促使营养土形成具有一定强度的防护层。经过一段时间洒水养护,青草就会覆盖坡面,揭去无纺布,茂密的青草自然生长。

具体工艺：

（1）喷播前清除坡面浮石与杂物。

（2）在边坡坡面钻孔，插入锚杆，锚孔中灌注水泥砂浆。

（3）在坡面上铺设并固定注塑钢筋网及 14#注塑铁丝网，安装垫板及螺帽，锚杆与锚头也可焊接。铁丝网搭接长度不小于 10 cm，用 18#铁丝间隔 30 cm 绑扎成整体，挂网与坡面的距离保持在 4～6 cm。

（4）挂网后，用喷射机将搅拌均匀的基材土喷射到坡面上，厚度不小于 10 cm，其中含种子的基材厚 2 cm。

（5）从正面喷射基材，凹凸部及死角要补喷，保证网上的基材厚 2～3 cm。

（6）喷播完后，及时洒水养护，并分段覆盖无纺土工布，直至植草成坪。

3.5 边坡工程与环境协调的设计施工原理

边坡工程施工包括坡体开挖、坡面防护、坡脚支挡、弃方处置等环节。为贯彻绿色环保的理念，在边坡工程设计、施工的逐个环节中，主要应遵循以下原则：

（1）坡脚设计支挡工程收坡，以免开挖边坡过高而破坏植被与生态景观。

（2）边坡开挖应从放坡点自上而下分层、分级推进。对土质坡体切忌坡脚挖"神仙土"，尤其是未预加固就机械化大拉槽，以免引发临时边坡坍塌；对岩质边坡切忌放炮松动坡体，埋下失稳隐患。

（3）边坡坡面防护采用非全封闭措施并辅以植草绿化，保持坡面绿色景观。在骨架、格构等护坡工程中植草绿化并防坡面冲蚀，形成配套的绿色护坡工程体系，并应用岩石边坡的植生护面措施，恢复边坡的生态环境。

（4）坡面防护工程自上而下分级实施，坡面支护工程自上而下分层实施，及时稳固边坡。

（5）坡脚支挡工程顺应机械化施工的潮流，先行预加固，再行机械拉槽，保持坡脚稳定。

（6）妥善处置工程弃方，切忌随坡随沟倾弃，尽可能在沟头作开发性填垦，既环保，又造地。

（7）在自然保护区和风景名胜区，工程应尽量绿色、隐蔽，与环境相协调。例如，加固成都青城后山索道房滑坡的预应力锚索，锚墩外悬于坡面，有碍观瞻。业主别出心裁，在各锚墩上分别塑立十二生肖像，锚墩成为肖像支墩，使之与景区融为一体。

3.5.1 控制开挖边坡高度的支挡收坡原理[1]

1）支挡收坡原理

顺应坡面地形地质和环境特征，支挡收坡设计的原理如下：

（1）加高坡脚重力式挡土墙，设更高的锚杆挡土墙或设竖直的悬臂桩，是降低挖方边坡高度的有效途径。

（2）与挡土墙相比，直立的悬臂桩板墙之收坡效果更为明显，每高出地面 1 m，一般可减低土质边坡开挖高度 0.72 m，为挡土墙的 0.58 m 的 1.25 倍。

（3）山坡坡面有凹、直、凸、下凹上凸等不同形态，以凸形坡常见。凹形、直线形的山坡更易开挖成高边坡，凸形坡则有利于控制开挖边坡高度与支挡收坡。

（4）边坡自下而上逐渐放缓是保证边坡稳定的需要，不能为减低边坡开挖高度而不放缓坡率。

2）实 例

泸沽至西昌高速公路沿安宁河断裂谷西岸谷坡底部行进，切过4座山嘴，施工开挖形成4个高边坡工点，其长度和边坡最大高度分别为：V_B 工点 130 m、84.2 m，V 工点 450 m、75.0 m，W_1 工点 110 m、62.2 m，W_2 工点 320 m、49.0 m。

全段坡体由花岗岩类构成，中~全风化，部分受断层影响而破碎。坡面第四系残坡积层较厚，可达 15 m。谷坡略呈下陡上缓的凸形，开挖边坡按 1:0.3、1:0.5、1:0.75 的坡率逐级向上放缓，坡脚未设支挡工程收坡。

这些边坡不但开挖过高，而且开挖坡率都陡于各级岩土体的稳定坡率，因此各工点开挖后赓即发生坡面开裂和边坡坍滑。其中，V_B 的上部边坡坍塌，长 80 m；V 工点北、中段边坡后缘大范围开裂、滑塌，使边坡高度由 59.7 m 牵塌至 75 m；W_1 边坡顶发生滑塌与坡面开裂；W_2 坡顶后 10 m 处坡面开裂。在边坡加固工程施工初期，V_B、W_2 又先后发生较大规模的边坡坍塌。

边坡加固设计采用支挡、防护、锚固、绿化的综合整治方案。在坡脚的中风化花岗岩体中设高约 10 m 的重力式挡土墙收坡，对坡体中—下部强风化花岗岩体按 1:0.75~1:1 的坡率分级设浆砌片石护坡或窗孔式护面墙，对坡体中—上部全风化花岗岩体和残坡积层按 1:1 的坡率设预应力锚索或结合格构梁加固，窗孔、框格中种草，各级边坡之间设平台和排水沟。代表性工程设计断面见图 3.2。

整治工程耗费巨大，历时近 1 年。竣工后边坡稳定。

3.5.2 边坡自上而下支护与坡脚预加固原理[8]

按传统的工序开挖边坡常造成工程灾害和水土流失，应更新理念，摒弃自上而下开挖到底、再自下向上支护的工序，更新为自上而下分层开挖、分级支护的工法；摒弃人工作业、跳槽挖基的开挖方法，更新为坡脚预加固后再行机械开挖的工艺流程。组合成自上而下分级支护和坡脚预加固的设计施工新理念。

1）上部堑坡自上而下分级支护

对上护下挡复合边坡中的上部边坡，按稳定坡率从放坡线自上而下分级刷坡、留平台，并及时施工坡面防护工程。

当边坡采用骨架草皮、格构锚固等非全封闭型工程和干砌片石、浆砌片石等全封闭工程分级防护时，应向下开挖一级边坡就立即砌筑一级，即逐级施工，各级完工后统一植草；当采用土钉、喷锚等全封闭型支护工程时，则应每下挖1层（锚杆排距）就施作面板与该排锚杆，逐层向下，即逐层施工。

自上而下逐级逐层开挖与支护，可保持边坡稳定和减轻坡面冲蚀。其原理为：

（1）边坡被及时防护，坡面裸露时间短暂，坡面风化、卸荷和雨水入渗的历时甚短，对边坡稳定影响不大。

（2）护坡及草被能部分阻止坡水冲刷，减轻坡面侵蚀。

（3）防护工程的自重可部分平衡开挖坡面的回弹应力，减弱坡体的卸荷松动。

2）堑坡坡脚锚固桩预加固[32]

在路堑下部拟设支挡结构时，为顺应机械化施工的潮流，又避免机械拉槽的临时边坡因过陡、未跳槽开挖和坡脚浸泡而坍滑，应事先对边坡坡脚部位进行预加固。

预加固工程一般采用埋式锚固桩。施工流程为：上方边坡完工后，从其下平台向下开挖桩井—浇注锚固桩—初凝后开挖桩前土石方直至路基面。桩间支护工程，如采用挡土墙，则在挖至路基面后由下而上砌筑；如采用土钉墙、喷锚，则应逐层下挖和逐排施作土钉、锚杆，并挂网、喷射混凝土。

地面横坡过陡时，坡脚预加固桩应尽量加高以收坡，可考虑在桩的悬臂段加预应力锚索，形成锚索桩结构。桩上锚索的施工工序：浇注锚固桩时留准锚索通道，开挖至锚孔以下1个机高时打孔、制安锚索、锚孔灌浆，浆体和桩体混凝土初凝后分级分次张拉后锁定。

坡脚预加固有利于边坡稳定，原理为：

（1）桩的埋入增加了坡体的刚度，使坡体不致受上部边坡开挖的较大扰动，能保持其原生强度。

（2）桩前路槽开挖后，预加固桩能阻止临时边坡坡脚剪应力集中带的应变软化，抵抗边坡变形外鼓进而抑止坡顶拉裂隙的形成，使较陡的临时边坡能保持稳定。

（3）桩前路槽开挖后，预加固桩成为悬臂桩，其所受主动土压力远小于边坡坍滑后的下滑力，工程数量小得多。

例如，贵阳铁路枢纽东北环 DK34 路堑，右侧为碳酸盐岩顺向边坡，岩层垂直线路的视倾角为 18.4°，特设计坡脚锚固桩进行预加固。但施工中尚未实施预加固桩就进行大拉槽开挖，且一挖到底，导致路堑右侧发生顺层滑坡，造成重大损失[33]（图 3.16）。

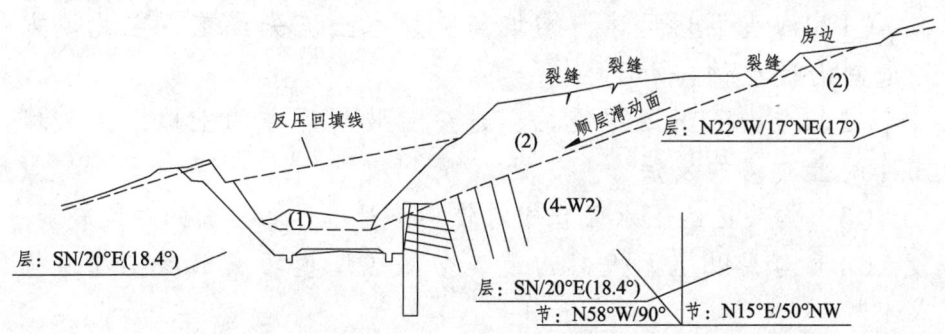

图 3.16 贵阳铁路枢纽 DK34 顺层滑坡实测剖面[33]

3.5.3 工程弃方的开发性填垦原理[6]

1）弃方的环境问题与对策

边坡工程存在大量弃方。造成严重水土流失的随坡、随沟违章乱弃的现象现已基本得到遏制，代之以建堆场处置弃方。但弃方场仍潜存以下环境问题：

（1）占用土地，掩埋植被，属非环保型处理措施。

（2）挡渣墙低矮，其上堆填体的边坡高而松散，坡面水土流失严重。

（3）在斜坡上因弃方的加载可能促发基底滑坡，在沟谷中则可能诱发弃渣泥石流。

为更新设计理念，笔者（2006）提出开发性填垦处置弃方的设计原理[6]，即将弃方就近分级填筑于冲沟沟头，平整为梯地，并恢复土壤创造复垦条件，恢复植被，从而防止水土流失和弃渣灾害，并扩大可耕地面积，实现建设性开发。虽然这需将土壤层先推走、后回填，且挡渣墙工程量可能较大，会增大弃方处理费用，但与其保护环境和扩大耕地的效益相比，还是值得的。

2）沟头开发性填垦的原理

在主沟或支沟的沟头部位建填垦场，环境效益最为明显，原理如下：

（1）沟头下切迅速，沟坡高陡，水土流失严重，在此填方可遏制沟道冲蚀。

（2）沟头不断溯源侵蚀，进一步肢解后方的土地，沟头填方可制止冲沟的发展。

（3）沟头区的汇水面积相对较小，对填垦场土面的冲蚀较弱。

（4）沟头以上无天然沟道，勿需在填垦场底部衔接沟道排水工程。

（5）沟头填方易与沟道两岸及后缘连成一体，形成较大的平坦场面，利于复垦、增大耕地面积。

3）沟头开发性填垦的步骤

（1）就近选定建填垦场的沟头部位，测定占用土地面积，将占用土地的土壤层先期推置于场地周边待复垦之用。

（2）分级填筑弃方，逐级修建全高的浆砌或干砌堡坎，以不出现弃方边坡及其水土流失为原则。

（3）平整弃方表面，形成梯地状。填垦场底部一般不设排水工程，可只设简易盲沟排除弃方中地下水以利稳定。

（4）将推于周边的土壤层推覆于弃方面上，在地方政府和村民的配合下，复垦成农田，或为林场苗圃。

4）近期的研究

中铁二院团队对V形沟谷填垦开发性弃土场的设计作了进一步研究[33]，作为控制沟头侵蚀、增加土地资源、处置工程弃方的良策。其提出的设计原则为：

（1）堆土高度一般为 60~80 m。

（2）沟底纵坡小于 24°时堆场整体稳定；超过 24°时应对坡脚支护。

（3）沟底坡度为 10°、堆方边坡坡率 1∶1.8 时，占地少，安全性高。

（4）提高填土压实度，杜绝倾填。

（5）分级填筑和修建足够强的挡土坝作为保证稳定的主要措施。

附录3.1　卡尔曼临界边坡高度公式的推导[13]

1）卡尔曼一般边坡临界高度公式的推导

如图 3.7，对顶面平缓而顺直的人工边坡或自然斜坡，设组成坡体的均质岩土体的重度为 γ，内聚力为 c，内摩擦角为 φ，边坡的坡度为 θ，潜在破裂角为 α，则：

顺潜在滑动面的下滑力：

$$T = W\sin\alpha \tag{1}$$

顺潜在滑动面的抗滑力：

$$F = W\cos\alpha\tan\varphi + cL \tag{2}$$

式中：W 为潜在滑体的重量，对于单宽坡体：

$$W = \gamma h L \cos\alpha / 2 \tag{3}$$

式中：h 为边坡顶至潜在滑动面的垂直高度：

$$h = H(1 - \tan\alpha/\tan\theta) \tag{4}$$

L 为潜在滑动面的长度；H 为边坡高度。

当边坡处于极限平衡状态时，H 为边坡临界高度。

此时，$T = F$，由式(1)、(2)，有：

$W\cos\alpha\tan\varphi + cL = W\sin\alpha$，$\cos\alpha\tan\varphi + cL/W = \sin\alpha$，

将式（3）代入上式得：

$\cos\alpha\tan\varphi + cL/(\gamma hL\cos\alpha/2) = \sin\alpha$，

$\cos\alpha\tan\varphi + 2c/(\gamma h\cos\alpha) = \sin\alpha$，

将式（4）代入上式：

$\cos\alpha\tan\varphi + 2c/[\gamma H(1 - \tan\alpha/\tan\theta)\cos\alpha] = \sin\alpha$，

$\cos\alpha\tan\varphi + 2c\tan\theta/[\gamma H\cos\alpha(\tan\theta - \tan\alpha)] = \sin\alpha$，

$2c\tan\theta/[\gamma H\cos\alpha(\tan\theta - \tan\alpha)] = \sin\alpha - \cos\alpha\tan\varphi$，

$2c\tan\theta/(\sin\alpha - \cos\alpha\tan\varphi) = \gamma H\cos\alpha(\tan\theta - \tan\alpha)$。得：

$H = 2c\tan\theta/[\gamma\cos\alpha(\sin\alpha - \cos\alpha\tan\varphi)(\tan\theta - \tan\alpha)]$，

$H = (2c/\gamma)\tan\theta/(\sin\alpha - \cos\alpha\tan\varphi)(\tan\theta\cos\alpha - \sin\alpha)]$，

$H = (2c/\gamma)\sin\theta/[(\sin\alpha - \cos\alpha\tan\varphi)(\sin\theta\cos\alpha - \cos\theta\sin\alpha)]$。

由 $\sin(\theta - \alpha) = \sin\theta\cos\alpha - \cos\theta\sin\alpha$

整理化简得一般边坡的卡尔曼公式（即式 3.2）：

$H = (2c/\gamma)\sin\theta/[\sin(\theta-\alpha)(\sin\alpha - \cos\alpha\tan\varphi)]$ (5)

也可写为：

$H = (2c/\gamma)\sin\theta\cos\varphi/[\sin(\theta-\alpha)(\sin\alpha\cos\varphi - \cos\alpha\sin\varphi)]$,

$H = (2c/\gamma)\sin\theta\cos\varphi/[\sin(\theta-\alpha)\sin(\alpha-\varphi)]$。

2）卡尔曼一般边坡临界高度公式的简化

在临界条件下有：

$$\alpha = (\theta + \varphi)/2 \quad (6)$$

此时，卡尔曼公式可进一步简化。将式（6）代入式（5）分母：

$\sin(\theta-\alpha)(\sin\alpha - \cos\alpha\sin\varphi)$

$= \sin(\theta - \theta/2 - \varphi/2)[\sin(\theta/2 + \varphi/2) - \cos(\theta/2 + \varphi/2)\tan\varphi]$

$= \sin(\theta/2 - \varphi/2)\sin(\theta/2 + \varphi/2) - \sin(\theta/2 - \varphi/2)\cdot$
  $\cos(\theta/2 + \varphi/2)\tan\varphi$

上式前项 $= \sin(\theta/2 - \varphi/2)\sin(\theta/2 + \varphi/2)$

$= \sin^2(\theta/2) - \sin^2(\varphi/2) = (1-\cos\theta)/2 - (1-\cos\varphi)/2$

$= (\cos\varphi - \cos\theta)/2$

上式后项 $= \sin(\theta/2 - \varphi/2)\cos(\theta/2 + \varphi/2)\tan\varphi$

$= [\sin(\theta/2)\cos(\varphi/2) - \cos(\theta/2)\sin(\varphi/2)]\cdot$
  $[\cos(\theta/2)\cos(\varphi/2) - \sin(\theta/2)$
  $\sin(\varphi/2)]\tan\varphi$

$= [\sin(\theta/2)\cos(\theta/2)\cos^2(\varphi/2) - \cos^2(\theta/2)\sin(\varphi/2)\cos(\varphi/2) -$
  $\sin^2(\theta/2)\sin(\varphi/2)\cos(\varphi/2) + \sin(\theta/2)\cos(\theta/2)\sin^2(\varphi/2)]\tan\varphi$

$= \{\sin(\theta/2)\cos(\theta/2)[\cos^2(\varphi/2) + \sin^2(\varphi/2)] -$
  $\sin(\varphi/2)\cos(\varphi/2)[\sin^2(\theta/2) + \cos^2(\theta/2)]\}\tan\varphi$

$= [\sin(\theta/2)\cos(\theta/2) - \sin(\varphi/2)\cos(\varphi/2)]\tan\varphi$

$= (\sin\theta/2 - \sin\varphi/2)\tan\varphi$

故： $\sin(\theta-\varphi)(\sin\varphi - \cos\varphi \sin\varphi)$

$= (\cos\varphi - \cos\theta)/2 - (\sin\theta - \sin\varphi)\tan\varphi/2$

$= (\cos\varphi - \cos\theta - \sin\theta\tan\varphi + \sin\varphi\tan\varphi)/2$

$= (\cos^2\varphi - \cos\theta\cos\varphi - \sin\theta\sin\varphi + \sin^2\varphi)/(2\cos\varphi)$

$= (1 - \cos\theta\cos\varphi - \sin\theta\sin\varphi)/(2\cos\varphi)$

$= [1 - \cos(\theta-\varphi)]/(2\cos\varphi)$

代入（5）式，则：$H = (2c/\gamma)\sin\theta(2\cos\varphi)/[1-\cos(\theta-\varphi)]$

即：$H = (4c/\gamma)\sin\theta\cos\varphi/[1-\cos(\theta-\varphi)]$ （7）

此即式（3.1-1）。

3）直立边坡临界高度理论公式的推演

对直立的边坡，其边坡角 $\theta = 90°$，$\sin\theta = 1$，$\sin(\theta-\alpha) = \cos\alpha$，故式（5）可简化为：

$$H = 2c/[\gamma\cos\alpha(\sin\alpha - \cos\alpha\tan\varphi)] \quad (8)$$

此式即为直立边坡临界高度公式。

由 $\cos\alpha\sin\alpha = \sin(2\alpha)/2$，且 $\alpha = (45° + \varphi/2)$ （9）

故 $\cos\alpha\sin\alpha = \sin(90° + \varphi)/2 = \cos\varphi/2$。因此式（8）可写为另一形式：

$$H = 4c/[\gamma(\cos\varphi - 2\cos^2\alpha\tan\varphi)] \quad (10)$$

再由 $\cos^2\alpha = (1 + \cos 2\alpha)/2 = [1 + \cos(90° + \varphi)]/2$

$\quad = (1 - \sin\varphi)/2$

故式（10）可化简：

$H = (4c/\gamma)/[\cos\varphi - (1-\sin\varphi)\tan\varphi]$

$= (4c/\gamma)/(\cos\varphi - \tan\varphi + \sin\varphi\tan\varphi)$

$= (4c/\gamma)\cos\varphi/(\cos^2\varphi - \sin\varphi + \sin^2\varphi)$

$= (4c/\gamma)\cos\varphi/(1-\sin\varphi)$

$= (4c/\gamma)\sin(90°+\varphi)/[1+\cos(90°+\varphi)]$

由 $\sin x/(1+\cos x) = \tan(x/2)$,得 $H = (4c/\gamma)/\tan[(90°+\varphi)/2]$。因此式(10)进一步化简为(式3.1-2):

$$H = (4c/\gamma)/\tan(45°+\varphi/2) \qquad (11)$$

附录 3.2 卡尔曼边坡破裂角公式的推导[16]

《岩土工程学报》2007年第12期所载论文《考虑粘聚力及放坡角度的土钉墙侧土压力计算》[17],其核心是在墙顶水平、墙背光滑且墙后为均质土的假定下,推导了"产生主动土压力时的剪切破坏角 θ'":

$$\theta' = \arctan[(\tan\beta\tan\varphi - 1)/(\tan\beta + \tan\varphi) + (\tan^2\beta\tan^2\varphi + 1 + \tan^2\beta + \tan^2\varphi)^{1/2}/(\tan\beta + \tan\varphi)] \qquad (1)$$

式中:β 为"放坡角度",φ 为墙后土的内摩擦角。

但是,上式经化简(附后)即为:

$$\theta' = (\beta + \varphi)/2 \qquad (3.4)$$

此式为经典的临界条件下的潜在破裂角公式,早在1866年卡尔曼边坡临界高度公式的推演中就已采用,而且这一公式不仅适用于平顶边坡,也适用于坡顶为斜坡的一般边坡。也就是说文[17]重复了多年前的推导,而且结果远不如前人的简洁和具普适性。

笔者对式(1)的化简如下。对式(1)取正切得:

$\tan\theta' = (\tan\beta\tan\varphi - 1)/(\tan\beta + \tan\varphi) + (\tan^2\beta\tan^2\varphi + 1 + \tan^2\beta + \tan^2\varphi)^{1/2}/(\tan\beta + \tan\varphi)$

右项通分:$\tan\theta' = [(\tan\beta\tan\varphi - 1) + (\tan^2\beta\tan^2\varphi + 1 + \tan^2\beta + \tan^2\varphi)^{1/2}]/(\tan\beta + \tan\varphi)$

移项：$\tan\theta'(\tan\beta + \tan\varphi) = (\tan\beta\tan\varphi - 1) + (\tan^2\beta\tan^2\varphi + 1 + \tan^2\beta + \tan^2\varphi)^{1/2}$，$\tan\theta'(\tan\beta + \tan\varphi) - (\tan\beta\tan\varphi - 1) = (\tan^2\beta\tan^2\varphi + 1 + \tan^2\beta + \tan^2\varphi)^{1/2}$

平方：$\tan^2\theta'(\tan\beta + \tan\varphi)^2 + (\tan\beta\tan\varphi - 1)^2 - 2\tan\theta'(\tan\beta + \tan\varphi)(\tan\beta\tan\varphi - 1) = \tan^2\beta\tan^2\varphi + 1 + \tan^2\beta + \tan^2\varphi$

展开 $(\tan\beta\tan\varphi - 1)^2$：$\tan^2\theta'(\tan\beta + \tan\varphi)^2 + \tan^2\beta\tan^2\varphi + 1 - 2\tan\beta\tan\varphi - 2\tan\theta'(\tan\beta + \tan\varphi)(\tan\beta\tan\varphi - 1) = \tan^2\beta\tan^2\varphi + 1 + \tan^2\beta + \tan^2\varphi$

消去 $(\tan^2\beta\tan^2\varphi + 1)$：
$\tan^2\theta'(\tan\beta + \tan\varphi)^2 - 2\tan\beta\tan\varphi - 2\tan\theta'(\tan\beta + \tan\varphi)(\tan\beta\tan\varphi - 1) = \tan^2\beta + \tan^2\varphi$

移项：$\tan^2\theta'(\tan\beta + \tan\varphi)^2 - \tan^2\beta - 2\tan\beta\tan\varphi - \tan^2\varphi - 2\tan\theta'(\tan\beta + \tan\varphi)(\tan\beta\tan\varphi - 1) = 0$

由 $\tan^2\beta + 2\tan\beta\tan\varphi + \tan^2\varphi = (\tan\beta + \tan\varphi)^2$：
$\tan^2\theta'(\tan\beta + \tan\varphi)^2 - (\tan\beta + \tan\varphi)^2 - 2\tan\theta'(\tan\beta + \tan\varphi)(\tan\beta\tan\varphi - 1) = 0$

除以 $(\tan\beta + \tan\varphi)$：$\tan^2\theta'(\tan\beta + \tan\varphi) - (\tan\beta + \tan\varphi) - 2\tan\theta'(\tan\beta\tan\varphi - 1) = 0$

$(\tan^2\theta' - 1)(\tan\beta + \tan\varphi) = 2\tan\theta'(\tan\beta\tan\varphi - 1)$

$(1 - \tan^2\theta')(\tan\beta + \tan\varphi) = 2\tan\theta'(1 - \tan\beta\tan\varphi)$

$2\tan\theta'/(1 - \tan^2\theta') = (\tan\beta + \tan\varphi)/(1 - \tan\beta\tan\varphi)$

由公式：$2\tan\theta'/(1 - \tan^2\theta') = \tan(2\theta')$、$(\tan\beta + \tan\varphi)/(1 - \tan\beta\tan\varphi) = \tan(\beta + \varphi)$，得：$\tan(2\theta') = \tan(\beta + \varphi)$，故：$2\theta' = \beta + \varphi$

得经典式：$\theta' = (\beta + \varphi)/2$。

参考文献

[1] 蒋忠信. 路堑高边坡的工程和环境问题及对策. 铁道工程

学报，2005 (5).

[2] 张亨纲. 内昆铁路田梁子病害地段成因及整治//铁路工程地质实例. 北京：中国铁道出版社，2011.

[3] 铁道部第一勘测设计院. TB10001-99 铁路路基设计规范. 北京：中国铁道出版社，1999.

[4] 沈立伟，等. 某基坑土钉支护结构阴角与阳角效应分析. 防灾科技学院学报，2012(2).

[5] 张立新，等. 浙赣铁路提速改造工程切层坡倾倒变形及破坏机理分析//铁路工程地质实例. 北京：中国铁道出版社，2011.

[6] 蒋忠信，崔鹏. 山区道路工程与环境协调的设计原理. 铁道工程学报，2006 (1).

[7] 黄润秋. 岩石高边坡发育的动力过程及稳定性控制. 岩石力学与工程学报，2008 (8).

[8] 蒋忠信，崔鹏. 路堑边坡的工程路径与坡体岩土的响应. 水文地质工程地质，2005（4）.

[9] 蒋忠信，曾令录，李安洪. 南昆铁路路基边坡工程技术研究. 岩石力学与工程学报，2002 (9).

[10] 卡森 M A，柯克拜 M J. 坡面形态与形成过程. 北京：科学出版社，1984.

[11] 乔丽平，等. 加筋土坡临界高度的研究. 岩土力学，2006(1).

[12] 徐世光，等. 一个极限稳定坡角与坡高的经验关系式. 中国地质灾害与防治学报，2006(3).

[13] 蒋忠信. 边坡临界高度卡尔曼公式之工程应用. 岩土工程技术，2007（5）.

[14] 蒋忠信, 冯升龙, 韩会增, 等. 百色盆地膨胀岩强度试验条件效应的研究. 中国地质灾害与防治学报, 1995 (1).

[15] 蒋忠信, 牛怀俊, 郭雅静, 等. 南昆铁路膨胀性红土路堑边坡工程试验. 路基工程, 1997 (5).

[16] 蒋忠信. 对《考虑粘聚力及放坡角度的土钉墙侧土压力计算》文中破裂角公式的意见. 岩土工程学报, 2008(6).

[17] 马平, 等. 考虑粘聚力及放坡角度的土钉墙侧土压力计算. 岩土工程学报, 2007, 29 (12).

[18] 刘红岩, 等. 直立层状岩质边坡失稳模式及临界高度分析. 中国地质灾害与防治学报, 2012 (4).

[19] 铁道部第二勘测设计院. 复杂地质艰险山区修建大能力南昆铁路干线成套技术. 成都: 电子科技大学出版社, 2000.

[20] 杨育文. 我国失事土钉墙的反思. 工程勘察, 2011(2).

[21] 曾宪明, 等. 土钉支护设计与施工手册. 北京: 中国建筑工业出版社, 2000.

[22] 张明聚, 等. 土钉支护边坡动力性能参数分析. 岩土工程学报, 2010(11).

[23] 杨育文. 土钉支护中土压力计算. 岩土工程学报, 2013(1).

[24] 蒋忠信, 李敏, 秦小林, 等. 南昆铁路膨胀岩路堑试验土钉墙之坍滑分析//四川省岩石力学与工程学会首届学术会议论文集. 成都: 西南交通大学出版社, 1994.

[25] 蒋忠信, 李敏, 牛怀俊, 等. 南昆铁路膨胀泥岩路堑边坡工程试验. 路基工程, 1999(5).

[26] 王小军. 裂土堑坡预应力锚杆框架的框箍作用. 路基工程, 1993(1).

[27] 王长科, 等. 土钉技术的发展及其在我国工程建设中的应

用//第四届全国工程地质大会论文选集(三). 北京: 海洋出版社, 1992.

[28] 铁道部第一勘测设计院. 铁路工程设计技术手册: 路基. 北京: 中国铁道出版社, 1992.

[29] 蒋忠信, 秦小林, 李敏, 等. 关于南昆铁路膨胀岩路堑边坡设计原则的探讨. 中国地质灾害与防治学报, 1994 (4).

[30] 孙超. 岩石边坡生态防护技术比较分析. 岩土工程技术, 2010 (4).

[31] 张俊云, 等. 厚层基材喷射护坡试验研究. 水土保持通报, 2001(4).

[32] 李海光. 路基工程中软质岩边坡的几种不良地质现象及其防治. 岩石力学与工程学报, 2002 (9).

[33] 朱颖等. 复杂艰险山区铁路减灾选线理论与技术. 北京: 科学出版社, 2016.

第4章 预应力锚索设计与施工技术

4.1 预应力锚索技术

4.1.1 预应力锚固技术[1]

岩土预应力锚索技术是 20 世纪中叶从锚杆技术发展而来的岩土锚固技术之一。预应力锚固技术的优点是：

（1）能充分发挥高强钢材、钢丝、钢绞线等材料的良好性能。

（2）最大限度地利用岩土介质的内在强度和潜力，加强岩土体的自承和自稳能力。

（3）主动加载用以改善工程结构的应力状态，提高受加固体的强度。

（4）确保工程施工的安全及岩土体的长期持续稳定，尽可能地约束其变形。

近 30 多年来，国内外预应力锚固技术得到迅速发展，涉及锚固材料、结构形式、张拉施工工艺与设备、设计方法、理论研究、现场测试与工程应用等。其应用几乎触及土木工程建设的各个角落，如矿山井巷、铁路隧道和地下洞室支护，滑坡和边坡加固，坝基稳定，深基坑支护，结构抗浮与抗倾，建筑物纠偏等。其主要成就可概括为：

(1)应用领域日趋广泛,工程规模愈益扩大,社会和经济效益明显。

(2)新结构、新工艺不断涌现,适用于各种复杂受力条件。

(3)新型锚固机具不断改进和完善,提高了施工效率和工程质量。

(4)开发了新的锚固材料,极大地改善了锚固工作性能。

(5)理论研究取得新成果,锚固工程设计和施工纳入了规范化标准。

原冶金部等完成的《预应力岩土锚固综合技术及其应用》研究成果较全面[2],开发了压力分散型锚杆(图4.1)及锚杆拆除技术,发明了无腰梁锚固技术,研发了水平钻机和深孔钻进偏斜控制方法。

但总的感觉,预应力锚固技术的实践仍超前于理论,施工队伍也良莠不齐,加强理论研究与规范施工仍是当务之急。

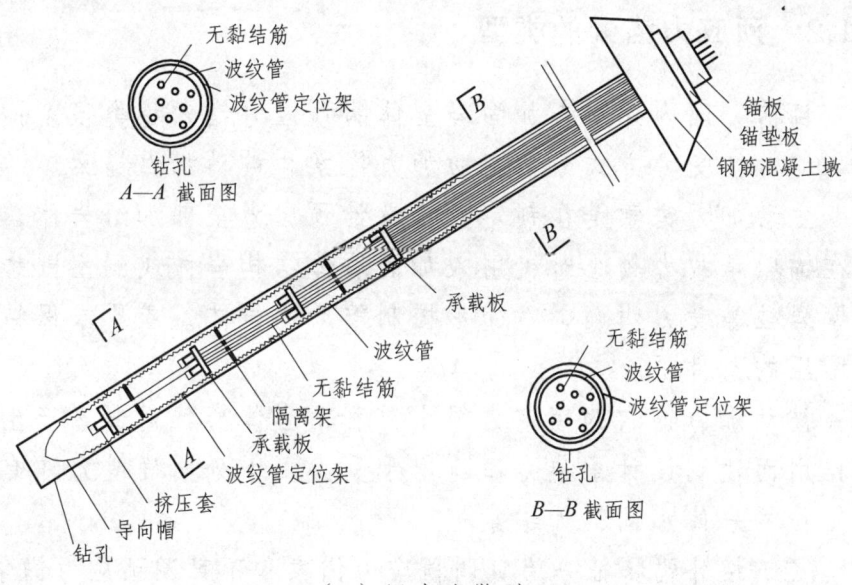

(a)压力分散型

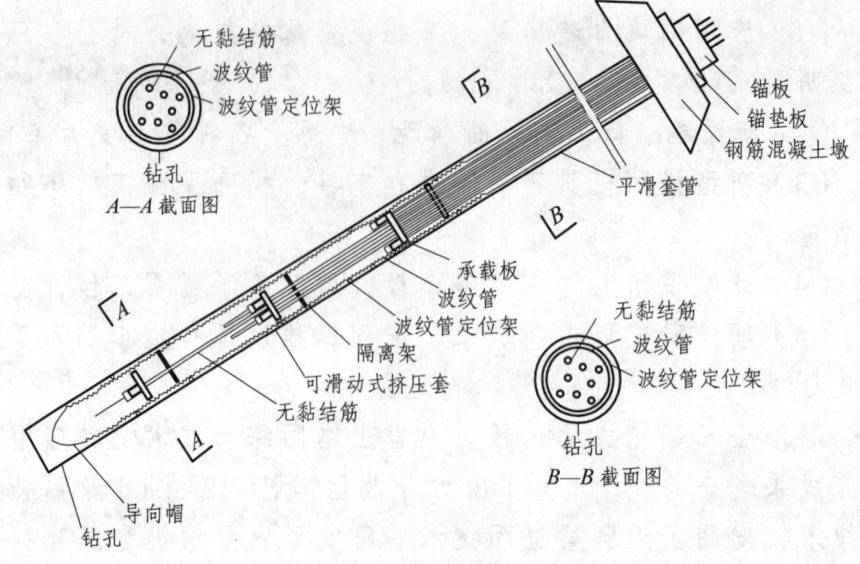

(b) 拉压分散型

图 4.1 压力/拉压分散型锚索的结构[3]

4.1.2 预应力锚索的类型

目前，国内外用来加固岩土体的预应力锚索种类很多：

(1) 按受力方式分为主动加力锚索和被动加力锚索。

主动加力锚索是在锁定时将设计预应力全部加给岩体，多用在锚索承载力较小时，用来加固块体结构岩体或洞室围岩、洞壁岩柱等受力明确、对变形控制较严的岩体，或要求保持岩体围压的条件下。

被动加力锚索的锁定力很小，利用岩体变位对锚索产生张拉作用而达到设计承载力，适用于受力不十分明确或允许有较大变位的岩体加固，如锚索桩。

(2) 按外锚特征分为可调预应力锚索和不可调预应力锚索。

预应力锚索采用特制的外锚具，可使应力在一定范围内重新调整，使已有应力损失或出现超载的锚索经调整而受力更合理。

（3）按锚索自由段结构分为黏结型锚索和无黏结型锚索。

可调预应力锚索，由于调整的需要，锚索体就不能和孔壁全长黏结，而需用特殊工艺保证在调节应力时锚索张拉段可自由变位，成为非全黏结锚索。

（4）按锚体材料分为高强钢丝束锚、钢丝绳锚和钢绞线锚。

钢绞线因强度高，组装方便，具有一定的刚度，对外界环境适应能力较强，往往被选作现场制作预应力锚索的材料。

（5）按锚固段荷载分布分为荷载集中型锚索和荷载分散型锚索。

（6）按加载方式分为拉力型锚索和压力型锚索(图 4.2)。

为了更好地解决锚固段应力集中的问题，与目前常用的张拉式荷载集中型锚索不同，相关单位研发出了压力式荷载分散型预应力锚索[4]。

对治理滑坡等地质灾害，一般选用主动加力的由高强度低松弛钢绞线构成的拉力式非全黏结型锚索[5]。

（a）拉力型

（b）压力型

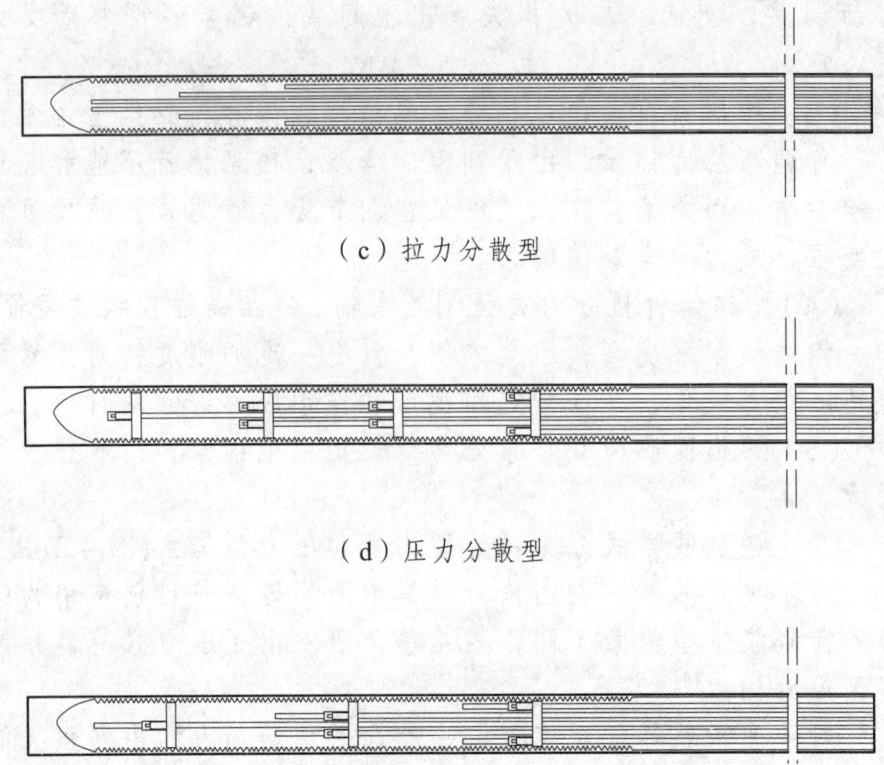

（c）拉力分散型

（d）压力分散型

（e）拉压力分散型

图 4.2　按受力与加载方式的预应力锚索类型图[3]

4.1.3　预应力锚索在地质灾害防治中的应用及适用条件

4.1.3.1　预应力锚索在地质灾害防治中的应用

技术上，预应力锚索可用于加固一般岩土质的边坡、滑坡和危岩，包括土质滑坡。

（1）预应力锚索加固滑坡最为常用，尤其是对滑体较厚、推力较大的滑坡，相对于抗滑支挡工程有其经济性。

（2）预应力锚索常与抗滑支挡工程组合成主体抗滑工程方案，也可与抗滑桩结合构成锚拉桩等复合抗滑结构。

（3）预应力锚索拉伸变形可控，用以加固允许变形量小的滑坡，如隧道滑坡，相对于抗滑支挡工程更为适用。

例如，南昆铁路平中 2 号隧道出口段，受上方滑坡的推压，拱顶裂开 10 cm，拱脚内挤 75 cm。在滑坡上设 101 根锚索和 12 根抗滑桩，施加预应力后，隧道变形被迅速抑制，得以顺利贯通[6]（图 4.3）。

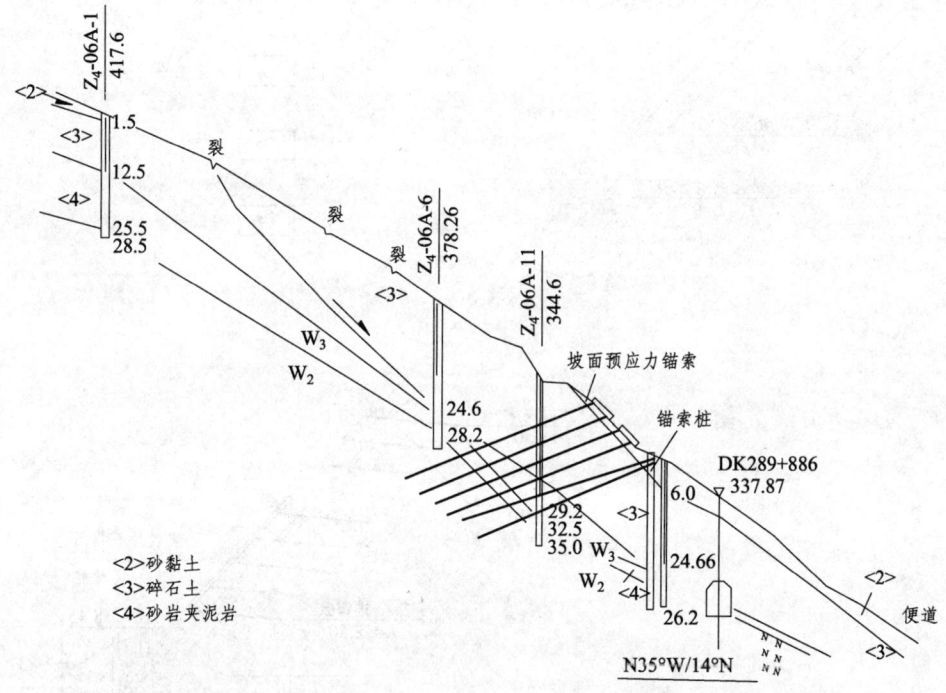

图 4.3　南昆铁路平中 2 号隧道出口滑坡的预应力锚索加固剖面图[6]（m）

（4）基岩承受的锚固力比土层大，压缩徐变也比土层小，预应力锚索加固岩质滑坡，尤其是顺层滑坡，更为优越。

例如，六盘水铁路枢纽 D_1K250 段路堑，深 30 m，左边坡为碳酸盐岩夹页岩的顺向坡，倾角下缓上陡。为防顺层滑坡，设计边坡顺层面开挖，但坡率按中上部较陡倾角，下挖后斩断了下部倾角较缓岩层的坡脚，于 2000 年 6 月 6 日大暴雨后突发顺层滑坡，酿成线路被埋、民房被毁、人员伤亡的灾害性事故。主体整治工程为坡脚桩/墙支挡，其上设 9 排预应力锚索和 10 排钢轨桩，方稳定了边坡[7]（图 4.4）。

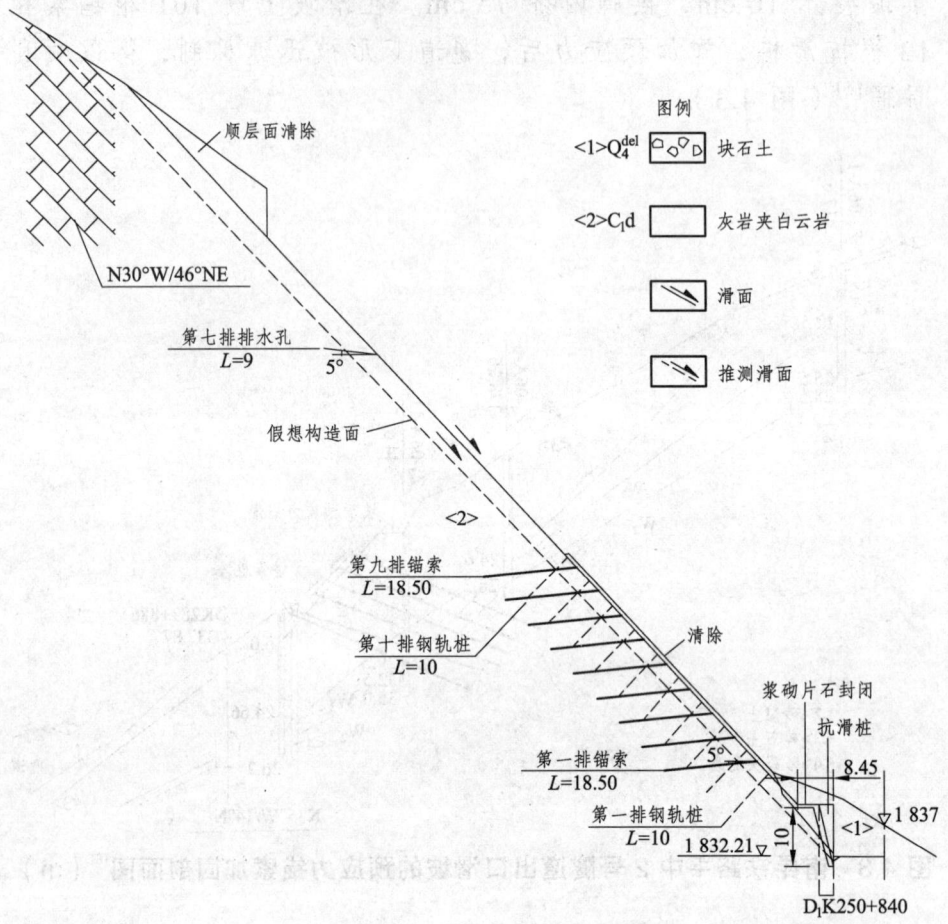

图 4.4　六盘水铁路枢纽曹家湾站顺层滑坡整治工程剖面图[7]

（5）对较高陡的边坡，尤其是岩质边坡的加固，除采用坡脚支挡和坡面一般锚固外，因土压力大、破裂面深，也常与预应力锚索相结合。

例如，内昆铁路李子沟特大桥，贴灰岩夹炭质页岩的高陡山坡开挖 11 号墩的基坑，发生多次坍塌，形成高 80 m 的上缓

（1∶0.5~1∶1.25）、下陡（1∶0.3~1∶0.5）边坡。加固措施为：边坡下部喷锚辅以短锚索，边坡上部长锚索辅以喷锚。实施后边坡稳定，特大桥顺利建成[8]（图4.5）。

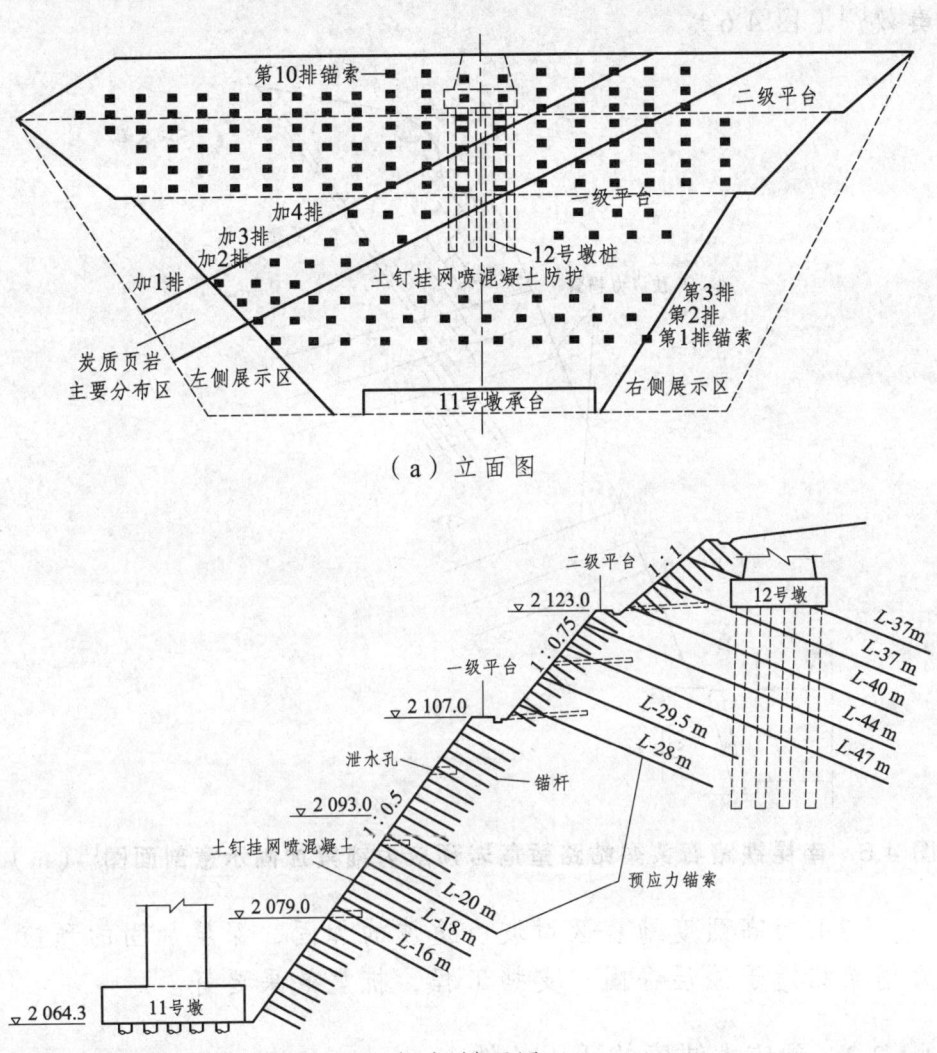

图4.5 内昆铁路李子沟特大桥11号墩岸坡锚固[8]

（6）对高而厚的危岩进行原位加固时，一般锚杆不够长、锚固力小，采用预应力锚索较合适，尤其是对会滑移失稳的危岩更为合理。

例如，南昆铁路石头寨危岩体，因其高悬而难以支挡，下邻铁路、公路建筑而无法爆破清除，最终采用预应力锚索加固奏效[6]（图4.6）。

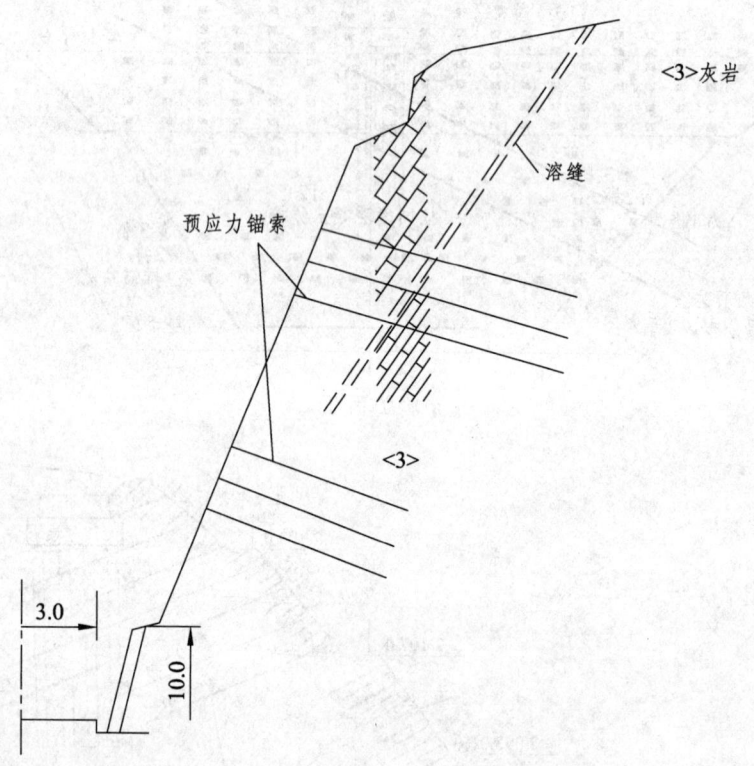

图 4.6 南昆铁路石头寨站路堑危岩预应力锚索加固示意剖面图[6]（m）

（7）对高烈度地震区滑坡、边坡的加固，深层加固的预应力锚索相对于浅层锚固、支挡工程，抗震效果要好。

4.1.3.2 预应力锚索的适用条件

由于加固松散体的锚索的预应力衰减是有限的和可弥补的，因此对预应力锚索加固土质滑坡的长期有效性的担心是可消除的。但在以下条件时，其应用和功效受到限制：

（1）当滑动面较陡时，尤其对陡倾的危岩，由于锚索下倾角难以最优，锚索往往与滑动面大角度相交，抗滑力会远小于锚固力，事倍功半。

（2）当滑体很厚、锚索自由段过长时，由于钢绞线松弛带来的预应力衰减偏大，锚固功效会打折扣。目前最长锚索不到 80 m。

（3）当下滑力过大、滑体十分松软时，由于锚索吨位偏大，地层压缩徐变引起的预应力衰减偏大，锚固的长期效果较差。

（4）当滑床为松软土体时，锚固力偏低，要增加锚固段长度或对锚固段进行特殊处理，应用受限[9]。

4.1.4 拉力式预应力锚索结构

加固滑坡常用的拉力式非全黏结型预应力锚索，由锚固段、自由段和外锚固段构成，外锚固段又由结构物或抑制件（垫墩、格构等）、钢垫板和锚具等组成，如图 4.7 所示。

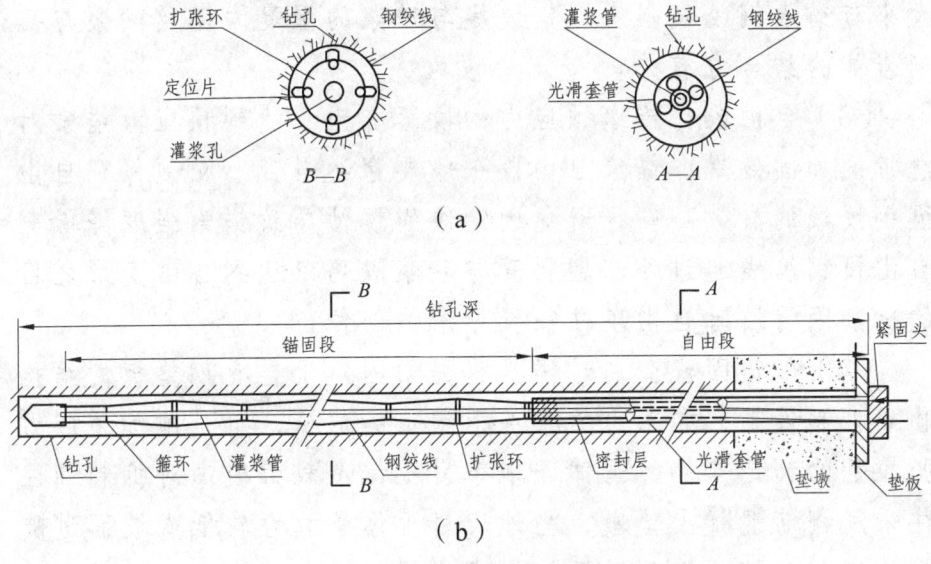

图 4.7 拉力型锚索结构示意图

（1）锚索体：通常采用高强度低松弛的钢绞线制作，钢绞线应符合国家标准（GB/T 5224—2014)或参照美国标准（ASTMA 416—94）执行。常用的 7 丝标准型钢绞线的技术参数如表 4.1 所示。

表 4.1　常用的 7 丝标准型钢绞线的技术参数

标 准	公称直径(mm)	公称面积(mm^2)	1 000 m 理论质量(kg)	强度级别(MPa)	破坏荷载(kN)	屈服荷载(kN)	伸长率(%)	70%破断荷载1 000 h 的松弛率(%)
GB/T 5224—2014	12.70	98.7	775	1 860	184	162	3.5	2.5
	15.20	140.0	1 101	1 860	260	229	3.5	2.5
ASTM A416—94	12.70	98.71	775	1 860	183.7	165.3	3.5	2.5
	15.24	140.00	1 102	1 860	260.7	234.6	3.5	2.5

（2）锚固段：为锚索提供抗拔力的地段，加固滑坡时一般置于滑动面（潜在滑动面）以下的稳定岩土体中，通过灌浆将钢绞线与岩土体连为整体以提供抗拔力。锚固段提供的抗拔力大小与锚索钢绞线强度、钢绞线与砂浆的握裹力以及砂浆与孔壁岩体的结合力有关。

（3）自由段：传递预应力的段落。为了达到预应力锚索对滑带的加固效果，锚索自由段一般要穿过滑带。必须保证自由段钢绞线的有效防腐，避免因钢绞线锈蚀导致锚索强度降低。自由段钢绞线通过外套塑料管与砂浆隔离以达到自由变形之目的，加固滑坡时自由段往往置于滑体部位。

（4）外锚固段：通过锚具将锚索固定于叠有钢垫板的结构物或抑制件上，在承力的条件下锁定的部分，也是施加预应力张拉后的锁定部件。滑体或地表岩土体承载力较高时抑制件往往采用钢筋混凝土垫墩，当地表岩土体承载力较低或坡面过陡需约束时，抑制件则采用地梁或格构梁。

4.2 预应力锚索力学问题

4.2.1 预应力锚索加固滑坡的力学原理

预应力锚索用于不同目的时其原理不尽一致，加固滑坡时其原理为通过预应力的施加，增强滑体的法向应力和减少滑坡下滑力，有效地增强滑坡体的稳定性。

预应力锚索通过张拉对锚固段产生拉力，锚固段则对滑体产生反作用压力，并分解成垂直滑面的正压力 P_n 及沿滑动面的抗滑反力 P_r（图 4.8）。二者形成的总抗滑力 P 为（kN）：

$$P = P_n \tan\varphi + P_r = P_t \cdot [\sin(\alpha+\beta)\cdot\tan\varphi + \cos(\alpha+\beta)] \quad (4.1)$$

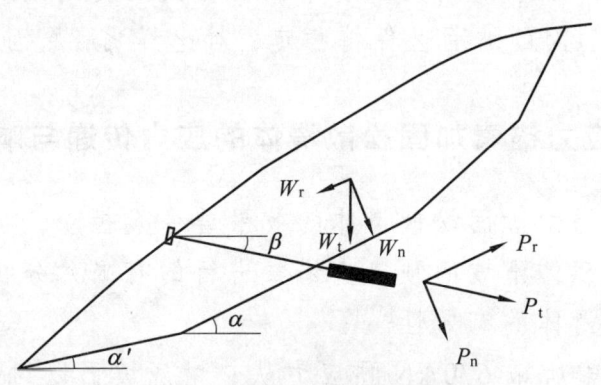

图 4.8 预应力锚索力系图[5]

式中：P_t 为锚索设计预应力值（kN）；
α 为滑动面倾角（°）；
β 为锚索与水平面夹角（°）；
φ 为滑动面内摩擦角（°）。

可见，锚索设计预应力值不等于抗滑力，即有倾角效应，抗滑力一般小于设计预应力。当锚索垂直于该段滑面时，$(\alpha+\beta) = 90°$，$\sin(\alpha+\beta) = 1$，$\cos(\alpha+\beta) = 0$。此时仅正压力 P_n

起抗滑作用，其抗滑力 $P = P_t \tan\varphi$。$(\alpha+\beta)<90°$时，则正压力 P_n 与抗滑反力 P_r 同时起作用，且 $(\alpha+\beta)$ 愈小，抗滑反力的作用占比愈大。

锚索通过轴向应力抗滑，曾有通过柔性的锚索体的抗剪力来抵御下滑力的设想，似不符合预应力锚索的力学原理。

此外，滑体及滑带土在长期处于双向受力状态下不断密实，加上锚孔压浆的渗劈黏结作用，其物理力学性质也不断改善。有试验表明，预应力锚索加固后，某工点软弱结构面上的 c、φ 值指标分别提高了 16% 和 11%。笔者主持设计和施工的加固汶川县草坡水电站输水隧洞山体滑坡的预应力锚索工程，按临时工程取 1.02 安全系数进行设计，20 世纪 90 年代初期完工，10 多年后在"5·12"汶川大地震中该山坡因烈度达 X 度而严重垮塌，唯锚索加固的坡面区保持稳定，对比鲜明，原因值得总结。

4.2.2 预应力锚索加固松散滑体的应力传递与响应

预应力锚索加固松散滑体的效果曾令人担心，但通过对加固老鸦岩堆积体滑坡的预应力锚索进行的有限元分析，显示了其加固松散滑体的有效性[10]：

（1）锚索所施 670 kN 预应力从垫墩底坡面以约 45° 的扩散角向四周和深部的变形模量为 600 MPa 的堆积层传递。主压应力值随传递距离而递减，至埋深 10 m 的滑面上，应力影响范围为 20~30 m，形成的正压力为 25~34 kPa，阻滑剪应力为 8~14 kPa，并从锚索与滑面的交点向纵、横方向扩散与衰减。这表明预应力在松散介质中传递和响应的规律与在岩体中相似，可以通过增大正应力和阻滑剪应力起到抗滑作用。

（2）对锚索沿轴向施加预应力时，坡体浅表部还受到侧膨胀作用，沿坡向存在一条状拉应力区。最大拉应力值为 −3~ −5 kPa，远小于土体强度，不致使坡面表土开裂变形，不设格梁也是稳定的。

（3）当被加固体的变形模量分别为 200 MPa、600 MPa、1 000 MPa 时，坡体和滑面上的应力分布形态和量值基本相同，这表明介质的变形模量对坡体和滑面上的应力分布和应力大小的影响不大，锚索加固变形模量较小的松散介质与加固变形模量较大的岩体同样有效。

（4）堆积层中滑面深度为 15 m 时，与 10 m 时相比，坡体和滑面上的应力分布形态近于一致，只是应力扩散范围增大，滑面上正应力和剪应力相应递减至 8～10 kPa、3～5 kPa。但总体上，滑面上总正应力和总剪应力的矢量和仍与施加的预应力基本平衡。因此，松散滑体的厚度并不影响锚索的加固效果。

4.2.3 锚索的预应力损失

锚索预应力的损失有 4 个原因：张拉过程中锚具、夹片内缩，张拉管道摩阻，钢绞线的松弛，地层压缩徐变。松散体压缩所致预应力衰减是最为担心的问题。

预应力损失的估算原理如下[11]：

1）锚具、夹片内缩所致预应力损失 P_1（kN）

钢绞线锁定在锚具内时，夹片会内缩，一般内缩 6～8 mm[12]，产生一定的预应力损失：

$$P_1 = A \cdot \sigma_1 = A \cdot \left(\frac{\sum \Delta L}{L} \right) \cdot E_y \quad (4.2)$$

式中：ΔL 为锚具、夹片的回缩值（m）；

L 为锚索自由段长（m）；

E_y 为钢绞线的弹性模量，取 195 GPa[13]；

A 为钢绞线的截面面积（m²）。

算例：500 kN级预应力锚索（超张拉至 600 kN），自由段长 $L = 15$ m，索体用 4 根 ϕ15.24 钢绞线制作，单根截面面积 $A = 140 \times 10^{-6}$ m^2，锁定时夹片内缩值 $\Delta L = 0.007$ m。据式（4.2）：
$P_1 = 140 \times 10^{-6} \times \left(\dfrac{0.007}{15}\right) \times 195 \times 10^6 = 12.7$ kN。约损失预应力 2.1%。

2）张拉系统摩阻所致预应力损失 P_2(kN)

钢绞线与管道摩擦造成预应力的损失 $P_2 = P_0 - P_x$。其中：

$$P_x = P_0 \exp[-(\mu\alpha + kx)] \quad (4\text{-}3\text{-}1)$$

近似式为：

$$P_2 = P_0(\mu\alpha + kx) \quad (4.3\text{-}2)$$

式中：P_x 为与锚具相隔距离 x(m)处之张力（kN）；

P_0 为锚具的后张力（kN）；

μ 为管道摩擦系数，取 0.09[12]；

α 为在 x 距离内管道所在平面的角度偏差总和（弧度）；

k 为每米长度内摆动摩擦系数，单根钢绞线取 0.0040[12]；对 n 根钢绞线构成的锚索，建议折减为 $1/n$。

上例中，设锚索孔偏离 3%，偏角 $\alpha = 1.72/57.3 = 0.03$ rad，超张拉 20%的预应力 $P_0 = 600$ kN，则据式（4.3-2）：$P_2 = 600 \times (0.09 \times 0.03 + 0.004/4 \times 15) = 10.6$ kN。损失率为 $(\mu\alpha + kx) = 1.77\%$。

3）钢绞线松弛所致预应力损失 P_3[14]（kN，《概要》中此公式有误）

$$P_3 = 0.125 \cdot \left(\dfrac{P_0}{1.860 \cdot A} - 0.5\right) \cdot P_0 \quad (4.4)$$

式中：P_0 为轴向力锁定值(kN)；

A 为锚索钢绞线的总截面面积（mm^2）。

钢绞线松弛与初始应力有关，初始应力越小松弛损失预应力的终值也越低，设计预应力往往为极限应力的 60%~70%，因此钢绞线松弛造成的预应力损失并不太大。

如上例，据式（4.4）：$P_3 = 0.125 \times \left(\dfrac{600}{1.860 \times 4 \times 140} - 0.5 \right) \div 600 = 5.78$ kN，损失率约 1%。

4）地层压缩徐变所致预应力损失 P_4（kN）

滑体及滑带土在长期的双向受压中产生压缩变形而使预应力产生损失。加载时的压缩量与地层岩土性质关系极大，地层的变形模量愈小，其压缩量愈大，预应力损失也愈大。

P_4 可参照式（4.2）估算。如上例，坡体为普通土，锚索垫墩底面积为 1.5 m×1.5 m，按压缩量为压板宽度的 2%作为确定承载力特征值的标准，则压缩量为 0.03 m，据式（4.2）：

$$P_4 = 140 \times 10^{-6} \times \left(\dfrac{0.03}{15} \right) \times 195 \times 10^6 = 54.6 \text{ kN}。损失预应力约 9%。$$

现场测试表明，预应力一般在加载后 20～120 d 内可趋稳定，地层压缩 1000h 的应力损失可参考表 4.2。

表 4.2 地层压缩应力损失参考表（加载后 1 000 h）

地层分类	坚石	次坚石	结构紧密未风化软石	碎裂岩硬土	散体岩风化软岩普通土	松软地层
应力损失(%)	4	5	6	7	8	>10

综上可知，锚索预应力损失仍是有限的、可控的和可弥补的，在规范施工的条件下，预应力锚索加固松散滑体将是长期有效的。上例中预应力总损失率约为 14%，如能控制地层压缩，减小至 10%以内是可能的。

例如，笔者主持施工与测试的加固老鸦岩隧道和八渡车站松散体滑坡的锚索，由于控制了地层压缩，预应力在锁定后 2 个月左右即趋稳定，预应力损失率分别为 13.4%和 5%（图 4.9）。

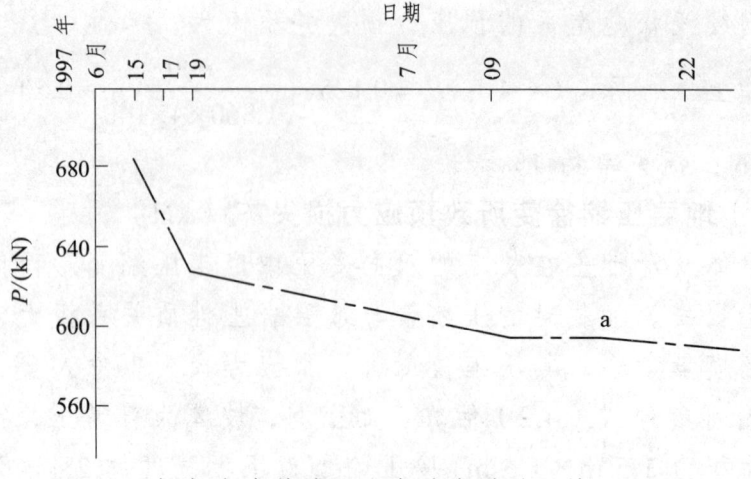

（a）宝成铁路二线老鸦岩隧道滑坡

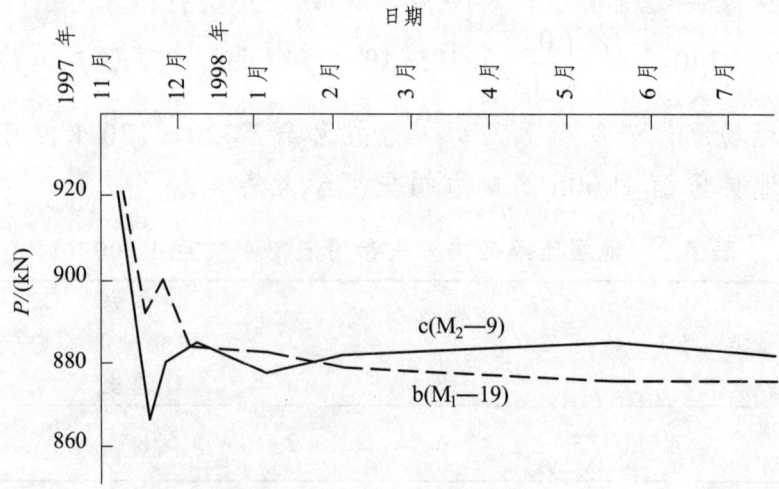

（b）南昆铁路八渡车站滑坡

图 4.9　锚索预应力随时间的变化[15]

4.2.4　锚索的锚固力分布

1）问　题

锚索设计中以砂浆与孔壁间的剪应力沿锚固段全长均匀分

布为前提，采用平均黏结强度来计算锚固段的长度。

但大量的试验研究表明，剪应力在锚固段并非均匀分布，而是在前段集中并形成峰值，然后逐渐向末端减小并最终趋近于 $0^{[16]}$。可见，按剪应力均布计算锚固段长度，所得安全系数往往比实际偏大，趋于不安全。

从理论分析和若干实例总结出，拉力型锚索锚固段的剪应力分布曲线是以 0 为渐进线的单峰曲线[17]。曲线类型尚在探讨中，有峰值位于锚固段起点的指数曲线模式[18]、双曲线模式[19]，有峰值位于锚固段中前部的高斯曲线模式、复合幂函数曲线模式[20] 以及抛物线模式[21]。

2）模　式

笔者[22]通过对实测数据的拟合，认为用三参数的高斯曲线来描述锚固段剪应力 τ(kPa)分布曲线较为贴切（图 4.10），并导出了曲线的特征值。即：

$$\tau = a \cdot e^{b(L-d)^2} \quad (4.5)$$

式中：L 为从与自由段交点起算的锚固段的长度（m）；

a、b、d 为待求的曲线参数，b 为负值。有：

剪应力的极大值（kPa）：$\tau_{\max} = a$ （4.6）

极值处的锚固段的长度（m）：$L_{\max} = d$ （4.7）

剪应力曲线拐点的横坐标（m）：

$$L' = d \pm \sqrt{\frac{1}{-2b}} \quad (4.8)$$

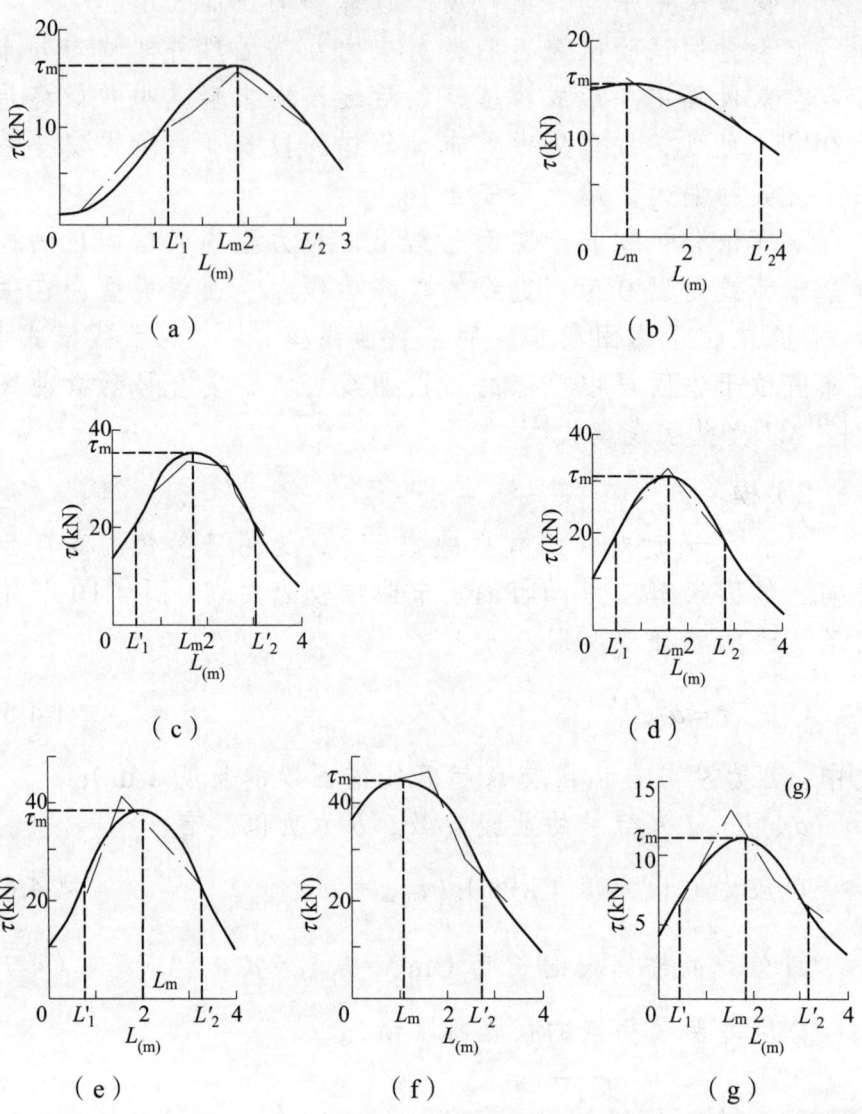

图 4.10 剪应力 τ（P）沿锚固段（L）的分布曲线[22]

（a）—四川省建科院余坪试验锚索；
（b）、（c）、（d）—南昆铁路 DK146 工点喷锚墙原设计断面 A、B、C 排锚杆；
（e）、（f）—南昆铁路 DK146+860 喷锚墙断面 A、C 排锚杆；
（g）—南昆铁路 DK50+437.5 土钉墙土钉

设 $B = -b$，则锚固段的剪应力（锚固力）之和 F（kN）：

$$F = \frac{a}{\sqrt{B}}\left[\sqrt{B} \cdot \frac{(c-d)+d}{1} - \frac{1}{1!} \cdot \sqrt{B^3} \cdot \frac{(c-d)^3 + d^3}{3} + \right.$$
$$\left. \frac{1}{2!} \cdot \sqrt{B^5} \cdot \frac{(c-d)^5 + d^5}{5} - \cdots \right] \quad (4.9)$$

式中：c 为剪应力分布的全长（m）。

剪应力的平均值与峰值之比 k：

$$k = \frac{F}{a \cdot L} \quad (4.10)$$

各实例的 k 值为 0.62~0.72，平均为 2/3，设计锚固段的安全系数应打 2/3 折。例如，要求锚固段的安全储备达到 1.33，则据平均黏结强度计算锚固段长度时所取安全系数应不小于 2。

近来，拉力型和压力分散型锚索按非均匀剪应力设计方法正在探讨中[23]，实用还待验证。

3）实 例

四川省建筑科学研究院余坪等在试验锚索的 3 m 长锚固段内安置了 6 个应变片，进行了 6 级拉拔试验，测试的数据对（L/m，内力 P/kN、图 4.10a）为[24]：0.2、1.05，0.8、7.47，1.4、11.28，1.9、15.78，2.6、9.82。其中 P 为 282 kN、564 kN、706 kN、847 kN、988 kN、1 130 kN 等 6 级拉拔的平均值。以 d 的步长为 0.01，进行试算寻优。最优结果为：

$a = P_{max} = 16.15$（kPa），$b = -0.905\ 8$，$d = L_{max} = 1.90$（m）

即：

$$\tau = 16.15 e^{-0.9058(L-1.90)^2} \quad (\text{kPa})$$

且 $$L_1' = 1.90 - \sqrt{\frac{1}{2 \times 0.905\ 8}} = 1.16 \text{（m）}$$

$$L'_2 = 1.90 + \sqrt{\frac{1}{2 \times 0.9058}} = 2.64 \text{ (m)}$$

$$F = \frac{16.15}{\sqrt{0.9058}} \times \left[\sqrt{0.9058} \times \frac{(3-1.9)+1.9}{1} - \frac{1}{1} \times \sqrt{0.9058^3} \times \frac{(3-1.9)^3 + 1.9^3}{3} + \frac{1}{2 \times 1} \times \sqrt{0.9058^5} \times \frac{(3-1.9)^5 + 1.9^5}{5} - \frac{1}{3 \times 2 \times 1} \times \sqrt{0.9058^7} \times \frac{(3-1.9)^7 + 1.9^7}{7} + \cdots \right]$$

$$= 19.97 \times [2.855 - 2.353 + 2.059 - 1.538 + 0.964 - 0.513 + 0.236 - 0.096 + 0.034 - 0.004] = 32.8 \text{ kN}$$

则：$k = 32.8/(16.15 \times 3) = 0.677$

4.3 预应力锚索的主要设计原则

加固滑坡的预应力锚索设计流程如图 4.11。其中，确定滑动面的强度指标及滑坡下滑力见 1.4.2 与 1.4.4。

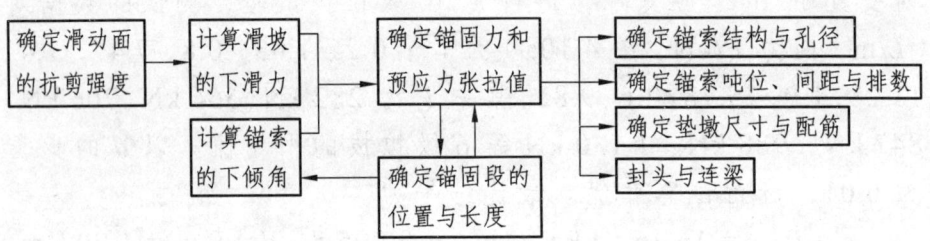

图 4.11 预应力锚索设计流程框图[5]

4.3.1 确定锚固力与张拉值

1）设计锚固力

设计锚固力（预应力值）根据滑坡下滑力来确定，设单宽

滑坡下滑力为 $F(\text{kN/m})$，则单宽滑坡所需锚固力为：

$$P_\text{t} = \frac{F}{\sin(\alpha+\beta)\tan\varphi + \cos(\alpha+\beta)} \quad (4.11)$$

式中：P_t 为锚索设计预应力值（kN/m）；

α 为滑动面倾角（°）；

β 为锚索与水平面夹角（°）；

φ 为滑动面内摩擦角（°）。

再根据滑坡的总下滑力来确定设计的总锚固力。

2）预应力损失弥补与超张拉值

锚索预应力的损失有多种原因[25]，可通过以下三种途径[26]减少锚索锁定后的预应力损失：

（1）加大垫墩尺寸，减小锚墩底面对岩土体的压力水平。

（2）采用小吨位锚索，如 500 kN、750 kN 级锚索。

（3）多次张拉与超张拉。后一次张拉可补偿前一次张拉后的预应力损失；按超过设计预应力进行锁定前的超张拉，可弥补此前地层压缩徐变所致的预应力损失。超张拉值根据测试和经验而确定，一般土体控制在 25%以内，岩体则控制在 10%以内。

以老鸦岩隧道 750 kN 锚索为例[27]，定量估算出各因素所致的预应力损失率：锚具、夹片内缩为 4.4%；张拉系统为 3.0%；钢绞线松弛为 4.5%；地层压缩徐变为 1.5%。总的预应力损失率为 13.4%，计 100.5 kN，其中松散层压缩因采用了分次张拉和超张拉而仅为 11.5 kN。

4.3.2 确定锚索下倾角

1）计算模式

理论上，单位长度锚索提供最大抗滑力时的下倾角 β（°）为：

（1）仅考虑锚固段时：

$$\beta_1 = \varphi - \alpha \tag{4.12-1}$$

（2）仅考虑自由段时：

$$\beta_2 = 45° + \varphi/2 - \alpha \tag{4.12-2}$$

（3）同时考虑锚固段和自由段，笔者[28]推得锚索最佳下倾角公式：

$$\beta = \frac{45°}{K+1} + \frac{2K+1}{2(K+1)} \cdot \varphi - \alpha \; (°) \tag{4.12-3}$$

式中：K 为锚索的锚固段长度与自由段长度之比；

α、φ 分别为设锚索段滑动面的倾角和内摩擦角（°）。如该段滑面倾角有变化，α 可采用平均倾角。

结合灌浆施工的需要，β 一般取值为 $10° \sim 30°$。

2）算 例

18 m 长锚索，自由段长 10 m，锚固段长 8 m，滑面倾角 20°，滑面内摩擦角 16°。则 $K = 8/10 = 0.8$，据式（4.12-3）得：

$$\beta = \frac{45}{0.8+1} + \frac{2 \times 0.8 + 1}{2 \times (0.8+1)} \times 16 - 20 = 16.56°$$

将 $(\alpha + \beta) = 36.56°$，$\varphi = 16°$，代入式（4.1），得单根锚索的锚固力：

$P = P_t \cdot [\sin 36.56° \times \tan 16° + \cos 36.56°] = 0.974\,0 P_t$。每米锚索贡献的锚固力 $P_d = 0.054\,1 P_t$。

如按式（4.12-1），则 $\beta = -4°$，$(\alpha + \beta) = 16°$，代入式（4.1），得单根锚索的锚固力 $P = 1.040 P_t$。虽锚固力还大于预应力，但锚索上翘，无法注浆，且锚索自由段会很长，每米锚索贡献的锚固力反而较小。

如按式（4.12-2），则 $\beta = 33°$，$(\alpha + \beta) = 53°$，代入式（4.1），

得单根锚索的锚固力 $P = 0.8308P_t$。按33°倾角,锚索自由段减短为 7.26 m,全长为 15.46 m,每米锚索贡献的锚固力 $P_d = 0.0537P_t$。

可见,式(4.12-3)所得锚索下倾角 β 最优,且陡缓适中,有利施工。

4.3.3 内锚固段长度的确定

抗滑桩的嵌固段长度与自由段长度相关,二者成一定比例关系;预应力锚索则不然,锚固段的长度与自由段长度无关,而是按所需锚固力来确定的。

4.3.3.1 设计原则

考虑以下两条原则,一般最长取 8~10 m。

1)提供足够的锚固力

每根预应力锚索承担的锚固力须控制在容许锚固力范围之内。

容许锚固力 = 极限锚固力/锚固安全系数 k。

预应力锚索极限锚固力通常由破坏性拉拔试验确定。

极限锚固力受4种因素所控制:锚索钢绞线强度、砂浆对钢绞线的握裹力、砂浆体与锚孔壁的结合力、锚固段岩土体的剪出破坏。

为了节约成本,锚索钢绞线的极限破断力、钢绞线与砂浆的极限握裹力及砂浆与孔壁岩体的极限抗拔力三者之间尽量不要相差太大。一定的钢绞线其极限破断力为一定值;钢绞线与砂浆的握裹力则取决于砂浆的强度等级、钢绞线的规格;砂浆体与孔壁岩体的结合力取决于砂浆的强度等级、岩体的类型、节理裂隙的发育程度等。应通过试算,尽量使三者接近和匹配。

锚固段一般深置于基岩中，岩体不易剪出破坏；锚索体的钢绞线有足够的安全储备，其由扩张环与箍环形成的藕节状结构增大了砂浆对钢绞线的握裹力。因此控制锚固力的突出因素为砂浆体与锚孔壁的结合力。砂浆体与锚孔壁的结合力应经现场试验与经验确定，对南昆铁路特岩土体的试验值如表4.3所示，规范建议值如表4.4所示，可供参考。

表4.3 南昆铁路现场试验所得砂浆体与锚孔壁的极限剪应力

路段	岩性	工程类型	砂浆标号	极限剪应力(kPa)
DK50	砖红壤风化壳	土钉	300号	55
DK146	下第三系膨胀泥岩	土钉	300号	32、68
八渡车站	砂泥岩古滑坡体	锚索	350号	820
DK311	砂泥岩断层破碎带	土钉	300号	211

表4.4 砂浆体与锚孔壁的极限剪应力[29]

岩土类别	岩土状态	孔壁摩擦阻力（kPa）
岩石	硬岩	1200～2500
	软岩	1000～1500
	泥岩	600～1200
黏性土	软塑	30～40
	硬塑	50～60
	坚硬	60～70
粉土	中密	100～150
砂土	松散	90～140
	稍密	160～200
	中密	220～250
	密实	270～400

设计中，锚固段长度 L 以砂浆与孔壁间的剪应力沿全长均布为前提按下式计算：

$$L = \frac{k \cdot T}{\pi \cdot D \cdot \tau} \qquad (4.13)$$

式中：k——安全系数，因剪应力非全程均布，故一般取 2.0～2.5；

T——预应力张拉值（kN）；

D——锚孔直径（m）；

τ——砂浆与孔壁间的容许剪应力（kPa），一般取极限剪应力的 1/1.5。

算例：超张拉至 600 kN 的预应力锚索，锚孔直径 D = 0.1 m，砂浆与砂泥岩孔壁间的容许黏结力 τ 取 1 000/1.5 = 667 kPa，安全系数 k 取 2.0，则据式（4.13）：

$$L = \frac{2.0 \times 600}{3.14 \times 0.1 \times 667} = 5.73 \text{ m}$$

2）锚固段全长有效

根据测试和有限元分析，锚固段设在坚硬岩层中，锚索的轴向应力沿轴向迅速衰减，传递深度仅 3.0 m，锚固长度不宜长于 3.0 m；在中硬岩层中传递深度为 5.0～6.0 m，锚索锚固长度不宜长于 6.0 m；在软弱岩层中，轴向应力在锚固段全长范围内分布，但当锚固长度大于 10 m 时锚索杆体中轴向应力已很小，相应的黏结剪应力也较小，靠增加锚固长度来提高锚索的抗拔力已变得效果不显著，故在软弱岩体中锚固段长度不宜超过 10 m。

在一定的结合强度下，锚固段的承载能力一定，当锚体与锚孔壁的剪应力的峰值大于锚体与锚孔壁的结合强度时，锚体在孔内产生滑移，在滑移段只留下结合力的残值强度，峰值后移并逐次产生渐进破坏，此时再增加锚固段长度也无济于事，因此锚固段的有效长度一般不大于 10 m。

锚固段全置于滑面或堆积层以下的基岩中，并考虑应力扩散，锚固段的起点与滑面间应留有 1 m 以上的长度，但不应过长。

4.3.3.2 增大锚固力的措施

在增加锚固段长度已无效时，增大砂浆体与孔壁间的结合力有以下 3 种途径：

1）扩大锚固段孔径

可增大孔壁面积，同时有支承作用。程良奎[30]得扩孔后锚固段的锚固力 P（kN，完善《概要》中此式）为：

$$P = \pi \cdot D \cdot L \cdot \tau + 0.25\pi \cdot (D^2 - d^2) \cdot \beta \cdot \sigma \qquad (4.14)$$

式中：D、L——锚固段直径、长度（m）；

τ——砂浆与孔壁间的剪应力（kPa）；

d——自由段直径（m）；

β——承载力系数，取 9.0；

σ——岩土体承载力特征值（kPa）。

上例中，如锚索锚固于密实砂土中（σ 取 400 kPa），砂浆与孔壁间的容许黏结力 τ 取 220 kPa，则 $L = 17.43$ m，显然过长，故扩大锚固段孔径为 0.2 m，锚固段增长至 9.0 m。则据式（4.14）锚固段提供的锚固力：

$P = 3.14 \times 0.2 \times 9.0 / 2 \times 220 + 0.25 \times 3.14 \times (0.2^2 - 0.1^2) \times 0.9 \times 400 =$
$621.7 + 8.5 = 630.2 > 600$（kN），满足要求。

2）二次高压劈裂灌浆

二次高压劈裂灌浆以形成更粗的砂浆体，并因浆液扩渗而提高土体强度，从而显著提高锚固力。有现场破坏性式试验显示[31]，锚固于粉质黏土中的压力分散性锚索，经二次劈裂灌浆后，极限抗拔力由 750 kPa 提高到 1000 kPa，增幅达 1/3。

3)采用压力分散型锚索

锚索体与锚孔壁的剪应力的峰值,分散型锚索远小于应力集中型,往往还小于与土层孔壁的结合强度,锚索不易失效。

4.3.4 锚索结构和孔径的确定

1)钢绞线根数

根据单根锚索要求承受的锚固力和钢绞线的最小破断荷载,加一定的安全系数来确定锚索的钢绞线根数。

为控制钢绞线松弛引起的预应力衰减,一般采用国标 GB/T 5224—2014 及美国标准 ASTM A416—94 高强度低松弛钢绞线,其 70%破断荷载 1 000 h 最大松弛率为 2.5%。

国标和美标 ϕ15.24 mm 钢绞线,用 7 丝拧成,截面面积 140 mm^2,张拉强度 1 860 MPa,最小破断载荷 260.7 kN。500 kN 锚索用 4 根钢绞线组成,750 kN 锚索用 6 根钢绞线组成,超张拉 25%时安全系数 K 为 1.6>1.50,已足够。

采用 ϕ12.7 mm 或 ϕ9.5 mm 较小钢绞线构组锚索是不合算的,因其最小破断载荷分别为 184、102 kN,为 ϕ15.24 mm 钢绞线的 70.8%、39.2%,承受相同预应力要用 1.41、2.55 倍的根数。例如宜宾喜捷场滑坡,因设计计算有误而采用 9×ϕ9.5 mm 钢绞线制作锚索,抗拉强度不足。后拟变更为 12×ϕ9.5 mm 钢绞线,或增加锚索 3000 m,使工程量大增。幸得专家现场查觉,及时纠正而改用 ϕ15.24 mm 钢绞线。

2)锚索体结构与锚孔直径

对拉力型锚索,钢绞线呈同心状环列,中心全长插灌浆管。锚固段用扩张环和定位片束张呈藕节状;自由段各根钢绞线在防锈防腐后,分别套上塑料管,再用箍环紧束成索;塑料管末端用胶带扎成止浆塞。

锚孔直径据索体直径,并考虑砂浆体的空间来确定。4~8

根钢绞线的锚索,锚孔孔径一般设计为 90~115 mm;9~15 根钢绞线的大吨位锚索,锚孔孔径一般设计为 115~135 mm。据成孔机具,一般设计为 110 mm、150 mm。

4.3.5 锚索吨位、间距和排数的确定

1)锚索吨位

当失稳坡面较大时,宜尽量采用小吨位锚索来加固。虽然小吨位锚索比大吨位锚索的根数要多,因而总的造孔费用略高,但增大了加固面积,可减少未加固区滑体的残余变形,效果更好。

考虑到索体的构造,小吨位锚索的钢绞线最少要 3~4 根。一般采用 4 根钢绞线的 500 kN 锚索及 6 根钢绞线的 750 kN 锚索。

2)锚索间距

治理滑坡的锚索为群锚,一般呈矩形排列,横向成排,竖向成列。考虑群锚效应,锚索之间的间距应不小于锚体直径的 5 倍及 1.5 m,据经验一般取 3~6 m。

松散滑体的结构强度低,当锚索间距过小时,可能产生相互影响,降低锚固能力,同时不同部位的锚索受力也有差异,因此有锚索间距要大于 5 倍孔径的经验。

另一方面,锚索间距又不宜过大,否则锚索之间会出现明显的应力跌落区,达不到对坡体整体锚固的效果。

对老鸦岩堆积体不同间距锚索的有限元模拟表明[10],当锚距为 3 m 时,锚索之间的坡体和滑面上,不存在应力分离所形成的应力明显降低区,坡体和滑面的应力得到整体改善。当锚距为 6 m 时,锚索之间区域的正应力和阻滑剪应力已存在明显的跌落,应力响应峰值降低了 40%~50%。据此,加固松散介质的预应力锚索的间距,以 3~6 m 为宜。

群锚中不同位置的锚索,其受力可有区别。其中以角锚受力最大,边锚次之,中心锚最小;同时,有实例表明最下一排锚索受力最大。因此预应力锚索加固滑坡要固脚。

四川前述机场12号滑坡发生后,在受高陡后壁牵引的坡顶后缘土面区施打的应急钢管桩近一年后失效,形成了从下穿越钢管桩、从12号滑坡后壁坡脚剪出的新的牵引式滑坡。为遏止该滑坡,又耗巨资对高陡后壁的中上部施作了预应力锚索加固,但因故未能同时实施原拟设的坡脚抗滑桩工程固脚,导致新滑坡进一步滑移,作为其前缘临空面的12号滑坡后壁相应变形,坡脚前推,上部后倾,锚索则转动松弛失效,工程报废(图1.3)。

3)锚索排数

根据式(4.11)计算的单宽滑体所需锚固力,乘以锚索的列距,得单列锚索的设计总锚固力,再除以单根锚索所能提供的锚固力,确定锚索的排数。不计算所需总锚固力,而无依据地人为设定锚索的排数,往往造成工程的浪费。

要细化设计,各纵剖面所需锚固力不同时,锚索应设为不同的排数,即锚索排数一般由主轴断面向两侧递减,但要构成锚群,不宜少于2排。

当锚索排数较多时,可分组布于滑坡纵向上的不同部位,每组数排,使加固均匀化。

4.3.6 外锚固体:垫墩/格梁、锚具、封锚、连梁

1)垫墩/格梁

(1)垫墩。

松散滑体有一定承载力,当坡面较缓,无局部崩坍失稳现象时,锚索抑制体可不采用会增加费用、设计和施工复杂的格梁[32],而采用单点锚的垫墩,有的工点加有底梁。

垫墩可为方块形或翻斗形,底面尺寸根据预应力张拉值和

锚墩处土体允许承载力来确定，垫墩底面的预应力值不应大于土体承载力特征值，以控制地层压缩造成的预应力衰减。例如，某碎石土滑体的承载力特征值取 300 kPa，500 kN 锚索超张拉至 600 kN 后锁定，则垫墩底面积 S 不应小于（600/300）= 2.0 m^2，采用 1.5 m×1.5 m 的方形垫墩是合适的。垫墩厚度按厚板状结构确定。

对土体，500 kN 锚索可设计为 1.5 m×1.5 m×0.5 m，750 kN 锚索为 2.0 m×2.0 m×0.6 m。垫墩材料设计为 C25 钢筋混凝土，布筋只按构造筋考虑。

（2）格梁。

对有局部崩坍失稳可能的较陡坡面才设格梁框箍坡体。格梁纵横交织，矩形断面，钢筋混凝土结构，加强拟设锚索的结点处的配筋。为利于坡面排水且避免相邻结点锚索张拉时相互影响，纵、横梁中均留出断缝，形成十字架形，实为垫墩与格梁的综合体。

有分析表明[33]，单锚加载时其压缩影响区半径一般为 3.0 m，而框架地梁间距往往小于 2 倍影响区半径，格构梁可起框箍坡体的作用，地梁各部分之间也存在明显的相互影响。

2）锚　具

采用与钢绞线根数相同的锚具。500 kN、750 kN 级锚索采用 OVM 型 4 孔、6 孔锚具，夹片回缩值控制为 6 mm。

锚具与垫墩之间设正方形钢垫板，尺寸可为 25 cm×25 cm×2 cm，500 kN 锚索设 1 块，750 kN 锚索叠 2 块或加厚。

3）锁定、封锚与底梁

张拉的锁定值不等于设计预应力值。对直接设于滑体上的锚索，要考虑预应力的损失量，按超张拉值进行锁定，超张拉值即为锁定值。

但对于锚拉桩上的锚索，不能按设计吨位锁定，只能按部分设计锚固力锁定,因桩顶向外位移后锚索受力要进一步增大。

锁定后切除钢绞线余长,用 C15 混凝土封住锚头,以防锈蚀与破坏。当预计锁定后预应力衰减过大时,要预留一定长度钢绞线并加高封头,以备重新张拉之用,外露长度不小于 20 cm。

有的工点在最下 1 排锚索设钢筋混凝土底梁,约束坡脚。

4.3.7 工程实例:108 国道泸沽段 W_2 高边坡工点锚索计算

以 W_2 工点 K2733+540 剖面为例(图 3.2)。

1)工程概况

坡体为强~全风化花岗岩上覆残坡积土,原坡面坡率约 1:1.25,稳定。

修路开挖边坡高 49 m,坡率为 1:0.55(下部)与 1:1.15(上部),未支挡。通车后坡顶后 10 m 处开裂,边坡欠稳定。

加固工程为对坡脚中风化花岗岩设 10 m 高挡土墙固脚,其上强风化花岗岩坡体(1:0.75)设高 18 m 窗式护坡墙防护,再向上对全风化花岗岩坡体(1:1)设预应力锚索锚固,辅以坡面植草与坡顶截水。

2)潜在失稳模式与下滑力

边坡现欠稳定,进一步发展的失稳模式为中下部边坡破裂角与上部近垂直张裂隙之组合。

强-全风化花岗岩体内摩擦角 φ 综合取 30°,设计边坡平均坡度约 50°,据式(3.4),得边坡破裂角 $\alpha=40°$。单宽失稳坡体体积为 340 m³。

边坡现状稳定系数取 1.05,加固目标是将稳定系数提高到 1.20。岩土体重度取 19 kN/m³,则据式(1.14-1),潜在下滑力 F 为:

$$F = (340 \times 19) \times \sin 40° \times (1.20 - 1.05) = 623 \text{ kN}$$

据经验,设锚索列距为 5 m,则每列锚索承受的推力 $\sum F = 623 \times 5 = 3\ 115 \text{ kN}$。

3) 锚索下倾角与锚固力

为施工方便,锚索下倾角 β 设为 25°,且滑移面倾角 $\alpha = 40°$,则据式(4.11),单列锚索所需提供的锚固力 P 为:

$$P = 3\ 115/[\sin(40° + 25°) \times \tan 30° + \cos(40° + 25°)] = 3\ 293 \text{ kN}$$

4) 锚索吨位与数量

加固坡面宜用小吨位锚索,故设计采用 500 kN 级预应力锚索。

单列锚索的根数 $N = 3\ 293/500 = 6.6$,故设计为 7 根(排)。

5) 锚孔孔径与锚索长度

与国产机具配套,锚孔直径设为 100 mm。

砂浆体与风化花岗岩孔壁的极限黏结力约 1 000 kPa,安全系数取 2.0,则 $\tau = 500$ kPa,每米的黏结力为 157 kN。按超张拉 20% 计,锚固段长 $L = 600/157 = 3.8$ m。鉴于黏结力非纵向均布,再加安全系数 2.0,则取 $L = 8.0$ m。

按下倾 25°,锚索自由段长度为 12 m,锚索总长度为 20 m。

4.4 预应力锚索施工技术

4.4.1 预应力锚索施工工艺要点

预应力锚索施工工艺流程:施工准备(定孔位、拉拔试验)→钻孔→锚索制作与安装→注浆→张拉→锁定→封锚(→应力监测)→工程验收。

4.4.1.1 施工准备与造锚孔

1)施工准备

根据设计图定出孔位。一般要求水平方向孔距误差不应大于 50 mm,垂直方向孔距误差不大于 100 mm。其实,由于是群锚共同作用,应允许孔位在施钻受阻时适当移位重钻。

为检验锚固段设计,正式施工前先施工试验锚索,进行拉拔试验,试验至破坏为止;及时反馈试验结果,以复核锚固段的设计,达不到设计要求的则要修改设计。一些拉拔试验未到破坏,至设计荷载即止,不能反映锚索破坏的原因,也不能估计安全储备的大小,未达目的。

对一次自孔底有压灌浆的锚索,试验锚索应尽量不设自由段,避免造成表观锚固力很大的假象。

2)造锚孔

造孔要保证孔深、孔径和孔的倾角。

采用专门的锚固钻机施工。一般用风动凿岩钻机,无水风钻。需配备大型空压机,动力部分采用风动或液压驱动。跟进的套管用拔管机拔出。

有的规范要求孔深不得超出设计 20 cm,一般则要求超钻 50 cm,以免沉渣影响有效孔深。达到深度后采用高压风清洗孔壁,吹出沉渣。及时编录与反馈施工地质情况。

锚孔直径据索体直径,并考虑砂浆体的空间来确定。据成孔机具,一般设计为 110 mm。因钻头会摆动,冲击器可比设计孔径小一个型号,即 100~110 mm 锚孔用 $\phi 89$ 冲击器,140~150 mm 锚孔用 $\phi 127$ 冲击器。

锚索下倾角一般要求偏差不大于 1°,有规范要求孔斜不大于 3%。

4.4.1.2 锚索索体的制作与安装

1）索体结构

采用$\phi 15.24$ mm 带护套的高强度、低松弛钢铰线制作（国标 GB/T 5224—2014 及美国标准 ASTM A416—94）。500 kN、750 kN 锚索分别用 4 根、6 根钢绞线组成。

一般不采用低松弛高预应力钢丝。因其直径较小，最大仅$\phi 7.0$，抗拉强度有限。例如河南灵宝一悬臂高 20 m 的锚拉桩，还上叠高 13 m 的加筋土挡墙，由于锚索采用钢丝绳锚替代钢绞线锚，竣工后锚索在巨大土压力下呈拔丝状拉断，70 多米长的边坡段在锚拉桩折断后轰然坍塌。

钢绞线呈同心状环列，中心全长插灌浆管，可并列排气管。锚固段用扩张环和定位片束张呈藕节状；自由段各根钢绞线防锈防腐后，分别套上塑料管，再用箍环紧束成索；塑料管末端用胶带扎成止浆塞。

2）施工要求

对钢绞线作抗拉强度检测，确认已作防腐处理，并防锈除垢。锚索的锚固段要剥去钢绞线的护套，每间隔 1.0 m 用扩张环和箍环扩束呈节状，锚索外套上加定位片以便入孔后居中，末端套$\phi 60$ 钢管作为导向帽。

自由段末端用胶带纸密封以防砂浆进入护套内。整根锚索稍长于设计长度，以伸出锚具供张拉。

用人力将锚索插入锚孔中，端头露出孔外适当长度，作套锚具和拉拔之用。

钢绞线除合格出厂外，对较重大工点还需进行进货检验，即抗拉强度试验。单根钢绞线的极限抗拉强度达 260 kN，要委托有相应设备的单位进行试验。

为防腐蚀，对钢绞线至少采用除锈防腐、塑料套裹护、水泥砂浆裹护三道措施。近年在钢绞线表面喷涂特制环氧粉体自身防护，再外涂油，套薄层塑料和聚乙烯管，并在锚索体上套波纹管，管外灌浆，形成6层防护，更为可靠。化学腐蚀的问题基本解决。

3）注意问题

现最关注的是应力腐蚀，即钢绞线长期处于高拉应力状态下产生缺损进而组成钢绞线的钢丝产生破断的问题[34]。由于预应力锚索面世仅数十年，作为百年大计的抗滑工程，尚未全程经受检验，因此目前应以加大锚索钢绞线的安全储备、规范张拉工艺来应对。

勘查的滑动面深度常有误差，设计的锚索长度会视成孔揭示的实际滑动面进行动态调整，因此钢绞线不能全按设计长度事先下料，而应据代表性锚孔分批落实长度后再行制作，以免废弃长度不适的锚索体。

4）承载体

压力分散型锚索的承载体一般为承压钢板，配以挤压套。钢绞线对称分组与承压板套接。承压板上的孔洞亦分组，孔径大小不等；各级承压板上的孔数亦不同。最短一组钢绞线穿入第一块承压板(孔洞最多)上的最小孔洞中，端部用挤压套固定。次短一组钢绞线穿入第一块承压板上的较大孔，套接于第二块承压板（孔洞次多）上，以此类推。

为避免承载体之间产生应力叠加，承载体应保持相当的间距。有试验认为承载体间距的临界值为 2.0 m（岩层）~3.5 m（土层）。

对于要回收的压力分散型锚索，则是将钢绞线绕过承压板并在其中点处借用专用机械实现U形弯曲并捆扎牢固，以利回收钢绞线。

4.4.1.3 锚孔灌浆

1）注浆工艺

为使砂浆灌注饱满，将灌浆管置于锚索中心并与锚索等长，采用一定压力自孔底向上一次性灌注或采用二次注浆工艺，不宜采用孔口自流式灌浆方法，工期紧迫时可在砂浆中添加适量早强剂。浆体凝固收缩后，从孔口补灌满盈。

压力分散型锚索一般采用一次性灌注。

2）浆体材料

一般采用 M30 水泥砂浆注浆，采用普通 425 硅酸盐水泥，水灰比约 1∶0.42。

一些规范要求采用纯水泥浆。但实践表明，纯水泥浆成本比水泥砂浆高，且因可能收缩开裂而黏结效果稍差，故在有砂源时建议尽量采用水泥砂浆。

3）压力与配比

采用自孔底一次有压注浆法，注浆压力 0.4~0.8 MPa，稳压 3~5 min。

注浆压力不宜过高，以可从孔底返浆至孔口为度，一般不超过 0.8 MPa。浆体不宜过浓，以免堵管。水灰比、灌浆压力人工不易准确掌控，应尽量自控化。

4）灌浆管与排气管

灌浆管不能过小，小则易堵，管径宜大于 18 mm。排气管并非必须，从孔底向上注浆也可自然排气。

5）充盈率

许多工点反映注浆量大大超设计，因此投标时要视地层情况合理估算充盈率。同时，由于先期孔注浆浆液的扩散，后期孔的注浆量会减少，下排孔的注浆量也会比上排孔少，只要克服了先期上排孔的注浆困难，后期下排孔注浆会逐渐变易。

漏浆严重时，要试验和调整浆液浓度、注浆压力，改进注浆工艺，还可借鉴岩溶空腔注浆的以下经验：

（1）采用水泥砂浆优于纯水泥浆。

（2）纯水泥浆中用粉煤灰替换部分水泥（20%～50%），可增加结石率。

（3）添加速凝剂，可减少注浆量。掺入量不超过浆液量的3%。

（4）注浆压力控制在0.2～0.5MPa，初期可自流注浆。

6）无黏结锚索的灌浆问题

非全黏结型锚索的自由段不直接被水泥砂浆裹死，有利于预应力的调节。其灌浆有一次完成和分两次完成两种工艺。

一次自孔底有压灌浆的工艺，比二次灌浆要简便，但是会造成锚固力偏大的假象。因为锚固段和自由段的砂浆已连成一体，提供锚固力就不仅是锚固段，还包括了自由段，使拉拔试验的锚固力偏大，据之设计锚固段的长度可能使安全储备减小。

4.4.1.4 制抑制件

锚索的抑制件为垫墩或格梁，上叠钢垫板，再套锚具。

1）垫　墩

垫墩可为方块形或翻斗形，前者易施工，后者省料。

底面尺寸根据预应力张拉值和锚墩处土体允许承载力来确定，按厚板状结构确定垫墩厚度。

垫墩材料多设计为C25钢筋混凝土，布筋只按构造筋考虑，就地立模现浇。

要使垫墩面与锚索垂直，必须相应开挖坡体，并使之密贴，以减少坡体压缩蠕变；更不能将垫墩虚立，也不能在其后半填半挖；要回填墩缘与坡面间的凹槽，避免掏蚀。

2）格　梁

格梁也是就地置筋后立模现浇，尽量使框格在其平面上顺直，立面上少凹凸起伏。

格构梁必须嵌入坡面，底面与坡体密贴，顶面平顺。对于土质不均或岩质的坡面，此非易事。

结点上锚索的张拉更要仔细，对各结点普遍张拉完某一级后才宜再普遍张拉下一级，避免各结点受力不均引起格构梁破损。事实上，将连贯的格构改为十字型，施工更简便，并有利于坡面排水。

3）钢垫板与锚具

采用与钢绞线根数相同的 OVM 型锚具，锚具应符合现行《预应力筋用锚具、夹具和连接器应用技术规程》（JGJ 85—2010）的规定。

锚具与垫墩之间设正方形钢垫板。钢垫板不能过小，要较宽地超覆锚孔，边长不宜小于 25 cm；钢垫板也不能过薄，厚度不小于 2 cm，以避免张拉时拉凹，无合适厚度钢板时可两块叠置。

4.4.1.5　张拉、锁定与封头

1）张拉准备

首先要标定张拉机，标定间隔期不宜超过 6 个月。

张拉前要将孔口岩面凿平并与锚孔垂直，偏差控制在 5°以内。锚索从抑制件伸出后套上钢垫板和锚具，用张拉机对锚索实施张拉。

2）张拉工艺：分次、分级

一般采用多次多级张拉工艺。关键是分次、分级，包括预张拉和超张拉。要保证分次、分级的稳定时间和时间间隔，每次张拉要回 0，分股张拉要对称进行。

首先通过预张拉将各束钢绞线拉直，垫墩混凝土初凝后方

进行首次张拉,两次张拉间的时间间隔较长,一般间隔 3~7 d。第二次张拉在第一次张拉的预应力基本稳定后进行,以弥补预应力损失。

每次张拉中还要分级,每级张拉要稳定 5~10 min 甚至 10 min 以上,以便锚索中预应力的传递和调整。要控制加载速率,一般每分钟加载设计应力值的 1/10,卸载则为 1/20。

张拉的总吨位不小于设计吨位。超张拉吨位不能超过锚索钢绞线强度的 3/4。

一般 500 kN 锚索采用 2 次 3 级张拉,超张拉比为 10%~25%;750 kN 锚索采用 2 次 4 级张拉,超张拉比为 10%~20%。

3)分级张拉的伸长量[14]

$$\Delta L = \frac{P \cdot L}{A \cdot E} \qquad (4.15)$$

式中:P——张拉荷载(kN);

L、A、E——钢绞线的长度(m)、截面面积(mm^2)和弹性模量(MPa)。

4)压力分散型锚索的张拉

要分组张拉,不能整体张拉,以免各承载板受荷不等而导致钢绞线应力不均。

张拉顺序一般为先远后近地逐块进行。但也有研究建议为先近后远地逐块张拉,以减小各承载体间应力的相互影响。

5)锁　定

锚索锁定于锚具上时,要强调锁定工艺,仔细而熟练地操作,减少夹片内缩,以防预应力损失较大。因为回缩过大所造成的预应力衰减可以占到总衰减值的 1/3。

6)封　头

锁定后切除剩余钢绞线并用 C15 混凝土封锚。封头呈翻斗状,不宜过于粗大,全封住锚具和余长钢绞线即可。

所留钢绞线余长要满足因滑掉卡楔而重新张拉所需,不小于 20 cm 是经验值。切不可齐根切断,锚索失效后将无法挽回。

4.4.1.6 应力监测与工程验收

1）应力监测

对重大工点,应选若干锚索安设测力计,对预应力进行长期监测,直至预应力趋于稳定。对比预应力稳定值与设计值,确定是否需重新补偿张拉。

监测仪器采用压力盒(钢弦式、应变式、液压式),压力计底部必须置于钢垫板的中孔孔缘与外边缘之间。监测时间至少一年,监测次数先密后疏,前一至两个月每 10 日一次,以后可每月一次,雨季酌情加密。

工程验收前由施工单位负责监测工作,及时记录整理并反馈监测结果。如设计布置有坡体变形监测,则需一并进行。

2）工程验收

工程竣工并自检合格后提请验收。一般应符合以下条件：
（1）工程已按批准的设计文件施工完毕,质量符合要求,运行正常。
（2）发现的工程缺陷和问题业已整改至符合要求。
（3）经监测,锚索应力和坡体变形已趋于稳定。
（4）竣工文件已整理完善。对预应力锚索工程,竣工文件除一般工程的要求外,要强调：钢绞线和锚具的出厂合格证、拉拔试验报告、钢绞线抗拉强度检测报告、灌浆和张拉施工日志、应力和变形监测报告。

4.4.2 滑坡体锚孔钻进工艺问题与对策

4.4.2.1 钻孔机具

施工预应力锚索的机具甚多,包括造孔机具（钻机、拔管机、空压机)、制锚索机具(切割机、电焊机)、灌浆机具(搅拌机、灰浆泵)、张拉机具(张拉机)以及配套的运输车辆和发电机。滑坡体较破碎松散,以造孔机具最为关键。

国产钻机较轻便,价格低,加固陡峭坍滑体易于就位,但一般动力小,跟管能力有限,在松散体中钻进往往要辅以其他方式护壁,易坍孔,效率低。进口钻机跟管能力强,对松散堆积体、断层破碎带中的滑坡加固很适用,但较笨重,难以上到陡坡上作业。

进口钻机以瑞典 Atlas copco 型履带式钻机为代表,可自行并爬坡,钻臂可旋转 180°;采用 ODEX 技术偏心跟管钻进,在松散体中钻进很有效。

国产钻机有长春 GZ-150 型钻机,采用双动力头,可套管旋转跟进护壁,提升力、给进力、扭矩较大,但整体质量超过 3 t。

国产轻便型钻机以无锡 MD-50 型钻机较早,整体质量 980 kg。功率较小,设计孔深 50 m,采用偏心钻头可跟管 15 m。

风动凿孔所配冲击器,除与瑞典钻机配套的 copco 型外,国产钻机均采用宣化英格索兰 DHD 高风压系列和 CIR 低风压系列。

所配空压机主要为内燃型、中高风压型,如上海英格索兰系列。要在滑坡中顺利成孔,匹配大功率空压机是关键,风量 20 m³/min、风压 2 MPa 最佳。

机具的维护保养十分重要。往往是机具在一个工点正常运行至竣工后,转移至新工点开工时却故障频发,归库和转移途中要勤于保养。

4.4.2.2 钻孔工艺

滑坡体破碎富水松散,造孔甚难,成本甚高,成孔工艺最为重要。由于先期孔注浆浆液扩散使岩土体固结,后期孔的造孔困难会逐渐减少。以加固深厚、松碎、富水的南昆铁路八渡车站巨型堆积体滑坡采用的长达75 m预应力锚索施工为例[35]，所用3种类型钻机造孔，工艺因钻机类型而异：

1）瑞典 Atlas copco 钻机

该钻机可自动跟管护壁，采用跟管钻进工艺。

对右侧破碎段在 30 m 深以内的锚孔，采用单层跟管钻进方法，即用直钻头钻至滑动面后，改用偏心钻头带套管钻进至完整地层处，再用直钻头钻至设计深度。对左侧滑面深度为 40~50 m 的锚孔，采用双层跟管钻进工艺，即用直钻头钻至 30 m 左右后，用大的偏心钻头带第一层套管至 30 m 左右，再改用小偏心钻头带第二层套管钻进至完整地层处，最后用直钻头造孔至设计深度。

瑞典 Atlas copco 钻机以其自动跟管钻进技术而具有较大优越性，成孔效率高。但该机价格昂贵，整机质量达 5 t，自行爬坡不能达到 30°，故陡坡锚索只能采用轻型钻机造孔。

2）长春 GZ-150 型钻机

该型钻机也可跟套管钻进，采用了以下几种钻孔工艺：同步跟管护壁法，先成孔后下套管护壁法，用偏心钻头扩孔后旋进导管护壁法。对复杂地层的钻孔，这些导管护壁难以实现时，加上了局部注浆工艺，反复循环成孔。

长春钻机的跟管钻进性能，比瑞典钻机差，比轻型钻机强，但总体质量大，又不能自行，移机、就位困难，成孔效率大受影响。

3）轻型钻机（以无锡 MD-50 型为代表）

该钻机跟管钻进能力有限，在八渡车站滑坡体中钻进很困难。通过摸索，现场总结采用了两种成孔工艺。

一是注浆护壁工艺，即钻进至破碎、富水易坍孔地段，灌注水泥浆护壁后再行钻进。先期在浆体凝固期间移钻另一孔，浆体凝固后返回钻进时很难保证与原孔一致，护壁起不到作用。后将注浆孔钻机不动，才初步解决这一问题。同时，注浆上溢至孔口，重新钻进会偏离较硬的浆柱，打偏入土，脱离护壁段。后捆扎了止浆塞但效果仍不佳。注浆护壁工艺耗时费工，效果不如跟管，成孔效率低。

另一种工艺是大口径钻进后用冲击器下套管护壁，方法简单，效果较好，但对破碎带深度超过 35 m 需下两层套管时也力不从心。

轻型钻机因跟管能力差，效率甚低。但因价格低廉，机体轻便，可采用多台钻机会战，因此仍起作用，完成了一半的造孔工程量。

国产偏心钻头常不能转收，造成钻头与套管丢弃，孔也报废。

4.4.2.3 钻进事故处理

由于滑坡地质条件极为复杂，钻进中卡钻、掉钻、断管等事故时有发生。在事故排除中采用以下办法，可减小损失。

1) 卡 钻

卡钻主要因地层破碎松散，钻进盲目求快，提钻、洗孔、出渣不够而卡死钻具。

排除方法，轻者可开足风量来回洗孔，逐步提钻。卡钻于深 20~30 m 处时可用拔管机或张拉机强行将钻具拔出，但对拉力要严格控制。卡钻严重，前两种方法不能奏效时，只能在孔周另打 2~3 孔将卡钻处钻松，取出被卡死的钻具。

由于地层富水浸湿岩粉造成的卡钻，则需向孔内注水将岩粉稀释成浆状，再开风反复洗孔即可排除。

卡钻后反复扫孔不一定有效，反而可能导致坍孔越来越大，最终废孔。

总之，钻进不能盲目求快，要勤洗孔，多提钻，及时护壁，才能减少卡钻。

2）掉 钻

造成钻头、冲击器或钻杆等钻具掉落于孔内的事故甚多，主要原因有：钻具质量不合格，在高频冲击中断裂；收回偏心钻头时操作不当，钻具回脱；提钻时未按规程操作而使钻杆滑入孔内；钻具长期磨损未及时更换而断裂；排除卡钻事故时不慎将钻杆拉断或扭断。

对于在浅处的掉钻，可使用打捞工具将钻具捞出。如果是因钻具反转脱落而掉钻，即使深度较大，也可用套锥打捞上来。由于断裂而掉钻于深处者，不易打捞，只好放弃。

严格按规程操作，事前检查钻具并及时更换，是预防掉钻的重要措施。

3）断 管

跟管钻进较深时，因国产钢套管质量较差，套管的丝扣损坏或厚薄不匀，多次发生钢套管断裂。

断管后只能用拔管机将套管拔出，另行造孔。在无法采用进口钢套管的现实条件下，事前检查套管丝扣，尽量使用新的套管，可以防止部分断管事故。

4）施工影响

采用高压风动造孔，对坡体干扰较大，水、气、土飞冒，对滑坡稳定不利。因此锚索施工应在旱季或超前进行，以免造成干扰与其他不利因素叠加。

同时，造孔时粉尘飞扬，噪声刺耳，污染环境和危害施工人员健康，在城镇施工时影响更大，是至今尚未解决的一个难题。

事先应取得环保部门对施工的允许；采用吸尘装置也是措施之一，但实际效果有限。实测 Atlas 钻机配套吸尘器的吸尘比例仅约 1/3；同时，应尽量不在夜间施钻扰民。

5）深孔纠偏

锚索过长，锚孔钻进易发生较大弯曲，致使锚索不顺直。这不但会导致预应力在锚索上传递时发生较大的损失，而且可能使弯曲处裹护锚索体的水泥砂浆体被压而破裂，易于浸水而锈蚀锚索。

深孔纠偏技术尚待在实践中探讨，孔口段加导向器只是措施之一。近年，成都探矿工艺所开发出了低风压也能驱动的跟管钻具和投球式反吹接头清孔技术[36]，有利于推进复杂地层锚孔的施工。

4.4.3 锚索失效与修复

1）锚索体拔出

在影响极限锚固力的 4 种因素中，砂浆体与锚孔壁的结合力为控制因素，因此常见因结合力小于剪应力而使锚索体整体呈活塞状拔出，如加固广北路滑坡的锚索。

此类破坏是不可修复的，必须重新施工锚索。

2）向下转动

由于预应力衰减引起锚索松弛，或坡体失稳致锚索悬空，在下滑力的推动下，坡面上锚索连同垫墩会向下转动，进而失效。

此类失效有的是可修复的，即有条件时将垫墩上拽回复原位，再拆除封头重新张拉。如宝成铁路复线老鸦岩滑坡，最下一排锚索向下明显转动失效，复位后用小张拉机对钢绞线逐股张拉奏效。

3）垫墩内陷

由于垫墩底面积偏小，施加预应力后底面压强大于基底承载能力，基底被压缩沉陷，垫墩随之内陷，致使锚索松弛失效。

此类失效是可修复的，即拆除封头重新张拉。如丹巴后山滑坡，原设计的垫墩底面积 1 m 见方，应力高达 750 kPa，试验张拉时垫墩就明显下陷于碎石土坡体中。

4）爆破松动

当离锚索较近处实施爆破作业时，爆破振动会使锚头的夹片从锚具中滑出，锚具飞弹，锚索失效。如宝成铁路复线明月峡隧道出口段滑坡，实施预应力锚索加固山体后，再爆破掘进隧洞，致使洞壁处锚索的锚具弹掉，索体内缩[37]。

此类失效是可修复的，即重新安装锚具后重新张拉。

5）修复性张拉

只要钢绞线有一定的余长，锚索失效后用单股张拉机重新张拉，修复锚索是可行的。此时要单股地对称张拉，类似于紧固汽车轮胎的顺序。

4.4.4　工程实例：南昆铁路八渡车站巨型滑坡的综合整治[35]

1）工程概况

该滑坡位于南盘江北岸贵州一侧，原系一稳定的古滑坡堆积体。大规模兴修八渡车站的剧烈工程活动和之前数年的较多降雨，诱使古滑坡于 1997 年全面复活。滑坡体的范围 400 m×560 m，滑动面深 30~40 m，体积 420 万立方米。滑坡松散、富水，中上部为可塑状块碎石土，下部为碎块石带。基岩为砂泥岩，属断层破碎带和影响带。

由于该滑坡规模巨大，滑体深厚、松碎、富水，通车在即，故采用综合整治方案，以预应力锚索、锚索桩和排水盲洞为主体工程措施（图 4.12）。在铁路上方设 800 kN 级锚索 132 根

6 480 m，设计预应力共 105 600 kN。铁路下方设两排抗滑桩，共 113 根 4 642 m；桩上设 1~4 根锚索，共 231 根 14 215 m，单根最长 75 m；分 800 kN、1 600 kN 两级，锚索体分别由 6 束、12 束钢绞线构成。锚固段置于基岩破碎带中，长 10 m。

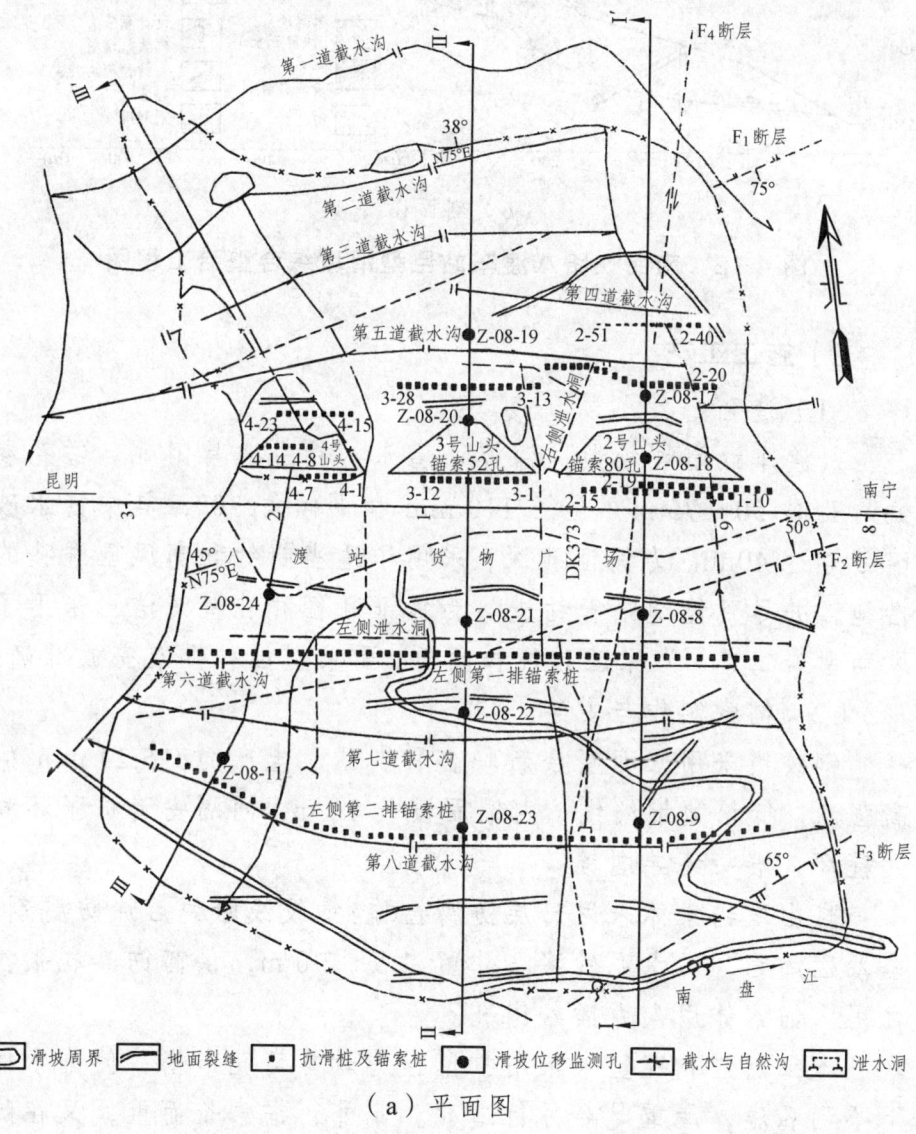

(a) 平面图

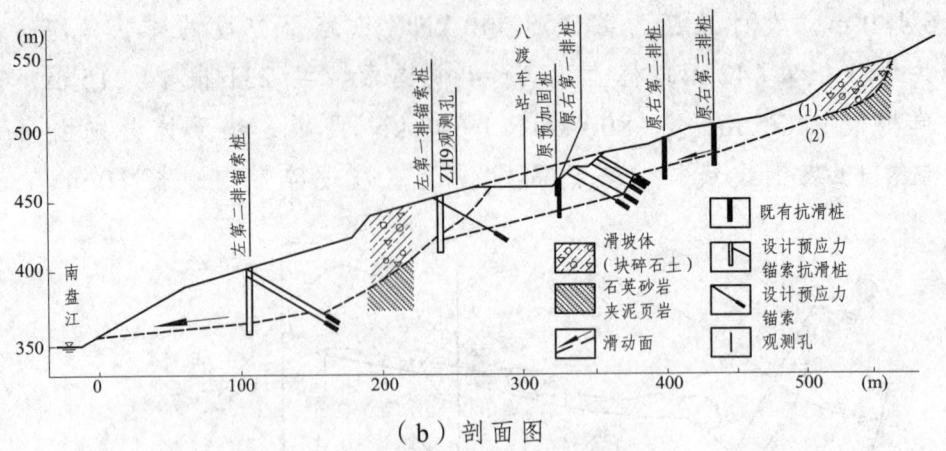

(b) 剖面图

图 4.12 南昆铁路八渡车站巨型滑坡综合整治工程图

2）施工工艺

（1）造孔。

八渡车站滑坡松散、深厚、富水，钻进非常困难。锚孔参数是孔深 50～75 m、孔径 110 mm 和下倾角 30°，其中富水破碎带厚达 40 m。为保证孔深，采用了适当超钻和高风压洗孔的措施，并尽可能地跟管钻进。为保证孔径和孔壁清洁，采用了风动凿岩工艺。为保证孔位和倾角，要求定位和机架安放准确。

（2）锚索制作与安装。

钢绞线采用江西新余新华金属制品厂生产的 $\phi15.24$ mm 的高强度、低松弛钢绞线。内锚固段长 10 m，间隔安装扩张环和外箍环，端头装导向锥。

自由段锚索体采用三层防腐措施：钢绞线除锈后涂防腐剂，套聚乙烯管，灌水泥砂浆。外留 1.5～2.0 m，供套锚具和张拉之用。锚索体用人力插入锚孔。

本工点锚孔孔壁未采用护壁措施时易坍孔卡塞，使锚索体下不到孔底，严重时要另行造孔。此外，锚索长而重，又在陡坡或钻机上下锚，特别重视安全问题。

（3）灌浆。

采用砂浆搅拌机和注浆泵，通过锚索体中的灌浆管自孔底一次性有压灌浆。灌浆前先用单根钢绞线插入灌浆管检查是否通畅，然后注清水清洗孔壁，再行灌浆。因缺河砂，故灌注纯水泥浆。采用525号普通硅酸盐水泥，水灰比1∶0.45，加1%早强减水剂配制。灌浆压力0.8 MPa，至浆液从孔口溢出。

灌浆工艺应改进之处有：灌浆管采用ϕ18 mm，稍小易堵，宜改大；水灰比、灌浆压力掌握不太准，应自控化；纯水泥浆，成本比水泥砂浆高，因可能缩裂而效果稍差，故在有河砂时应尽量采用水泥砂浆。

（4）垫墩制作。

右侧预应力锚索的抑制件为C20钢筋混凝土垫墩，就地立模浇注，中部预留孔洞供锚索穿过，垫墩尺寸为1.8 m×1.8 m×0.6 m。

2号山头一级平台的坡面有浆砌片石护坡，垫墩与锚索未能垂直，故又在垫墩上增设0.3 m×0.3 m的混凝土斜托。但斜托较小，张拉时易压破。

垫墩混凝土中加了早强剂，以缩短待张拉的时间。

（5）张拉与封头。

锚索设计预应力800 kN，二次四级超张拉至930 kN，然后锁定。采用1 000 kN张拉机，6孔YM锚具，两块30 cm×30 cm×2 cm钢垫板。两级张拉间稳定10 min，两次张拉间歇1周以上。张拉时配套采用工具锚和限位板，测定锚索伸长值。

首级张拉前进行预张拉。在第一次的各级张拉时，采用了YCL-22型千斤顶，进行逐股、对角张拉。

为遏止右侧2号山头的剧烈位移，来不及做垫墩就采用大钢垫板进行了应急张拉，施加预应力200～400 kN。但正式张拉时拆除锚具相当困难。

3）拉拔试验与应力测试

在右侧，进行了 4 根试验锚索的拉拔试验和另 4 根锚索的应力测试，在左侧进行了 3 根试验锚索的拉拔试验。

右侧仅两根锚索拉拔试验成功。一根锚固段长 3 m、无自由段的试验锚索张拉至 850 kN 破坏，另一根锚固段长 3 m、自由段长 5 m 的试验锚索张拉至 1 000 kN 未破坏。说明长 3 m 的锚固段提供的极限锚固力即可达到设计的 800 kN。设计的锚固段长 10 m，安全储备足够。

左侧 3 根试验锚索均长 55 m，锚固段长 3 m、5 m、7 m。拉拔试验至 1 500 kN，其中 1 根未破坏，另两根拉断 1 股钢绞线。说明锚固力的安全系数高于钢绞线，锚固力满足要求。

对右侧另 4 根锚索安装了 GMS 测力计，通过 3 个月共 20 次测试，预应力从 930 kN 开始衰减但减速越来越慢，至 2 个月时已基本趋于稳定，预应力约衰减 5%（图 4.9b），预计预应力最终稳定在 800 kN 上下，基本满足设计要求。

附录 4.1 预应力锚索最佳下倾角的推导（蒋忠信）[28]

1）单纯从受力角度分析预应力锚索的最佳下倾角

从图 4.8 分析所得预应力锚索提供的抗滑力 P 为：

$$P = P_t[\sin(\alpha+\beta)\tan\varphi + \cos(\alpha+\beta)] \tag{1}$$

式中：P、P_t 分别为预应力锚索所提供的抗滑力、被施加的预应力（kN）；

α、β 分别为设锚索处滑动面的倾角、锚索向下的倾角（°）；

φ 为滑动面内摩擦角（°）。

因 P_t、α、φ 均为定值，故锚索抗滑力 P 为锚索下倾角 β 的函数。整根锚索提供最大抗滑力时的最佳受力下倾角 β_1，可

从 P 的极大值式推求。

对式（1）求导数并令为 0，得

$$P' = P_t \cdot [\cos(\alpha+\beta) \cdot \tan\varphi - \sin(\alpha+\beta)] = 0,$$

$\cos(\alpha+\beta) \cdot \tan\varphi = \sin(\alpha+\beta)$，$\tan\varphi = \tan(\alpha+\beta)$，$\varphi = \alpha+\beta$

故： $\beta_1 = \varphi - \alpha$ （2）

一般 $\varphi < \alpha$，故 β_1 为负值（上仰），不便施工，且锚索过长，单位长度锚索提供的抗滑力有限，不经济。

2）锚索单位长度自由段的最佳受力倾角

以垂直滑面时锚索自由段长度为单位长度，则下倾 β 的锚索的自由段长度为 $1/\sin(\alpha+\beta)$，单位长度自由段提供的抗滑力 P_d 为：

$$P_d = P_t \cdot [\sin(\alpha+\beta) \cdot \tan\varphi + \cos(\alpha+\beta)] \cdot \sin(\alpha+\beta) \quad (3)$$

对 β 求 P_d 极大值：

$$\begin{aligned}P'_d &= P_t[\cos(\alpha+\beta)\tan\varphi - \sin(\alpha+\beta)]\sin(\alpha+\beta) + \\ &\quad [\sin(\alpha+\beta)\tan\varphi + \cos(\alpha+\beta)]\cos(\alpha+\beta) \\ &= P_t \cdot [2\sin(\alpha+\beta) \cdot \cos(\alpha+\beta) \cdot \tan\varphi + \cos^2(\alpha+\beta) - \sin^2(\alpha+\beta)] \\ &= 2P_t[\tan(\alpha+\beta) \cdot \tan\varphi + 1 - \tan^2(\alpha+\beta)] \\ &= P_t \tan[2(\alpha+\beta)] \cdot \tan\varphi + 1 = 0,\end{aligned}$$

$$\tan[2(\alpha+\beta)] = -\frac{1}{\tan\varphi} = -c\tan\varphi = -\tan(90°-\varphi) = \tan(90°+\varphi),$$

$$2(\alpha+\beta) = 90° + \varphi, \quad \alpha+\beta = 45° + \frac{\varphi}{2},$$

故： $\beta_2 = 45° + \dfrac{\varphi}{2} - \alpha$ （4）

仅考虑单位长度自由段的最佳受力还不够全面，应综合考虑锚固段。因为对既定锚索，自由段长度会随下倾角而变，锚固段长度则是定值，因此整根锚索单位长度最佳受力时的下倾角，才是真正最经济的下倾角。

3）整根锚索单位长度的最佳受力倾角

因锚固段长度是定值，其最佳受力倾角为式（2）；自由段长度随下倾角而变，其最佳受力倾角应为式（4）。

设锚固段长度 L_1 为自由段长度 L_2 的 K 倍（一般 $K=0.2\sim2.0$），按式（2）、（4）加权平均，得整根锚索单位长度的最佳受力倾角为：

$$\beta = \frac{L_1(\varphi-\alpha) + L_2\left(45°+\frac{\varphi}{2}-\alpha\right)}{L_1+L_2} = \frac{K(\varphi-\alpha)+\left(45°+\frac{\varphi}{2}-\alpha\right)}{K+1},$$

化简得： $$\beta = \frac{45°}{K+1} + \frac{2K+1}{2(K+1)}\varphi - \alpha \tag{5}$$

（5）式是综合技术与经济的锚索最佳下倾角表达式。当锚固段为 0，即 $K=0$，仅对自由段时，（5）式化为（4）式；当自由段为 0，即 $K=\infty$，仅对锚固段时，（5）式化为（2）式。

参考文献

[1] 水利部水利水电规划设计总院. 预应力锚固技术书[M]. 北京：中国水利水电出版社，2001.

[2] 冶金部建筑研究总院，等. 预应力岩土锚固综合技术及其应用[M]. 岩土工程界，2003(3).

[3] 燕立群，等. 压力分散型锚索与拉力型锚索的比较//岩土锚固及西部开发[M]. 北京：人民交通出版社，2002.

[4] 王树仁，等. 拉力集中型与压力分散型预应力锚索锚固机理[M]. 北京科技大学学报，2005 (3).

[5] 蒋忠信. 加固滑坡的预应力锚索技术[M]. 山地研究，1996(1)

[6] 铁道第二勘察设计院. 南昆铁路（二）[M]. 成都：电子科技大学出版社，2006.

[7] 赵平. 六盘水铁路枢纽曹家湾车站滑坡成因及其整治措施//铁路工程地质实例. 北京：中国铁道出版社，2011.

[8] 黄俊，等. 内昆铁路李子沟特大桥 11 号墩昆明端岸坡加固工程实践//铁路工程地质实例[M]. 北京：中国铁道出版社，2011.

[9] 蒋楚生. 预应力锚索技术加固边坡（滑坡）设计及施工要点[M]. 路基工程，2001 (5).

[10] 赵德志. 松散介质预应力锚索加固机理研究[M]. 成都：四川联合大学，1997.

[11] 袁小梅. 边坡锚索的预应力损失估算[M]. 路基工程，1999(6).

[12] 中国建筑科学研究院. GB 50010—2010 混凝土结构设计规范. 北京：中国建筑业出版社，2011.

[13] 中国钢铁工业协会. GB/T 5224—2014 预应力混凝土用钢绞线. 北京：中国标准出版社，2014.

[14] 林华国，等. 可回收斜后拉钢绞线基坑支护技术[M]. 工程勘察，2012(12).

[15] 蒋忠信. 预应力锚索加固松散体滑坡的机理与实践[M]. 铁道工程学报，1999 (1).

[16] 顾金才，等. 预应力锚索加固机理与设计计算方法研究//第八次全国岩石力学与工程学术大会论文集. 北京：科学出版社，2004.

[17] 曾宪明，等. 锚固类结构杆体临界锚固长度问题综合研究[M]. 岩石力学与工程学报，2009 (S2).

[18] 尤春安，等. 预应力锚索锚固段的应力分布规律及分析[M].

岩石力学与工程学报，2005 (6).

[19] 何思明. 预应力锚索作用机理研究. 成都：西南交通大学，2004.

[20] 朱玉，等. 确定预应力锚索锚固段长度的复合幂函数模型法[M]. 武汉理工大学学报，2005 (8).

[21] 向兵，等 拉力型锚索锚固段长度的一种确定方法[M]. 交通标准化，2009 (13).

[22] 蒋忠信. 拉力型锚索锚固段剪应力分布的高斯曲线模式[M]. 岩土工程学报，2001 (6).

[23] 芮瑞，等. 压力分散型锚索非均匀剪应力设计方法[M]. 岩土工程学报，2012（7）.

[24] 余坪，等. 滑坡防治预应力锚索的试验研究[M]. 中国地质灾害与防治学报，1996(1).

[25] 周永江，等. 预应力锚索的预应力损失机理研究[M]. 岩土力学，2006(8).

[26] 陈宝林，等. 预应力锚索加固宝成二线松散体滑坡问题探讨[M]. 路基工程，1999(2).

[27] 蒋忠信. 宝成二线隧道滑坡与预应力锚索加固//铁路工程地质实例[M]. 北京：中国铁道出版社. 2011.

[28] 蒋忠信. 预应力锚索最佳倾角的技术经济分析[M]. 路基工程，1995 (5).

[29] 铁道部第二勘测设计院. TB 10025—2001 铁路路基支挡结构设计规范[M]. 北京：中国铁道出版社，2001.

[30] 程良奎，等. 土层锚杆的几个力学问题//岩土锚固工程技术[M]. 北京：人民交通出版社，1996.

[31] 梁振宁，等. 软土地区压力分散型锚索二次劈裂注浆锚固效果研究[M]. 勘察科学技术，2011(1).

[32] 朱宝龙，等. 土质边坡加固中预应力锚索框架内力分布的试验研究[M]. 岩石力学与工程学报，2005 (4).

[33] 宗全兵. 预应力锚索框架地梁的相互作用变形耦合分析[M]. 岩土工程技术, 2010(4).

[34] 杨启贵, 等. 对我国岩土预应力锚索防腐措施和标准的探讨[M]. 岩土工程学报, 2007 (10).

[35] 蒋忠信. 八渡车站巨型滑坡加固预应力锚索施工技术//滑坡文集, 第十四集. 北京: 中国铁道出版社, 2000.

[36] 汪彦枢. 应用于复杂地层锚索孔施工的机具[M]. 地质灾害与环境保护, 2000(2).

[37] 蒋忠信, 陈宝林, 黄俊, 等. 宝成二线加固隧道滑坡的预应力锚索施工[M]. 铁道建筑技术, 2004 (2).

第5章 危岩崩塌防治工程勘查设计技术

"5·12"汶川地震在四川133个受灾县区诱发山体崩塌5510处,灾害深重。例如:北川县城乱石窖崩塌掩埋北川中学分校师生约600人;青川东河口山崩上千万立方米,致死600余人。

汶川地震诱发的崩塌,山体高陡,一般高达百多米,且规模巨大,可连绵上千米,因此其工程防治的难度很大,防治工程设计是一个新课题。

引起山体崩塌的危岩高踞于陡峻山坡,专业勘查也不易察觉,加之分布广泛,且其崩塌落石在空间上难以预测,在时间上无明显规律性(雨季旱季均发生),因而极难预防,造成人员伤亡。虽然一次崩塌落石的伤亡人数不多,但因成灾频繁,以致其年度伤亡总人数,往往超过滑坡、泥石流,成为灾情最重的灾种,应引起足够的重视。

5.1 崩塌(危岩)勘查技术

崩塌源危岩的分布范围广、位置高、地形陡,现场勘查极其艰难,现有勘查手段难以适应;危岩失稳模式多样,落石运动具混沌性,相关理论不够成熟,分析检算极具挑战性。对此要有充分认识和思想准备,方能胜任危岩勘查工作。

5.1.1 勘查要点

1)分带勘查

(1)崩塌坡体分带:坡顶崩塌源、中部基岩带、坡脚堆积体(详见5.1.2.1)。

（2）查明各带的特征、规模、结构与稳定性。

（3）查明危岩落石（含坡面滚石）的运动路径与落石范围（详见5.1.2.2），确定危险区与危害对象。

2）危岩崩塌测绘

（1）危岩崩塌区平面测绘（独立坐标系），危岩体立面测绘（激光扫描、立体摄影），危岩崩塌区贯通性长剖面、危岩体加密短剖面（大比尺）测绘，工程带横剖面、工程区大比尺平面测绘。

（2）调查危岩带，排查单独危岩体，分区分块。

（3）以探槽查明卸荷裂隙与卸荷带宽度（详见5.1.3），结构面（岩层面、节理面、卸荷裂隙、断裂面与软弱夹层）及其组合，裂隙充水条件。

（4）危岩带、危岩体空间特征（裂缝、范围、长/宽/高与坡度、凹腔、规模），危石/落石块度（三维）。

3）危岩稳定性分析

（1）定性分析：临界高度（详见5.1.4.2），赤平投影（详见5.1.4.1）。

（2）二维定量分析：按坠落、滑移、倾倒失稳模式（详见5.1.5.1）。

（3）主控结构面（多层裂隙中最危险面）与计算参数的确定：裂缝深度及充水深度，裂隙面的力学参数（详见5.1.5.2）。

（4）楔形体失稳或折线形滑移模式。

4）落石参数计算与试验

（1）落石块度的选择。

（2）落石运动参数计算：运动速度、冲击能、弹跳高度与距离、冲击力、冲击深度（详见5.1.6）。

（3）有条件时进行现场落石试验。

5.1.2 崩塌的坡体分带与堆积范围

5.1.2.1 崩塌坡体分带

由于地震波的地形放大效应,"5·12"汶川地震区高陡山坡普遍发生崩塌。崩塌坡体在纵向上可分以下3个带,典型时要分带进行治理。

1)坡顶崩塌源

此带岩土体在地震作用下失稳崩塌,震后残留危岩体、变形体,需进行原位加固或被动防护。

2)中部基岩带

坡顶崩塌体向下运动中,冲击、刮削、裹胁坡面土体及基岩风化破碎层,使崩塌规模增大,坡面基岩外露,并可形成少数危岩体、变形体,局部停积滚石。此带主要是坡面防护问题,辅以危岩体、变形体与滚石的防治与加固。

3)坡脚堆积体

形如锥,可毗连成堆积裙。处于临界稳定状态,切脚时需进行支挡,并可能存在坡面滚石。

茂县叠溪镇磨子村2017年6月24日特大山体崩塌的规模,据胡卸文教授等在抢险现场估算,顶部岩体崩塌约250万立方米,中部铲刮坡体岩土近1 000万立方米,山脚河谷堆积超过1 200万立方米。中部铲刮的规模占大头,不容小觑。

5.1.2.2 崩塌落石堆积范围的确定方法

1)落石弹跳的水平距离

按下式逐段计算每段的弹跳水平距离 L_i,直至不再弹跳,累加各段 L_i 得弹跳的最远水平距离 L(m)。

$$L_i = \frac{2v_{0i}^2(\tan\alpha_i - \cot\theta_i)\sin^2\theta_i}{g} \quad (5.1)$$

式中：v_0——岩块起跳处的反射速度，近似按运动速度计（m/s），另见 5.1.5.2；

α——山坡坡度角（°）；

g——重力加速度；

θ——起跳的反射角（反射方向与垂直线的夹角，°），有以下经验式：

$$\theta = \frac{200 + 2\alpha \cdot \left(1 - \dfrac{\alpha}{45°}\right)}{\sqrt[3]{v_j}} \quad (5.2)$$

式中：α——撞击前岩块起跳处的坡度（°）；

v_j——撞击时达到的末速度（m/s）。

讨论：从[$2\alpha(1-\alpha/45°)$]的一阶导数等于 0 可推出：$\alpha = 22.5°$ 时 θ 值最大，因此经验式（5.2）适用范围为于坡度大于 22.5°。

2）落石水平运动距离的影响因素

式（5.1）是基于理想条件下的理论公式，据刘丹等的模型试验[1]，还有以下因素会影响计算条件，应据之对计算结果进行调整：

（1）落石形状。水平运动距离从大至小的落石形状为：球形、圆柱形、方形、长条形。

（2）落石质量。有落石质量愈大则运动距离愈远的趋势，较大块石多分布在堆积体前缘。

（3）斜坡形态。凸形坡落石水平运动距离最小，直线状次之，凹形坡最大[2]（表 5.1）。

表 5.1 硬质坡面形态对落石运动的影响[2]（坡度大于 30°）

运动参数	单一直线坡	凹形摆线坡	凸形摆线坡
终点速度	中	大	小
阻碍作用	小	中	大
腾越距离	中	大	小
弹跳高度	高	低	中
冲击力量	中	大	小

3）崩塌堆积体范围

（1）滚动。当坡度缓于 28°20′ 后，落石作减速运动，从跳越转为滚动。直至坡度缓于滚动摩擦角，或遇障碍物，方才停积。滚动摩擦角最小约为 16°，坡面硬而平顺，则从低取值。

（2）腾越。落石最后撞击于平地时，撞击点 A 距坡脚的距离为[2]：

$$l = L - y_0 \cot \alpha_1 - H_0 \cot \alpha \tag{5.3}$$

式中各参数含义见图 5.1。

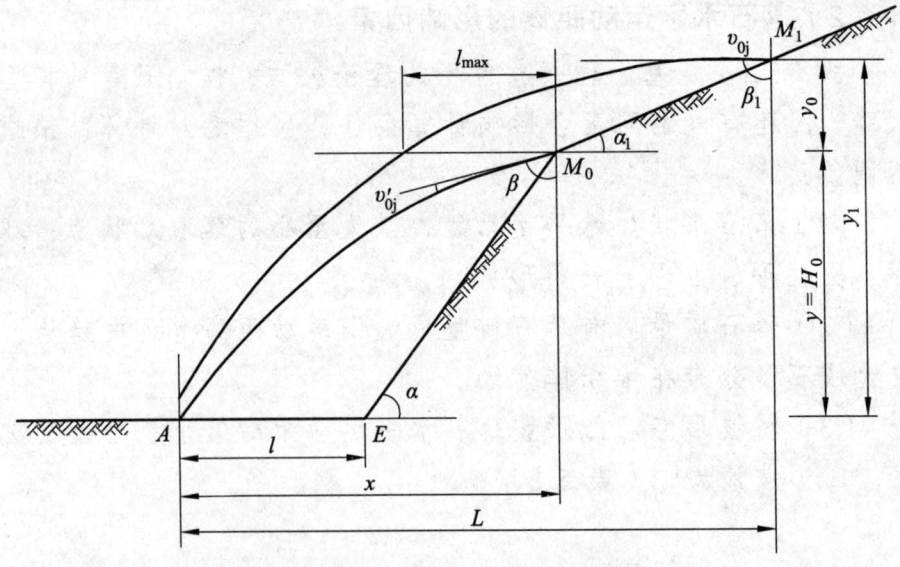

图 5.1 落石腾越平台的宽度图示[2]

（3）扩散角。崩塌堆积体与落石范围平面上呈扇形。以王学良等调查的砾岩崩塌堆积体为例[3]，扩散角约为30°，遇阻时增大6°~10°。成都理工大学赵其华团队调研的四川康定2006年6月18日黄金坪崩塌[4]，高程2 125 m的山顶崩塌源为斜长花岗岩陡壁，崩落于其下大渡河左岸，高差近1 500 m，扩散角达到90°，危险区平面面积约40万平方米，扇缘弧长超过1 000 m。

（4）路径。落石路径受原始沟谷地形控制，易入沟形成滚石槽，沟口形成堆积锥；沟的平面转折处易消能而产生堆积。

5.1.3 危岩卸荷特征

5.1.3.1 卸荷裂隙勘查

卸荷裂隙是危岩可能失稳的一种标志，揭示卸荷裂隙是危岩勘查的重要内容，以此确定危岩的特征及锚固深度。但因危岩陡峭难以攀爬且卸荷裂隙常具隐蔽性，勘查中卸荷裂隙多被漏查。

如达州通达化工厂崩塌，砂岩崖壁卧于泥岩基底之上，高仅4~8 m，顶平，下为平缓菜地，雨后厚不足3 m、长约15 m的岩体倾倒后翻滚半周，砸断近十米外的住宅楼底层房柱，引起各层预制楼板逐层坍塌，致死多人。现场见崩后崖顶以外2 m还有一条与崖面平行的隐蔽裂隙，专业人员也难以察觉。

卸荷裂隙勘查中的注意问题：

（1）卸荷裂隙发育于危岩坡顶后不远处，循破裂角发育，平行于岩顶线，多为张拉裂隙，少有下错。

（2）卸荷裂隙往往有多条，相互平行，既要揭示贯通性的主控裂隙，还要揭示最后一条裂隙，作为锚固工程之设计依据。

（3）卸荷裂隙有的未贯通至崖脚发育，而是贯通至崖壁中，形成楔形危岩体。

例如都江堰景区玉垒关，立于岷江左岸高近百米的钙质砾岩绝壁之上，发育纵长 45 m 的卸荷裂隙，距绝壁顶仅 1～3 m 远。"5·12"汶川地震使裂隙扩张，最宽达 20 cm，贯通至绝壁下部约 1/4 壁高处，并有剪出迹象，欠稳定。对危岩体采用预应力锚索加固后，已稳定，但凸出于壁面的混凝土锚头未能被遮掩，有碍作为世界遗产的景区之观瞻。

（4）有的卸荷裂隙封闭发育于岩体内部，岩顶与崖脚未显示出裂缝。

例如四川开江金山寺滑坡，开挖抗滑桩桩井时，发现相邻两井间亮光可通视，疑为滑面。笔者下井观察，发现桩井的砂岩质侧壁上有三条斜列的裂缝，相互平行，倾角约 60°，为卸荷裂隙，但非一般贯通性裂缝，而是中段张开，呈薄凸透镜状，向上、下尖灭（图 5.2）。

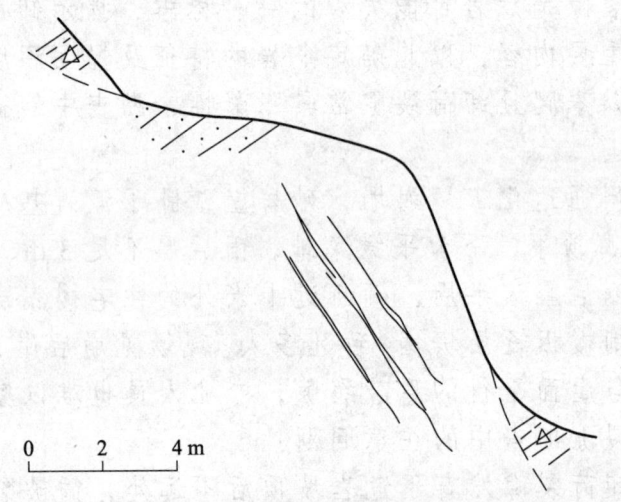

图 5.2　开江金山寺滑坡之凸透镜状卸荷裂隙示意图

5.1.3.2　卸荷带厚度估算

对一般可贯通至崖脚的卸荷裂隙，可基于经典破裂角公式来估计可能出现卸荷裂隙的位置，进而确定卸荷带厚度，为设计危岩锚固工程长度提供依据。卸荷带厚度可用笔者推导的以下公式计算。

1）平顶危岩

由边坡破裂角 α 的理论公式：$\alpha = \dfrac{\beta}{2} + \dfrac{\varphi}{2}$，平顶危岩顶的卸荷带厚度 M（m）按下式计算（图5.3）。

$$M = H \cdot (\cot\alpha - \cot\beta) = H \cdot \left[\cot\left(\dfrac{\beta}{2} + \dfrac{\varphi}{2}\right) - \cot\beta\right] \quad (5.4)$$

式中：H 为危岩高度(m)；β 为边坡角(°)；φ 为坡体内摩擦角(°)。

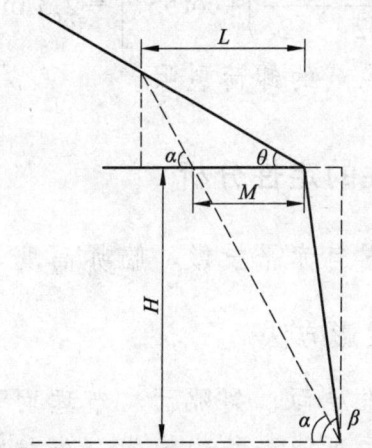

图 5.3 危岩卸荷带厚度计算图式

如上述通达化工厂砂岩质危岩，平均高 6 m，坡度 80°，φ 取 30°，则：

$$M = 6.0 \times \left[\cot\left(\dfrac{80°}{2} + \dfrac{30°}{2}\right) - \cot 80°\right] = 3.1 \text{ m}$$，故倾倒致灾的危岩体厚约 3 m。

2）斜顶危岩

对斜顶坡角为 θ（°）的危岩，其卸荷裂隙距危岩顶的水平距离 L（m）由下式计算：

$$L = M + \frac{M}{\dfrac{\tan\alpha}{\tan\theta} - 1} = \frac{M \cdot \tan\alpha}{\tan\alpha - \tan\theta} \tag{5.5}$$

3）多级卸荷

如危岩发育有多级卸荷裂隙，则上述二式计算的是主卸荷带的厚度。它与其后次一级卸荷裂隙间的厚度亦可据上述二式计算，但式中之 α 取主卸荷裂隙面的倾角。

上例中，主卸荷裂隙面（即倾倒后壁）的倾角 $\alpha = 80°/2 + 30°/2 = 55°$，故据式（5.4），其与后一级卸荷裂隙间的水平距离为：

$$M_1 = 6.0 \times \left[\cot\left(\frac{55°}{2} + \frac{30°}{2}\right) - \cot 55°\right] = 2.3 \text{ m}$$

故倾倒后壁之后约 2 m 还有一条较隐蔽的卸荷裂隙。

5.1.4　危岩稳定性的定性分析

定性分析的依据有赤平投影、临界高度与卸荷裂隙。

5.1.4.1　赤平极射投影方法

反映结构面（岩层面、裂隙面、节理面）与坡面组合的赤平极射投影，可显示可能失稳的模式与失稳楔形体，包括顺坡向结构面缓于崖面时的滑移式失稳，顺坡向结构面陡于崖面时的倾倒式失稳和底部叠加缓倾坡外的结构面时的二折线形滑移失稳。但赤平投影有局限性，只能分析可能的失稳方式，不能评价失稳可能性的大小。

1）一组结构面（图 5.4a）

结构面 C_3 与坡面 AMC 两个投影弧的方向相对，为反向坡，危岩稳定。

结构面投影弧形 C_1 位于坡面投影弧形 AMC 的凹形之内，为顺向坡，且结构面倾角大于坡角，危岩基本稳定，可能失稳模式为倾倒。

结构面投影弧形 C_2 位于坡面投影弧形 AMC 的凹形之外，亦为顺向坡，但结构面倾角小于坡角，危岩欠稳定，可能失稳模式为从坡面中滑移。

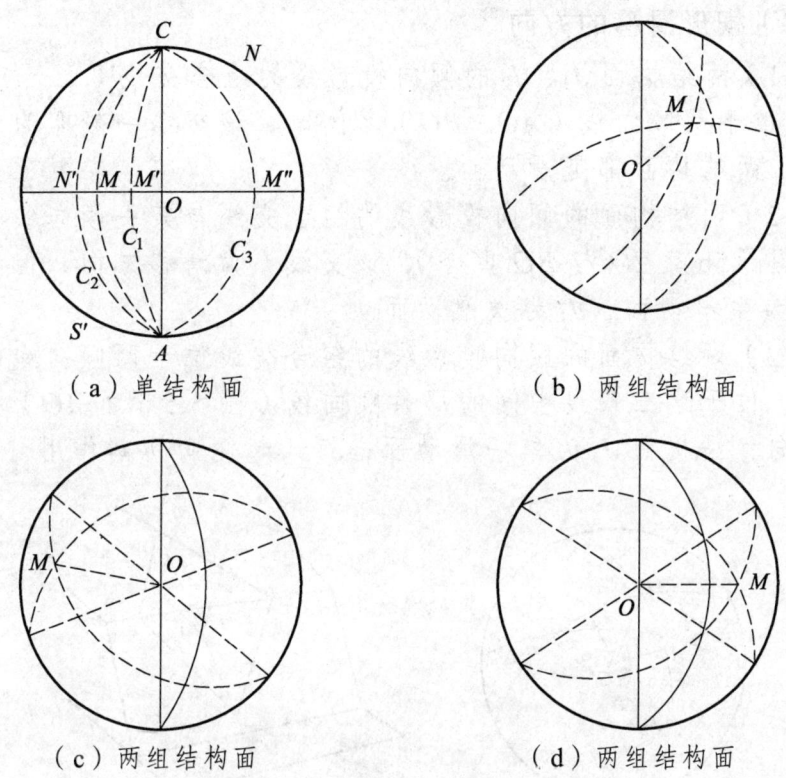

图 5.4　赤平极射投影图[5]

2）两组结构面

（1）两结构面投影线的交点 M 位于坡面投影线的对侧（图 5.4b），为反向结构，危岩稳定。

（2）两结构面投影线的交点 M 位于坡面投影线的同侧，且位于坡面投影线的凹形之内（图 5.4c），为顺向结构，且结构面交线的倾角大于坡角，危岩基本稳定，可能失稳模式为楔形体倾倒。

(3)两结构面投影线的交点 M 位于坡面投影线的同侧,但位于坡面投影线的凹形之外(图 5.4d),亦为顺向结构,且结构面交线的倾角小于坡角,危岩欠稳定,可能失稳模式为楔形体滑移。

3)楔形滑移的方向[6]

(1)两结构面 J_1、J_2 的倾向投影线的组合交线(图 5.5a 之 IO),位于两倾向线(AO、BO)之间时,该交线一般即为滑移方向,两结构面都是滑动面。

(2)两结构面的倾向投影线的组合交线与某一倾向线重合时(图 5.5b 之 IO 与 BO 重合),该交线亦为滑移方向,但结构面 J_2 为主滑动面,J_1 为次滑动面。

(3)两结构面的倾向投影线的组合交线位于两倾向线的一侧时,位于这三条线中间的那条顺向线(图 5.5 c 之 AO)为滑移方向,结构面 J_1 为单一滑动面,J_2 只起侧向切割作用。

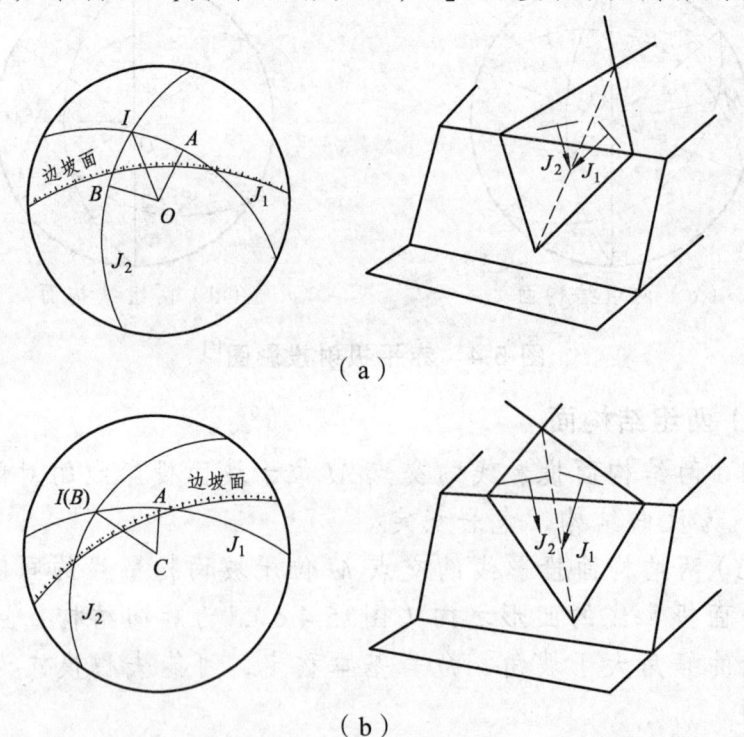

(a)

(b)

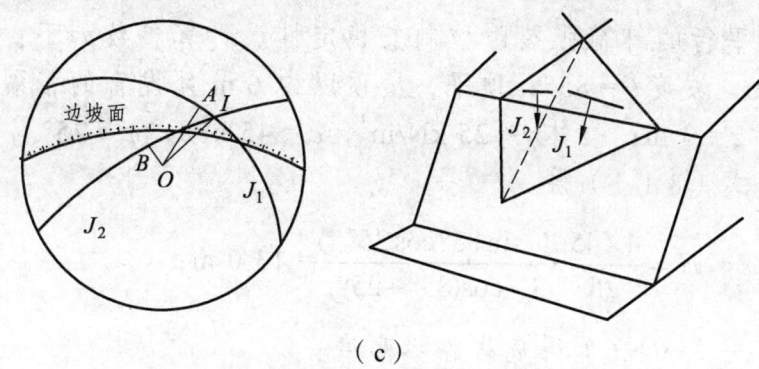

(c)

图 5.5 楔形滑移体滑动方向的分析[7]

5.1.4.2 临界高度评判准则

据临界高度可评判危岩失稳的可能性。

1）据临界高度的评判标准

根据卡尔曼公式计算危岩的临界高度 H_{cr}（m）评判危岩的稳定性：

（1）危岩高度 H 大于临界高度 H_{cr} 为不稳定。

（2）$H < H_{cr}$ 但 $H > H_{cr}/K$（K 为安全系数），欠稳定。

（3）$H < H_{cr}/K$，稳定。

2）临界高度的计算公式（见 3.2.1.1）

（1）对非垂直危岩，采用式（3.1-1）。

（2）对直立危岩，采用简化式（3.1-2）。

（3）有张裂隙的危岩，包括平顶边坡和直立边坡，其临界高度 H^* 可据卡尔曼式估计[8]：

$$H^* = H_{cr} - z \tag{5.6}$$

式中：H_{cr} 为按式（3.1）计算的卡尔曼临界高度；

z 为垂直张裂隙的深度。

案例：四川宣汉县华景镇 way-1 危岩体，由 1 组走向近于与坡面平行的卸荷张裂隙控制其稳定性。计算参数如下：危岩高 10 m，坡度 $\theta = 85°$；顶平，崖顶以内 6 m 处发育的张裂缝垂直深度 $z = 3$ m；岩体 $\gamma = 25$ kN/m³，$c = 45$ kPa，$\varphi = 25°$。

据式（3.1-1）得

$$H = \frac{4 \times 45}{25} \times \frac{\sin 85° \cos 25°}{1 - \cos(85° - 25°)} = 13.0 \text{ m};$$

再据式（5.6）得危岩临界高度：

$$H^* = H - 3.0 = 13.0 - 3.0 \text{ m} = 10.0 \text{ m}。$$

H^* 与实际高度（10 m）相当，表明危岩处于极限稳定状态，加以整治是必要的[8]。

5.1.5 危岩稳定性的定量计算

5.1.5.1 各二维失稳模式的稳定性计算：滑移式、倾倒式、坠落式

为简便计，危岩稳定性的计算一般按二维失稳模式进行。危岩的二维失稳模式通常归结为三种：滑移式、倾倒式、坠落式。存在前后多个裂隙面，主控面难确定时，应按各个面试算，选出最危险裂隙面。

1）滑移式

滑移式稳定系数

$$K = \frac{(W\cos\alpha - Q\sin\alpha - V)\cdot\tan\varphi + c\cdot l}{W\sin\alpha + Q\cos\alpha} \tag{5.7}$$

式中：W 为危岩体自重(kN/m)；

α、l 分别为滑面的倾角(°)、长度（m）；

Q 为地震力（kN/m），$Q = \xi W$，ξ 为地震水平系数；

V 为裂隙水压力（kN/m），$V = 0.5 h_w^2$，h_w 为裂隙充水高

度（m）；

c、φ为滑面黏聚力（kPa）与内摩擦角(°)，后缘裂缝未张开段的 c、φ 值按岩石标准值折减，重庆市地方标准的折减系数分别为 0.4、0.95[9]。

2）倾倒式

规范一般给出两种极端模式：

（1）后缘裂隙未深到底，基底有外倾结构面，倾倒由后缘岩体抗拉强度控制。稳定系数：

$$K=\frac{\frac{1}{2}\cdot f\cdot \frac{H-h}{\sin\beta}\cdot\left(\frac{2}{3}\cdot\frac{H-h}{\sin\beta}+\frac{b}{\cos\alpha}\cdot\cos(\beta-\alpha)\right)+W\cdot a}{Q\cdot h_0+V\cdot\left(\frac{H-h}{\sin\beta}+\frac{h_w}{3\sin\beta}+\frac{b}{\cos\alpha}\cdot\cos(\beta-\alpha)\right)} \quad (5.8)$$

式中：f 为危岩体抗拉强度(kPa)，按岩石抗拉强度标准值折减，重庆市地方标准的折减系数为 0.4[9]；

h、H 分别为后缘裂缝贯通深度、贯通段与未贯通段总深度(m)；

β 为后缘裂缝倾角(°)，α 为基底外倾结构面倾角(°)；

b 为后缘裂缝未贯通段下端点至倾覆点的水平距离(m)；

a、h_0 为危岩体重心至倾覆点的水平距离、垂直距离(m)。

该式仅适用于基底外倾结构面全无黏结力的特殊情况，现实中难以见到，不予推荐。

（2）后缘裂隙伸深到底，裂隙水压力促倾，倾倒由底部水平岩体抗拉强度控制。

稳定系数：

$$K=\frac{\frac{1}{3}\times f\cdot b^2+W\cdot a}{Q\cdot h_0+V\left(\frac{1}{3}\times\frac{h_w}{\sin\beta}+b\cdot\cos\beta\right)} \quad (5.9)$$

该式的倾倒模式在现场多见,可用。

(3)现场最常见的模式是后缘裂缝未全深到底,为以上两种极端模式的综合(图 5.6),故笔者建议在式(5.9)分子上应增加未张开段的抗拉强度形成的抗倾力矩$\left[\dfrac{1}{3}f\cdot\dfrac{(H-h)^2}{\sin^2\beta}\right]$,并对分母中的倾覆力矩增加$\dfrac{H-h}{\sin\beta}$,即:

$$K=\dfrac{\dfrac{1}{3}\times f\cdot\left[b^2+\dfrac{(H-h)^2}{\sin^2\beta}\right]+W\cdot a}{Q\cdot h_0+V\cdot\left(\dfrac{H-h}{\sin\beta}+\dfrac{h_w}{3\sin\beta}+b\cdot\cos\beta\right)} \quad (5.10)$$

此式具普适性,请试用。

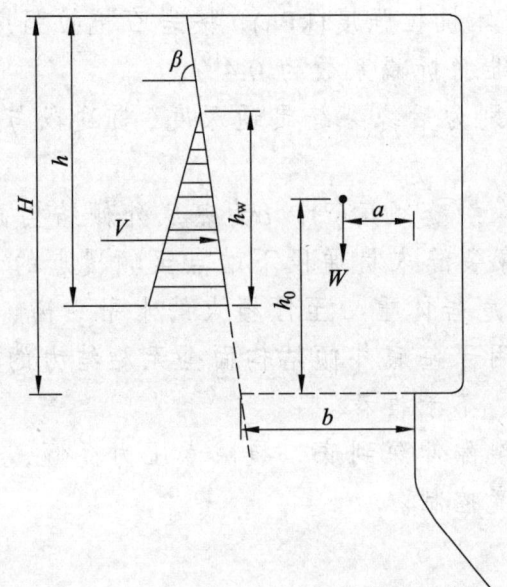

图 5.6 倾倒式危岩普适模式

3)坠落式

对挑悬式危岩,稳定系数取以下两式的小值。

$$K = \frac{c \cdot (H-h) - Q \cdot \tan\varphi}{W} \quad (5.11)$$

$$K = \frac{\zeta \cdot f \cdot (H-h)^2}{W \cdot a_0 + Q \cdot b_0} \quad (5.12)$$

式中：ζ 为危岩抗弯力矩计算系数，重庆市地方标准取 1/12～1/6（矩形潜在破裂面）[9]；

a_0、b_0 为危岩体重心至潜在破裂面的水平距离、垂直距离（m）。

讨论：式（5.11）似滑移模式，式（5.12）似倾倒模式。

5.1.5.2 稳定性定量计算存在的问题

1）多级结构面的检算

危岩体的结构面尤其是卸荷裂隙面往往是成组的或多级的，检算中应注意以下问题：

（1）对可能导致稳定性达不到安全系数要求的各结构面，都要建立相应的地质模式，计算相应危岩体的稳定系数。

（2）因为各级可能失稳的危岩的质量有差异，稳定系数与失稳力并不都能匹配，应以导致最大失稳力的结构面为最危险结构面，以其失稳力作为加固设计之力学依据。

（3）最危险结构面之后还存在欠稳定结构面时，应以后一级结构面划分锚固工程之自由段与锚固段。

2）充水深度难确定

受勘查所限，裂缝深度及充水深度难确定。而与充水深度的平方成正比的水压力是左右稳定性的关键因素，充水深度取值的随意性使稳定性计算流于形式。

裂缝深度在无侧视条件时现多凭宏观结构特征进行假设；充水深度现多据裂缝贯通性按裂缝深度的 1/2～2/3 选值。

而且，经室内试验显示[10]，裂隙水压力不等于静水压力，仅为静水压力的 1/2~3/4，折减系数与裂隙的张开度有关。

3）力学参数难选取

限于取样试验，张开或充填的裂隙面的力学参数难选取。诸如抗剪强度指标、抗拉/抗折强度，按岩石试验值折减的系数仅凭经验确定。

偏于保守，可采用结构面的试验参数。岩体结构面的抗剪强度参数还有倾角效应，强度参数随结构面倾角的增大而增大[11]。

限于经验，危岩抗弯力矩计算系数也难准确取值。

5.1.5.3 三维失稳模式的稳定性计算问题

1）三维失稳模式问题

前述 3 种失稳计算模式是将三维问题简化为二维，只适用于失稳结构面与坡面在空间上近于完全平行的特殊情况。现多按最不利剖面进行检算，结果偏于保守。

三维失稳模式有顺两个结构面的棱楔形体失稳与空间上呈折线形的滑移失稳，现有稳定性计算模式尚不适用。棱楔形体失稳应按三维空间计算，但其计算模式现不够成熟[12]。折线形滑移可借用滑坡检算方法，顺岩体在两倾斜平面交线方向进行计算[13]。

2）棱楔形滑移的稳定性计算

棱楔形体由两组或两组以上优势结构面与临空面、坡顶面组合而成，其滑移系沿二优势结构面的组合交线下滑，又称之为"V"形破坏（图 5.7）。其稳定性分析除采用赤平极射投影（图 5.5）和实体比例投影外[7]，还可尝试据罗国煜等归纳的公式进行计算[14]。

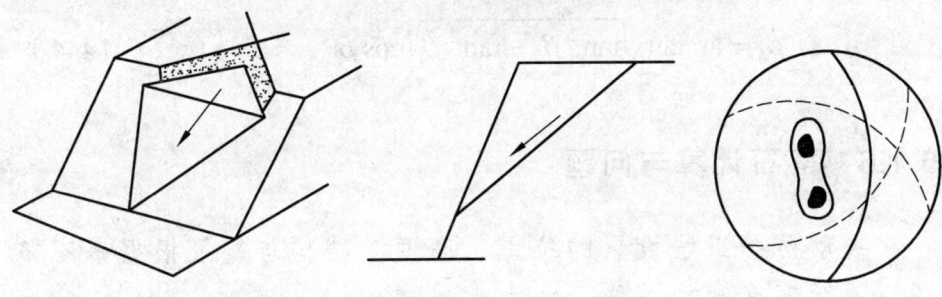

图 5.7 楔形破坏形态[5]

（1）沿两组优势面滑移时，稳定系数：

$$K_c = \frac{Q\tan\varphi_1\cos\beta_1 + Q\tan\varphi_2\cos\beta_2 + c_1 A_1 + c_2 A_2}{Q\cos\beta} \quad (5.13)$$

（2）沿优势面交线下滑时，稳定系数：

$$K_c = \frac{N_1\tan\varphi_1 + N_2\tan\varphi_2 + c_1 A_1 + c_2 A_2}{Q\cos\beta} \quad (5.14)$$

两式中：Q——楔形岩体重量（kN）；

$\tan\varphi_1$、$\tan\varphi_2$——两组优势面的摩擦系数；

β_1、β_2——两组优势面的倾角（°）；

c_1、c_2——两组优势面的黏聚力（kPa）；

A_1、A_2——两组优势面的面积（m²）；

β——交线的倾角（°）。

又：

$$N_1 = Q\cos\beta \cdot \frac{\sin\beta_4}{\sin(\beta_3 + \beta_1)} \quad (5.14\text{-}1)$$

$$N_2 = Q\cos\beta \cdot \frac{\sin\beta_3}{\sin(\beta_4 + \beta_1)} \quad (5.14\text{-}2)$$

$$\beta_3 = \arctan\sqrt{\tan^2\beta_1 - \tan^2\beta} \cdot \cos\beta \quad (5.14\text{-}3)$$

$$\beta_4 = \arctan\sqrt{\tan^2\beta_2 - \tan^2\beta} \cdot \cos\beta \qquad (5.14\text{-}4)$$

5.1.6 落石计算与问题

被动防护工程设置的位置、高度、结构与能级根据落石范围、弹跳高度和冲击能、冲击力确定。

5.1.6.1 落石运动的混沌性与现场试验

1）落石运动的混沌性

由于弹跳点坡度、下垫面性质和落石碎裂等因素难以确定，滑动、滚动、转动、跳跃等运动方式并存，因而落石范围、弹跳高度、速度和冲击能、冲击力的计算公式虽较多[15]，但尚不成熟，结果差异甚大。

同时，落石运动轨迹似一混沌系统，第一个弹跳点特征（地面坡度、形态、岩土体性质与覆盖物）的微小变化将造成后续运动的速度和轨迹的巨大变化，而在计算中精确地刻画这些微小变化是力不从心的。因此，进行确定性计算是不可能的，而简化条件进行近似计算仍是合适的。正如足够长的弹力器，因球路敏感地依赖于初始球速，故弹球行为是混沌的。而"在任何系统中对初始条件敏感的依赖性所导致的直接结果之一是不能作准确预报"[16]。

现有计算软件，如中铁二院开发的 RFA 软件，是基于边坡特征和落石初始运动特征全部已知[17]。而恰恰是这些初始特征具有貌似随机性，而"如果一个接近实际而没有系统内在随机性的模型仍然具有貌似随机的行为，就可以称这个真实物理系统是混沌的"[16]。

2）落石的现场试验

正因为落石运动具混沌性而不可能精准计算，因此有条件时进行落石的现场试验，测定弹跳高度与范围以及冲击能，是一条现实途径。黄润秋等据自由落体计算冲击能后加以折减，其现场试验所得动能折减系数为 1/15～5/12，平均为 0.185[18]。

例：成昆铁路曾在金沙江右岸进行了三处 78 次落石试验[19]，石块为长方形、方形与菱形，弱～中风化花岗岩类，块径 20～76 cm，试验落程 180～250 m。坡体为花岗岩，局部覆土与块碎石，丛生杂草与灌木，平均坡度在 45°以下。试验显示，剖面上山坡坡度组合及物质不同，落石运动的方式、弹跳高度和范围则不同（图 5.8）。

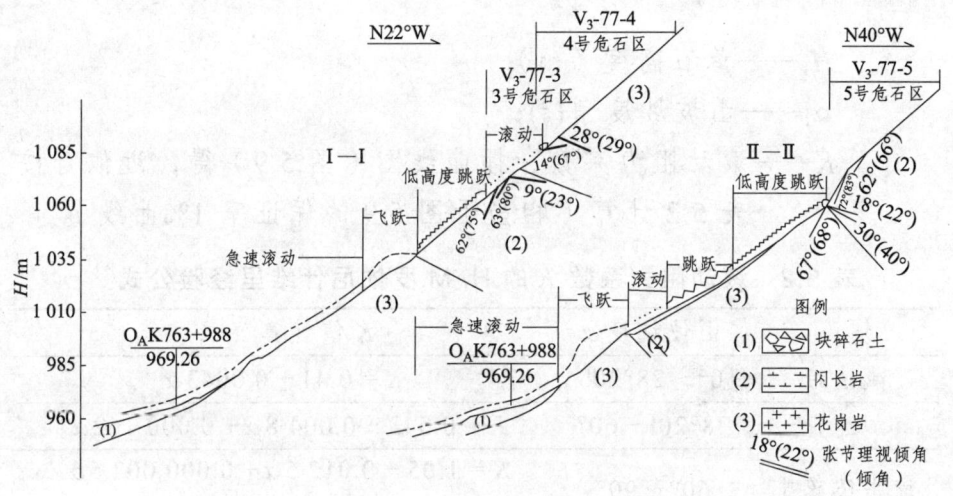

图 5.8 成昆铁路西拉姆落石试验剖面[19]

（1）落石运动方式为滚动、快速滚动与低高度跳跃，滚动速度一般 3～7 m/s，最快达 9 m/s。

（2）遇陡坎产生飞跃或跳跃，跳高一般 1～5 m，最高 8 m，跳距 10～25 m。

（3）滚石停积坡度一般为 25°，凹形坡有利于滚石停积。

（4）山坡愈陡，则落石动能愈大，滚落距离愈远。

5.1.6.2 落石速度计算

落石速度是计算落石其他运动力学参数的基础。鉴于精准计算和现场试验的困难性，建议按简化的 H.M.罗依尼什维里经验公式计算落石速度 v，进而按 $E = (0.5 \sim 0.6)mv^2$ 估算冲击能；冲击力 P 和冲击深 z 可按铁路或公路公式估算[20]；弹跳高度可按以末速度 v 和坡度 i 为自变量的有关公式估算。

1）直线形坡或折线形坡的首段[2]

落石冲击速度 v_1 按式 (5.15-1) 计算：

$$v_1 = \beta\sqrt{2gH_1} \qquad (5.15\text{-}1)$$

式中：系数 $\beta = \sqrt{1 - K\cot\alpha_1}$ （5.15-2）

H_1——落石高度（m）；

α_1——山坡坡度角（°）；

K——滚动阻力系数，插曲线图（图 5.9）得，近似可按表 5.2 计算（相当于图 5.9 的保证率 1% 曲线）。

表 5.2 滚动阻力系数 K 的 H.M.罗依尼什维里经验公式[2]

坡段	山坡坡度 α	K 值计算公式
减速带	0°~28°20′	$K = 0.41 + 0.0043\alpha$
加速带	28°20′~60°	$K = 0.543 - 0.0048\alpha + 0.000162\alpha^2$
撞击坠落带	60°~90°	$K = 1.05 - 0.0125\alpha + 0.0000025\alpha^3$（《概要》误为 α^2）

当 $K\cot\alpha_1 = 1$ 时，$\beta = 0$，此时 $\alpha_1 = 28°20′$，故 $\alpha_1 < 28°20′$ 时落石作减速运动。当 $\alpha_1 = 28°20′\sim60°$ 时，落石作加速运动，当 $\alpha_1 > 60°$ 时，落石近于自由坠落。

2）折线形坡其余坡段

落石冲击速度 v_j 按式（5.16-1）计算[2]：

$$v_j = \sqrt{v_{0j}^2 + 2g \cdot H_j(1-K_j \cot \alpha_j)} \quad (5.16\text{-}1)$$

式中：初速度 $v_{0j} = (1-\lambda) \cdot v_{j-1} \cos(\alpha_{j-1} - \alpha_j)$ （5.16-2）

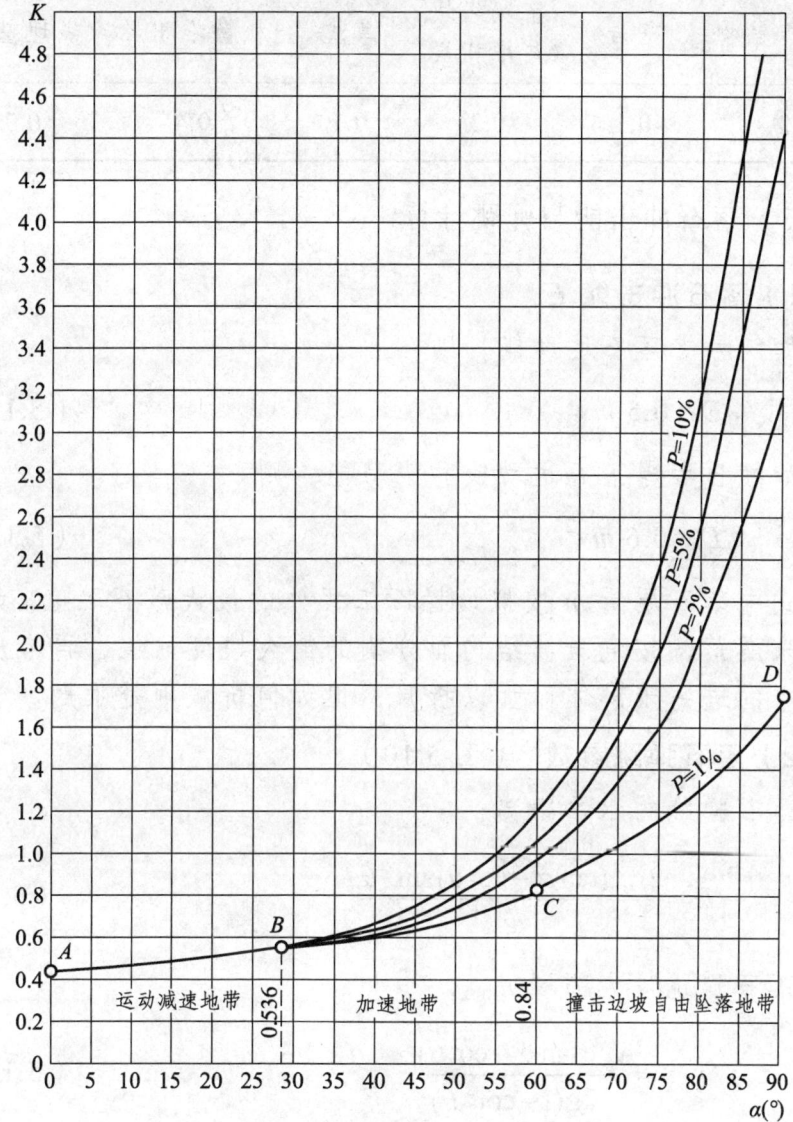

图 5.9 $K = f(\alpha)$ 关系曲线图（保证率 $P = 1\%$，2%，5% 和 10%）[2]

AB 段缓坡 $\alpha = 0 \sim 28°$；BC 段陡坡 $\alpha = 28° \sim 60°$；CD 段极陡坡 $\alpha = 60° \sim 90°$。

瞬间摩擦系数λ可按表5.3取值。

表5.3 瞬间摩擦系数λ取值表[2]

坡面覆盖物	基岩	密实岩块与堆积层	草皮	松散堆积层	浅埋基岩
λ值	0.1	0.3	0.1	0.4	0.3

5.1.6.3 落石冲击能与弹跳计算

1）落石冲击能 E

如仅考虑落石运动能，则

$$E = 0.5\ mv^2 \tag{5.17}$$

如综合考虑落石运动能和滚动能，则

$$E = 0.6\ mv^2 \tag{5.18}$$

式中落石质量 m 按拟设拦石工程处的最大落石取值。如危岩尚未崩落，按危岩被结构面分割的最大块度取值，再考虑崩落途中的进一步解体而加以折减，但如何折减则是难题。

2）落石弹跳参数[2]（图5.10）

落石弹跳的水平距离：

$$L = \frac{2v_0^2 (\tan\alpha - \cot\theta)\sin^2\theta}{g} \tag{5.1}$$

落石弹跳最大高度 $h_{\max}$：

$$h_{\max} = \frac{v_0^2 (\tan\alpha - \cot\theta)^2}{2g(1+\cot^2\theta)} \tag{5.19}$$

与落石弹跳最大高度相应的水平距离 $L_{\max}$：

$$l_{\max} = h_{\max} / \tan\alpha \tag{5.20}$$

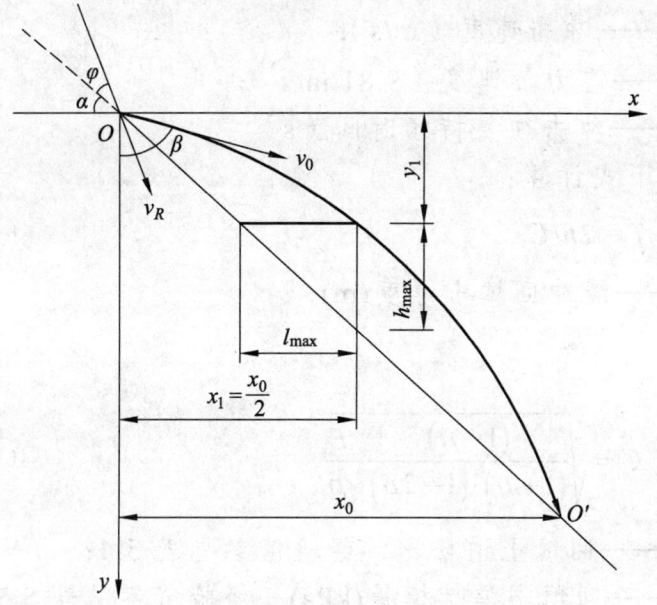

图 5.10 落石撞击坡面后的运动轨迹[2]

上述三式中：

v_0——岩块起跳处的反射速度，近似按运动速度计；

α——山坡坡度角；

θ——起跳的反射角（反射方向与垂直线的夹角），按前式（5.2）计算。

5.1.6.4 落石冲击力计算

普通拦石墙、桩板拦石墙及其缓冲层和棚洞等的结构设计所采用的落石冲击力 P 有以下 4 种计算公式。注意：冲击力因与碰撞接触时间有关，不能据冲击能换算。

1）铁路公式[21]

$$P = \frac{Q \cdot v_0}{g \cdot T} \text{ (t)} \qquad (5.21\text{-}1)$$

式中：Q——落石质量（t）；

v_0——冲击速度（m/s）；

g——重力加速度（9.81 m/s²）；

T——冲击往复持续时间（s）。

式中 T 按下式计算：

$$T = 2h/C \qquad (5.21\text{-}2)$$

式中：h——缓冲回填土厚度(m)；

往复波速

$$C = \sqrt{\frac{(1-\mu)}{(1+\mu)\cdot(1-2\mu)}\cdot\frac{E}{\rho}} \qquad (5.21\text{-}3)$$

式中：μ——回填土泊松比，经验值参见表5.4；

E——回填土弹性模量(kPa)，经验值参见表5.5；

回填土质量密度 $\rho = \gamma/g$（γ——回填土容重），不能用 γ 代替。

表 5.4 回填土的泊松比 μ[21]

土名	砂砾碎石	砂	黏砂土(粉土)	砂黏土(粉质黏土)	黏土	重黏土
μ	0.12~0.17	0.17~0.29	0.21~0.29	0.30~0.37	0.36~0.39	0.40

表 5.5 回填土的弹性模量 E(kPa)[21]

土名	E（kPa）	
卵砾石	65 000~54 000	
碎石	65 000~29 000	
角砾	42 000~14 000	
	密实	中密
粗砂土与砾石砂土	48 000	38 000
中粒砂土	42 000	31 000
细粒干砂土	36 000	25 000
	硬	可塑
黏土	59 000~16 000	16 000~4 000
砂粘土(粉质黏土)	39 000~16 000	16 000~4 000

2）公路公式[22]

$$P = 2\gamma \cdot X \cdot F \cdot \left[2\tan^4\left(45° + \frac{\varphi}{2}\right) - 1 \right] \quad (5.22)$$

式中：P 以 t 计；

γ——缓冲层土容重（kN/m³）；

φ——缓冲层土内摩擦角(°)；

X、F——见 5.1.6.6。

3）杨其新公式[23]

$$P = \frac{Q \cdot \sqrt{2gH}}{g \cdot T} \quad (\text{kN}) \quad (5.23\text{-}1)$$

式中：H——落石坠落高度（m）。

冲击持续时间 T(s)：

$$T = \frac{1}{100} \cdot \left(0.097Q + 2.21h + \frac{0.045}{H} + 1.2 \right) \quad (5.23\text{-}2)$$

式中：Q 按 kN 计；h 为缓冲层厚度（m）。

4）日本道路公团公式[20]

$$P_{\max} = 2.108 \cdot \lambda^{\frac{2}{5}} \cdot m^{\frac{2}{3}} \cdot H^{\frac{3}{5}} \quad (5.24\text{-}1)$$

式中：拉梅系数 λ 取 1 000 kPa；m 为落石质量（t）。

检算对比表明，m 采用重量（mg）替换较合适：

$$P = 2.108 \times (mg)^{\frac{2}{3}} \cdot \lambda^{\frac{2}{5}} \cdot H^{\frac{3}{5}} (\text{kN}) \quad (5.24\text{-}2)$$

5.1.6.5 落石冲击力计算公式的讨论

铁路公式基于冲量原理，公路公式基于能量原理，均为理论公式；且冲击速度考虑了撞击坡度，较适用于斜撞的拦石工程。唯两公式计算参数取值难掌握，可致较大误差。

杨其新公式与日本道路公团公式是基于垂直坠落的经验公式，直接用于拦石工程还不够严谨。杨其新公式的冲击速度是自由落体速度，冲击持续时间为经验式；日本道路公团公式所得最大冲击力，仍小于Pichler落石冲击试验实测值约1/4[24]，其拉梅系数取值也属经验。

因此，应多公式计算后综合印证，参数取值有把握时以铁路公式为优。

算例：直径1.0 m的球状危石，坠于崖脚$\alpha_1 = 65°$的岩质陡坡上，落差$H_1 = 30$ m。

由$K_1 = 1.05 - 0.012\,5 \times 65 + 0.000\,002\,5 \times 65^3 = 0.924$，$\beta_1 = \sqrt{1 - K_1 \cot \alpha_1} = 0.754$，得冲击速度$v_0 = \beta_1 \sqrt{2gH_1} = 18.3 \text{ m/s}$。

（1）铁路公式：缓冲层泊松比μ取0.37、弹性模量E取35 000 kPa、密度$\rho = 18.7/9.81 = 1.91$，则波速

$$C = \sqrt{\frac{(1-0.37)}{(1+0.37) \cdot (1-2 \times 0.37)} \times \frac{35\,000}{1.91}} = 180.0 \text{ m/s}；$$

缓冲层厚h为1.5 m，则冲击持续时间$T = 2 \times 1.5/180 = 0.016\,7$ s；落石重量Q取1.41×9.81 kN，则冲击力

$$P = \frac{Q \cdot v_0}{g \cdot T} = \frac{1.41 \times 18.3}{9.81 \times 0.016\,7} = 157.5 \times 9.81 \text{ kN} = 1\,545 \text{ kN}$$

（2）公路公式：缓冲层土容重γ取18.7(kN/m³)、内摩擦角φ取25°，落石投影面积$F = 0.785$ m²，则落石嵌入深度：

$$X = 18.3 \times \sqrt{\frac{1.41}{2 \times 9.81 \times 18.7 \times 0.785} \times \frac{1}{2 \times \tan^4(45° + 12.5) - 1}} = 0.384 \text{ m}$$

则冲击力：

$$\begin{aligned} P &= 2 \times 18.7 \times 0.384 \times 0.785 \times [2 \times \tan^4(45° + 12.5°) - 1] \\ &= 125.6(9.81 \text{ kN}) \\ &= 1\,232 \text{ kN} \end{aligned}$$

（3）杨其新公式：

冲击持续时间：

$$T = \frac{1}{100} \cdot \left(0.097 \times 1.41 \times 9.81 + 2.21 \times 1.5 + \frac{0.045}{30} + 1.2\right) = 0.025\ 5\ \text{s}$$

冲击力：$P = \dfrac{1.41 \times 9.81 \times \sqrt{2 \times 9.81 \times 30}}{9.81 \times 0.046\ 5} = 1\ 341\ \text{kN}$

（4）日本道路公团公式：

冲击力：$P_{\max} = 2.108 \times 1\ 000^{\frac{2}{5}} \times (1.41 \times 9.81)^{\frac{2}{3}} \times 30^{\frac{3}{5}} = 1482\ \text{kN}$（若 m 按 t 计，则 $P_{\max} = 2.108 \times 1\ 000^{\frac{2}{5}} \times 1.41^{\frac{2}{3}} \times 30^{\frac{3}{5}} = 323.3\ \text{kN}$，显然偏小）

5.1.6.6 落石嵌入深度计算

拦石缓冲层和棚洞的结构设计所采用的落石嵌入回填土最大深度 X 可按式（5.25-1）计算[2]：

$$X = v\sqrt{\frac{Q}{2g \cdot \gamma \cdot F} \cdot \frac{1}{2\tan^4\left(45° + \dfrac{\varphi}{2}\right) - 1}}\ (\text{m}) \qquad (5.25\text{-}1)$$

式中：Q 以 t(9.81 kN)计；

F——落石投影面积：

$$F = \pi X(2R - X) \quad \text{当 } X < R\ (R\text{——石块半径}) \qquad (5.25\text{-}2)$$

$$F = \pi R^2 \qquad\qquad X \geqslant R \qquad\qquad\qquad (5.25\text{-}3)$$

对球状落石，亦可按其重量 Q(kN)，据下式计算 F 值：

$$F = \pi \cdot \left(\frac{3Q}{4\pi\gamma}\right)^{\frac{2}{3}} \qquad (《概要》中将 \gamma 误为 R) \qquad (5.25\text{-}4)$$

5.1.7 "岩体旱致崩塌"的机理与研究建议

近年来的地质灾害防治实践表明，在旱季或雨后晴天发生的岩体崩塌灾害也日渐频繁与严重，2016年"1·19"绵竹小岗剑山顶发生的百万方级巨型崩塌尤为典型。

这种旱致崩塌由于其发生条件与现公认的湿致崩塌完全相反，即使学术界也尚未认知，更谈不上预报与防治，导致成灾显现出未知性与严重性。现常用降雨的滞后效应来应对，但滞后机理不明甚至无法解释为何在旱季发生。

在前人既有试验研究成果的基础上，对岩体旱致崩塌的机理有如下初步认识：

岩体崩塌系沿主控裂隙失稳，普遍原因是裂隙充水产生水压力且裂隙中充填的土体因浸水导致抗剪强度降低。

对于低含水率的砂土，著名的Donald直剪试验表明，随着砂土饱和度的持续降低，基质吸力和抗剪强度逐渐增大，但当基质吸力增大到某一定值以后，抗剪强度转而下降，出现所谓"山峰效应"[25]（图5.11）。原因是抗剪强度近似为基质吸力与其作用面积之乘积，随砂土饱和度的降低，虽基质吸力持续增大，但基质吸力的作用面积因水体收缩而逐渐减小，峰前以基质吸力的增大占主导，而峰后则基质吸力作用面积的减小居主导地位。

对泄水良好的岩体裂隙，往往充填碎石土、角砾土等粗粒土，其"山峰效应"应较砂土更为明显，因此在旱季或雨后晴天，含水率降至与峰值抗剪强度相应的含水率以下时，抗剪强度随含水率的继续降低会不升反降，直至岩体失稳崩塌。

建议开展"岩体旱致崩塌的机理与防治"的研究，内容为：

（1）低含水率粗粒土基质吸力及其作用面积与土体含水率的定量关系试验，分析其抗剪强度形成机制。

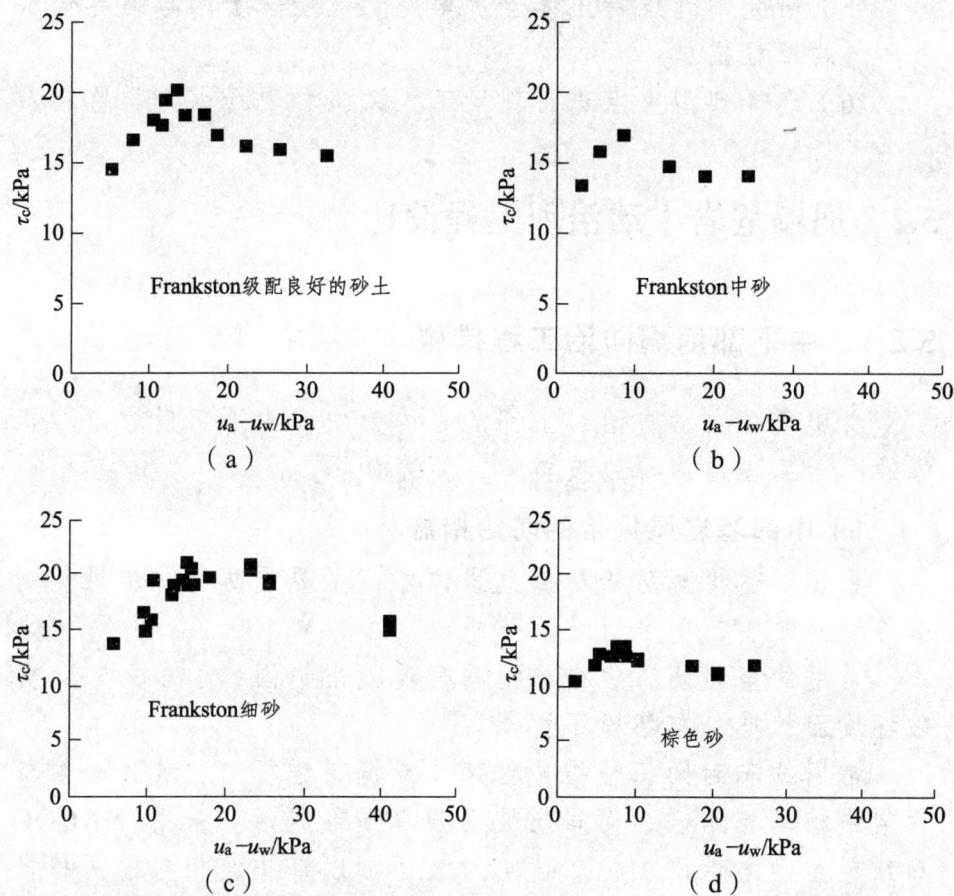

图 5.11 Donald 砂土直剪试验显示的抗剪强度(τ_c)与基质吸力
($u_a - u_w$)之间的关系[25]

（2）不同类型粗粒土抗剪强度与土体含水率的定量关系试验分析，分别确定与峰值抗剪强度对应的含水率（最佳含水率）。

（3）导致岩体失稳的抗剪强度值与相应土体含水率（临界含水率）的试验研究。

（4）土体达最佳含水率与临界含水率的气候条件、裂隙泄水条件、土体孔隙特征的试验研究。

（5）研究筛选维持土体含水率处于最佳含水率与临界含水率之间的工程措施。

（6）选择典型灾点进行现场工程试验和现场水力学监测。

5.2 崩塌危岩主动治理工程设计

5.2.1 中下部崩塌防治工程措施

崩塌危岩主动防治以上部危岩体为主，中下部崩塌与堆积体的防治工程措施与边坡类似，简述如下。

1）中部基岩风化带的防治措施

除按下述措施防治局部危岩体外，主要是防进一步风化剥落与坡面冲刷，即进行坡面防护。

常用的全封闭工程措施挂网喷混凝土锚固（喷锚护坡），会破坏坡面植被，与环境不协调。

常用的非封闭工程措施框架（或框架锚杆）护坡，必须与框架中植草相结合，而岩质坡面植草很难成活。采用 NACOO 型绿色主动柔性网（见后述）对坡面加以罩护，相对前两种措施较宜。

岩质坡面的生物防护措施只有厚层有机基材植草技术方适用，要结合岩质、气候、坡度选择基材，但费用高，又未经较长时段的成活检验。

此外，在高陡坡面上工程施工的难度很大，方案研究时要强调施工的可行性。

2）下部堆积体的拦挡措施

常用工程类型有路堑重力式挡土墙、桩板墙、加筋土挡土墙。

堆积体较密实且较低，易开挖基槽和临时边坡时，宜用路堑重力式挡土墙。为减少挖基量与临时边坡高度，最好是内坡外仰，呈贴坡墙。不用衡重式墙型。

堆积体松散且高大，挖基困难且临时边坡高陡时，宜用桩板结构。坡体会继续堆积因而墙要不断加高时，宜用可逐级加高的拼装式加筋土挡土墙。

有空间条件时，工程位置以离开堆积体坡脚为好，以降低墙高，并减少开挖临时边坡的工程量。墙后回填成平台，可拦截坡面滚落物质，并可栽种灌木形成垂直绿化带。

新近堆积体松散，临时边坡在回填前要确保稳定，坡率仅可稍陡于堆积体面坡。墙基要跳槽开挖，避免基坑坍塌。

5.2.2 危岩主动治理工程方案与措施

1）方案比选

崩塌危岩防治思路分为就地主动治理与下方被动防护两大途径，方案研究中首先就此论证比选。

实施危岩主动治理要有施工条件和安全条件，对施工运输与作业条件不佳、施工安全有虑的过于高陡的危岩和紧靠居民区无施工空间的危岩要充分论证后方可选用。

主动治理主要受制于施工运输与作业条件。因危岩高踞于坡顶，开辟施工便道不但工程艰巨且挖填扰动坡体影响稳定；危岩高陡，脚手架高，甚至要搭多排，辅助工程费用高。因此，对可创造施工运输条件与作业平台的危岩，就地主动加固才是合理的。

被动防护受制于地形条件与防护能力。危岩下方坡面过陡，则落石弹跳甚高，被动拦石工程会十分高大，事倍功半；拦挡工程结构强度有限，难以抵御大块危岩崩塌；危岩崩塌落石的冲击范围向下方不断扩展，愈在危岩下方拦挡则工程长度愈大。

因此，当坡面较缓、危岩崩塌规模较小且较分散时，被动拦石才适宜。

一个灾点通常有多处危岩，特征与条件各不相同，应分别比选，不能硬性统一。对规模巨大且危害严重的危岩带，则可主动锚固大块危岩体与被动拦截全带其余危岩相结合。

2）危岩主动治理措施

（1）清危与补缝（通用措施）。

（2）锚固：锚杆、预应力锚索（主体措施）。

（3）防护：SNS主动网、喷锚、连梁（主体措施）。

（4）支顶：墙、立柱、挑梁（通用措施）。

（5）其他特殊措施：锁口与插别、地表截排水、坡面捆绑、抗滑桩（键）、洞室锚索等。

一般不采用单一措施，而是比选出主体工程措施，再辅以一些通用措施，合成为综合治理方案。一个工点中不同危岩体的特征、失稳模式及落石参数等会不尽相同，要分别比选与厘定相应的防治方案，不应笼统采用同一方案。

5.2.3 清危与补缝

1）清　危

对挑悬、孤立、松动的危石及欠稳定的坡面滚石用人工清除，并采用临时安全防护措施保障施工安全。因此清危只是局部的、零星的、小方量的，大规模人工清危是不可行的。如在设计图中因块体小而难以标注时，可在现场对所清危岩逐块编号标示并在施工交底时逐一指认。

囿于施工安全和爆破震动，慎用爆破清危。不得已采用爆破清危时，应小药量松动爆破，并疏散飞石区民众，设立警戒线，严密安全防护措施。

爆破震动对坡体稳定的影响较大,20世纪60年代风行的大爆破施工贻害无穷(如笔者目睹贵昆铁路茨冲车站数百万方填方由一次大爆破一蹴而就)。爆破震动对坡体稳定的影响现尚似无普适公式进行定量评价,可暂据成昆铁路现场试验成果(附录5.1)试评。

例如,2007年5月25日石棉某坡体从高70多米处落石,同时砸中在下方省道上相向行驶的一辆货车驾驶室与一辆中巴车,推动中巴车坠入大渡河,无一人幸存,两车共死亡十余人。落石原因曾认为可能系因建水电站而在省道上方开挖绕坝公路放炮震动。后专家现场调研认为,早在落石发生前一个多月已停止施工放炮,且据落石与炮眼距离和装药量按成昆铁路试验成果计算所得最大地面垂直振动速度在 1.5~5.0 cm/s 区间,仅会导致高陡边坡少量掉块,不会明显松动坡面危石,放炮震动应不是发生落石的主要原因。

2)补　缝

对张裂缝用水泥砂浆填补,尽量清缝并满灌。补缝可减小甚至消除孔隙水压力,且增加裂隙面的抗剪强度,是加固危岩的有效的常用措施。

注意:应采用无压自流注浆,压力注浆不利于危岩稳定;优化水灰比,提高可灌性;分次灌注,因为一次注满的裂隙浆液水压力过大。

5.2.4　危岩锚固

5.2.4.1　危岩锚固的设计原则

1)一般原则

用于加固较完整、较大的危岩体,常用砂浆锚杆与预应力预固(锚索、锚杆)[26]。锚固工程要根据危岩的失稳模式按极限平衡理论进行设计计算[27]。分段分点逐一按代表性纵剖面进行锚固工程数量与结构的设计，示例于 5.2.4.2 与 5.2.4.3。

2）锚点布置

锚点要随机布置于危岩块中，不能机械地按统一间距方格状系统布置，要避免布于危岩边部，更不能设于裂缝中或危岩块边缘甚至危岩体外。如加固青城山掷笔槽危岩的个别锚杆就打在危岩范围之外。

孤立危岩柱的两壁均可能失稳时，可用贯通式对拉锚索（锚杆）对两壁危岩一并锚固。

3）锚固段起算点的确定原则

卸荷带明显时，为最后的欠稳定卸荷裂隙；坡体破碎时，为潜在破裂面；后缘裂隙面明显时，为后缘裂隙面。存在多个裂隙面时，不能仅按贯通（最危险）裂隙面设计，要考虑拉拔力对后一裂隙面稳定的影响，加大锚固深度。

贯彻动态设计原则，施工中锚固深度应视打孔揭示的结构面而适时调整。如达州龙爪塔危岩，工程勘查中在覆土很薄的崖顶平台上开挖了两条各长 30 m 的探槽，揭示出卸荷裂隙，笔者据此厘定锚固段长度。但锚孔施工中普遍发现在该卸荷裂隙之后 4 m 还有一条卸荷裂隙，只得将各锚固工程均增加长度 4 m。

4）锚固工程类型选择

因锚固工程多与主控裂隙面大角度相交，对滑塌式失稳，非预应力锚杆主要靠杆体抗剪，作用有限；对倾倒式失稳，锚杆受力方向与杆向近于一致，可较充分发挥锚固力的作用，因此防倾选用普通砂浆锚杆为宜。危岩破碎时为增加锚固力可改用扩张锚杆。

同理，预应力锚索（锚杆）则用以防滑塌式失稳为佳，长江三峡链子崖危岩加固就以预应力锚索为主[28]。

但如式（4.1）所示，锚固力分解为垂直于滑面的正应力 σ 和平行于滑面但与下滑方向相反的抗滑分力 $P_t\cos(\alpha+\beta)$，正应力 σ 产生的抗滑摩阻力为 $\sigma\tan\varphi = P_t\sin(\alpha+\beta)\tan\varphi$，$(\alpha+\beta)$ 为锚固工程与滑面的夹角。加固危岩时，因 $(\alpha+\beta)$ 接近 90° 从而 $\sin(\alpha+\beta)$ 接近于 1，预应力主要分解为正应力，以 $\sigma\tan\varphi$ 起抗滑作用；另外，$\cos(\alpha+\beta)$ 接近于 0，分解的抗滑分力很小。由于 $\tan\varphi$ 远小于 1.0，预应力锚索加固滑塌式危岩也有事倍功半之感。

5）锚固工程设计流程

锚固工程设计可循以下两条流程之一。

（1）先据经验拟定单根锚的有效锚固段长度，并计算单根锚杆（索）所能提供的锚固力，再计算加固危岩体所需总的锚固力，据之除以单锚的锚固力，得所需锚固工程的根数，进而在合理间距范围内布列。

（2）先计算每米锚固段所能提供的锚固力，再计算加固危岩体所需总的锚固力，据之除以每米锚固段的锚固力，得所需锚固段的总长度，再除以拟设的锚固段长度，得所需锚固工程的根数。

切忌事先拟订出锚固工程的间距和数量，然后检算，只要检算锚固力通得过，即使大大超过所需总锚固力，安全系数过高也不优化。此时应优化结构按上述流程重新检算，所取安全系数满足要求即可。

6）脚手架设计

危岩高陡，锚固工程多需搭脚手架施工，对脚手架的排数及稳定性应妥为设计与论证。过于高陡处脚手架工程巨大，应改变自崖底向上搭满堂脚手架的惯例，改为在挑梁上搭栈道式施工平台，大量节省脚手架工程，且安全可靠。

例如，内昆铁路李子沟大桥，要在高近百米、陡达70°的边坡中上部施工预应力锚固工程，从坡底搭脚手架不但规模过大，也挤占桥梁施工场地，遂采用人工在陡壁上钻安锚杆与斜撑，用以挑搭钻机平台，锚固工程得以顺利实施。

对高大的脚手架工程，应进行技术与安全论证。如岷江福堂沟水电站，需搭脚手架施工逾百米高的锚固工程，为此专门召开专家会议论证超高脚手架的施设方案。

5.2.4.2 危岩防倾锚杆工程检算(以达州龙爪塔D2上部危岩剖面1为例)

1) 锚杆锚固力检算

（1）锚杆参数：普通砂浆锚杆。锚孔直径$\phi = 100$ mm，1Φ32 HRB400螺纹钢筋，锚孔下倾角5°，M30水泥砂浆。

（2）力学参数：锚杆钢筋的标准强度取400 MPa，螺纹钢筋与砂浆体的握裹力取1.2 MPa，砂浆体与砂岩孔壁间的极限黏着强度μ取600 kPa。

（3）锚杆锚固力受以下3种条件控制，取其中最小值作为设计用锚固力：

锚杆钢筋极限拉力P_1：$\phi32$钢筋的截面面积$A = 0.000\,804$ m^2，折减系数N_1取0.69。则$P_1 = 400\,000 \times A \times N_1 = 222.0$ kN。

1 m长砂浆体对$\phi32$钢筋的握裹力$P_2 = 0.032 \times \pi \times 1\,200 = 120.6$ kN。

1 m长$\phi100$砂浆体与孔壁间的黏着力$P_3 = 0.1 \times \pi \times 600/3$(安全系数) $= 62.8$ kN。

（4）结论：当锚固段长度不超过3.5 m时，锚固力由黏着力P_3控制，每米为62.8 kN；当锚固段长度超过3.5 m时，锚固力由钢筋抗拉力P_1控制，每根为222.0 kN。

2）危岩加固检算

（1）抗倾力 F_1

锚固前暴雨工况下抗倾稳定系数 $k_1 = 1.271$（基本稳定），按抗倾安全系数达 1.5（非地震工况）的要求，危岩体重心位于倾覆点内侧时，锚固单宽危岩应增加的抗倾力矩 G 据式（5.10）为：

$$G = 1.5 \cdot V \cdot \left(\frac{h_\mathrm{w}}{3\sin\beta} + \frac{H-h}{\sin\beta} \right) - W \cdot a - \frac{1}{3} \cdot [\sigma] \cdot \frac{(H-h)^2}{\sin^2\beta}$$

（5.26）

计算参数：单宽危岩体自重 $W = 957$ kN/m；后缘裂缝的倾角 $\beta = 87°$，总深度 $H = 11.5$ m，贯通深度 $h = 10.2$ m；岩体抗拉强度标准值 $[\sigma] = 805$ kPa；危岩体重心至倾覆点的水平距离 $a = 1.0$ m；裂隙充水高度 h_w 按裂隙深度的 3/4 计，$h_\mathrm{w} = 7.65$ m，裂隙水压力 $V = 0.5 h_\mathrm{w}^2 = 292.6$ kN。故 $G = 280.4$ kN·m。

$$锚固应增加的抗倾力 F = \frac{G}{\dfrac{h_\mathrm{w}}{3\sin\beta} + \dfrac{H-h}{\sin\beta}} \quad (5.27)$$

故 $F_1 = 72.7$ kN。

（2）锚杆设计

锚杆受力 $F = F_1/\sin(\beta + 5°) = 72.7$ kN；

1 m 宽危岩所需锚固段长 = 72.7/62.8 = 1.16 m；

需锚固危岩体总宽约 10 m，所需锚固段总长约 11.6 m；

按每根锚杆的锚固段长度为 2.0 m 计，共需设锚杆 6 根。

5.2.4.3 危岩防滑锚索工程检算（以达州龙爪塔 D3 上部危岩剖面 3 为例）

1）锚索锚固力检算

（1）锚索参数：500 kN 级预应力锚索，锚孔直径 110 mm，

下倾角 $\theta = 5°$，砂浆体与砂岩孔壁间的极限黏着强度 μ 取 600 kPa；锚索体用 4 束 ϕ15.24 钢绞线构成。

（2）钢绞线强度：美标 ϕ15.24 高强度低松弛钢绞线，最小破断载荷为 260.7 kN，4 束钢绞线的极限抗拉强度 = 1042.8 kN。承受 500 kN 预应力时，钢绞线的安全系数 $k = 1042.8/500 = 2.09 > 2$，满足要求。

（3）锚固力：锚固力受砂浆体与砂岩孔壁间的极限黏着强度控制。

1 m 长 ϕ110 砂浆体与孔壁间的黏着力 $= 0.11 \times \pi \times 600/3$（安全系数）$= 69.1$ kN。

（4）锚固段长度 s：$s = 500/69.1 = 7.2$ m，取 8.0 m。

2）危岩加固检算

（1）剩余滑塌力 F_2：锚固前暴雨工况下抗滑稳定系数 $k_1 = 0.959$（不稳定）。危岩体剩余滑塌力：

$$F = k_1 \cdot W \cdot \sin\alpha - [(W \cdot \cos\alpha - V)\tan\varphi + c \cdot l] \qquad (5.28)$$

计算参数：抗滑安全系数 k_1 取 1.30，单宽危岩体自重 $W = 1820$ kN/m；滑面的倾角 $\alpha = 68°$，长度 $l = 21$ m，内摩擦角 $\varphi = 18°$，黏聚力 $c = 72$ kPa。裂隙充水高度 h_w 按裂隙深度的 1/2 计，$h_w = 9.5$ m，裂隙水压力 $V = 451$ kN。故 $F_2 = 606.7$ kN/m。

（2）支顶墙抗滑力 F_3：墙体重 $N = 87.5$ kN/m，砂岩基底摩擦系数 $f = 0.6$，墙体与砂岩间黏着长度 $m = 3.5$ m。$F_3 = 87.5 \times 0.6 + 3.5 \times 72 = 304.5$ kN/m。

3）锚索设计

1 m 宽危岩所需锚固力：

$$F = \frac{F_2 - F_3}{\sin(\alpha + \theta) \cdot \tan\varphi + \cos(\alpha + \theta)} \qquad (5.29)$$

得 $F = 501.2$ kN/m。

1 m 宽危岩所需锚索根数 $n = 501.2/500 = 1.00$。

需锚固危岩体总宽约 20 m，共需设锚索 20 根。

5.2.5 SNS 主动网等危岩防护措施

防护较破碎危岩体（带），采用 SNS 主动防护网、喷锚、连梁等措施。

其中，短锚杆挂网喷射混凝土（喷锚）破坏植被，坡面光秃，有碍观瞻，慎用。

连梁或格架中空，对景观影响较小，可将裂缝两侧岩体联为整体；梁体采用钢筋混凝土，不要过于粗大，结点处打锚杆；崖面不平整时梁体难以平直与嵌入，慎用。

SNS 主动柔性防护网对环境改变小，单价较低，宜用。

5.2.5.1 柔性防护技术的发展与应用[29]

1）柔性防护技术的发展

柔性防护技术于 1951 年试用于雪崩防护，经瑞士布鲁克(Brugg)公司等 60 多年的发展，被动防护系统的能级从 50 kJ 发展到了 5 000 kJ；柔性网从钢丝绳网发展到高防腐的高强度钢丝格栅网；网型由矩形、菱形发展到环形；布鲁克公司发明了新型环状缓冲装置——减压环和钢丝绳锚杆系统，开发了环保型网。

2）柔性防护技术的应用

（1）雪崩防护：应用 TECCO 格栅，防护能级在 1 000 kJ 以上，防护规模在 500 m² 以上。

（2）落石防护：开发了"缓冲绳"，防护能级达 5 000 kJ。

（3）泥石流防护：美国于 1994 年试用，2002 年布鲁克（日本）公司开发出 Tabata 泥石流防护系统。

（4）边坡加固：TECCO 主动防护系统防腐年限达到 100

年以上。

国内 1995 年引进，后制订了《SNS 边坡柔性防护系统设计、施工、验收暂行办法》和行业标准《铁路沿线斜坡柔性安全防护网》(TB/T 3089—2004)，近年国土资源部正编制《危岩落石柔性防护网工程技术标准》(送审中)。

3）柔性防护技术的优点

(1) 具可靠性与经济性。
(2) 具柔性与整体性，且便于搬运。
(3) 易铺展，易组合，有良好的地形适应性。
(4) 既美观且环保。
(5) 施工快速方便，干扰小。
(6) 产品易标准化与定型化。
(7) 结构均衡，易维护。

5.2.5.2 SNS 主动柔性防护系统概述

SNS 主动柔性防护系统用于原位拦固危岩与加固岩土质边坡，有 WICOO 系统、GTC 系统、SPIDER 系统和 NACOO 系统。

1）WICOO 系统

较早采用 WICOO 系统，分围护系统 GAR（柔性网+上沿锚杆）和主动加固系统 GPS（柔性网+系统锚杆）。网形又分钢丝绳网(1型)与钢丝绳网+格栅(2型)，组合成4型：GAR1、GAR2、GPS1、GPS2 型。可喷草籽的 GPS 网为 GPS3 型[29]。

几年前正规材料价分别约 122 元/m^2、130 元/m^2、142 元/m^2、150 元/m^2，施工价另为材料价的 40%~80%。

WICOO 系统的钢丝绳网网孔为边长 300 mm 的正菱形，网块尺寸为 4 m×4 m，边部为 4 m×2 m；挂网单元尺寸为 4.5 m×4.5 m，边部为 4.5 m×2.5 m。格栅孔径≤50 mm，可拦固更小岩块。

2）GTC 主动防护系统

GTC 主动防护系统由 TECCO 格栅＋钢筋锚杆＋钢垫板构成，格栅强度高达 1 500 MPa，孔径 65 mm，锚杆预张拉，尤其适用于加固土质边坡。

3）SPIDER 系统

新近开发的 SPIDER 系统防护能级高，由螺旋网片＋系统锚杆＋钢垫板构成，网孔小，强度高（1770 MPa），适用于加固危岩与岩质边坡。

4）NACOO 环保网系统

NACOO 环保网系统是在 WICOO 系统的基础上，将网涂成绿、蓝等色，以与环境协调。与 WICOO 系统相应，NACOO 环保网系统仍分 4 型：GNS1、GNS2、GND1、GND2，价格亦与 WICOO 系统相近。

5.2.5.3 SNS 主动防护系统设计的注意问题

1）网型选择

（1）常用双层网＋系统钢丝绳锚杆的 GPS2 型，其塑料内网孔径仅 5 cm，已可拦固较小岩块。

（2）GPS2 型网的系统锚杆仅长 2～3 m，危岩较厚时锚不透，此时应选用另配长锚杆的 SPIDER 型。

（3）危岩壁无施工空间时（如民房紧贴危岩壁），挂 GAR 型（柔性网＋上沿锚杆）围护系统即可。

（4）为与环境协调，网材还可选用绿网 NACOO 环保型。

2）网的布置

单幅主动网为正方形，加连结绳后的边长为 4.5 m（GPS2 型）、3.5 m（SPIDER 型），欲防护的危岩范围应由主动网幅全覆盖，镶边可用 4.5 m×2.5 m 的半幅，不留未覆盖的边角。

危岩范围应按斜面面积计，斜面面积 $S=$ 平面面积 $s/\cos\alpha$

（α为坡度）。网幅在立面或平面图上则显示为长方形。

危岩凹凸处网应紧贴岩壁，网幅覆盖面积会有所折减。

3）锚杆设置

（1）锚杆设于网幅间的结点处，均为系统锚杆，间距与网距相同。

（2）GPS2型网自配钢丝绳锚杆，不另计价；SPIDER型网要另配加长锚杆，锚杆结构设计同危岩锚固。

（3）主动防护网的力学原理是危岩落石冲击网体，网体将力传于锚杆，由锚杆稳固网体，因此锚杆必须用垫板压于网之上才能受力。在处理青城山顶危岩时，将网罩于锚杆之上，根本不起作用，重新整改。

当需用锚杆锚固GPS2型网区内的危岩体范围较小，对锚固区改用SPIDER型网失之零碎时，方可在GPS2网下打锚杆。

5.2.6　危岩支顶工程与结构：墙、柱、梁

对崖脚或崖面凹腔进行嵌补支顶的措施有全墙、肋墙、立柱、挑梁等，可防凹腔进一步风化剥落，还可防探头危岩坠落、滑塌。支顶后，危岩可能失稳模式一般会由坠落、滑塌转化为倾倒，但此时抗倾倒的抗倾力矩大增，不易失稳。

对坡面散布的滚石，不易清除的可在石下采用楔形圬工支撑（似汽车的三角木）防其滚动，巨大滚石也可采用柱体支撑。

1）支补墙

崖脚凹腔风化严重者用整体圬工墙嵌补支顶（图5.12a），凹腔过于深大者为减小工程可采用间隔式肋墙或分散式立柱支顶，较高时墙、柱上可加锚杆防倾（图5.12b）；道路上方高悬危岩时，则采用明洞+支顶墙，墙基为特殊结构的明洞（图5.12c）。

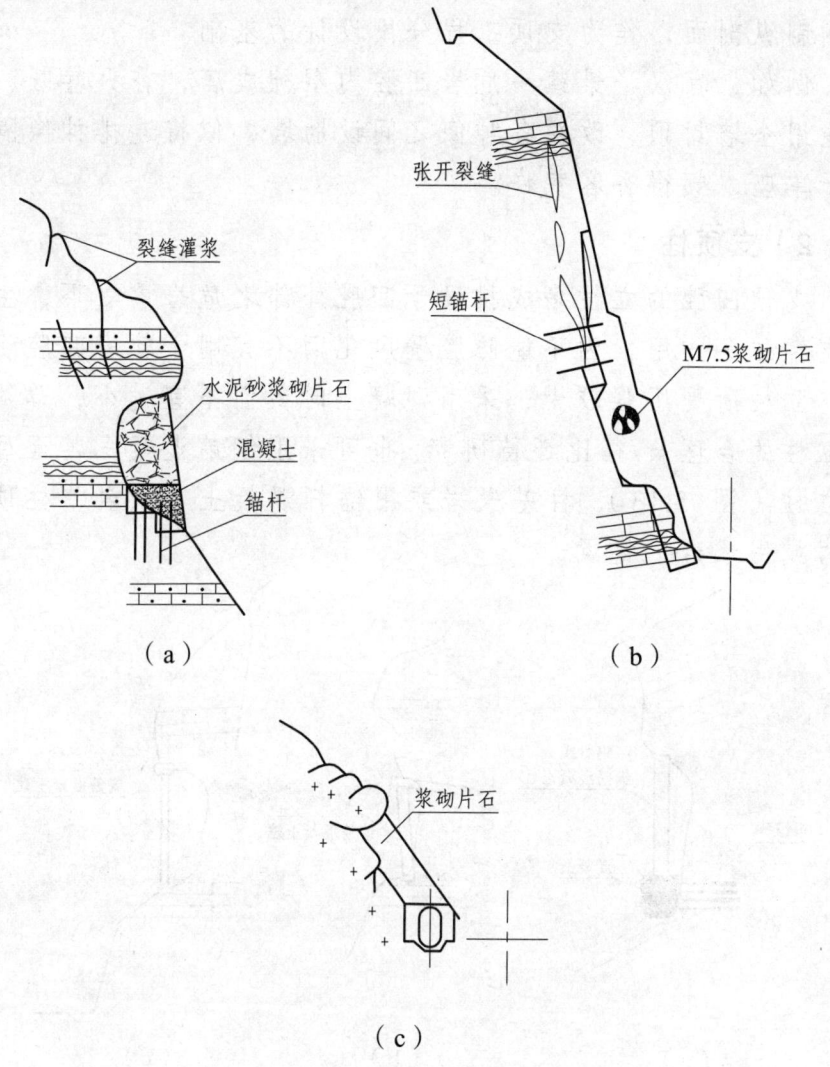

图 5-12　嵌补支顶墙[2]

墙顶要与其上岩体用膨胀水泥砂浆密贴，墙底可内倾或凿成阶状，必要时加竖向锚杆防滑，墙面坡可适当外斜。

支顶墙一般采用浆砌石，加锚杆的墙体与基础则采用混凝土。

勘查应详细绘制凹腔的立面图，在凹腔形态变化的各段分段测制纵剖面,作为支顶工程分段设计的基础。

例如,宜汉华景镇一危岩凹腔内塑神成庙,香火甚旺,不可能用全墙封顶,改在各神像之间设肋墙,似将连排神像隔为若干单座,颇得香客赞许。

2) 支顶柱

支顶凹腔的立柱多成排设于凹腔外部之危岩重心下,主要起支撑防坠作用,因不能防腔壁风化而不宜用于软岩凹腔。

立柱所受压强较大,采用混凝土时截面不宜过小,单纯受压立柱的合理长/径比还待研究。也可采用钢筋混凝土甚至型钢作立柱(图 5.13),柱基嵌岩或用锚杆混凝土、承台,柱顶也嵌岩或用承台、挑梁。

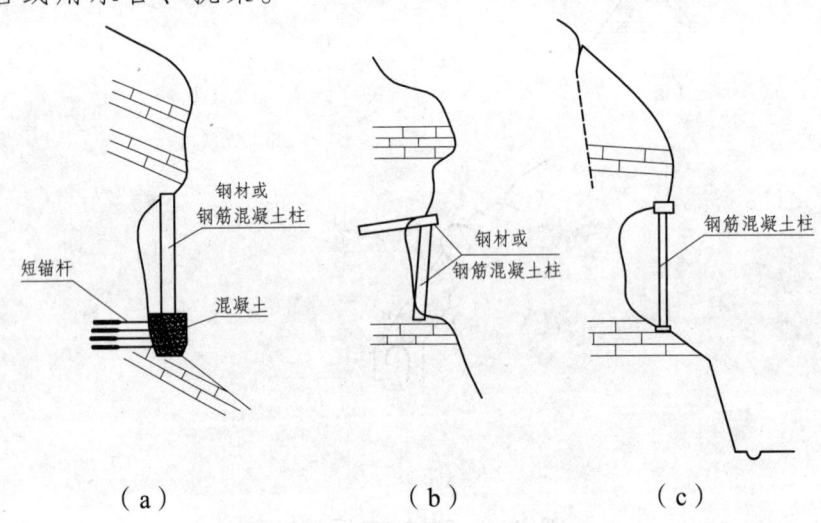

图 5.13 钢筋混凝土支撑柱[2]

支顶柱的截面主要受控于危岩压力与柱基承载力。建议偏于安全,以危岩体完全脱离母岩的自重作为柱体承受的竖向应力(但不再乘以安全系数),其值不应大于柱基地层的承载力特征值 σ(kPa,不再进行深宽修正),故可按下式(5.30)估算柱的横截面面积 S(m^2):

$$S = \frac{H \cdot B \cdot L \cdot \gamma}{\sigma} \qquad (5.30)$$

式中：H、B、γ 分别为危岩体的高度、平均厚度（m）与重度（kN/m³）；

L 为柱心间距（m）。

例如邛崃天台山庄砂岩夹泥岩的危岩凹腔，深达 5 m，高约 6 m，用宽 1.5 m、长 4.0 m 的矩形混凝土立柱支顶，净间距 5.0 m，柱顶设宽 2.5 m、厚 0.5 m 的钢筋混凝土承台，其上与腔顶间用膨胀水泥砂浆密塞，倒悬的危岩体得以稳定。唯承台之间的凹腔顶板尚余零星小危石，如将承台贯通于两柱之间则更稳妥。

以凹腔深度作为危岩体平均厚度，$B = 5$ m；柱心距 $L = 5$ m；危岩重度 γ 取 25 kN/m³；柱截面面积 $S = 6.0$ m；弱风化砂岩夹泥岩的承载力特征值 σ 取 1 000 kPa，则据式（5.30），柱体可支撑的危岩体的高度：$H = \frac{S \cdot \sigma}{B \cdot L \cdot \gamma} = 9.60$ m，略大于笔者现场目击之危岩高度，可行。

3）挑　梁

崖面凹腔过高，用墙、柱支顶工程量大且稳定性有虑时，可改用钢筋混凝土挑梁、托梁支顶。当两端有嵌岩条件时，单设横向托梁即可（图 5.14a）；两端无法嵌岩时，先设悬臂挑梁，再上叠支承托梁（图 5.14b）；当腔顶面不平顺时，可不上叠托梁，单设挑梁即可。

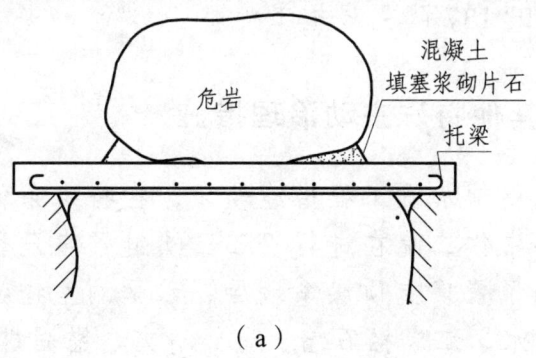

（a）

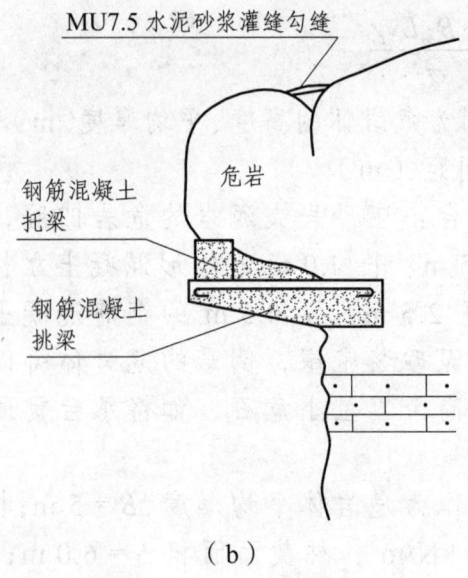

(b)

图 5.14 支承托梁[2]

挑梁多根成排,据抗剪确定梁的截面尺寸、锚入崖面深度与配筋,似卧式抗滑桩;梁面与其上外悬岩体用坩工密接。托梁似简支梁,视跨度据抗弯剪进行结构设计。

有施工条件时采用挑梁支顶,工程量小,事半功倍。但因施工单位过分强调陡崖内凿梁洞之困难,推广挑梁往往遇阻。

达州龙爪塔是难得的示范工程。其危岩凹腔高悬 20 多米,其上危岩体悬出 2 m,竖向支顶过高,改设一排横向挑梁支托,钢筋混凝土梁长仅 4 m,截面为边长 1.0 m 的正方形,梁嵌入崖壁 2 m,煤田 137 队克艰施工受赞。

5.2.7 危岩其他特殊主动治理措施

危岩其他就地加固工程措施较多,在特殊条件下可选用。例如 1990 年中铁二院在进行长江三峡链子崖危岩防治方案研究中,就提出了置换支顶煤系地层、水平洞室锚索、陡崖外部支挡、地表排水、江岸拦石墙、局部清方、锚固桩、嵌补裂缝、抗滑键等 9 项工程措施,经对 14 名专家现场调研意见采用德尔菲法分析汇总,形成了以前 3 项措施为主体、后 6 项措施辅助配套的总体方案[30],详见附录 5.3。

较多选用的特殊措施有支承键/楔锁口工程、钢结构插别工程、坡面捆绑、后部截水工程。

1)锁　口

对软硬岩层相间、可能顺软弱面滑移式失稳或因基底软弱层压缩而倾倒失稳的危岩,可在潜在滑移面出口段的软弱夹层中设支承键、楔,兼具支承上部岩体与阻止滑移的双重作用,锁口稳定上方岩体并防滑移。

对近水平产状的岩层,以支承键置换软弱夹层,防压缩与倾倒(图 5.15a);对倾斜岩层,在软弱夹层出口段设抗滑楔,锁口防滑(图 5.15b)。

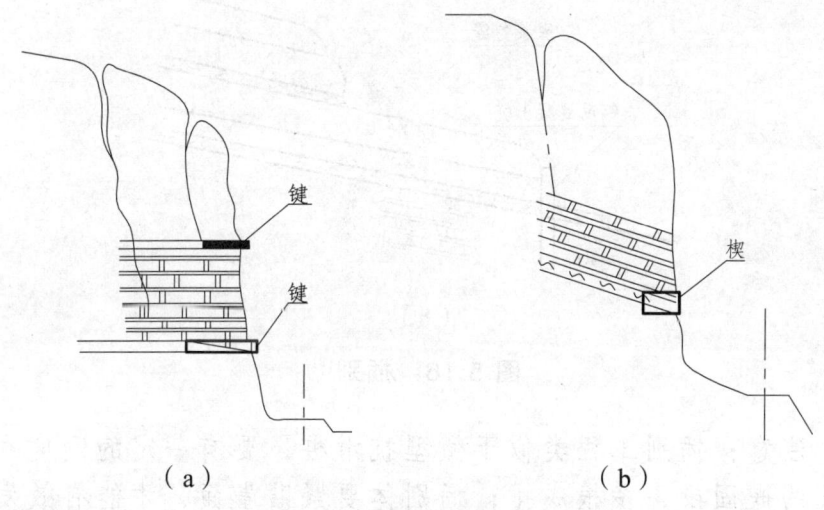

图 5.15　支承键、楔[2]

2)插　别

当危岩下卧岩层完整而具嵌固能力时,可用型钢、钢筋混凝土桩插别于剪出口崖面,控制危岩前部的变形,防止后部岩体牵引式破坏（图5.16）。

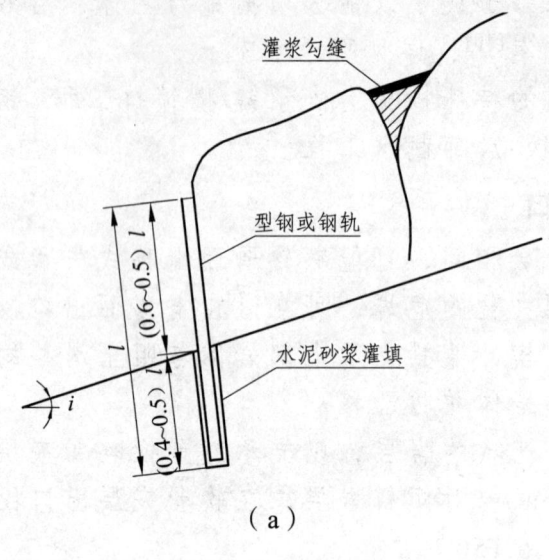

（a）

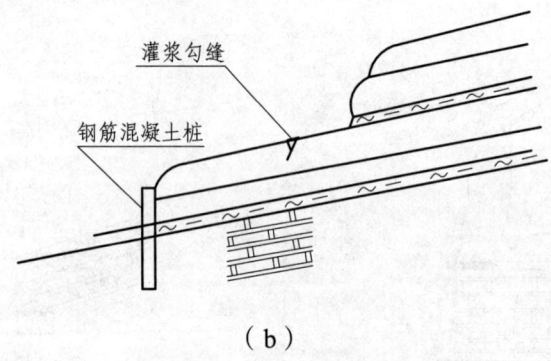

（b）

图5.16 插别[2]

注意：插别工程类似于微型抗滑桩，要有一定的刚度和足够长的嵌固段，多根成排；插别体要紧贴崖面，才能有效发挥抗力；插别工程应与危岩后部裂缝的注浆封填相结合，综合作用以稳定危岩。

3）捆 绑

对大型危岩，支顶、锚固等工程难以实施时，可用钢绳在外部加以捆绑，使之保持稳定。

捆绑绳横向多条，亦可纵横交织。宜采用高强度低松弛钢绞线为绳，对绳的两端加以锚固；绳应拉紧以贴住危岩，必要时在绳与岩面间楔入混凝土垫块使绳绷紧。

4）截　水

危岩体后上方有较大的汇水面积时，在危岩区后缘修建截排水沟，有利于危岩的稳定。但一般的危岩体高踞于坡顶，汇水范围有限，且在岩坡上开凿水沟实属难事，常无必要也无条件实施截水工程。

5.2.8　主动加固后的危岩稳定性计算原则

1）计算参数的变化

（1）补缝后裂缝深度、裂隙面抗剪强度、充水高度均有变化，但往往难以确定，如仍按原参数检算，结果趋于保守。

（2）凹腔支顶后，抗滑检算要考虑支顶圬工的抗滑力，一般不能再从支顶圬工中或圬工底面剪出，从而转化为倾倒失稳检算问题，再以支顶圬工为基座检算倾倒失稳。

（3）凹腔支补后，抗倾力臂要从支顶墙的趾点起算，较支顶前大有增长；倾覆力臂也要从墙趾起算，较支顶前小有增长。综合起来，抗倾稳定性仍有较大提高。

2）单纯支补凹腔后的危岩防滑塌检算（以龙爪塔 D5 为例）

凹腔填补支顶后，墙体与危岩黏结共同抗御一定安全储备下的滑塌力。墙体由基底抗滑力（$f \times N$）与凹腔的粘着力（$\mu \times m$）组成。设安全系数为 K_1，则暴雨工况下有（按基底水平计）：

$$(K_1 \cdot W \cdot \sin\beta - [(W \cdot \cos\beta - V)\tan\varphi + c \cdot L]) \cdot \cos\beta = (f \cdot N + \mu \cdot m) \cdot \sin\beta$$

即：

$$K_1 = \frac{(f \cdot N + \mu \cdot m)}{W \cos \beta} + \frac{(W \cos \beta - V) \cdot \tan \varphi + c \cdot L}{W \sin \beta} \quad (5.31)$$

式中：W、N——单位长度危岩体重力(kN)、支顶墙体自重(kN)；

β、L——破裂面倾角(°)、长度(m)；

V——裂隙水压力(kN)。$V = 5.0 h_w^2$；

φ、c——分别为破裂面的内摩擦角(°)与黏聚力(kPa)；

h_w——裂隙充水深度(m)，一般按裂隙深度 H 的 1/3（天然工况）、1/2～2/3（暴雨工况）计；

f——基底摩擦系数；

m、μ——墙体与砂岩间黏着长度(m)、黏结强度(kPa)。

对龙爪塔 D5 危岩，计算参数为：$W = 1\,664$ kN，$\beta = 66°$，$L = 19$ m，$H = 18$ m；$\varphi = 18°$，$c = 72$ kPa。h_w 按 H 的 1/2 计，$h_w = 9.0$ m，$V = 405$ kN。$N = 225$ kN，$f = 0.6$，$m = 7.0$ m，μ 取 80 kPa。墙为肋柱状，柱宽占 2/3，$f \times N$、$\mu \times m$ 均按 2/3 计。

得：

$$K_1 = \frac{\frac{2}{3} \times (0.6 \times 225 + 80 \times 7)}{1\,664 \times \cos 66°} + \frac{(1\,664 \times \cos 66° - 405) \times \tan 18° + 72 \times 19}{1\,664 \times \sin 66°}$$

$$= 0.685 + 0.958$$

$$= 1.643$$

即治理前稳定系数为 0.958（不稳定），支顶工程增加抗滑稳定系数 0.685，达到 1.643（稳定）。已远大于 1.30，安全储备足够。（如优比为柱宽占 1/2，K_1 仍可达 1.47，仍满足要求。但因易风化凹腔壁会暴露过多，未予优化）

3) 单纯支补凹腔后的危岩防倾倒检算（以龙爪塔 F7 危岩为例）

凹腔填补后，以支顶墙脚为倾覆点，考虑裂缝进一步向下贯通到底，则在暴雨工况下倾倒稳定性的计算参数为：

危岩体抗拉强度 $f_{1K} = 805$ kPa；单宽危岩体重 $W = 2\,220$ kN/m，裂缝倾角 $\beta = 77°$；裂深 $H = 16.5$ m，危岩体全被裂缝贯通，$h = 0$；危岩体重心作用点距倾覆点的水平距离 a 加大为 5.0 m，后缘裂缝底端至支顶前倾覆点、现倾覆点的水平距离分别为 $b = 4.0$ m、$c = 7.0$ m。h_w 按裂隙深度的 2/3 计，$h_w = 11.0$ m，$V = 605$ kN。

支顶后式（5.8）中的 b^2 应变为 $b \times c$，即非地震工况下稳定系数为：

$$K_1 = \frac{\frac{1}{3} \times f_{1K} \cdot b \cdot c + W \cdot a}{V \cdot \left(\frac{1}{3} \times \frac{h_w}{\sin \beta} + b \cdot \cos \beta \right)} \quad (5.32)$$

即：

$$K_1 = \frac{\frac{1}{3} \times 805 \times 4.0 \times 7.0 + 2\,220 \times 5.0}{605 \times \left(\frac{1}{3} \times \frac{11.0}{\sin 77°} + 7.0 \times \cos 77° \right)} = 5.764$$

充分稳定。

5.3 危岩落石被动防护工程设计

5.3.1 危岩落石被动防护工程措施

1）主要措施

（1）拦石墙-落石槽。

（2）桩板拦石墙。

(3) SNS 柔性被动防护网。

(4) 明（棚）洞。

(5) 障桩。

SNS 被动防护网可与拦石墙叠加，障桩为辅助工程。

此外，多年以来，在不易修建拦石墙的陡坡上，铁路部门常利用废旧钢轨修建拦石栅栏，也有效果。其优点是废物利用，施工简易，刚度较大。但与作为新一代拦石技术的柔性被动防护网相比，其悬臂结构不如柔性网的拉锚结构，全刚性结构不如柔性网的消能结构，钢材消耗远大于柔性网系统，致使其拦石能力有限且不够经济，因此对无废旧钢轨可资利用的非铁路部门，不宜采用传统的钢轨栅栏拦石。

2）应用原则

落石被动防护要有地形条件与空间条件，被动防护工程多设于远离陡崖的缓坡区。

厘定被动防护工程方案主要通过拦石墙与拦石网的技术经济比选。设拦石墙要有地形条件与土地条件，斜坡不宜陡于30°，加落石槽后占地面积较大，但施工简易。柔性被动防护网难以抵御巨大落石和相当规模的崩塌，由于冲击能巨大，往往网破柱倒，尤其是立柱因刚度不足而被砸弯砸倒甚多，加之山寨产品的充斥更易让人动摇信心。因此，有地形与土地条件时宜设拦石墙，地形较陡时宜设拦石网。

工程布设范围应略超过落石危险区内被保护对象的范围，平面上尽量顺等高线布设，地形起伏或遇人行路径则将不同剖面呈阶状错列。

按各剖面设拦石工程处的落石运动力学参数，确定拦石工程高度、结构或型号，进行结构检算与设计。其中，拦石墙据弹跳高度与冲击力设计，拦石网据弹跳高度与冲击能设计。

5.3.2 拦石墙–落石槽体系：结构设计与施工问题

拦石墙-落石槽体系适于在坡度不大于 30°的坡段兴建。其由圬工拦石墙（+缓冲层）及其后的落石槽组成（图 5.17）[31]。由于地形限制不设落石槽或不设缓冲层是不规范的，应予纠正。

拦石墙-落石槽体系的优点是可就地取材，易于施工，且有利于当地村民投劳；缺点是占地多，有效高度小。

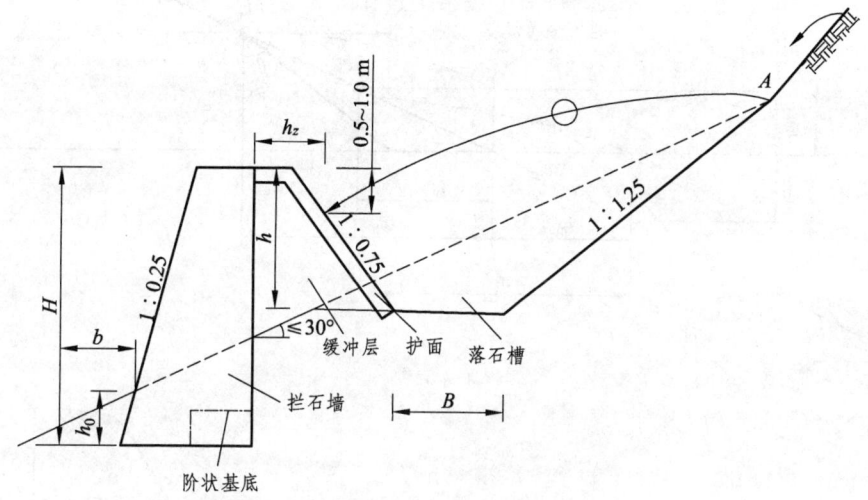

图 5.17　拦石墙–落石槽体系

5.3.2.1　主体结构——拦石墙

（1）有效高度 h。

有效高度即落石槽深度，不能混淆为墙前的高度 H，否则拦石高度不够。h 一般可按落石从槽内肩处（图 5.17 中 A 点）起跳的弹跳高度加安全高 0.5～1.0 m 确定。计算步骤如下：

① 分别按式（5.19）、（5.15）+（5.16）计算弹跳高度 h_{max} 与过墙处的速度 v_A，对式（5.15）中的 H 取弹跳点 M 与设墙点 A 之间的高差。

② 据式（5.1）计算弹跳的水平距离 L，且 $x_1 = L/2$，则 A 点上方与之相距（$x_1 - l_{max}$）的点 M_p 为最危险起跳点。

③ 以 M_p 为起跳点,计算过墙时的速度与弹跳高度,验证墙的高度与结构(图 5.18a)。

④ 当拦石墙设于较陡边坡外时,上述方法误差较大,应在边坡上选择 3 个以上的撞击起跳点,分别计算落石运动轨迹(图 5.18b),以最大值作为设计依据。

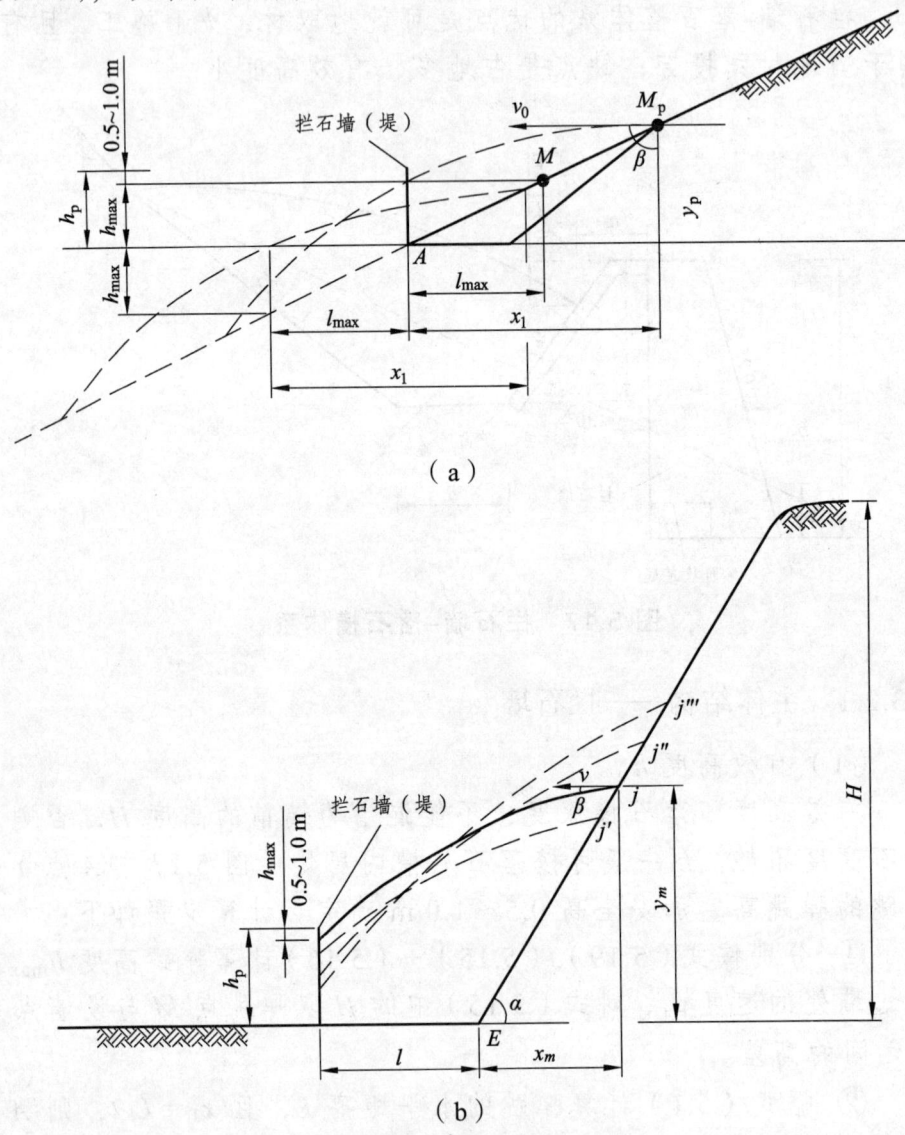

图 5.18 拦石墙有效高度计算图[2]

（2）内外坡：墙内坡直立或稍外仰（1∶0.1），面坡坡率一般取 1∶0.25。

（3）墙厚：按稳定性与截面强度检算而定，见 5.3.2.4。

（4）墙基：墙趾埋深 h_0 不小于 1.0 m 且襟边 b 不小于 1.5 m。墙基底面较陡时可改为台阶状。墙过高时自重大，建于较陡坡体上易失稳，慎用；此时可降低墙高而在墙顶加柔性被动防护网。

（5）材质：可就地取石料则用浆砌石，有利于村民投材投劳；否则可用混凝土。

（6）渐变：不同墙高应分别检算墙体尺寸，其顶面要顺接而不呈阶状；不同墙厚时，墙面平齐，墙背渐变顺接。

（7）孔缝：由落石槽纵向排水，墙体不留泄水孔；应分段留沉降缝，尤其是墙高、截面变化处。

（8）有效高度算例：

① 落石从 M 点起跳的速度 $v_{0j} = 18.3$ m/s，M 与 A 的高差为 4 m，坡度 $\alpha = 30°$，则 $K = 0.543 - 0.0048 \times 30 + 0.000162 \times 30^2 = 0.545$，故过 A 点的速度：

$$v_A = \sqrt{18.3^2 + 2 \times 9.81 \times 4 \times (1 - 0.545 \times \cot 30°)} = 18.42 \text{ m/s}$$

② M 点起跳的反射角 $\theta = \dfrac{200 + 2 \times 30 \times \left(1 - \dfrac{30}{45}\right)}{\sqrt[3]{18.3}} = 83.5°$

故落石弹跳最大高度：

$$h_{\max} = \frac{18.42^2 \times (\tan 30° - \cot 83.5°)^2}{2 \times 9.81 \times (1 + \cot^2 83.5°)} = 3.666 \text{ m}$$

③ 弹跳的水平距离

$L = \dfrac{2 \times 18.42^2 \times (\tan 30° - \cot 83.5°) \times \sin^2 83.5°}{9.81} = 31.64$ m，$x_1 = 31.64/2 = 15.82$ m，$l_{\max} = 3.666/\tan 30° = 6.350$ m，故 M_p 点与 A 点的水平距离为 $(15.82 - 6.35) = 9.470$ m，两点间高差 $H = 9.470 \times$

$\tan 30° = 5.468$ m。

④ 据 $H = 5.468$ m，验证：落石过 A 点的速度 $v_A = 18.46$ m/s，弹跳高度 $h_{\max} = 3.750$ m，以此作为设计采用参数。

5.3.2.2 配套结构——缓冲层与落石槽

1）缓冲层

（1）厚度：因缓冲层为顶窄底宽的梯形，为安全计，宜以顶宽代表其厚度。顶宽一般取 1.0～1.5 m。顶宽据以下两原则厘定：

① 缓冲层着力点处的厚度 h_Z 应大于冲击深度[按式（5.25）计算]。

② 因刚性墙体可抵御一定的冲击力，缓冲层也不应过厚，建议以杨其新试验公式(5.33)[23]值为最大厚度。

$$h = 0.487 \cdot \sqrt{\frac{Q \cdot H}{10}} \quad (\text{m}) \tag{5.33}$$

式中：Q——落石重（kN）；

H——落石高度（m）。

已往的经验值如表 5.6，但似偏于保守，亦可作为最大值。

表 5.6 土质缓冲层厚度 h 经验值表[2]

落石体积（m³）	0.25	0.50	0.75	1.00
h_Z 值（m）	1.5	1.75～2.0	2.0～2.25	2.25～2.5

（2）面坡坡度（即落石槽外坡）：应较陡以有效拦石，坡率不缓于 1：0.75。

（3）材质：用填土，但应密实或装袋码砌；顶层与坡面应用圬工铺砌以保持坡体稳定，亦可用土工格栅或难降解之土工织物包砌。压实度可不硬性要求，一是因缓冲层厚度小只能人工夯实，二是松散有利于消能。

2）落石槽

（1）底宽 B：根据落石堆积规模与弹跳水平距离而定，一般不小于 2 m，最好能达到与落石最大弹跳高度 $h_{\max}$ 相应的弹跳水平距离 $l_{\max}$（$= h_{\max}/\tan\alpha$）之一半[2]。

（2）内坡：槽内坡应较缓以便落石滚入而不跳越，且坡体稳定而不坍塌，坡率不应陡于 1∶25，有条件缓于 1∶1.85 则落石槽可不考虑弹跳而减浅。

（3）纵坡：落石槽兼作纵向排水沟，要形成单面或双面排水纵坡，出口接自然沟或既有水沟；如无沟可接则应另设排水沟渠，以免槽水散流淹淤农田。纵坡较陡时槽底部可铺砌防冲。一般勿需在槽底另行挖砌排水沟。

（4）槽深：拦石墙之有效高度。不应在墙后深挖形成，也不应过多向坡体扩宽，顺应原地面适当清挖即可。如槽深不够，应加大墙高，达到有效拦石高度的要求。

5.3.2.3 施工常见问题

（1）有效拦石高度误按墙前的高度计，致落石槽深度即有效拦石高度不够。

（2）土质缓冲层难以压实，码砌土工袋易降解破损，导致坍塌。

（3）缓冲层护坡圬工单薄脆弱，难以保证长期稳定，护面措施值得进一步研究改进。

（4）较陡坡面上建落石槽，难将内坡削成稳定坡率，普遍发生坍塌。

（5）落石槽内、外坡坍塌后，未及时修整，导致堵槽、积水甚至被复垦。如北川一些缓冲层坍塌后，当地村民进一步平整，并种上碗豆苗，工程验收时落石槽已被填埋过半。

（6）在墙后深挖或过多向坡体扩宽成槽，挖方过多且施工困难。如都江堰市赵公山一危岩的落石槽，设计挖深 3 m，工程验收时仅为 1 m，施工方称为内坡坍塌埋塞所致，遂决定清除 2 m"坍塌堆积"，后施工方又电告遇"连山石"无法向下清挖。暴露原下挖深度就不够，设计的深挖成槽欠妥，施工方遇难偷工而谎言掩盖，只好在墙顶再加 3 m 高被动拦石网。

（7）兼纵向排水的落石槽底部未形成通畅排水纵坡，甚至起伏不平而积水。

（8）落石槽端无天然沟或既有沟渠可接时，槽水散流淹淤农田，常遭索赔。如北川张口崖等危岩的落石槽两端排水冲淤其下菜地，虽范围不大，但涉农无小事，施工单位进行赔偿又自费修排水沟接至农渠。

5.3.2.4 拦石墙稳定性检算方法与建议结构尺寸

1）荷 载

拦石墙按静载与冲击力两种工况进行抗滑抗倾检算，以荷载大者进行结构设计。静荷载按墙后填满且堆积角为 20°的土体主动土压力进行计算；冲击力荷载按（45°−φ/2）扩散角[32]折算。

2）稳定性检算

按均布于被沉降缝分割的墙段的荷载计，冲击力均布后的荷载一般小于主动土压力，故稳定性检算由土压力控制。

按墙背坡直立（$\alpha = 0$），堆积体综合内摩擦角 φ 取 35°，堆积体土与墙背间摩擦角 $\delta = \varphi/3 = 11.7°$，则墙后填满且堆积角 β 为 20°时的库仑主动土压力系数 K_a 为：

$$K_a = \frac{\cos^2 35°}{\cos 11.7° \cdot \left[1 + \sqrt{\frac{\sin(35° + 11.7°)\sin(35° - 20°)}{\cos 11.7° \cos 20°}}\right]^2} = 0.325$$

设墙全高为 H(m)，堆积体容重 $\gamma = 20$ kN/m³，则库仑主动土压力：

$$E_a = \frac{1}{2} \times \gamma \cdot H^2 \cdot K_a = \frac{1}{2} \times 20 \times H^2 \times 0.325 = 3.25 \times H^2 \quad (\text{kN/m})$$

设基底摩擦系数为 0.5，墙体圬工重度为 22.5 kN/m³，不计墙前被动土压力，以抗滑控制，则满足抗滑安全系数 1.30 时的墙截面面积 S 应为：

$$S = 1.3 \times 3.25 \times H^2/(0.5 \times 22.5) = 0.375H^2 \text{（m}^2\text{）}$$

墙的平均厚度 $\overline{B} = S/H = 0.375H$（m）

结论：拦石墙的平均厚度最小为墙全高的 0.375 倍。如墙面坡率为 1：0.25，则墙的顶宽 $b = 0.375H - 0.5H \times 0.25 = H/4$（m），底宽 $B = 0.375H + 0.5H \times 0.25 = H/2$（m）。

3）建议结构尺寸

将据上所得拦石墙的截面面积 S、平均厚度 $\overline{B}$、顶宽 b、底宽 B 的最小值列于表 5.7，供试用。

表 5.7 一般条件下拦石墙的最小结构尺寸（m）

墙全高 H	截面面积 $S = 0.375H^2$	平均厚度 $\overline{B} = 0.375H$	顶宽 $b = H/4$	底宽 $B = H/2$
4.0	6.00	1.50	1.00	2.00
6.0	13.50	2.25	1.50	3.00
8.0	24.00	3.00	2.00	4.00

5.3.2.5 冲击荷载计算与墙顶加设拦石网后的检算问题

1）冲击荷载强度计算

冲击力控制墙体强度。冲击力虽经缓冲层扩散，作用于墙面仍为一定的集中荷载，故应据之检算墙身圬工的强度。

墙所受冲击力应考虑冲击缓冲层的能耗折减，但其计算尚在探讨中，如何思明等推导了落石冲击垫层产生塑性变形后的法向压力的理论公式[33]。

冲击荷载强度 q(kPa) 按下式计算：

$$q = \frac{P}{\pi \cdot (R + h_m \cdot \tan \varepsilon)^2} \tag{5.34}$$

式中：P——冲击力（kN）；

R——落石之球化半径（m）；

ε——冲击扩散角，一般为35°~40°，为稳妥计，可取 $\varepsilon = 45° - \varphi/2$；

h_m——缓冲层平均计算厚度（m），$h_m \neq h$：

$X<R$ 时 $h_m = h - X$　　（图 5.19a）　　　　（5.35-1）

$X>R$ 时 $h_m = h + R - X$　（图 5.19b）　　　　（5.35-2）

规范稿[34]直接将缓冲层厚度 h 作为起扩散作用的厚度 h_m，偏于不安全。

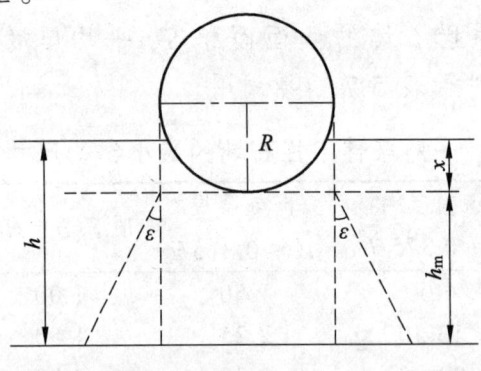

（a）$x<R$，$h_m = h - x$

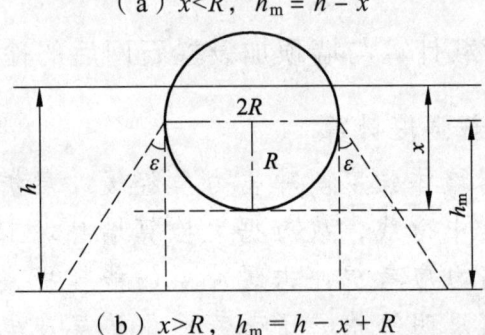

（b）$x>R$，$h_m = h - x + R$

图 5.19　缓冲层平均计算厚度 h_m 之图示

2）墙顶加设拦石网后的检算问题

墙顶加设拦石网后，墙的稳定性和强度是否要重新检算以及如何检算,现缺乏研究。由于落石击网的冲击力要传至拦石墙顶,产生倾覆力,且着力点高,倾覆力矩大,墙的抗倾稳定性可能存在问题。网柱基座处的墙顶部的圬工强度也似应加强。对此,应研究:

(1)拦石网所受落石冲击力经环形网与减压环两次减压后,传至墙顶的力到底有多大。

(2)是否在和如何在墙后堆满土时的主动土压力上再叠加顶部的冲击力,进行稳定性尤其是抗倾覆的检算。

(3)墙顶部网柱基座处的圬工强度,如何据冲击力所致的点荷载进行检算。

在上述问题未研究解决之前,建议在土压力的基础上以提高安全系数的方式变通处理,如将抗滑安全系数提高至 1.5,抗倾安全系数提高至 2.0。

5.3.2.6 墙体强度检算示例

1)计算落石冲击速度 $v(\text{m/s})$

(1)首段:直径 1.5 m 的似球状危石,从几乎直立的陡崖上近于自由落体地坠落,着于崖脚 $\alpha_1 = 65°$ 的岩质陡坡上($\lambda = 0.1$),落差 $H_1 = 30$ m。

由 $K_1 = 1.05 - 0.0125 \times 65 + 0.0000025 \times 65^2 = 0.248$,$\beta_1 = \sqrt{1 - K_1 \cot \alpha_1} = 0.940$,得对第一冲击点的冲击速度 $v_1 = \beta_1 \sqrt{2gH_1} = 22.81 \text{m/s}$。

(2)拦石墙段:落石落于拟设拦石墙 $\alpha_2 = 30°$ 的斜坡段上。由:

初速度

$$\begin{aligned} v_{02} &= (1-\lambda) \cdot v_1 \cos(\alpha_1 - \alpha_2) \\ &= (1-0.1) \times 22.81 \times \cos(65° - 30°) \\ &= 16.82 \ (\text{m/s}) \end{aligned}$$

从第一冲击点的起跳反射角 $\theta = \dfrac{200 + 2 \times 30 \times \left(1 - \dfrac{30}{45}\right)}{\sqrt[3]{22.81}} = 77.6°$，得

从第一击冲点的弹跳水平距离 L：

$$L = \dfrac{2v_0^2 (\tan\alpha - \cot\theta)\sin^2\theta}{g}$$

$$= \dfrac{2 \times 16.82^2 \times (\tan 30° - \cot 77.6°) \times \sin^2 77.6°}{9.81}$$

$$= 19.7 \text{ m}$$

据剖面图，第二冲击点与第一冲击点间的落差 $H_2 = 21.5$ m。

又，$K_2 = 0.543 - 0.0048 \times 30 + 0.000162 \times 30^2 = 0.545$，则对第二冲击点的冲击速度

$$v_2 = \sqrt{v_{02}^2 + 2gH_2(1 - K_2 \cot\alpha_2)}$$

$$= \sqrt{16.82^2 + 2 \times 9.81 \times 21.5 \times (1 - 0.545 \times \cot 30)}$$

$$= 17.51 \text{ (m/s)}$$

2）计算冲击力 P（按铁路公式）

（1）缓冲层填土按中密砂砾土，泊松比 μ 取 0.37，弹性模量 E 取 35 000(kPa)，密度 ρ 取 1.910 t，则

$$\text{波速 } C = \sqrt{\dfrac{(1 - 0.37) \times 35\,000}{(1 + 0.37) \times (1 - 2 \times 0.37) \times 1.91}} = 180.0 \text{ m/s}$$

（2）落石冲击点缓冲层厚度 h 为 1.5 m，则冲击持续时间

$$T = 2h/C = 2 \times 1.5 / 180.0 = 0.0167 \text{ s}$$

（3）落石质量 $Q = \dfrac{4}{3} \cdot \pi \cdot 0.75^3 \times 2.65 = 4.68$ t，冲击速度 $v_0 = 17.51$ m/s，则冲击力

$$P = \dfrac{Q \cdot v_0}{g \cdot T} = \dfrac{4.68 \times 17.51}{9.81 \times 0.0205} = 407.5 \text{ t} = 3998 \text{ kN}$$

3）计算冲击强度 q

（1）由 $\gamma = 18.7 \text{ kN/m}^3$，$F = \pi R^2 = 1.77 \text{ m}^2$，土的内摩擦角 $\varphi = 25°$，得冲击深度

$$X = 17.51 \times \sqrt{\frac{4.68}{2 \times 9.81 \times 18.7 \times 1.77} \times \frac{1}{2 \times \tan^4 57.5° - 1}}$$
$$= 0.445 \text{ m}$$

（2）由 $R = 0.75 \text{ m}$，$h_m = h - X = 1.055 \text{ m}$，$\varepsilon$ 按 $45° - 25°/2 = 32.5°$，得冲击荷载强度

$$q = \frac{P}{\pi \cdot (R + h_m \cdot \tan \varepsilon)^2}$$
$$= \frac{3998}{3.14 \times (0.75 + 1.055 \times \tan 32.5°)^2}$$
$$= 629.6 \text{ kPa}$$

4）墙体强度检算

落石冲击点墙厚 1.25 m，材质为 C20 毛石混凝土，容许剪应力为 800 kPa，墙体强度安全系数 $K = 1.25 \times 800/629.6 = 1.59 > 1.20$，满足要求。

附：落石弹跳高度

$$h_{\max} = \frac{v_0^2 (\tan \alpha - \cot \theta)^2}{2g(1 + \cot^2 \theta)}$$
$$= \frac{16.82^2 \times (\tan 30° - \cot 77.6°)^2}{2 \times 9.81 \times (1 + \cot^2 77.6°)}$$
$$= 1.58 \text{ m}。$$

加安全高度，落石槽深度宜为 2.5 m。

5.3.3 桩板拦石墙与加筋土拦石墙问题

除上述圬工拦石墙外，实践中还采用桩板结构的拦石墙，

编制中的拦石墙设计规范还推荐了加筋土拦石墙[34]。这两种拦石墙结构现尚不完全成熟,应在试用中及时总结。现探讨如下。

5.3.3.1 桩板拦石墙及其结构问题

普通拦石墙受高度、地形的限制,在陡坡上或狭窄场地可改设桩板墙拦石,尤其对落石弹跳较高或冲击力巨大的坡段更为合适。其于20世纪90年代初就已开始在焦柳铁路线采用[35]。

但拦石桩板墙的实践超前于理论,近年应用较多而试验研究尚未跟上,主要问题与建议是:

1)结构检算原则

桩板拦石墙高大,墙后落石堆积有限,土压力往往小于落石的冲击力,故桩板墙的结构由落石冲击力控制,根据冲击力进行结构设计。

冲击力作用于桩板墙的历时短促,属瞬时荷载,结构设计所取安全系数应比恒载条件下有所降低。建议安全储备折半,如 1.20 降为 1.10。

2)一定要设缓冲层

缓冲层既扩散与消散冲击力,又延长冲击持续时间而减小冲击荷载,作用是两方面的。如不设缓冲层,落石冲击接触面积很小且冲击持续时间很短,导致冲击荷载将十分巨大,桩柱与桩间板均难以抵御。

缓冲层一般为土质,厚度从桩间挡土板的背面起算。挂废轮胎作缓冲层,冲击力扩散范围有限,作用有待验证。

如 5.3.2.6 算例,直径 1.5 m、落差共 51.5 m 的球状落石,经缓冲层消散前的冲击力达到 3 998 kN,再考虑冲击持续时间的缩短,冲击力会更大,作为点荷载,一般的桩板结构难以招架。而设缓冲层后,对墙的冲击强度减为 630 kPa,变得可以承受。

3）加强桩柱的结构和强度

落石击中桩柱时，冲击点可能高至桩顶段，合力作用点远高于滑坡，故相同荷载下其弯矩会远大于一般抗滑桩，桩的抗弯剪配筋要相应增强，桩截面和嵌固段长度也应适当增加。此外，冲击点的桩体的截面强度也要重新检算。

（1）桩截面与配筋。

最危险工况是上述落石击于桩顶段（按冲击力正好扩散至桩顶端）。如前例，由 $R = 0.75$ m，$X = 0.445$ m，$h = 1.5$ m，得 $h_m = 1.055$ m；设桩截面宽 $b = 1.25$ m，此时桩顶段受荷面积 $S = 2 \times (0.75 + 1.055 \times \tan 32.5°) \times b = 3.413$ m²，总荷载 $P = S \times q = 3.413 \times 630 = 2\,150$ kN；着力点高度 $h_0 = H - (R + h_m \times \tan 32.5°)$，设桩悬臂段高 H 为 5 m，则 $h_0 = 3.58$ m，约为下滑力合力着力点（约 2.0 m）的 1.8 倍。

故拦石时承受的最大弯矩约为（$3.58 \times 2\,150$）$= 7\,697$ kN·m，考虑属瞬时荷载，将 1.3 的安全系数折减为 1.2，设计所取最大弯矩为 9 236 kN·m，桩需采用 1.25 m × 1.50 m 截面，配 48 根 ϕ28 钢筋，且不应截筋而为通筋。

（2）嵌固段长度。

设嵌固段为基岩，侧向容许承载力 $[\sigma_H] = 2\,500$ kPa，桩悬臂段长 $h_1 = 5$ m（考虑合力着力点为抗滑时的 1.8 倍，计算采用的 h_1 取 9 m），冲击力按梯形分布 $A = 2.5$，桩的计算宽度 $B_p = 1.25 + 1 = 2.25$ m，据式（2.4），得嵌固段长度：

$$h_{2\min} = \frac{2\,150}{2\,500 \times 2.25} + \sqrt{\frac{2\,150}{2\,500 \times 2.25}\left(\frac{3 \times 2\,150}{2\,500 \times 2.25} + 2.5 \times 9\right)} = 3.39 \text{ m}$$

即基岩中嵌固段长度约为悬臂段长度的 2/3，而抗滑桩的这一比例为 1/2。结论：拦石桩嵌固段比抗滑桩约长 1/3 倍。

（3）桩的截面强度。

桩的截面面积为 1.875 m²，承受的冲击应力为（630/1.875）=

336 kPa，远小于桩身混凝土的抗剪强度，桩的截面强度不成问题。

4）加厚桩间板且强化配筋

拦石的桩间板所受冲击力与弯矩都比抗滑时要大，故板应加厚并强化配筋。已有桩间板被落石撞破而洞穿之实例。

落石击中板的中点为最不利工况。设单块板高为 1.0 m，则受荷面积 $S = 2 \times (0.75 + 1.055 \times \tan 32.5°) \times 1.0 = 2.84 \text{ m}^2$，总荷载 $P = 2.84 \times 630 = 1789 \text{ kN}$；设桩心距为 5 m，弯距 =（5 - 1.25）/2 = 1.875 m，板的最大总弯矩约为 3354 kN·m。

据此，如加强配筋，板的厚度应不小于 0.5 m，为抗滑时加厚 0.2 m。此时，按 C30 混凝土的容许抗剪强度为 1 200 kPa，冲击应力 630 kPa 为其 62.5%，故从截面强度考虑，0.5 m² 截面也是必需的。

桩间板尽量外挂，以增加缓冲层的厚度。

5.3.3.2　加筋土拦石墙问题讨论

规范稿[34]提出的加筋土拦石墙，尚处于设想阶段，离适用还有不少问题需讨论与解决。主要问题有：

（1）面板：刚性圬工面板受不了落石直接撞击，柔性面板如土工格栅、土工织物、格宾网等的结构与耐久性尚待试验。

（2）拉筋：应为双面通筋，其张紧工艺、与柔性面板的连接结构尚缺乏实践经验。

（3）压实：双面陡立的加筋土墙体虚立，上机械对填土进行压实有失稳风险；人工压实的效果又难达要求。

（4）顶宽：为压实机械可作业，墙的顶宽不应小于 2.0 m，工程量远大于圬工拦石墙。

（5）基础：墙多建于斜坡上，要将宽度甚大的墙底嵌入斜坡中，挖基工程量巨大。比如，有效高度 5.0 m 的加筋土墙，建于 30°的斜坡上，双面面坡均按 1：0.2，顶宽 2.0 m，墙趾埋深 0.5 m，则底宽会达 5 m，墙踵深达 3 m。

（6）稳定性：控制拦石墙整体稳定性的最不利工况是墙后被土石堆满，且堆积角约 20°。应据此对墙进行抗滑与抗倾的稳定性检算，但基底摩擦系数、墙背与土石间的摩擦角等参数的取值不同于圬工墙，合理取值还缺乏经验。

（7）缓冲层：加筋土拦石墙后是否应加设缓冲层值得讨论。因为土质墙体也可能因其抗剪强度小于冲击强度而破坏，设缓冲层可保护圬工面板与墙体；但设缓冲层会加大本已较大的工程量，且占据本已有限的落石空间，丧失柔性拦石墙可省去缓冲层这一突出优点。

5.3.4　SNS 柔性被动防护网[29, 36]

在坡面甚陡、建拦石墙不易时，则选用柔性被动防护网拦石。

5.3.4.1　设计要点

（1）拦截落石，设于坡脚挡墙上或相对平缓坡段。按落石范围和能级、跳高设计。

（2）常用 RX 与 RXI 型系统；网外仰，由钢柱＋支撑绳＋拉锚系统＋钢丝绳网（RX）/环形网（RXI）＋缝合绳＋减压环组成。环形网与减压环均能消能。1 个减压环最小吸能可达 110 kJ（图 5.20）。

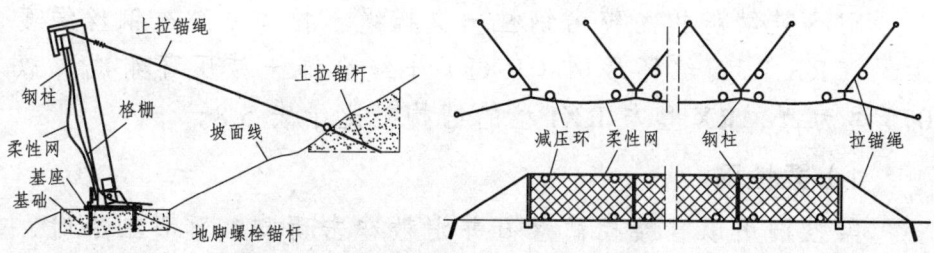

图 5.20　RXI 类被系统结构示意图[29]

（3）RX（WICCO）型为菱形网，分 250 kJ、500 kJ、750 kJ 等 3 个能级，即 RX-025、RX-050、RX-075 三型，用于低能级拦截，落石速度限于 25 m/s；菱形边长分别为 250 mm、200 mm、150 mm。钢丝绳网的绳径为 8 mm，抗拉强度为 1 770 MPa。

几年前正规材料价分别约 410 元/m²、550 元/m²、800 元/m²，施工价另为材料价的 50%～80%、50%～70%、40%～60%。

（4）RXI（ROCOO）型为环形网，为替代 RX 的新型产品，高、低能级拦截均适用，落石速度限于 30 m/s。国产达 3000 kJ 能级，国外已开发出 5 000 kJ 能级。

常用低能级为 RXI-025、RXI-050、RXI-075 型，材料价同 RX 型。常用高能级为 RXI-100、RXI-150、RXI-200 型（相应能级为 1 000 kJ、1 500 kJ、2 000 kJ），几年前正规材料价分别约 960 元/m²、1 180 元/m²、1 520 元/m²，施工价另为材料价的 30%～55%。

（5）RXI 环形网，受冲击时能产生张拉变形而吸收能量，极限变形量达 10%，与减压环配合而实现高能级拦截。除环形网与减压环双双消能外，立柱间距大则系统的柔性与吸收能量的能力也大。

（6）设计参数：网高 3～7 m，钢柱间距 8～10 m（一般 10 m），按拦 99%落石确定能级，布设范围应超过落石危及范围 10 m。

5.3.4.2 结构与原理

SNS 被动防护系统由钢柱 + 支撑绳 + 拉锚系统 + 钢丝绳菱形网（RX）/钢丝环形网（RXI） + 缝合绳 + 减压环组成。以 075 型为例，RX 型与 RXI 型的结构对比于表 5.8。

1）柔性网

柔性网用以直接拦截落石并消散冲击荷载。落石细小时，钢丝绳网或环形网后再要加一层网孔较小的普通钢丝格栅。

表 5.8 RX-075 型与 RXI-075 型被动防护系统的不同配置对比[29]

网型	RX-075 型	RXI-075 型
规格	DO/08/150 （ϕ8 钢丝绳编制的 网孔尺寸为 150 mm 的钢丝绳网）	R7/3/300 （ϕ3 钢丝编制的 网孔尺寸为 300 mm 的环形网）
单张网（5 m×4 m）重量	110 kg	106 kg
上/下支撑绳	ϕ18 双绳	ϕ16 双绳
上拉锚绳	ϕ16 单绳， 人字形布置	ϕ14 单绳， 人字形布置
每跨平均减压环个数	10	6
斜拉锚绳	ϕ18 单绳	ϕ14 双绳
下拉及中间加固锚绳	ϕ18 单绳	ϕ14 单绳
缝合绳	ϕ8	ϕ8 或专用卸扣

柔性网因允许变形大，落石碰撞作用时间长，产生的冲击力就较小，可起到以柔克刚的作用。

ROCCO 高强度钢丝环形网与钢丝绳菱形网相比，柔性更高，更利于消能。由独立封闭环套接而成的环形网，不存在钢丝绳网的固定结点，受冲击时会自适应式调节变形，使荷载持续时间延长，冲击力减小。另一方面，冲击荷载足够大时，环孔会由圆形向正方形变化，正方形时网孔尺寸增大 11%，产生更大的位移与消能。

2）支撑系统

支撑系统采用相互铰接的 3 部分组成，即钢柱、基座与地脚螺栓锚杆。

钢柱是提高系统的防御能力的薄弱环节，钢柱与基座间的活动铰接则可调节钢柱的安装倾角，并提高系统的整体柔性。

3）拉锚绳

拉锚绳分上拉锚绳、下拉锚绳、侧拉锚绳和中间加固拉锚绳，用以加固整个系统。

因落石击网会产生反向回弹和系统的晃动，除上拉锚绳和侧拉锚绳之外，有必要设下拉锚绳和中间加固拉锚绳加强固定（图 5.21）。

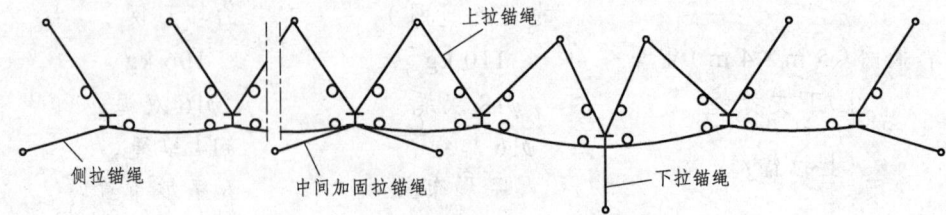

图 5.21 被动网系统拉锚绳布置示意图[29]

4）拉锚锚杆

采用钢丝绳锚杆，将系统的部分残余荷载最终传递至稳定地层。常采用 $\phi 16$ 钢丝绳锚杆，它比钢筋锚杆的抗拉能力更高，且易于通过弯折来制成与拉锚绳连接的环套。

与拉锚绳相应，也分上、下、侧、中间加固等拉锚锚杆。

5）支撑绳

支撑绳分上支撑绳和下支撑绳，分悬于钢柱的顶部和底部基座上，起悬挂与固定柔性网的作用。支撑绳还能加强柔性网上下边沿处的拦截能力，且使冲击力向更大范围分散传递。

高能级网的支撑绳采用双绳，则比相同承载能力的单绳可配置更多减压环。

6）缝合绳

缝合绳用以实现柔性网的连续布设和网与支撑绳间的连接，但应注意不与钢柱等其他构件直接连接，且不与布有减压环的支撑绳连接。

7）减压环

减压环是一种在节点处按预先设定的启动力以箍环加以箍

紧的环状金属管，在落石冲击荷载较高时，通过自身变形吸收冲击荷载而对整个系统起过载保护作用。

减压环布设的位置应使其在其他构件的作用未充分发挥前不会过早启动，环的数量要与整个系统的防护能力相适应。

GS-8000、GS-8001、GS8002 型减压环的启动荷载分别为 17~58 kN、30~95 kN、47~142 kN，最小极限能量吸收能力分别为 30 kN、50 kN、110 kN，极限变形荷载分别为 68 kN、120 kN、188 kN。

减压环的消能作用是通过环管因受荷挤压而直径减小与两端延伸的变形来实现的（最大允许伸长量1.2 m），这一变形是不可修复的，消能能力相应减小，只有在更大的荷载下才会再次启动，直至更换。

5.3.4.3 问题探讨

1）拦截能力的局限性

柔性拦石网抵御落石冲击的能力还是有限的，最大为 3 000~5 000 kJ，用以拦截规模较大、地形高陡的崩塌落石难以奏效。如 5.3.2.6 算例，拦石墙改为拦石网，由 $m = 46.8$ kN，$v_2 = 17.51$ m/s，则冲击能 $E = 0.6 \times 46.8 \times 17.51^2 = 8609$ kJ，仅布设一道拦石网并不安全，需叠置多道网或辅以障桩等其他拦石工程。

同时，其拦截落石的高度也受限，现网最高为 7 m，再高则只能立于拦石墙上。

2）多道拦石网设计问题

落石冲击能过大而设两道或多道拦石网时，下道网的高度与型号难以设计。因为落石被上道网拦截消能后，继续运动的形式和初速度难定,以致在下道网处的跳高和冲击能难以计算,还不排除落石飞越上道网而直接冲击下道网的可能性。

为稳妥计,建议下道网处的跳高按未经上道网拦截的工况计算,但网型可比上道网降低1~2个能级计。

3)结构和机理复杂

被动拦石网系统涉及复杂动力学和非刚性碰撞问题、减压环和环形网的大变形问题、各种构件所分担的荷载大小及消载能力问题,力学模型尚难建立,设计理论不完全成熟,现主要建立在尝试性试验的基础上。

近年来,西南交大赵世春、刘成清研究团队开始进行落石冲击的足尺模型试验、理论分析与数值模拟,初显成果[37]。

4)冲击历时问题

柔性拦石网受冲击的接触时间较难确定,故没法采用冲击力而变通地采用冲击能进行结构选型,但这只是权宜之计。

柔性网规范编制团队[38]开始尝试进行冲击历时的测定,测得为0.5~0.7 s,比缓冲层的冲击历时至少长了一个数量级,因而网所受冲击力可能会小一个数量级。

5)标准化问题

现山寨公司尚未遁形,其环形网与减压环的消能不足,又难于检测,损毁普遍。故应及早颁发标准化文件,规范结构标准与技术要求。

此网为布鲁克公司开发并有专利,应按正规公司单价编制概预算。

6)拉锚受力问题

经环形网与减压环等消能减载后,传递到立柱的力应不很大，拉锚并不困难。但消能后传到拉锚的力到底有多大，现仅柔性网规范编制团队开始定量试验，对拉锚基础的结构要求看法尚不一，急需试验研究。

7）立柱刚度问题

立柱是系统中唯一的刚性构件，立柱刚度不足是实践中常见问题，即使有地脚螺栓消能，落石直接撞击立柱也易被击弯击倒。

高 3 m、4 m、5 m、6 m、7 m 钢柱对应的工字钢型号分别为 16、18、20b、22b、22b。应改进立柱结构，提高 1 至 2 个级别，加大截面，有条件可采用 H 型钢、钢管、25b 工字钢甚至钢轨来强化立柱，菜单式订制。

5.3.4.4 特殊的 SNS 被动防护系统：泥石流栅栏与屋顶式防护网

1）泥石流柔性防护栅栏

高强被动柔性防护网可作为新型钢绳网坝用以拦阻泥石流与顺沟落石，美国于 1994 年试用，2002 年布鲁克（日本）公司开发出 Tabata 泥石流防护系统。现限用于沟宽度 $b<30$ m、最大流速 5~6 m/s 的中小型泥石流沟。

分为 3 种形式（图 5.22）：

（1）$b \leqslant 8$ m 时，采用仅两侧设钢丝绳锚杆的悬挂式栅栏，同时向上游 1.5~2.0 倍栅高范围内敷设柔性网防揭底（图 5.22c）。

（2）当 $b \leqslant 12$ m 时，采用两侧设钢丝绳锚杆悬挂、沟底设放射状钢丝绳锚杆固定的 VX 型（图 5.22a）。

（3）$b>12$ m 时，由于沟底较宽，采用在 VX 型的基础上于沟中增立钢桩的 UX 型（图 5.22b）。

柔性网安装后，自重荷载使网顶下垂成弧形，高度会有所降低，残余有效高度取原始高度的 3/4；网孔孔径仍取拟拦块径之 1.5～2.0 倍；对溢流的上支撑绳中间段，可套上钢管抗过流的磨损。

一般先比选出土压力与大石冲击力之大值，再考虑经环形网、减压环消减后的剩余荷载，进行结构设计。成品的支撑绳、拉锚绳、边界绳一般均可满足要求，重点是检算钢柱的抗弯能力和锚杆的抗拔能力，尤其是大石可能直接击中钢柱时。

拉锚绳要强化锚固，否则易受泥石流冲蚀而损毁。网底一定要顺沟底向上游铺覆并紧固，否则泥石流易从网底冲出，如四川亚丁的某泥石流沟的网因此而毁坏。

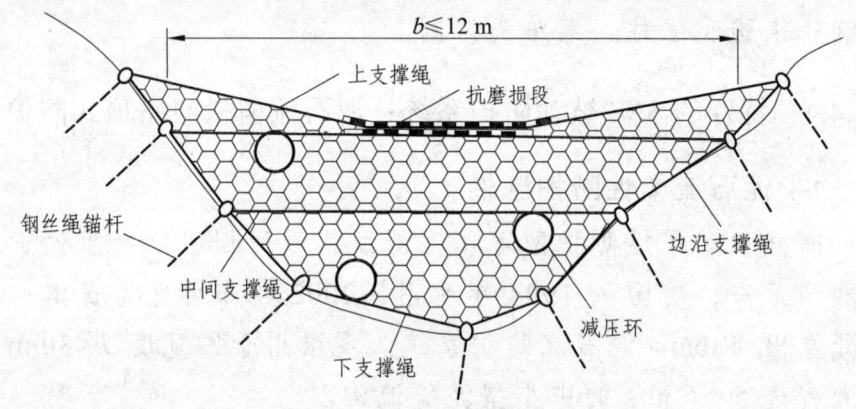

（a）VX形泥石流栅栏结构示意图

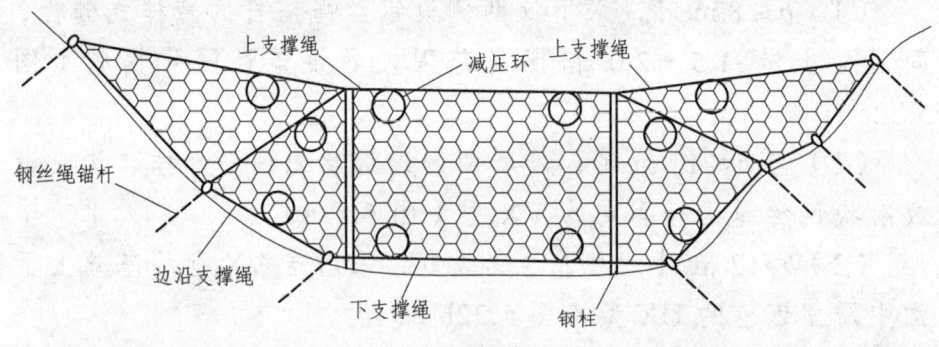

（b）UX形泥石流栅栏结构示意图

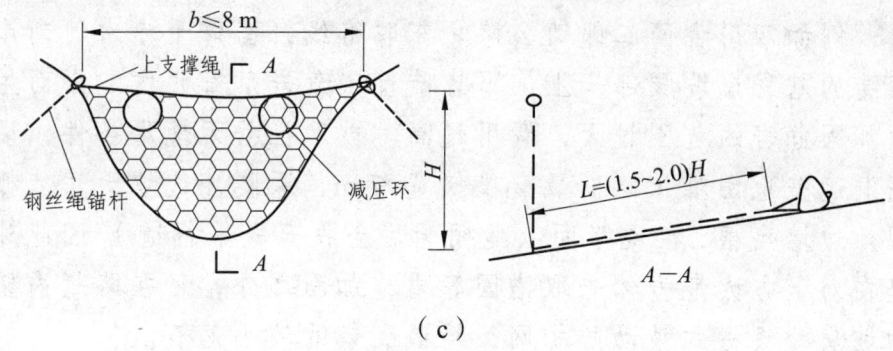

图 5.22 悬挂式泥石流栅栏结构示意图[28]

2）屋顶式 SNS 被动防护网

当线性工程的内、外边坡都高而陡直，设棚洞等遮盖工程无条件时，可在内边坡试用屋顶式（檐式）SNS 被动防护系统。有两种类型：

（1）水平型：近水平安装定型化标准结构的 RXI 系统，但不设下拉绳与中间加固拉绳，适当加强上拉绳，并可采用下支撑来增加钢柱的刚度（图 5.23a）。注意及时清除停积在网上的落石。

（2）下斜型：柔性网倾斜向下安装，落石不在网上停留，并继续向前运动，网的防护能力得以改善。但要强化上拉绳与钢柱（图 5.23b），网的使用面积要比水平型大。

（a）基于定型化标准结构的水平型　　（b）倾斜向下安装的下斜型

图 5.23 屋顶式栏石网结构[29]

例如四川古蔺二郎镇公路之东联络线，凿辟于赤水河南岸高陡的基岩岸坡腰部，上、下皆陡壁，危岩落石频发。全面主动加固危岩的范围过大，费用过高。被动拦截无地形条件，设棚洞遮盖也困难（路面最窄段仅宽7m，深陡外边坡无法使棚洞外边墙生根，在现路面上建棚洞后会收窄成单行道）。因此建议在对上方大危岩体采取锚固等措施加固之外，可在路堑内壁的坡肩处设檐式被动防护网，拦截剩余的较小落石。

5.3.4.5 施工与维护

1）施工要点

（1）清坡与放线：清除危及施工安全的坡面滚石。网位不能变动；钢柱间距允许20%的调整量，以避开坡面凹凸与沟脊；局部走向可以微调。

（2）基础与安装：基岩中直接钻锚孔，长不超过4m，灌注水泥砂浆安装锚杆；土层中挖基坑浇筑混凝土基础，同时埋设锚杆。基座地脚螺栓锚杆长1m。

（3）钢柱与拉锚绳：基础初凝后，钢柱与拉锚绳同时安装，调试拉锚绳长度使钢柱达设计的倾角。

（4）支撑绳与减压环：上绳先于柔性网铺挂前安装，下绳可先于也可后于柔性网安装，后装时直接穿过下沿网孔而省去缝合绳。先将减压环调到正确位置后，再张紧支撑绳。单根支撑绳长度不宜超过70m。

注意：减压环设于支撑绳与上拉绳上，侧拉绳与下拉绳上不设。

（5）挂网与缝合：用绳卡或卸扣将网临时悬挂在上支撑绳上，悬挂点宜在上沿网孔以下；再在网与支撑绳间和各网块间用绳缝合。

（6）格栅：小孔格栅与柔性网间用扎丝扎结，并适当翻越网顶上沿；格栅下部留有富余并平铺于网后坡面上且压住，以防小石从网底漏走。

2）工程维护

（1）每年一次对系统的工作状态进行检查。

（2）清除截拦土石，网后堆积高度不能超过网高的1/4。

（3）支撑绳和拉锚绳有两根以上钢丝断裂或严重扭曲时，应更换整根绳或局部绳段；支撑绳松弛下凹超过网高的10%时，应重新张紧。

（4）减压环的伸长量超过其最大伸长量的50%或环已变形破坏时，应予更换减压环及其所在的绳段。

（5）柔性网与格栅最易受损，可用钢丝或钢丝绳按交叉或环绕方式加以局部修补，当一张网有10个以上环孔破损时则整张更换。

（6）绳卡如有滑动痕迹，应重新紧固。

（7）钢柱受落石直接冲击而弯曲角超过15°或系统的高度降低10%以上时，应予更换。

（8）拉锚锚杆有拔出迹象或外露段有损伤的，应重设锚杆。基础位移超过5 cm的，应予加固。

（9）基座与地脚螺栓锚杆变形破坏而影响使用时，应更换或移位重建。

5.3.5 明（棚）洞的设计原则[21]

当崖面过陡连设被动防护网也困难时，可对有高差条件的崖下线性工程使用明（棚）洞遮挡，如新建的茂汶路茂县白岩子崩塌段和都江堰市虹口公路危岩段。崩塌物多而频繁时，可采用框架棚洞；外侧设基础有困难时，可采用钢筋混凝土悬臂式棚洞。防更高大落石并兼抗滑时，可设明洞（图5.24）。

明（棚）洞的设计与计算按隧道规范执行。一般设计原则为：

（1）明洞拱圈采用对称式截面，拱脚厚度为拱顶的 1.0～1.5 倍；边墙一般用直墙，侧压较大时用曲墙，地基松软时曲墙加仰拱。

（2）拱圈用 C20 混凝土，边墙和仰拱用 C15 混凝土，铺底用 C10 混凝土。

（3）棚洞顶梁采用钢筋混凝土 T 形梁，梁高 h 与跨度 L 之比取 1/6～1/8，梁宽不小于 30 cm，最小厚度不小于 12 cm；边墙顶帽边缘与支座边缘的距离应符合要求。

（4）洞的地基要牢固，基底压应力应不超过地基允许承载力；尤其是明洞外边墙应力集中，更应置于坚实地基上。

（5）洞顶回填土厚度不小于 1.5 m，填土坡率 1∶3～1∶5，层厚 0.3 m 分层夯实。

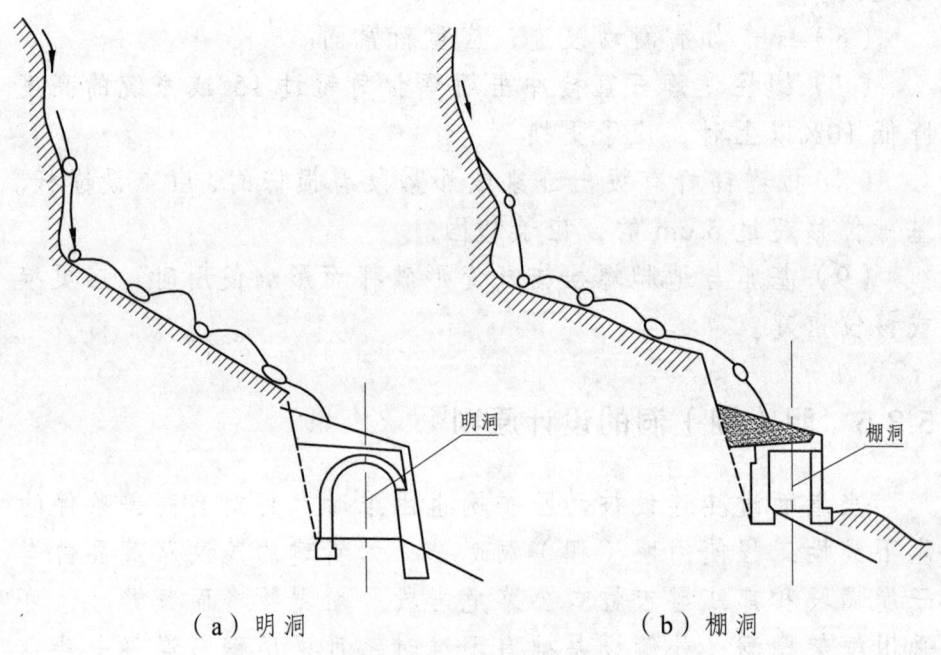

图 5.24 防止危岩落石明洞与棚洞[2]

（6）棚洞落石的垂直坠击力 P 可按前述 5.1.6.4 公式计算。

例如，什邡将军岩危岩规模巨大，频繁落石使其下公路的车辆行人时有伤亡，因难以主动加固危岩体，为保护其下马槽滩段公路安全通行，按落石直径2 m、跳高3 m设计修建了两座共长272 m公路明洞，并经受了"5·12"汶川地震的考验，震下的块径3 m以上的巨石也未对明洞主体造成损害。地震致崩塌堵河后，堰塞湖水从明洞顺畅泄流。

汶川地震后，何思明等[33]研发了新型耗能减震棚洞，在梁下设耗能减震器代替洞顶土质缓冲层，工程较简易，防冲效果更好；还以国道213线映汶段为依托，开发了新钢结构棚洞，在土层与面板间添加EPS泡沫材料，减小了结构的应力与应变。

5.3.6 檐式挡墙与坡面障桩

1) 檐式挡墙

除明洞与棚洞之外，还可在上方崖面修建檐式挡墙对其下道路加以遮挡。

悬臂挑檐的长度以能遮盖道路为度，挑檐上覆填土作落石缓冲层（图5.25a）。或作钢筋混凝土的檐式挡墙，直接承受落石的冲击，顶面呈有利于落石运动的凹曲线以减小冲击；基础宜置于基岩上，用锚杆将墙背固定在稳定的岩壁上（图5.25b）。

例如，四川茂县白岩子危岩崩塌，直接威胁下方213国道，就地加固危岩则工程量过大，下方设挡石工程又因公路内壁高陡而无空间条件，只能进行棚洞与檐式挡墙之方案比选。设棚洞因外侧岷江深切，外边墙高大而工程量较大；笔者曾建议采用如图5.25a的檐式挡墙，因遮盖7.5 m宽路面所需的悬臂较长，又建议悬臂下设斜撑。

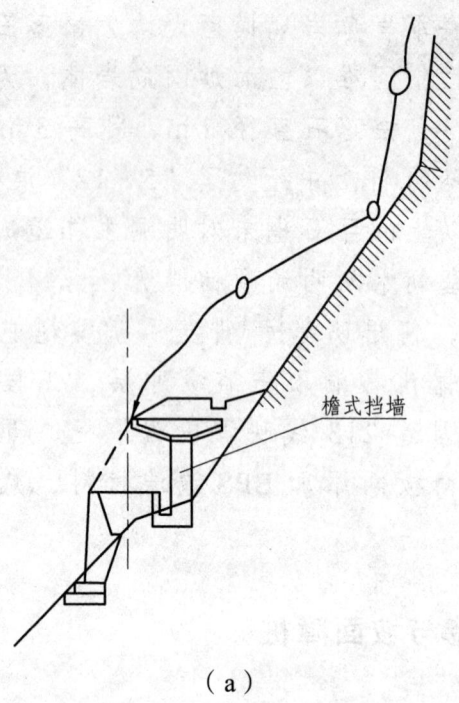

(a)

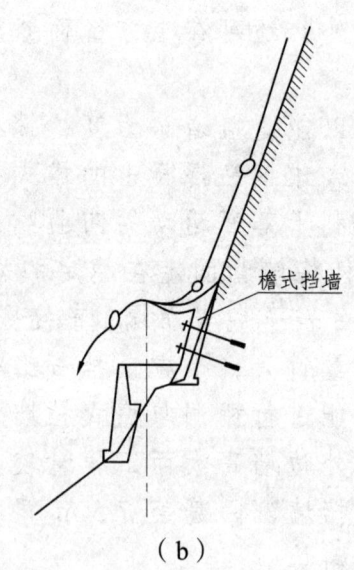

(b)

图 5.25　檐式挡墙[2]

2）坡面障桩

当危岩巨大，一般拦石工程难以抵御，或落石范围较大，单排拦石工程难以定位时，可在落石途经的坡面上，设障桩拦石与消能（图5.26）。

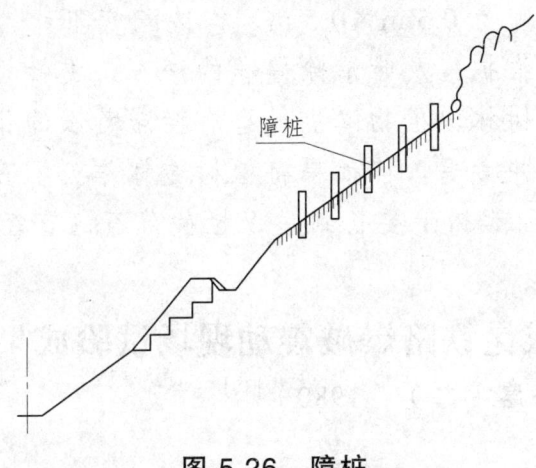

图 5.26　障桩

障桩有以下功能：

（1）停积。小落石受障桩拦阻而被停积于桩林中，不再向下运动。

（2）消能。大落石冲击障桩将桩击弯或击倒，从而被消能，不再继续跳跃，而多向下滚动，下部的拦石墙和拦石网所受落石冲击荷载大减，结构可以承受，起到"舍车保帅"的作用。

（3）护坡。与树林相似，保护坡面不因落石冲击而促发欠稳定岩土体的崩塌，避免加大崩塌体规模。

（4）捕捉。障桩布设范围大，尽管落石冲击点难以精确定位，但总难以逃出障桩范围而被捕捉，绝少漏网之石。

障桩的设计原则：

（1）布于危崖下至拦石工程之间，范围大而成林。

（2）多排交错布置，排距宜小于桩高的2倍，列距宜小于

3倍最大落石直径与2倍桩宽之和。

（3）允许障桩被击毁，故对桩的结构和刚度不作过高要求，可采用工字钢与钢轨，也可用钢筋混凝土桩。

（4）桩高出坡面不宜超高 3 m，嵌固 1.5~2.0 m；钢筋混凝土桩的截面宜为 0.5 m×0.5 m，构造配筋即可。

（5）加强维护，及时清除停积的滚石，更换损毁的障桩。

坡面既有树林似生物障桩，也有拦滞落石的作用，可纳入拦石体系中一并考虑。但如果将植树造林作为拦石的生物工程则不够现实，因为树干要长到足以拦截落石的直径，为时过晚。

附录 5.1　成昆铁路爆破震动现场试验成果

（摘自《成都铁路（二）》，1980）[39]

1）确定地面振动最大速度 v

地面振动最大速度(cm/s)：

$$v = k \cdot \left(\frac{Q^{\frac{1}{3}}}{r}\right)^{\alpha} \quad (5.36)$$

式中：Q——一次爆破最大装药量(kg)；

r——测点与爆源的距离(m)；

k、α——与地质条件有关的系数，一般 $k = 20$~400，$\alpha = 1.0$~2.0。$v_垂$的试验值为：石灰岩地面 $k = 152$，$\alpha = 1.3$；风化破碎砂页岩 $k = 120$，$\alpha = 1.5$。此外，k、α 取值还应考虑爆破振动的高程效应而进行修正[40]。

2）爆破影响的判据

选用最大地面垂直振动速度 $v_垂$ 作为衡量破坏程度的判据，

爆破地震最大地面垂直振动速度与震害情况的对照如下表 5.9 所示。

表 5.9 爆破地震最大地面垂直振动速度与震害情况对照表[39]

$v_{垂}$(cm/s)	地面破坏情况			建筑物破坏情况
	砂土碎石土砾石土	破碎岩层	完整岩层	
1.5~5.0	高陡边坡少量掉块			
5~10	陡坎堆积层小裂缝	坑道松帮落石		干砌矮墙片石错动
10~20	砂土弃渣开始溜坍	临空面原裂缝微张		干砌片石垛局部坍塌，砖墙开裂
20~35	碎石土田坎坍塌	坑道松石较多震落，拐角少量坍方		块石堆砌堤坝坍落，浆砌卵石松动，浆砌抹面裂纹
35~55	缓坡块石移动，地表开裂(长2~3 m，宽<5 mm)		层面节理面微张或错动	砖砌炉灶、烟囱大量损坏
55~80	地面产生大裂缝（长>10 m，宽>5 cm，可见深度2~2.5 m）		大块岩体沿大裂隙崩落	建筑物严重破坏，砖墙局部震倒，房屋结构变形，竹泥巴墙歪倒
80~110			层理节理面错动或张开，基岩面现新裂缝，原裂缝压缩	
>110			进入爆破漏斗范围	

例：前述石棉"5·25"落石，岩质为破碎之火成岩。瀑布沟水电站方在落石源上方 28 m 处放炮辟路，每次装药 48 kg，单孔药量 4.8 kg。据式（5.31），按石灰岩参数，逐孔延时起爆，则地面振动最大速度：

$$v = 152 \cdot \left(\frac{4.8^{\frac{1}{3}}}{28} \right)^{1.3} = 3.9 \text{ (cm/s)}$$

如按各孔同时起爆，则 $v = 10.7$ cm/s，即 v 为 5~10 cm/s 级。对照表 5.9，爆破对破碎岩体仅有轻微松动影响，且落石前 26 d 已停止爆破，故放炮震动不是落石的主因。岩体被三组结构面分割成危岩块体才是落石的根本原因，之前该路段坡体每年均发生零星坍塌落石 6~11 次即为佐证。

附录 5.2　链子崖危岩变形特征与整治意见（蒋忠信，1991—1996）

附 5.2.1　链子崖危岩工程整治的专家系统意见之灰色统计决策[30]

20 世纪 90 年代初在中铁二院开展的长江三峡链子崖危岩防治可行性方案研究中，组织全院 14 名高级专家进行现场调研，采用德尔菲（Delphi）方法（具体参见文献[41]）调查专家意见，再用灰色统计法（具体参见文献[42]）进行处理，得出了危岩形成因素、分区整治紧迫性和工程整治措施重要性等决策意见，为方案研究提供了依据（表 5.10~表 5.12）。

表 5.10 链子崖危岩形成因素类别与重要性排序

重要性类别	重要性排序	危岩形成因素
主要因素	1	长期采煤
	2	区域地质构造与断层
	3	节理裂隙
	4	岩体重力作用
	5	软硬相间的地层结构
次要因素	6	陡崖边坡的卸荷作用
	7	地下水的各种作用
	8	岩溶
	9	气候条件（降雨、温差）
	10	地震

表 5.11 链子崖危岩分区整治紧迫性决策顺序

紧迫性类别	紧迫性顺序	区域
急需整治	1	T11～T12（T 为裂缝）
	2	7 千方
	3	T8～T11
	4	猴子岭
	5	T7
第二期整治	6	表层蠕滑体
	7	雷劈石
	8	T0～T6

表 5.12 链子崖危岩工程整治措施的重要性类别与顺序

重要性类别	重要性顺序	工程整治措施
主体措施	1	置换支顶煤系地层
	2	水平洞室锚索
	3	陡崖外部支挡
辅助配套措施	4	地表排水
	5	江岸拦石墙
	6	局部清方
	7	锚固桩
	8	嵌补裂缝
	9	抗滑键

附 5.2.2 链子崖危岩北区变形特征的分析预测[28,43]

1）变形特征的分析

在链子崖危岩防治可行性方案研究中，对搜集的危岩北区 6 个测点 1978—1987 年时段位移速率与方位的资料进行了以下统计分析。

（1）通过各位移参数的统计以及对相邻两测点的相关性分析，显示该区危岩可分为 T8～T9、T9～T11、T11～T12 三个亚区，其中 T11～T12 最不稳定，T8～T9 与 T9～T11 较不稳定，T8-1 以南较稳定。

（2）通过各测点的位移参数间的相关性分析，显示 T11～T12 具顺层滑移特征，T8～T9 与 T9～T11 有向下错落之迹象。

（3）通过各测点平面位移方位与时间的回归分析，发现该区危岩因受"核桃背"的阻抗和陡崖岩体的重力与卸荷作用，平面位移随时间而有右旋之趋势。

（4）通过各测点年水平位移量、年垂直位移量与时间的回归分析，显示该区危岩因受"核桃背"的阻抗，位移速率呈现一定程度的减小趋势。

以 $G_上$ 点为例，各位移参数的回归分析结果列于表 5.13。

表 5.13　链子崖危岩北区 $G_上$ 点各位移参数的回归分析结果

位移参数	回归曲线方程	曲线性质	注
水平位移总方位	$y = 23.44 - 15.76\ln x$	对数曲线	x 为年份序号(1978 年为 1)，坐标 (x, y) 与原点连线为位移方位
年水平位移值(mm)	$L = 16.69\, t^{-0.934}$	抛物线	t 为年份序号(1978 年为 1)
年垂直位移值(mm)	$h = 9.433\, t^{-0.993}$	抛物线	t 为年份序号(1978 年为 1)

2）位移参数的预测

由于各位移参数具有一定的趋势性，使采用简单回归曲线外延 3 年来短期预测这些参数的变化成为可能。1988—1990 年的预测值与实测数据对比于表 5.14，显示对测点 $G_上$ 的预测准确，$B_上$、T_8 较准确，$F_上$ 的预测偏差较大。

预测的年份接近整治工程实施期，可为动态设计提供依据。例如，对 $G_上$ 点所在的"5 万方"，加固工程的检算剖面和纵列应为 NE5° 左右，工程方案设计建议的锚固方向为 NWW 向（1978—1983 年位移方向为 NW17°），就未察觉位移方向的右旋趋势；施工设计将锚固方向调整为 N 或 N 偏 E，是合理的。

表5.14 链子崖危岩位移参数的预测与实证

测点	变形特征参数	1988—1990年文献[43]预测值	1987—1993年实测值
$G_上$	水平位移总方位	NE5°	NE1°
$G_上$	水平位移年平均值(mm)	1.65	1.5
$G_上$	垂直位移年平均值(mm)	0.81	0.85
$F_上$	水平位移总方位	NE15.2°	NE30°
$F_上$	水平位移年平均值(mm)	3.32	1.7
$F_上$	垂直位移年平均值(mm)	0.12	0.79
$B_上$	水平位移总方位	NE22.4°	NE35°
$B_上$	水平位移年平均值(mm)	2.71	1.7
$B_上$	垂直位移年平均值(mm)	0.42	0.44
T_8	水平位移总方位	NE36.5°	NE54°
T_8	水平位移年平均值(mm)	2.16	1.2
T_8	垂直位移年平均值(mm)	1.21	0.93

参考文献

[1] 刘丹,等.落石水平运动距离影响因素的模型试验研究.水文地质工程地质,2013(6).

[2] 蒋忠信,陈光曦,吴宗俭,等.中国山区道路灾害防治.重庆大学出版社,1996.

[3] 王学良,等.地震型砾岩崩塌体运动学特征分析.水文地质工程地质,2011(2).

[4] 赵其华,等.大渡河黄金坪水电站地下厂房后山高边坡稳定性研究报告.成都理工大学,2008.

[5] 编写组.工程地质手册.北京:中国建筑工业出版社,1975.

[6] 孙玉科,等.赤平极射投影在岩体工程地质力学中的应用,

1980.

[7] 曾宪明, 等. 土钉支护设计与施工手册. 北京: 中国建筑工业出版社, 2000.

[8] 蒋忠信. 边坡临界高度卡尔曼公式之工程应用. 岩土工程技术, 2007(5).

[9] 重庆市地方标准. DB50/143—2003 地质灾害防治工程勘察规范.

[10] 唐红梅, 等. 危岩裂隙水压力修正计算方法. 中国地质灾害与防治学报, 2008(4).

[11] 曾纪全, 等. 岩体抗剪强度参数的结构面倾角效应. 岩石力学与工程学报, 2004(20).

[12] 陈炜, 等. 楔形体稳定的塑性极限的分析下限法. 岩土工程学报, 2009(3).

[13] 曹楚生. 岩体在两倾斜平面交线方向的抗滑计算. 土木工程学报, 1981(3).

[14] 罗国煜, 等. 岩坡优势面分析理论与方法. 北京: 地质出版社, 1992.

[15] 赵旭, 等. 水电站高边坡滚石防护计算研究. 岩石力学与工程学报, 2005(20).

[16] 洛仑兹 E N. 混沌的本质. 北京: 气象出版社, 1997.

[17] 朱颖, 等. 复杂艰险山区铁路减灾选线理论与技术. 北京: 科学出版社, 2016.

[18] 黄润秋, 等. 滚石运动特征试验研究. 岩土工程学报, 2007(9).

[19] 严璧玉. 成昆铁路金沙江右岸落石试验//铁路工程地质实例. 北京: 中国铁道出版社, 2011.

[20] 叶四桥, 等. 落石冲击力计算方法的比较研究. 水文地质工程地质, 2010(2).

[21] 铁道部第二设计院. 铁路工程设计技术手册: 隧道. 北京:

人民铁道出版社，1978.

[22] 中交第二公路勘察设计研究院. JTJ013—1995 公路路基设计规范. 北京：人民交通出版社，1995.

[23] 杨其新，等. 落石冲击力计算方法的试验研究. 铁道学报，1996(1).

[24] 叶四桥，等. 落石冲击力计算方法. 中国铁道科学，2010(6).

[25] 慕青松，等. 低含水率非饱和土抗剪强度研究. 岩土工程学报，2004(5).

[26] 铁道部第一勘测设计院. 宝成铁路观音山车站岩石边坡开裂预应力锚索加固与测试//国内外岩土工程实例与实录选编. 沈阳：辽宁科学技术出版社，1992.

[27] 陈洪凯，等. 危岩锚固计算方法研究. 岩石力学与工程学报，2005(8).

[28] 蒋忠信. 链子崖危岩体北区变形特征与整治探讨. 中国地质灾害与防治学报，1996(4).

[29] 阳友奎，等. 坡面地质灾害柔性防护的理论与实践. 北京：科学出版社，2005.

[30] 蒋忠信. 长江三峡链子崖危岩工程防治的专家系统意见之灰色统计决策. 路基工程，1991（1）.

[31] 铁道部第一勘测设计院. 铁路工程设计技术手册：路基. 北京：中国铁道出版社，1992.

[32] 叶四桥，等. 基于落石计算的半刚性拦石墙设计. 中国铁道科学. 2008(3).

[33] 崔鹏，等. 汶川地震山地灾害成灾机理与风险控制. 北京：科学出版社，2011.

[34] 中国地质灾害防治工程行业协会团体标准. 地质灾害防治工程拦石墙设计规范（送审稿），2017.

[35] 张钧. 焦柳铁路危岩落石整治工程勘测设计回顾//铁路工

程地质实例．北京：中国铁道出版社，2011．
[36] 阳友奎，等．斜坡坡面地质灾害柔性防护系统概论．地质灾害与环境保护，2006(2)．
[37] 刘成清，等．被动柔性防护网中减压环力学试验及有限元分析．岩石力学与工程学报，2016(6)．
[38] 中国地质灾害防治工程行业协会团体标准．危岩落石柔性防护网工程技术规范（送审稿），2017．
[39] 成昆铁路技术总结委员会．成昆铁路 2：线路、工程地质及路基．北京：人民铁道出版社，1980．
[40] 谭文辉，等．边坡爆破振动高程效应分析．岩土工程学报，2010(4)．
[41] 姚令侃．降雨泥石流形成要素的分析．水土保持通报，1987(2)．
[42] 邓聚龙．灰色系统．北京：国防工业出版社，1985．
[43] 蒋忠信．长江三峡链子崖危岩北区变形特征分析．工程勘察，1992(6)．

第6章 泥石流治理工程勘查设计技术问题探析

2008年5月12日汶川大地震发生在地形地质环境复杂的龙门山区，普遍预测震后泥石流将增多增强且持续若干年，是最主要的次生山地地质灾害类型。果然，当年9月24日即在震区普发泥石流，可谓雪上加霜。之后每年，震区都大范围暴发大规模泥石流，尤以2010年8月13日和2013年7月10日灾害为重。于是，泥石流防治工作迅即全面展开，成为震区地震次生灾害的防治重点之一。

在一般山区泥石流的基础上，为初步总结震后近千条泥石流的勘查与治理工程设计的经验，笔者于2014年编著出版了《震后泥石流治理工程设计简明指南》(以下简称《指南》)，以有助于泥石流防治工作的进展。但在进一步的实践中，仍凸现不少勘查设计问题，这与《指南》(甚至包括笔者参编的2006版《勘查规范》)的内容不够完善甚至立论不够严谨不无关系。本章结合新近出台的勘查、设计规范，对突出的疑难问题加以探析。

6.1 泥石流特征参数计算问题探讨

6.1.1 泥石流治理工程勘查要点

1）调绘要点

（1）历次泥石流的性质、特征、规模、物源地、危害及相应暴雨频率，泥痕尤其是弯道泥痕调查。

（2）危害对象与范围，防治目的与紧迫性。

（3）汇水面积，沟道纵坡，冲淤特征与分段。

（4）既有防治工程的结构、功效、稳定性、现状与改造的可能性。

（5）主河的水文特征、输沙能力及可能的堵溃灾害。

（6）所穿公路桥涵的过流能力及改扩建的可能性。

（7）流域内水库的规模、运行方式及调洪能力。

（8）沟道与主河的堵溃特征，堰塞坝的结构与稳定性。

2）松散固体物源调查

（1）调查内容：分布、类型、规模、稳定性。

（2）类型：崩塌滑坡体、坡面侵蚀物、沟床堆积物。

（3）规模：静储量、动储量、一次堆积体积。

（4）粒度：室内颗粒分析、现场块径统计、堆积体孔隙度与大重度试验。

3）厘定泥石流特征值

（1）泥石流体重度。

（2）泥石流断面平均流速（包括防治工程）。

（3）泥石流峰值流量。

（4）据泥痕尤为弯道泥痕印证计算的流速、流量。

（5）一次泥石流体总量、一次泥石流冲出的固体物质总量与堆积体积。

（6）泥石流体整体冲压力（对防治工程）。

（7）泥石流冲起高度与泥石流爬高（对防治工程）。

（8）泥石流弯道超高（对防治工程）。

4）地震区泥石流

（1）泥石流沟的判别：泥石流严重程度评判，泥石流沟与潜在泥石流沟判别。

（2）泥石流暴发频率与重度的调整。

（3）泥石流峰值流量的修正。

6.1.2　厘定泥石流体重度：困惑与反演

泥石流是概率低、过程短、速度快的毁灭性灾害，要在现场捕捉、目击、量测泥石流的特征值谈何容易，甚至可谓铤而走险。泥石流又是固、液、气三相混成体，机理复杂，要建立计算泥石流特征值的理论模式绝非易事。因此泥石流科学现今还处于半理论半经验阶段，作为治理工程设计依据的泥石流各特征值难以精准确定，对实际工作者是一大困惑。

此外，泥石流暴发后，流域条件会有所变化，继发的泥石流的特征值也会有所改变，将勘查所获已发泥石流的特征值用于未来泥石流的防治工程设计，逻辑上存在困难。

厘定泥石流各特征值中，尤感疑难的有泥石流体的重度、平均流速、凹岸超高、峰值流量、堆积量与冲击参数。本节论述泥石流体重度。

1）既有方法的局限性

《泥石流灾害防治工程勘查规范》[1]（DZ/T 0220—2006）（以下简称《勘查规范》）中估算泥石流体重度的方法甚多，但都有限制条件。

（1）查表法：谭炳炎先生的"泥石流沟易发程度数量化评分表"[2]是用以评判泥石流发生概率的，这与暴发的泥石流的重度并无定量联系，查表结果偏差大。

（2）配浆法：泥石流目击人甚少，慌乱奔逃中能清晰观察流体液态的目击人更少之又少，凭回忆与配浆体进行对比常不现实，结果人为性大。建立在泥石流浆体重度基础上的泥石流体重度计算公式[3]也就难觅依据。

（3）堆积粒径法：主要适用于黏性泥石流。

据黏粒含量 P_{05}（粒径<0.05 mm，小数表示）和粗粒含量 P_2（粒径>2 mm，小数）的余斌公式（6.1）[4]，仅适用于重度 γ_C 大于 1.5 t/m³ 的泥石流。

$$\gamma_C = 2.0 P_{05}^{0.35} P_2 + 1.5 \tag{6.1}$$

据粒径>2 mm 的角砾含量（P_x，小数）和固体物质比重 γ_H(t/m³)的杜榕桓公式（6.2），对稀性泥石流偏差较大。

$$\gamma_C = (0.175 + 0.743 P_x)\cdot(\gamma_H - 1) + 1 \tag{6.2}$$

据黏粒含量（x，小数）的陈宁生公式（6.3）[3]，所得 γ_C 最小为 1.55 t/m³（$x=0$），最大为 1.916 t/m³（$x=0.18$），适用范围过小。

$$\begin{aligned}\gamma_C = &-1320x^7 - 513x^6 + 891x^5 - 55x^4 + 34.6x^3 - \\ &67x^2 + 12.5x + 1.55\end{aligned} \tag{6.3}$$

2）综合与反演

上述方法均有较大偏差或应用的局限性，因此单凭一种方法是不可靠的，应据各种方法相互印证，综合取值，并在有条件时据笔者归纳的式（6.4）反演泥石流体重度(t/m³)。

据该次泥石流堆积体积 V_H(m³)及其平均孔隙率 n、泥石流历时 T(s)、弯道形态勘查所得泥石流峰值流量 Q_C(m³/s)，泥石流中固体物质的重度 γ_H、水的重度 γ_W 分别取 2.65 t/m³、1.0 t/m³，则：

$$\gamma_C = \frac{6.25\cdot(1-n)\cdot V_H}{T\cdot Q_C} + 1 \tag{6.4}$$

6.1.3 计算断面平均流速：问题与改进

6.1.3.1 既有公式的地区局限性

计算泥石流断面平均流速的众多公式，都是采用以谢才-

曼宁公式为基础的斯式改进公式,结合地区经验修正而成,应用受限于地域与样本。

1)稀性泥石流

稀性泥石流流速计算公式主要有西南地区的铁二院公式、西北地区的铁一院公式、华北地区的铁三院公式、北京地区的市政院公式等,形式大同小异,可归纳为式(6.5):

$$V_C = \frac{1}{\sqrt{\gamma_H \phi_C + 1}} \cdot \frac{1}{n} R_C^{\frac{2}{3}} \cdot I^{\frac{1}{2}} \quad (6.5)$$

式中:V_C——泥石流断面平均流速(m/s);

γ_H——泥石流固体物质比重(t/m³);

ϕ_C——泥石流泥沙修正系数:

$$\phi_C = \frac{\gamma_C - \gamma_W}{\gamma_H - \gamma_C} \quad (6.6)$$

R_C——泥石流水力半径(m),天然沟道可用平均泥深(水深)H_C代替;

I——泥石流水力坡度(小数),天然沟道可用沟床纵坡代替。

n——糙率。各地区公式的区别仅在于糙率系数 $1/n$ 的取舍。西南公式的 $1/n$ 为巴克诺夫斯基糙率系数 M_C,北京公式用河床外阻力系数代替 $1/n$,华北公式将 $1/n$ 取为定值 15.5,西北公式将 $1/n$ 取为定值 15.3(同时将 $I^{1/2}$ 改为 $I^{3/8}$)。可见,西南与北京公式较慎密与适用。

2)黏性泥石流

黏性泥石流流速计算公式可归纳为式(6.7):

$$V_C = \frac{1}{n} \cdot R_C^\alpha \cdot I^\beta \quad (6.7)$$

与稀性泥石流流速公式对比，取消了流速修正项 $\frac{1}{\sqrt{\gamma_H \phi_C + 1}}$，泥深 R_c 与坡降 I 的幂指数 α、β 均未采用统一值。东川改进式的 $\alpha = 2/3$，$\beta = 1/5$，$1/n$ 用流速参数 K 化替；古乡公式的 $\alpha = 3/4$，$\beta = 1/2$，n 一般取 0.45；武都公式和通用公式的 $\alpha = 2/3$，$\beta = 1/2$，$1/n$ 采用各自的糙率系数表。实践表明，东川改进式较适用。

6.1.3.2 稀性泥石流流速公式的完善

稀性泥石流流速公式（6.5）基于清水流流速的谢才公式 $v = C \cdot R^{\frac{1}{2}} \cdot I^{\frac{1}{2}}$ 和曼宁公式 $C = \frac{1}{n} \cdot R^y$（$y$ 取 1/6）。y 取 1/6 的适用范围为糙率 $n<0.02$，水力半径 $R<0.5$ m，这对渠道比较适合。但对泥石流排导槽，尤其是沟谷泥石流，n、R 都远超出该适用范围。因此对泥石流流速，y 宜按巴甫洛夫斯基公式的简便式（6.8）取值：

$$y = A\sqrt{n} \tag{6.8}$$

当 $R<1.0$ m 时，$A = 1.5$；当 $R>1.0$ m 时，$A = 1.3$。

式（6.8）适用于 $0.011<n<0.04$，0.1 m$<R<3.0$ m。

据此，当 $R>1.0$ m 时，式（6.5）中的 $R_C^{2/3}$ 项应修正为 $R_C^{1/2+1.3\sqrt{n}}$，式（6.5）相应修正为：

$$V_C = \frac{1}{\sqrt{\gamma_H \phi_C + 1}} \cdot \frac{1}{n} R_C^{\frac{1}{2}+1.3\sqrt{n}} \cdot I^{\frac{1}{2}} \tag{6.9}$$

对沟谷泥石流，R_C 一般大于 1.0，故修正式（6.9）计算的流速要比式（6.5）大，R_C 愈大、n 愈大则相差愈大，即大 $R_C^{1.3\sqrt{n}}$。如表 6.1 所示，差比甚大，不容忽视。

表 6.1　按式（6.9）与式（6.5）计算的断面平均流速值之比（$v_{6.9}/v_{6.5}$）

糙率 n	0.2					0.12				0.06			
R_C(m)	1	2	3	4	5	2	3	4	5	2	3	4	5
$v_{6.9}/v_{6.5}$	1.00	1.50	1.89	2.25	2.56	1.37	1.64	1.87	2.06	1.25	1.42	1.55	1.67

6.1.3.3　据弯道泥痕高差计算流速的理论公式

泥石流流速各计算公式中，都有或类似有糙率系数项 $1/n$，查表取值。计算的流速值直接与 $1/n$ 成正比，$1/n$ 对流速计算的影响远高于 γ_C、R_C、I 等其他参数，尽量准确地选取 $1/n$ 值，是流速计算的关键。但不无遗憾的是，各公式的糙率系数表的赋值区间过大（最大与最小相差数倍至十数倍），取值依据繁复，难以据之准确取值，有人为随意性。例如常用的巴克诺夫斯基糙率系数表，原本是用于河床的，现移用于山区沟床，二者情况有别，据之取值勉为其难。

正因为可成倍左右流速计算结果的糙率系数取值相当困难，有必要尽量创造条件据弯道泥痕高差的流速公式印证计算流速(进而用形态勘查法印证峰值流量)。该公式系理论推导式，无糙率系数项，严谨而避免了人为性。

根据弯道泥痕调查所得凹、凸岸泥痕之高差值 ΔH（m），笔者在前人工作的基础上，归纳的据之计算流速的理论公式如下[5]（具体推导见附录 6.1）。

稀性泥石流：

$$v = \sqrt{R \cdot g \cdot \left(\frac{\Delta H}{B} - \tan\varphi\right)} \qquad (6.10)$$

黏性泥石流：

$$v = \sqrt{R \cdot g \cdot \left(\frac{\Delta H}{B} - \tan\varphi - \frac{c}{H \cdot \gamma \cdot \cos^2\theta}\right)} \qquad (6.11)$$

式中：v——断面平均流速（m/s）；
R——沟道中心曲率半径（m）；
g——重力加速度；
B——水流断面宽度（m）；
φ、c——泥石流流体的内摩擦角（°）、内聚力（kN/m²），据附录6.2估算；
θ——泥面倾角（°）；
H——平均泥深（m）；
γ——流体重度（kN/m³）。

如果φ、c值难以获取，且考虑可能发生洪流冲刷，可偏于安全地按洪水公式计算。

$$v = \sqrt{R \cdot g \cdot \frac{\Delta H}{B}} \quad (6.12)$$

6.1.4 凹岸水位超高计算公式的校正

泥石流排导槽、防护堤等排护工程在弯道凹岸要考虑泥位超高，即超出直道泥位的高度，据此加高凹岸的排护工程。但在《指南》与《勘查规范》中，凹岸超高计算公式不够严谨，应予校正并进一步探讨。

6.1.4.1 原推荐弯道超高公式的问题与校正

1）公式（图6.1）

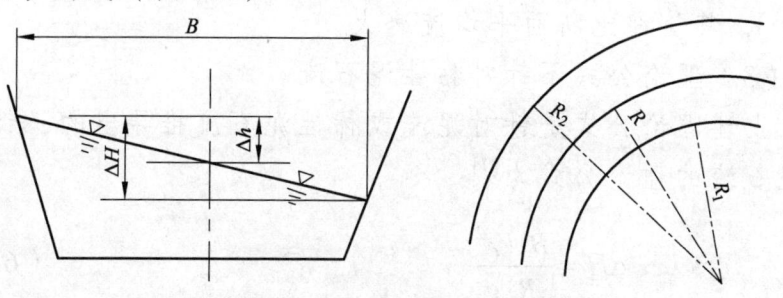

图6.1 泥位弯道超高图示

《指南》与两版勘查规范（2006，2017）推荐了计算弯道水位超高的水山高久实验公式[6]：

$$\Delta H = a \cdot \frac{B \cdot V_C^2}{R \cdot g} \quad (6.13)$$

（式中 $a>1$，与 R/B 有关，最高可达 10，当 $R/B=5$ 时 $a=1.65$。现多偏于安全取 2.0）和王韦的理论公式[7]：

$$\Delta H = \frac{V_C^2}{g}\ln\frac{R_2}{R_1} = 2.3\frac{V_C^2}{g}\lg\frac{R_2}{R_1} \quad (6.14)$$

式中：R_2、R_1、R——凹岸、凸岸、沟道中心线的曲率半径(m)；

V_C——泥石流流速(m/s)；

B——泥石流表面宽度(m)。

但对两公式的理解尚不够全面，对比也不够严谨，导致计算结果的偏差较大。

2）问题

（1）两公式的 ΔH 为弯道超高值。

弯道超高 ΔH 为凹岸与凸岸的水位之差，不是通常的凹岸超高 Δh（凹岸水深与上游正常水深之差），ΔH 应为 Δh 的 2 倍。

（2）两公式 V_C 的取值不同。

实验公式的流速 V_C 为断面平均流速，而理论公式的流速 V_C 为流核的平均流速（对泥流）或表面的液相流速（对稀性泥石流），其值都比断面平均流速大。

（3）理论公式不针对黏性泥石流。

上述理论公式是针对泥流或稀性泥石流推导出的，针对黏性泥石流的理论公式为[7]：

$$\Delta H = \frac{B \cdot V_C^2}{R \cdot g} \quad (6.15)$$

形式同清水流，但流速V_C采用表面流速。

3）校　正

（1）表面流速比断面平均流速大，但现尚未见表面流速的简易计算模式，因此应用理论公式是有条件的。

如有条件获取泥石流的表面流速，则对稀性泥石流用公式（6.14）、对黏性泥石流用公式（6.15）计算弯道两岸的水位高差ΔH，但应取ΔH的一半作为真正的凹岸超高值。

（2）如果未知泥石流的表面流速，而采用断面平均流速试用水山高久实验公式计算凹岸超高值ΔH时，也应注意使用条件。

① 水山高久的实验是稀性泥石流；

② 系数a的取值与R/B有关，最高可达10，只有当$R/B=5$时a可取1.65，a取2.0则偏大；

③ 实验值因故偏大，计算值为清水流的a倍，故此式应在试用验证a的取值后方宜纳入规范。

6.1.4.2　其他理论公式

1）清水流凹岸超高公式

根据离心力与横向力平衡，可推导清水流凹岸超高Δh计算公式[6]：

$$\Delta h = \frac{B \cdot V_C^2}{2 \cdot R \cdot g} \quad (6.16)$$

式中：V_C——泥石流断面平均流速(m/s)；

　　　g——重力加速度。

笔者主编的《中国山区道路灾害防治》[8]将此式应用于泥石流，结果会偏小，特此校正。

2）黏性泥石流弯道超高公式

周必凡等[9]推导出黏性泥石流弯道两岸水位高差ΔH计算公式：

$$\Delta H = B \cdot \left(\frac{V_C^2}{R \cdot g \cdot \cos\theta} + \tan\varphi \right) \qquad (6.17)$$

式中：θ——水面斜度（°）；

φ——泥石流体内摩擦角（°）。

6.1.4.3 公式的修正[5]

泥石流与清水流不同，其流体内的高黏性和固相颗粒体间摩擦碰撞离散切力，使其运动阻力甚大，其弯道超高计算模式理应考虑黏性和粒间切力的影响。

借用黏聚力和内摩擦角来分别表征流体黏性和粒间切力的影响，按照离心力与横向力平衡的思路，笔者（2007）推导出泥石流凹岸超高计算式（6.18），推导过程见附录6.1。

$$\Delta h = \frac{B}{2} \cdot \left(\frac{V_C^2}{R \cdot g} + \tan\varphi + \frac{c}{H \cdot \gamma \cdot \cos^2\theta} \right) \qquad (6.18)$$

式中：B、θ——泥石流表面宽度(m)与水面斜度（°）；

V_C、H——泥石流断面平均流速(m/s)与平均泥深(m)；

R——沟道中心线的曲率半径(m)；

g——重力加速度；

φ、c、γ——泥石流体的内摩擦角（°）、黏聚力（kPa）与重度（kN/m³）。c、φ取值[10]参考附录6.2。

1）黏性泥石流

黏性泥石流体的黏度和颗粒间离散切力都较大，同时考虑这两方面阻力的式（6.18）首先适用于黏性泥石流。

2）稀性泥石流

稀性泥石流体的黏度小，黏聚力可忽略，即式（6.18）中$c/(H\gamma\cos^2\theta)$项为0，故其弯道超高式为：

$$\Delta h = \frac{B}{2} \cdot \left(\frac{V_C^2}{R \cdot g} + \tan \varphi \right) \tag{6.19}$$

3）泥　流

泥流流体的粒间离散切力可忽略，即式（6.18）中 $\tan\varphi$ 项为 0，故其弯道超高式为：

$$\Delta h = \frac{B}{2} \cdot \left(\frac{V_C^2}{R \cdot g} + \frac{c}{H \cdot \gamma \cdot \cos^2 \theta} \right) \tag{6.20}$$

6.1.4.4　实例验证

1）黏性泥石流

据游勇[11]进行的黏性泥石流水槽实验：断面平均流速取两次实验的平均值 $V_C = (2.75 + 3.01)/2 = 2.88 \text{ m/s}$；平均泥深 $H = 0.290 \text{ m}$；水槽中心曲率半径 $R = 1.2 \text{ m}$；泥面宽度 $B = 0.5 \text{ m}$；泥面斜度 $\theta = 43.5°$；流体重度 $\gamma = 20 \text{ kN/m}^3$。据相同重度流体的剪切试验，内摩擦角 $\varphi = 4.5°$，黏聚力 $c = 0.088 \text{ kPa}$。

据式（6.18），得凹岸泥位超高：

$$\begin{aligned}\Delta h &= \frac{0.5}{2} \cdot \left(\frac{2.88^2}{1.2 \times 9.81} + \tan 4.5° + \frac{0.088}{0.29 \times 20 \times \cos^2 43.5°} \right) \\ &= 0.406/2 \\ &= 0.203 \text{ m}\end{aligned}$$

实测凹、凸岸泥位高差取两次平均值：$\Delta H = (0.50 + 0.45)/2 = 0.475 \text{ m}$，凹岸超高 $\Delta h = \Delta H/2 = 0.2375 \text{ m}$。计算值比实验值小 14.5%。

如按实验公式（6.13），a 取 1.65，则 $\Delta H = 0.581 \text{ m}$，$\Delta h = 0.2905 \text{ m}$，比实验值大 22.3%。

如按原理论公式（6.17），得 $\Delta h = 0.2625 \text{ m}$，比实验值大 10.5%。

2）稀性泥石流

四川省汶川县磨子沟 2005 年 8 月 17 日暴发稀性泥石流，流体重度为 $15\ kN/m^3$，勘测所得参数如下[12]：

（1）凸岸曲率半径 10.3 m，凹岸曲率半径 13.3 m，沟道中心曲率半径 $R = 11.8\ m$；

（2）泥面宽度 $B = 13.3 - 10.3 = 3\ m$。

（3）按经验公式所得流速 $V_C = 3.513\ m/s$。

据经验，内摩擦系数 $\tan\varphi = 0.07$，则据式（6.19），算得凹岸泥位超高：

$$\Delta h = \frac{3.0}{2} \cdot \left(\frac{3.513^2}{11.8 \times 9.81} + 0.07 \right) = 0.265\ m$$

实测弯道两岸泥位高差 $\Delta H = 0.5\ m$，凹岸超高 $\Delta h = 0.25\ m$。计算值比实验值大 6.0%。

如按实验公式（6.13），a 取 1.65，则 $\Delta H = 0.528\ m$，$\Delta h = 0.264\ m$，比实验值大 6.3%。

如按原理论公式（6.14），表面流速如为 4.38 m/s，则 ΔH 为 0.5 m；如按平均流速 3.513 m/s，则 Δh 为 0.161 m，比实验值小 35.6%。

6.1.5 峰值流量计算：悖论与建议

6.1.5.1 计算峰值流量向下游减小的悖论与原因分析

1）悖 论

对泥石流沟中的结点和拟设工程部位均要计算泥石流峰值流量，作为拦排工程设计的依据。但在勘查报告审查中，常发现用雨洪法计算所得下游断面的峰值流量小于上游断面，有的是泥石流峰值流量向下游断面减小，有的则是清水流量就向下游断面减小。

在无渗流的通常情况下，清水流量应向下游逐渐增大；在不大量沉积的通常情况下，泥石流峰值流量也应向下游增大。出现下游断面的峰值流量小于上游断面的计算结果，是一个悖论。

2）原　因

出现这一悖论的原因是计算参数的取值问题，包括以下两方面：

一是分段取值，即计算下游断面时，按其与上一断面之间的范围取值（详见后述）。

二是断崖式取值，即在查图、表时，上、下游断面处于分界线的两边，分别取值形成断崖式差异，对计算流量的影响显而易见，包括暴雨强度 S_p、汇流参数 m、暴雨参数 n 等。

6.1.5.2　计算参数分段取值的问题与改正

常见的分段取值问题出现在平均比降与堵塞系数，分别影响清水流量与泥石流峰值流量的合理计算。

1）平均比降取值方法对清水流量计算的影响[13]

要强调的是，水电系统推理公式中的平均比降 I 是"沿最远流程的平均比降"，即各计算断面均应从沟头起算平均比降，而不能采用两断面间的比降。据推理公式，清水流量 $Q_p \propto (1/\tau^n)$，而 $\tau \propto (1/I^{1/3})$，故 $Q_p \propto I^{n/3}$。

比如，西藏加马其美沟（图 6.2）A 断面以上与以下，主沟长度比为 4:1，汇水面积比为 10:0.7，主沟平均比降比为 2.6:1，则比降参数所致 A 断面流量与沟口流量之比 K 应为 $(1/2.6 = 0.386)^{n/3}$；设 $n = 0.6$，则 $K = 0.826$，即比降取值不当这一因素就使计算的沟口流量比 A 断面减少 17.4%；即使沟口断面起

算的汇水面积 F 增大 7%（$Q_p \propto F$），计算流量仍会比 A 断面约小 10%，呈现计算流量向下游减小之惑。

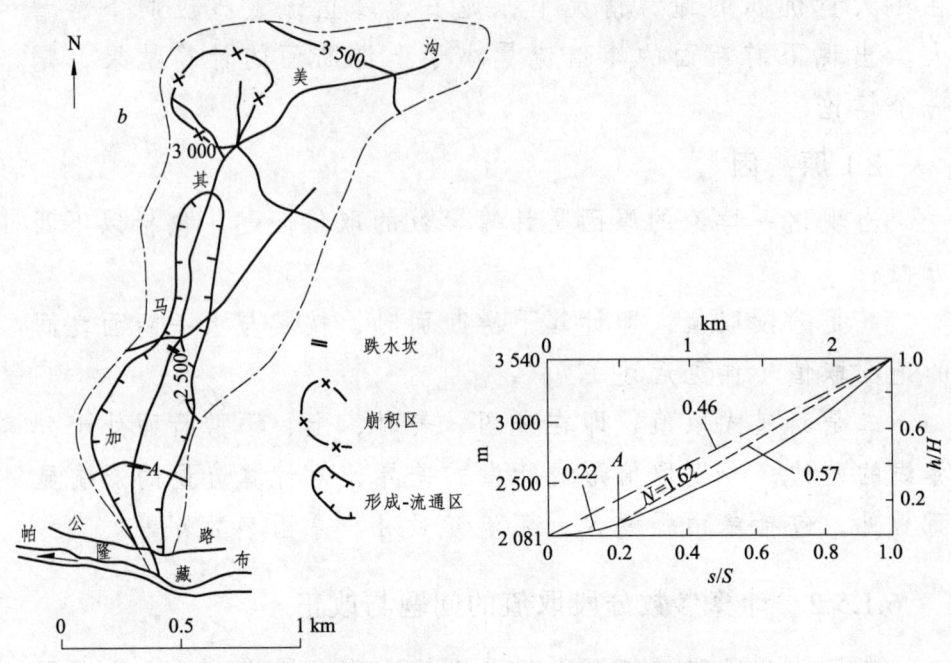

图 6.2　西藏加马其美沟平均比降取值图示

因此，计算下一断面流量所用平均比降值也应从沟头起算，全程平均。上例中，沟头至沟口的平均比降与沟头至 A 断面平均比降之比为：$[(2.6×4+1×1)/(4+1)]/2.6 = 87.7\%$，$K = 0.877^{0.2} = 0.974$，即比降因素使计算的沟口流量比 A 断面减少 2.6%；但汇水面积大 7%，计算的沟口流量仍会比 A 断面约大 4.4%，解流量计算之悖。

此外要注意，铁路系统西南公式中平均比降 I 的计算方法与水电公式有别，即：$I =$ (计算断面以上的流域平均高程 − 计算断面处高程)/计算断面至平均高程处的沟长 l_0（见图 6.3a）；也可简化按面积补偿法计算（见图 6.3b）。对下凹形沟道纵剖面,铁路西南公式所采用的平均比降要比水电公式的小。

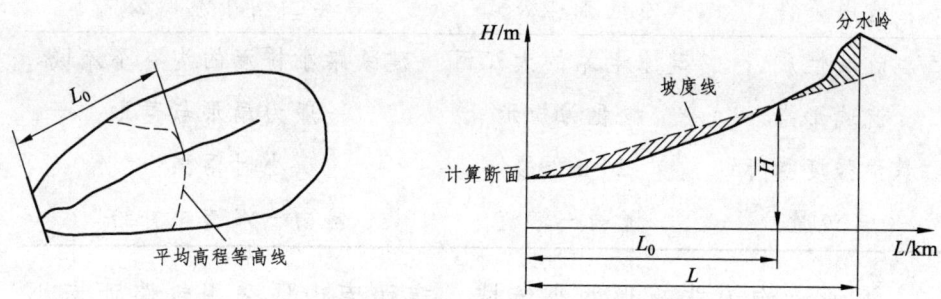

图 6.3 西南公式中平均比降 I 的计算方法[13]
($\overline{H}$ 竖线两侧的斜影区面积相等)

2)堵塞系数取值方法对泥石流峰值流量计算的影响

堵塞系数也不能分段取值,否则会导致计算的泥石流峰值流量失常。例如,从沟头至上一断面沟段与上下两断面间相比,堵塞系数为 1.2 倍,清水流量为 0.9 倍,则计算的泥石流峰值流量之比为 $(1.2 \times 0.9):1$,即 $1.08:1$,上一断面计算流量比下一断面大 8%,出现计算泥石流流量向下游减小的失误。

因此,任何计算断面均应从沟头综合选取堵塞系数值,全程加权平均。如上例中沟头至上、下两断面处的沟长之比为 9:10,则从沟头起算的下断面堵塞系数的加权平均比值应为($9 \times 1.2 + 0.1 \times 1$)$/10 = 1.18$,则计算的泥石流峰值流量之比变为 $(1.2 \times 0.9):(1.18 \times 1)$,即 $1.08:1.18$,计算流量合理地向下游增大 9.3%。

6.1.5.3 清水流量计算中其他注意问题

1)计算公式的适用条件

《指南》推荐了水电推理公式和铁路西南小流域公式,两式的适用条件对比于表 6.2。

表 6.2 水电推理公式和铁路西南小流域公式适用条件对比

适用条件	水电推理公式	铁路西南小流域公式
流域性质	建水电站的大江河	建铁路小桥涵的沟谷小流域
流域形态	概化为矩形	一般为扇形与菱形
暴雨强度指标	24 h 雨强	小时雨强
产流量	降雨－渗流	降雨－渗流＋补给

泥石流沟为非矩形的小流域，在西南山区采用铁路西南小流域公式较合适。西北、华北、华南山区则可采用铁一、三、四院的小流域暴雨径流公式，参见文献[13]。对流域面积大于 50 km² 的小河，用水电推理公式较合理。

2）水电推理公式的两种型式

水电推理公式的一般式为：

$$Q_p = 0.278 \cdot \alpha \cdot \left(\frac{S_p}{\tau^n}\right) \cdot F \quad (6.21\text{-}1)$$

式中：α——洪峰流量系数；

S_p——暴雨强度(mm/h)；

n——暴雨参数；

F——汇水面积(km²)；

τ——流域汇流时间(h)：

$$\tau = 0.278 \cdot \frac{L}{m \cdot \sqrt[4]{Q_p} \cdot \sqrt[3]{I}} \quad (6.21\text{-}2)$$

式中：L——流域全长(km)；

I——平均比降；

m——汇流参数。

据汇流范围，α 有两种表达式，进而推理公式也有两种形式：

（1）流域全面汇流，产流历时 $t_C \geq \tau$：

$$\alpha = 1 - \frac{S_p}{\mu}\tau^n \qquad (6.22)$$

代入式（6.21）得：

$$Q_p = 0.278 \cdot \left(\frac{S_p}{\tau^n} - \mu\right) \cdot F \qquad (6.23)$$

式中：μ 为损失参数(mm/h)。

（2）泥石流往往为局地暴雨诱发，仅部分汇流，$t_C < \tau$，则：

$$\alpha = n \cdot \left(\frac{t_C}{\tau}\right)^{1-n} \qquad (6.24)$$

此时式（6.21）改为：

$$Q_p = 0.278 \cdot \alpha \cdot \left(\frac{S_p}{t_C^n}\right) \cdot f \qquad (6.25)$$

式中：f 为形成洪峰流量的那部分流域面积(km²)。

3）损失参数 μ 的两种形式

（1）当产流历时 t_C 大于 24 h 时：

$$t_C = \frac{H_{24} - h_{24}}{24} \qquad (6.26)$$

式中：H_{24} 为 24 h 雨量(mm)；h_{24} 为 24 h 降雨的径流深(mm)。

（2）泥石流小流域产流历时 t_C 往往小于 24 小时，此时：

$$t_C = (1-n) \cdot n^{\frac{n}{1-n}} \cdot \left(\frac{S_p}{h_{24}^n}\right)^{\frac{1}{1-n}} \qquad (6.27)$$

6.1.6 泥石流参数勘查的其他问题

6.1.6.1 区分一次固体物质冲出量与堆积体积

1）一次固体物质冲出量

一次泥石流冲出的固体物质总量 Q_H 按式（6.28）计算：

$$Q_H = Q \cdot \frac{\gamma_C - \gamma_w}{\gamma_H - \gamma_w} \quad (m^3) \tag{6.28}$$

式中：Q 为泥石流流体总量；γ_C、γ_w、γ_H 分别泥石流体、水、固体物质的重度。

计算中，固体物质的重度 γ_H 取 $26.5 \sim 27.0 \ kN/m^3$，未考虑颗粒间的空隙，所得一次泥石流冲出固体物质总量是无空隙的量，小于实际堆积体积，以此作为确定拦停工程库容的依据偏于不安全，这是泥石流拦沙坝设计库容不足，以致迅速淤满失效的原因之一（另外的原因是一次泥石流冲出固体物质总量、回淤纵坡进而使库容的计算不准）。

2）一次泥石流堆积体积

一次泥石流冲出的泥沙在堆积后有空隙，堆积体积 V_H 要比 Q_H 大。因此，应将一次泥石流固体物质堆积体积 V_H 作为另一个泥石流勘查参数，作为厘定拦沙坝和停淤场库容的真实依据。

从 Q_H 计算堆积体积 $V_H(m^3)$，笔者在《指南》中建议采用下式（6.29）：

$$V_H = \frac{Q_H}{1-n} \quad (m^3) \tag{6.29}$$

式中：n 为堆积体之孔隙率，对现有泥石流堆积的分析获取。

如果现场有条件测试出泥石流堆积体的容重 ρ_H（包含孔隙

的单位体积的重量，kN/m^3），则可用以代替式（6.28）中的γ_H，直接按式（6.28）计算的结果就为堆积体积V_H。

6.1.6.2 区分正冲与斜冲

泥石流遇阻的冲起高度与爬高应区分正冲与斜冲，所得结果差异甚大。

现有文献、规范中的泥石流流体冲击力与大石冲击力公式，均列有斜冲折减项$\sin\alpha$，唯冲起高度与爬高的公式未有此修正项，故笔者在《指南》中建议在冲起高度与爬高的计算公式中增加斜冲修正项$\sin\alpha$，即：

1）泥石流最大冲起高度$\Delta H_1(m)$

$$\Delta H_1 = \frac{V_C^2}{2g}\sin\alpha \tag{6.30}$$

式中：V_C为泥石流断面平均流速(m/s)；
α为泥石流与岸堤交角(°)；

2）泥石流爬高$\Delta H_2(m)$

$$\Delta H_2 = \frac{bV_C^2}{2g}\cdot\sin\alpha \approx (0.6\sim0.8)\cdot\frac{V_C^2}{g}\cdot\sin\alpha \tag{6.31}$$

式中：V_C为泥石流断面平均流速(m/s)；

α为泥石流与岸堤交角(°)，对弧形堤岸难以直接量出交角，建议按主流线与所冲堤岸处的切线的交角计；

b为迎面坡度的函数，对爬高取1.2，对泥浆飞溅高度取1.6；

修正项$\sin\alpha$为不正冲时的折减，正冲时$\sin\alpha=1$，上述两式中的$\sin\alpha$项隐去。

康志成（1985[14]）推导的爬高公式的形式与式（6.31）相同，但其α为沟壁坡度。

据赵海鑫等的最新试验研究[15]，按断面平均流速计算的爬高值小于实测值，用表面流流速计算的爬高值与实测值较吻合，因此式（6.31）中的 V_C 应取表面流流速。由于表面流流速的计算公式繁复且偏差可能较大，亦可对式（6.31）乘以（表面流流速/平均流速）。赵海鑫等的水槽实验中，表面流流速为平均流速的 1.35~1.40 倍，偏于安全可取 1.4。

6.2 泥石流泥沙运动计算问题探讨

泥石流是固液两相体，松散固体物质（统称泥沙）以沟底冲刷、沟岸坍塌的方式进入水流形成泥石流，沿途在缓坡降沟段与沟口段沉积下来，甚至部分或全部输入主河，导致主河堵塞，继而溃决，构成泥石流泥沙运动的全过程。对坍塌、冲刷、沉积、堵溃等各个环节的定性评判和定量计算，是泥石流勘查的又一主要内容，但《指南》、文献与《勘查规范》对此仍有不够完备与严谨之处，本节试探讨之。

6.2.1 固体物质动储量定量计算：商榷与修正

在泥石流固体物质动储量的三大来源中，谷坡坍塌与沟床冲刷占主要地位，坡面侵蚀物因细小而多被一般洪水带走，剩下参与泥石流的并不多。但在坍塌、冲刷物的估算中，《勘查规范》列出了文献[16]的定量模式与《指南》提出的评判模式，但二者尚可有机结合，且定量模式还有值得商榷之处，故对此加以探讨。

1）沟床下切物源量

沟床冲刷掏蚀与谷坡崩滑坍塌在时间上是前后衔接的两个阶段，沟床下切形成陡峭谷坡，继而坍塌入沟。由于沟床沉积在自重作用下往往已达一定的密实度，沟床下切形成的岸坡坡度α应比松散堆积物的自然休止角θ要大，且一般近似于直线而非凹曲线。沟床垂直下切塑造的岸坡坡度α可按下式计算：

$$\alpha = 45° + \frac{\varphi}{2} \tag{6.32}$$

用α替换文献[16]公式中的θ，则沟床下切物源量V_{01}（m³）的估算式可改为：

$$\begin{aligned}V_{01} &= h \cdot h \cdot \tan\left[90° - \left(45° + \frac{\varphi}{2}\right)\right] \cdot \frac{1}{2} \cdot L \\ &= \frac{h^2 \cdot L}{2} \cdot \tan\left(45° - \frac{\varphi}{2}\right)\end{aligned} \tag{6.33}$$

式中：h为垂直下切深度（m）；

L为下切沟段的长度（m）；

φ为沟床沉积物的内摩擦角（°）。

2）岸坡坍塌物源量

岸坡坍塌物源量估算的前提是据式（3.1）评判岸坡因过陡而不稳定，坍塌顺破裂角β而非松散堆积物的自然休止角θ，破裂角近似于直线而非凹曲线。破裂角β按下式计：

$$\beta = \frac{\alpha}{2} + \frac{\varphi}{2} \tag{6.34}$$

在坡顶水平的条件下，坍塌体断面面积为$S_{\triangle OAB}$（图6.4）。由$S_{\triangle OAB} = S_{\triangle ODB} - S_{\triangle ODA}$，且$S_{\triangle ODB} = 1/2 \times h \times DB = 1/2 \times h \times h \times \tan(90° - \beta) = \frac{h^2}{2} \cdot \tan(90° - \beta)$，$S_{\triangle ODA} = \frac{h^2}{2} \cdot \tan\left(45° - \frac{\varphi}{2}\right)$

故：

$$S_{\triangle OAB} = \frac{h^2}{2} \cdot \tan(90° - \beta) - \frac{h^2}{2} \cdot \tan\left(45° - \frac{\varphi}{2}\right)$$

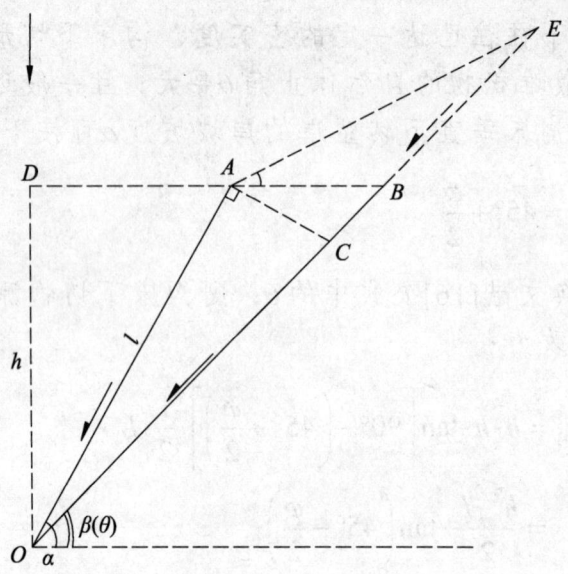

图 6.4　岸坡坍塌物源量计算图式

将式（6.34）代入，得：

$$S_{\triangle OAB} = \frac{h^2}{2} \cdot \tan\left(90° - \frac{\alpha}{2} - \frac{\varphi}{2}\right) - \frac{h^2}{2} \cdot \tan\left(45° - \frac{\varphi}{2}\right)$$

再将式（6.32）代入，得：

$$S_{\triangle OAB} = \frac{h^2}{2} \cdot \tan\left(90° - 22.5° - \frac{\varphi}{4} - \frac{\varphi}{2}\right) - \frac{h^2}{2} \cdot \tan\left(45° - \frac{\varphi}{2}\right)$$

$$= \frac{h^2}{2} \cdot \left[\tan\left(67.5° - \frac{3\varphi}{4}\right) - \tan\left(45° - \frac{\varphi}{2}\right)\right]$$

得岸坡坍塌物源量 V_{02}（m^3）的估算式为：

$$V_{02} = \frac{h^2 \cdot L}{2} \cdot \left[\tan\left(67.5° - \frac{3\varphi}{4}\right) - \tan\left(45° - \frac{\varphi}{2}\right)\right] \quad (6.35)$$

3）讨　论

（1）规范所列估算侧蚀物源量的公式 $V_{02} = \frac{l^2}{2} \cdot \tan(\alpha - \theta) \cdot L$，

计算的是 $\triangle OAC$ 的面积，少计了 $\triangle ABC$ 的面积。

（2）对坡顶倾斜的情况，岸坡坍塌物源量应在 $S_{\triangle OAB}$ 的基础上，再增加 $\triangle AEB$ 的面积。

6.2.2 泥沙堆积参数估算：问题与探讨

对泥石流堆积纵坡、堆积纵剖面形态与龙头到达距离等问题，《指南》所列多为经验式，尚不够普适与成熟，实际应用颇感困难。这些问题又是评判泥石流冲淤、估算拦沙工程库容、预测泥石流危害范围的关键所在，故有必要据日本学者的相关理论与实验公式进行分析讨论，以拓展思路，丰富泥石流堆积的勘查技术。

6.2.2.1 泥石流龙头到达距离的计算公式与商榷

1）高桥保公式

高桥保提出的计算泥石流龙头到达距离 L（m）的理论公式[17]为：

$$L = \frac{V^2}{G} \quad (6.36\text{-}1)$$

$$V = V_u \cdot \cos(\theta_u - \theta) \cdot \left\{ 1 + \frac{[(\sigma-\rho) \cdot C_d \cdot K_a + \rho]\cos\theta_u}{2[(\sigma-\rho) \cdot C_d + \rho]} \cdot \frac{g \cdot h_u}{V_u^2} \right\}$$
$$(6.36\text{-}2)$$

$$G = \frac{(\sigma-\rho) \cdot g \cdot C_d \cdot \cos\theta \cdot \tan\alpha}{(\sigma-\rho) \cdot C_d + \rho} - g \cdot \sin\theta \quad (6.36\text{-}3)$$

式中：V_u、h_u、θ_u——上段沟的流速（cm/s）、泥深（cm）、坡降（小数）；

σ、ρ——固体颗粒、水的重度（g/cm³）；

C_d——泥石流固体颗粒浓度;

K_a——主动土压力系数;

g——重力加速度(981 cm/s^2);

θ——下段沟坡降(小数);

α——内摩擦角(°)。

2)分析比较

比较刘希林等的实验公式[18](式中 V 为一次泥石流固体物质冲出量(m^3),G 为堆积区坡度(小数),γ 为泥石流容重(t/m^3)):

$$L = 8.71 \cdot \left(V \cdot G \cdot \frac{\gamma}{\ln \gamma} \right)^{\frac{1}{3}} \quad (6.37)$$

(1)高桥保式中的 $(\sigma - \rho) \cdot C_d + \rho$ 为泥石流的重度;再综合泥深 h_u 和流速 V_u,则体现了固体物质冲出量,故对刘希林式中的三参数均已包涵。

(2)高桥保式还突出了上下段沟道坡降的差异,正是因为坡降变缓才会发生堆积。可将出山口以上作为式中上段,以下堆积扇为下段。

(3)高桥保式的参数多,较严密,但累积的计算误差也会较大,可通过实践进一步验证与应用,并与刘希林式相印证。

3)商榷

《勘查规范》所列泥石流堆积区最大危险范围 S(km^2)的公式(6.38)不尽合理。

$$S = 0.666\,7 \cdot L \cdot B - \frac{0.083\,3 \cdot B^2 \cdot \sin R}{1 - \cos R} \quad (6.38)$$

式中:泥石流最大堆积长度

$L = 0.806\,1 + 0.001\,5A + 0.000\,033W$(km);

泥石流最大堆积宽度

$B = 0.545\,2 + 0.003\,4D + 0.000\,031W$（km）；

泥石流堆积幅角

$R = 47.829\,6 - 1.308\,5D + 8.887\,6H$（°）。

其中：A——流域面积（km²）；

W——松散固体物质储量（10^4 m³）；

D——主沟长度（km）；

H——流域最大高差（m）。

（1）L 式：流域面积 A、固体物质储量 W 均为 0 时，最大堆积长度 L 还为 0.8 km；A、W 的权重太小，A 增大 1 km²，L 仅增长 1.5 m，W 增大 1×10^4 m³，L 仅增长 3.3 cm。

（2）B 式：主沟长度 D、固体物质储量 W 均为 0 时，最大堆积宽度 B 还为 0.5452 km；D、W 的权重太小，D 增长 1 km，B 仅增长 3.4 m，W 增大 1×10^4 m³，L 仅增长 3.1 cm。

（3）R 式：主沟长度 D、流域最大高差 H 均为 0 时，堆积幅角 R 还为 47.83°；D 的权重太小，D 增长 1 km，R 仅减小 1.3°；H 的权重太大，H 增大 1 m，R 就增大 8.9°。

以上不合理，出自公式本身，还是参数的单位，望校核。

6.2.2.2 计算泥石流冲淤临界坡降的建议公式

1）经 验

天然沟道的泥石流冲淤临界坡降(不冲不淤坡降)，《指南》所列成昆、东川两铁路的经验值[19]为：泥石流重度 2.4 t/m³、1.8 t/m³、1.3 t/m³ 时分别为 80‰、110‰ 和 65‰。所列排导槽的陈宁生[20]和甘肃经验值是稀性 3%~7%/10%，黏性 5%~18%；游勇实验式的最小不淤纵坡 J[21]（γ_C 与 γ_S 分别为泥石流与固体物质的重度）：

$$J = 0.062 + 0.11\frac{\gamma_C}{\gamma_S} \tag{6.39}$$

综合以上经验与公式，建议的排导槽不淤纵坡，对稀性泥石流取 3%～10%，对黏性泥石流取 5%～16%。

2）高桥保公式

鉴于上述经验范围的局限性和取值区间过大所致的不确定性，建议采用高桥保[22]（1977）在实验基础上建立的临界淤积坡降 J（°）的公式：

$$\tan J = \frac{C_d(\sigma-\rho)\tan\varphi}{C_d(\sigma-\rho)+\rho\left[1+0.52\cdot\left(\dfrac{q_0^2}{g\cdot d^3}\right)^{\frac{1}{3}}\right]} \quad (6.40)$$

式中：q_0——单位宽度的水流量（m²/s）；

d——平均粒径（cm）；

其余符号意义同式（6.36）。

3）实验印证[22]

水槽试验参数：$C_d = 0.65$，$\sigma = 2.60 \text{ g/cm}^3$，$\rho = 1.0 \text{ g/cm}^3$，$\tan\varphi = 0.8$，$q_0 = 75.5 \text{ m}^2/\text{s}$，$d = 0.546 \text{ cm}$；由式（6.40）得：

$$\tan J = \frac{0.65\times(2.60-1.0)\times 0.8}{0.65\times(1.60-1.0)+1.0\times\left[1+0.52\cdot\left(\dfrac{75.5^2}{981\times 0.546^3}\right)^{\frac{1}{3}}\right]} = 0.2217$$

故：$J = 12.5°$。

实验中，泥沙堆积于坡降从 15° 降为 10° 的水槽段，计算结果与实验相合。

6.2.2.3 拦砂坝回淤的坡度与体积的建议计算方法

1）经　验

拦砂坝回淤纵坡是计算库容的控制参数，但因其受多因素控制而很难确定。

《指南》推荐采用的经验值为建坝前沟道纵坡的 1/2～3/4（稀性泥石流）和 0.5～0.9 倍（黏性泥石流），且粒径较大者（$d_{50}>20\ \mathrm{cm}$），建坝前沟道纵坡较缓（小于 0.20）、无常流水者，坝较低者（<5 m）以及有新近泥石流堆积者应选大者。

上述回淤纵坡经验取值范围大，不易掌握，有必要另辟径，从数学模式入手，直接预估拦沙工程的库容。

2）回淤的纵剖面形态模式

江崎一博通过实验表明，拦砂坝回淤的纵剖面形状并不是严格的直线形，而是略为下凹的指数曲线形。其曲线方程[23]为：

$$H_x = I \cdot x + H_0 \cdot e^{-\left(\frac{I}{H_0}\right) \cdot x} \tag{6.41}$$

式中：x——坝后堆积点与坝之间的水平距离（m）；

H_x——坝后 x 处堆积顶面高出设坝处沟底的高度（m）；

I——坝后沟床平均纵坡（小数）；

H_0——坝的有效高度（m）。

3）预估回淤体积的回淤厚度法

由式（6.41），坝后回淤的实际厚度随远离坝位而呈指数型递减，指数曲线方程为：

$$h_x = H_0 \cdot e^{-\left(\frac{I}{H_0}\right) \cdot x} \tag{6.42}$$

据式（6.42），可计算出回淤曲线上各代表性结点 x 处的淤积厚度 h_x，以这些结点竖直条分回淤体的纵剖面为若干梯形，各梯形面积之和即为单位坝长的回淤体积。

4）预估回淤体积的面积积分法

对式（6.42）对距离 x 进行积分，可得回淤体纵剖面的面积，再乘以回淤的折算宽度，即为总的回淤体积。

由定积分式 $\int_0^\infty e^{-ax} \mathrm{d}x = \dfrac{1}{a}$，则回淤体纵剖面的面积 S：

$$S = \int_0^\infty h_x \mathrm{d}x = \int_0^\infty \left[H_0 \cdot \mathrm{e}^{-\left(\frac{I}{H_0}\right)x} \right] \mathrm{d}x = H_0 \cdot \int_0^\infty \left[\mathrm{e}^{-\left(\frac{I}{H_0}\right)x} \right] \mathrm{d}x = H_0 \cdot \frac{H_0}{I},$$

故：$S = \dfrac{H_0^2}{I}$ (6.43)

结论：回淤体纵剖面的面积 S 等于有效坝高 H_0 的平方除以回淤段沟床平均纵坡降 I（小数）之商。

5）江崎—博公式的讨论

（1）式（6.42）指数曲线反映的坡降，在近坝段甚缓，向上游逐渐变陡，且可回淤至无穷远处，故指数曲线模式与实际回淤还有所差异，计算结果会有偏差。

（2）式（6.42）的指数参数采用 I/H_0，用坡降平缓（0.017~0.0378）的三例验证，偏差甚小；而山区泥石流沟的坡降一般都较陡，参数 I/H_0 是否应据地区经验校正，尚待进一步实践检验。

6.2.3 沟河堵塞类型与溃决：预判与计算

泥石流沟谷和主河中堰塞体溃决形成的溃决泥石流是产生巨大灾害的重要原因，堰塞体抬高水位对上游区的淹没危害也范围远大，而堰塞的评判与溃决的预测则是尚在探索的难题，以下对此进一步探讨。

6.2.3.1 泥石流堵河与崩滑堵沟按泥沙规模的判别公式

泥石流和崩滑体是否足以堵河（沟），有流量判别和规模判别两种途径。在泥沙规模判别中，泥石流堵河与崩滑体堵沟的形态和评判模式还有所区别。堵河多为泥石流堆积，纵坡较缓，顺流向的剖面形似三角形，按三角形堵河式判别。堵沟多为谷坡崩滑体，纵坡较陡，顺流向的剖面形似梯形，按梯形堵沟式判别。

1）三角形堵河（图 6.5b、c）

对三角形堵河所需的泥石流堆积体体积 $Q_S(m^3)$，由式（6.44）判定，主要适用于泥石流堆积。

$$Q_S = \frac{B}{2} \times \left(\frac{1}{\tan 14°} + \frac{1}{\tan \varphi_w} \right) \cdot \left(\frac{\tan^2 \varphi_c \cdot B^2}{3} + \tan \varphi_c \cdot h \cdot B + h^2 \right) + \frac{(\tan \varphi_c \cdot B + h)^3}{3 \times \tan \varphi_w \cdot (\tan \alpha - \tan \varphi_c)} \quad (6.44)$$

式中：B、h 分别为河面宽度、水深(m)；

α 为沟口原堆积扇或岸坡的坡度(°)；

φ_c 为泥石流堆积体纵坡，无实测时按 1/2~3/4 堆积扇纵坡估计(°)；

φ_w 为堆积体水下安息角(°)。

2）梯形堵沟（图 6.5d、e）

对梯形堵沟所需的崩滑堆积体体积 $Q_S(m^3)$，由式（6.45）判定，主要适用于崩滑堆积。

$$Q_S = \left[\frac{B}{2} \times \left(\frac{1}{\tan \varphi_1} + \frac{1}{\tan \varphi_2} \right) + b \right] \cdot \left(\frac{\tan^2 \varphi_L \cdot B^2}{3} + \tan \varphi_L \cdot h \cdot B + h^2 \right) + \left[\frac{(\tan \varphi_L \cdot B + h)^2}{\tan \alpha - \tan \varphi_L} \right] \cdot \left(\frac{\tan \varphi_L \cdot B + h}{3 \times \tan \varphi_0} + \frac{b}{4} \right) \quad (6.45)$$

式中：b 为崩滑堆积体顺河顶宽(m)；

φ_L 为崩滑堆积体纵坡(°)；

φ_0 为崩滑堆积体的安息角(°)，一般为 35°；

φ_1 为崩滑堆积体的安息角与 14°按高度的加权平均值;

φ_2 为崩滑堆积体的安息角与水下安息角按高度的加权平均值;

其余符号意义同式(6.44)。

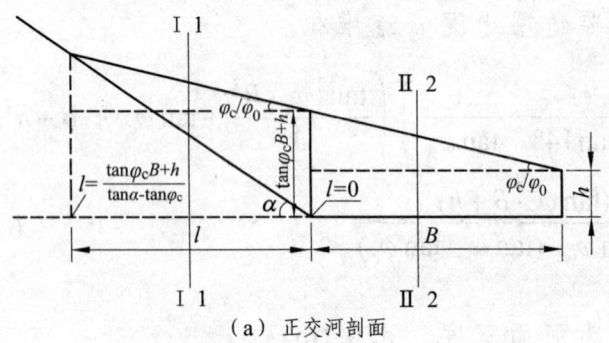
(a) 正交河剖面

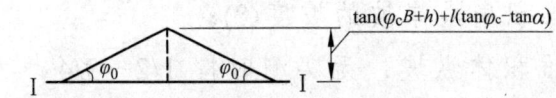
(b) 扇上泥石流堆积体顺河三角形剖面

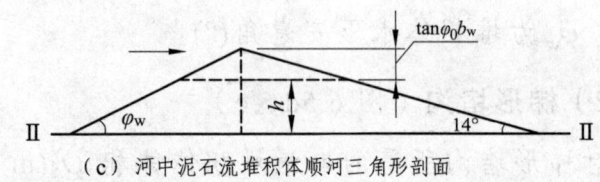
(c) 河中泥石流堆积体顺河三角形剖面

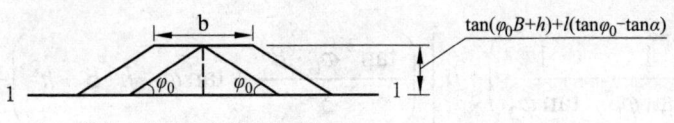
(d) 岸坡滑坡堆积体顺河梯形剖面

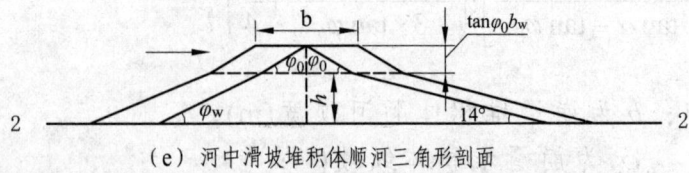
(e) 河中滑坡堆积体顺河三角形剖面

图 6.5 堵河(沟)堆积体示意剖面图

6.2.3.2 堰塞判别式的讨论

1）山地所经验式[10]

堵河式（6.44）中，不计岸坡加积项 $\dfrac{(\tan\varphi_c \cdot B + h)^3}{3\times\tan\varphi_w \cdot (\tan\alpha - \tan\varphi_c)}$，且堰塞体纵坡 φ_c 为 0，则可简化为中科院山地所的黏性泥石流经验式：

$$Q_S = \frac{B}{2} \times \left(\frac{1}{\tan 14°} + \frac{1}{\tan\varphi_w}\right) \cdot h^2 \qquad (6.46)$$

显然，式（6.46）适用于岸坡为 90°直壁、堆积纵向水平的极端情况，结果一般会偏小。

2）误 差

与三角形堵河式相比，梯形堵沟的式（6.45）增加了堰塞体顶宽参数 b，两坡坡角取值有别。

将堰塞体横剖面概化为三角形还是梯形，都是近似的，两坡坡角取值也是经验性的。这虽会给计算结果带来一些偏差，但对于是否会堵塞的评判，精度还是可以满足要求。

3）堵沟简化公式

对泥石流沟谷，沟床狭窄，谷坡高陡，高位崩滑体突发，往往形成松散堆积锥直接堵沟，此时堆积纵坡 ϕ_L 也达安息角 ϕ_0，一般取 35°，ϕ_1、ϕ_2 均近似取为 30°，则堵沟所需堆积体的体积据式（6.45）可近似地简化为式（6.47）：

$$Q_S = (1.732\times B + b)\cdot(0.1634\times B^2 + 0.7\times h\cdot B + h^2) + \left[\dfrac{(0.7\times B + h)^2}{\tan\alpha - 0.7}\right]\cdot\left(\dfrac{B+h}{3} + \dfrac{b}{4}\right) \qquad (6.47)$$

6.2.3.3 部分堵塞与壅水的计算方法

上述泥石流堆积的堵河判别式（6.44），是针对全部堵断主河。当泥石流入河堆积量稍小，不足以堵断但仍可部分堵塞主河时，也会形成壅水之害，仍有必要预测之。

1）泥石流堆积部分堵塞主河的计算

设堵塞体按水上纵坡顺延至河对岸，但在对岸的堆积高度 h_S 小于河的水深 h，形成部分堵河，此时式（6.44）改写为：

$$Q_S = \frac{B}{2} \times \left(\frac{1}{\tan 14°} + \frac{1}{\tan \varphi_w} \right) \cdot \left(\frac{\tan^2 \varphi_c \cdot B^2}{3} + \tan \varphi_c \cdot h_S \cdot B + h_S^2 \right) + \frac{(\tan \varphi_c \cdot B + h_S)^3}{3 \times \tan \varphi_w \cdot (\tan \alpha - \tan \varphi_c)} \quad (6.48)$$

部分堵塞主河的计算步骤：
（1）从式（6.48）析出 h_S 值；
（2）按 $h_w = h - h_S$ 求对岸水深 h_w；
（3）按下式求出堵塞体水上长度 B_L：

$$B_L = B_w - \frac{h_w}{\tan \varphi_c} \quad (6.49)$$

2）壅水高度

部分堵塞之堰塞体形成的壅水高度 H_w 可据流量平衡确定，即主河流量与堰口流量相等。堰口流量按宽顶堰公式计算：

$$Q = mB_0 \sqrt{2g} \cdot h_0^{\frac{3}{2}} \quad (\text{m}^3/\text{s}) \quad (6.50)$$

式中：m——流量系数；
　　　B_0——溢流口宽度（顺坝轴向，m），矩形堰为底宽，梯形堰为平均宽；
　　　h_0——过口水深（m）。

据式（6.50）得壅水高度 H_w(m)：

$$H_w = \left(\frac{Q}{mB_0\sqrt{2g}}\right)^{\frac{2}{3}} \quad (6.51)$$

式中：Q 采用主河流量(m³/s)；

m 与 H_w 有关，取 0.343~0.355（H_w 为 8.0~1.0 m 时）。

按壅水高度 H_w 确定回水的淹没范围。

6.2.3.4 溢流溃决临界水文条件估算方法

堰塞体的溃决分渗流破坏(管涌)与溢流破坏两类，以坝顶溢流冲刷下切破坏型为主。溢流溃决现无成熟之判别模式，笔者以下述探讨就教于读者。

溢流溃决主要取决于堰塞体粒度与坝顶溢流高度，粒度决定冲刷起动的难易，溢流高度决定流速从而决定冲刷能力，溢流高度又取决于暴雨洪峰等因素。坝体沿河长度不是溢流溃决的主要因素，现在未溃也不等于将来不溃。

溢流溃决临界水文条件为临界流量 Q_{cr}，按以下三步确定。

1）溢流溃决的临界水头 H_{cr}

泥石流堰塞坝与冰川堰塞坝相似，据笔者等对冰碛湖溃决的研究[24]，设：

坝全长为 B（m）；

溃口宽度为 b（m），在溃前用溢流段长度代表；

累积粒度曲线上对应于 95%体积的粒径为 d_{95}（m）；

则导致漫溢溃坝的临界水头高度 H_{cr}（m）可用式（6.52）估算（公式推导见附录 6.3）：

$$H_{cr} = 23.4 \times \frac{d_{95}^{0.583}}{10^{0.833\frac{b}{B}} \cdot \left(\frac{B}{b}\right)^{0.694}} \quad (6.52)$$

如堰塞体粒度大，流域暴雨洪峰小，经估算达不到溃决所需条件，可以认为堰塞体是稳定的。

2）溢流溃决的临界流速 v_{cr}

将溃决时的溃口流速视为临界流速 v_{cr}，则据肖克利契瞬间局部坝段一溃到底的溃口流速公式，有：

$$v_{cr} = 0.9 \times 10^{0.3 \times \frac{b}{B}} \cdot \left(\frac{B}{b}\right)^{0.25} H_{cr}^{0.5} \quad (6.53)$$

将式（6.52）代入，得：

$$v_{cr} = 4.35 \times 10^{-0.116 \times \frac{b}{B}} \cdot \left(\frac{B}{b}\right)^{-0.097} d_{95}^{0.292} \quad (6.54)$$

3）溢流溃决的临界流量 Q_{cr}

设溃口为底宽 b（m）、两坡坡角为 α（°）、高为临界水头高度 H_{cr}（m）的等腰倒梯形，则其面积 A（m²）为：

$$A = \left(b + \frac{H_{cr}}{\tan\alpha}\right) \cdot H_{cr} \quad (6.55)$$

故溢流溃决的临界流量 Q_{cr} 为：

$$Q_{cr} = A \cdot v_{cr} \quad (6.56)$$

洪峰流量大于临界流量 Q_{cr}，预计堰塞坝发生溃决的可能性大，故以 Q_{cr} 作为避灾撤离警戒值。再考虑足够的安全系数1.5，则以（$Q_{cr}/1.5$）作为预警预报值[25]。

6.2.3.5　溃坝类型及其流量计算（详见谢任之《溃坝水力学》[26]）

堰塞体溃决分瞬间部分溃、瞬间全溃和逐渐溃三种情况，其溃坝流量 q_m（m³）的计算模式有别。

1）瞬间部分溃

常见情况为瞬间部分溃，《指南》与规范均推荐采用肖克利契经验公式（6.57）计算瞬间部分溃决的流量 q_m：

$$q_m = 0.9 \times \left(\frac{B}{b}\right)^{0.25} b \cdot H_0^{1.5} \tag{6.57}$$

式中：B——堰塞坝全长(m)，为河谷宽度减去滑坡体宽度所余较平缓坝段的长度；

b——溃口宽度(m)；

H_0——溃坝前坝上游水深(m)，等于（溢流段）坝高加上临界漫溢水头值。

2）瞬间全溃

少见瞬间全溃，《指南》附录与规范均推荐采用谢任之统一公式（6.58）计算瞬间全部溃决的流量 $q_m(m^3)$ [26]：

$$q_m = \lambda B g^{0.5} H_0^{1.5} \tag{6.58}$$

但对系数 λ，《指南》附录与规范采用的公式不同，建议采用式（6.59）并明确河谷断面形态指数的取值。

$$\lambda = m^{m-1} \left[\frac{2\sqrt{m} + \dfrac{u_0}{\sqrt{g \cdot H_0}}}{1+2m}\right]^{2m+1} \tag{6.59}$$

式中：m——河谷断面形态指数，对矩形、三角形、抛物线形河谷，m 分别取 1、2、1～2。建议沟谷取 1.5，河谷取 1.25；

u_0——溃坝前河道平均流速(m/s)。

3）逐渐溃

宜借用谢任之公式计算溃口最大宽度 $b_m(m)$：

$$b_m = \frac{W^{0.423} \cdot \phi \cdot H_0}{3E} \tag{6.60}$$

式中：W——总库容(m^3)；

ϕ——土质系数，对土料较多的滑坡坝取 3.65，对石料较多的滑坡坝取 1.68；

E——坝横断面面积(m^2)，采用可能被冲走的那部分坝体的横断面面积。

6.3 判别泥石流沟及其演化的非线性技术

潜在泥石流沟是至今尚未暴发过泥石流但又具备形成泥石流的必要条件，未来有可能暴发泥石流的沟谷。判别沟谷是否未来可能演化为泥石流沟是一重要的难题，因为漏判会带来灾害隐患，虚判又会浪费不必要的防治工程。

《指南》推荐，除对暴发过泥石流的沟采用谭炳炎方法[2]评判泥石的严重程度之外，对潜在泥石流沟的判别则采用汶川震区法[27]和成昆铁路法[28]，但二法都有经验局限性，有待引入其他方法。

成昆铁路法开始应用流域系统的熵这一非线性理论，但未能展开论述，难以应用。克劳修斯1865年首次提出"熵"的概念，后由玻尔兹曼对热力学熵作出微观解释。广义的熵是能给系统的不确定程度以某种整体量度的量，如申农的信息熵。为评价流域的稳定性，艾南山等（1987，1989）建立了流域系统的信息熵与超熵[29-31]，笔者（1989、1992）据之将河谷和泥石流沟谷纵剖面发育的伊凡诺夫曲线描述转化为信息熵与超熵描述[32,33]，使流域系统的信息熵与超熵可以作为评判泥石流沟及其稳定性的重要指标[34]（详见附录6.4）。

此外，基于流域面积-高程曲线的泥石流流域的斯特拉勒积分，是评判流域演化与稳定性的另一非线性指标[35]；泥石流沟谷纵剖面的演化还遵循最小能耗原理，也为定量描述这一演化规律提供了新的非线性手段[36]。

6.3.1 泥石流沟谷纵剖面的形态与演化

6.3.1.1 泥石流沟谷纵剖面形态[37]

笔者研究发现，滇西北的金沙江、澜沧江、怒江及其支流河谷纵剖面的形状，可用伊凡诺夫的河流纵剖面方程来描述[38]：

$$h = H \cdot \left(\frac{l}{L}\right)^N \tag{6.61}$$

式中：h 为纵剖面上某点与河口的高差；

l 为该点与河口之间的水平距离；

H 和 L 分别为河源与河口之间的高差与水平距离；

形态指数 N 恒为正。当 $0<N<1$ 时，剖面上凸；$N=1$ 时，剖面为直线；$N>1$ 时，剖面下凹（图6.6）。

对泥石流小流域，平面形态常为以出山口（堆积扇顶）为顶点的扇形或菱形，流域内产水产沙条件较均一，其沟谷纵剖面形态仍类似（6.61）式描述的伊凡诺夫曲线[38]。

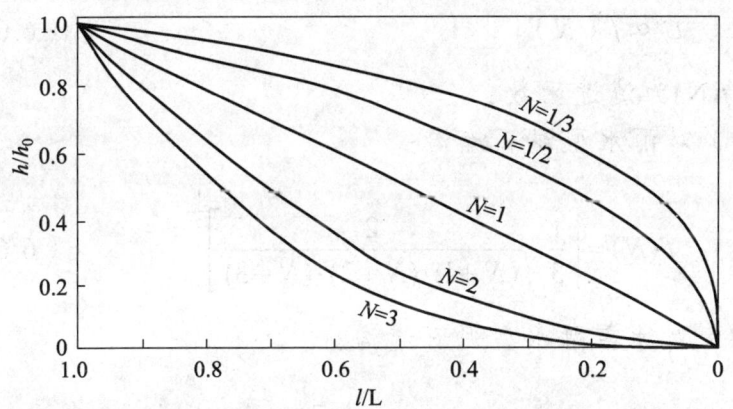

图 6.6　小流域沟谷纵剖面的理想形态

N 值按（6.61）式拟合而得。计算步骤为：

（1）在沟头至出山口的主沟段间隔选点，计得各点与出山

口的沟谷长度 l 与高差 h。

（2）分别除以沟段全长 L 与高差 H 而得 l/L 与 h/H。

（3）以一定步长据经验逐一假设 N 值，计算各点的 $(l/L)^N$ 值，得 h/H 与 $(l/L)^N$ 之差 Δ 值。

（4）求各点 Δ 的平方和，偏差平方和 $\sum \Delta^2$ 最小时的假设 N 值即为所求。

6.3.1.2 泥石流沟谷纵剖面演化的最小能耗模式[36]

河流地貌演化的最小能耗原理[39,40]，表述为在维持输沙平衡的前提下，冲积河流将调整其坡降和几何形态，力求使单位水体的能量消耗率趋向于当地具体条件下所许可的最小值。单纯考虑纵剖面时，则为调整坡降使单位水体沿程作最速流动，使摩阻耗能最少。

对以下切为主的泥石流沟谷，其纵剖面演化均遵循最小能耗原理，即通过调整坡降使流速增大，表现为单位流体的流速的全程平均值 $\bar{U}$ 与纵剖面形态指数 N 正相关：

$$\bar{U} \propto f(N) \tag{6.62-1}$$

式中：$f(N)$ 为流速函数：

（1）对雨水型泥石流沟：

$$f(N) = \left[\frac{1}{3} - \frac{2}{(N+1)\cdot(N+2)\cdot(N+3)}\right]^{\frac{1}{2}} \tag{6.62-2}$$

（2）对冰雪融水型泥石流沟：

$$f(N) = \left[\frac{2}{3} - \frac{2}{(N+1)\cdot(N+3)}\right]^{\frac{1}{2}} \tag{6.62-3}$$

（3）对溃决型泥石流沟：

$$f(N)=\left(\frac{N}{N+1}\right)^{\frac{2}{3}} \qquad (6.62\text{-}4)$$

在构造急剧抬升继以长期稳定的戴维斯地貌侵蚀旋回中,沟谷纵剖面的演化因遵循最小能耗原理,力图使全程的流速平均值$\bar{U}$值由小变大,与之正相关的纵剖面形态指数N值也相应由小变大,沟谷纵剖面的形态从上凸抛物线形($N<1$)经直线形($N=1$)向下凹抛物线形($N>1$)演化,流域地貌从幼年期经壮年期向老年期演化,泥石流相应由孕育、发展、旺盛、向衰减阶段演替(表6.3、图6.7)。

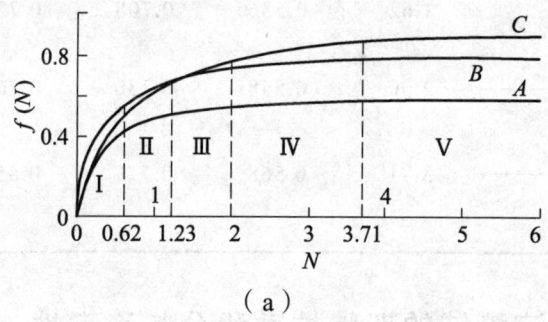

(a)

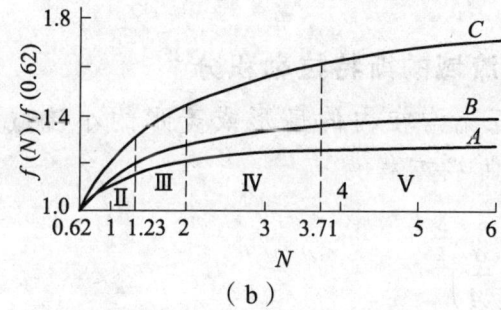

(b)

图6.7 泥石流沟演化阶段与流速系数 $f(N)$[36]

A—雨水泥石流沟;B—融水泥石流沟;C—溃决泥石流沟;Ⅰ—泥石流孕育阶段;
Ⅱ—泥石流发展阶段;Ⅲ—泥石流旺盛阶段;Ⅳ—泥石流衰减阶段;
Ⅴ—流域稳定阶段

表 6.3 泥石流沟谷地貌各演化阶段的纵剖面形态指数 N 与流速系数 $f(N)$ 值[36]

沟谷地貌演化阶段	泥石流演化阶段	形态指数 N 值	雨水泥石流 $f(N)$ 值	融水泥石流 $f(N)$ 值	溃决泥石流 $f(N)$ 值	泥石流暴发频率与规模
深切侵蚀阶段	泥石流孕育阶段	0.62	0.451	0.571	0.527	无
深切侵蚀阶段	泥石流发展阶段	1.23	0.517	0.674	0.673	中等
过渡阶段	泥石流旺盛阶段	1.62	0.536	0.708	0.726	大
均衡调整阶段	泥石流衰减阶段	2.00	0.548	0.730	0.763	小
均衡调整阶段	流域稳定阶段	3.71	0.568	0.777	0.853	无

6.3.2 泥石流流域的斯特拉勒积分与稳定性

1）泥石流流域的斯特拉勒积分[32]

对包括泥石流沟在内的扇形或菱形的小流域，其斯特拉勒流域面积-高程曲线方程为：

$$\frac{h}{H} = \left(\frac{a}{A}\right)^{\frac{N}{2}} \quad (6.63)$$

式中：h、H 分别为过主沟上某点与出山口间的高差、沟头与出山口间的高差；

a、A 分别为过主沟上某点的等高线所圈围的流域面积、全流域面积。

对式（6.63）参数归一化后积分，得斯特拉勒积分值 S：

$$S=\int_0^1\left(\frac{a}{A}\right)^{\frac{N}{2}}d\left(\frac{a}{A}\right)=\frac{2}{N+2} \tag{6.64}$$

2）斯特拉勒积分与流域稳定性[35]

斯特拉勒积分 S 随流域演化而由大变小，是评判小流域所处戴维斯侵蚀循环阶段的地貌指标：

（1）$S>0.6$ 为幼年期，流域地貌处于孕育和形成泥石流的阶段。

（2）$0.35<S\leqslant 0.6$ 为壮年期，流域地貌有利于泥石流前期发育旺盛，后期开始衰退。

（3）$S\leqslant 0.35$ 为老年期，流域地貌趋于稳定，泥石流停息。

6.3.3 泥石流流域系统的信息熵与稳定性[34]

1）泥石流流域系统的信息熵

艾南山[29]定义侵蚀流域的信息熵为：

$$P=\int_{-\infty}^{\infty}g(x)\ln g(x)\,\mathrm{d}x \tag{6.65}$$

对包括泥石流沟在内的扇形或菱形的小流域，其密度函数 $g(x)$ 为：

$$g(x)=\frac{N+2}{2}\left(\frac{a}{A}\right)^{\frac{N}{2}} \tag{6.66}$$

数据归一化后，据式（6.65）与（6.66），得泥石流等小流域系统的地貌信息熵[32]为：

$$P=\int_0^1\frac{N+2}{2}\left(\frac{a}{A}\right)^{\frac{N}{2}}\ln\left[\frac{N+2}{2}\left(\frac{a}{A}\right)^{\frac{N}{2}}\right]d\left(\frac{a}{A}\right),$$

$$P=\ln\frac{N+2}{2}-\frac{N}{N+2} \tag{6.67}$$

2）流域系统信息熵与稳定性

流域系统信息熵随流域演化而由小变大，是表征流域所处侵蚀循环阶段和稳定性的非线性指标：

（1）$P<0.091$（$N<1.33$，$S>0.6$）为深切侵蚀前期：戴维斯侵蚀循环幼年期，流域地貌趋向复杂，沟谷纵剖面由上凸向下凹演化，谷坡剥蚀加剧，流域稳定性变差，导致泥石流等灾害得以孕育与暴发。

（2）$P=0..91\sim0.193$（$N=1.33\sim2.0$，$S=0.60\sim0.50$）为深切侵蚀后期：戴维斯侵蚀循环壮年前期，流域地形变陡，沟谷纵剖面呈上游陡下游缓的下凹形，暴雨径流集中迅速，谷坡崩塌滑坡盛行，泥石流旺盛。

（3）$P=0.193\sim0.40$（$N=2.0\sim3.71$，$S=0.50\sim0.35$）为均衡调整期：戴维斯侵蚀循环壮年后期，流域地貌渐趋和缓，谷坡剥蚀减轻，沟谷中下游纵坡甚缓，流域开始稳定，泥石流衰退。

（4）$P>0.40$（$N>3.71$，$S<0.35$）为均衡剖面期：戴维斯侵蚀循环老年期，流域地貌已趋稳定，泥石流停息。

泥石流沟谷纵剖面形态指数 N、流域斯特拉勒积分 S、流域系统信息熵 P 的对应关系示于图6.8。

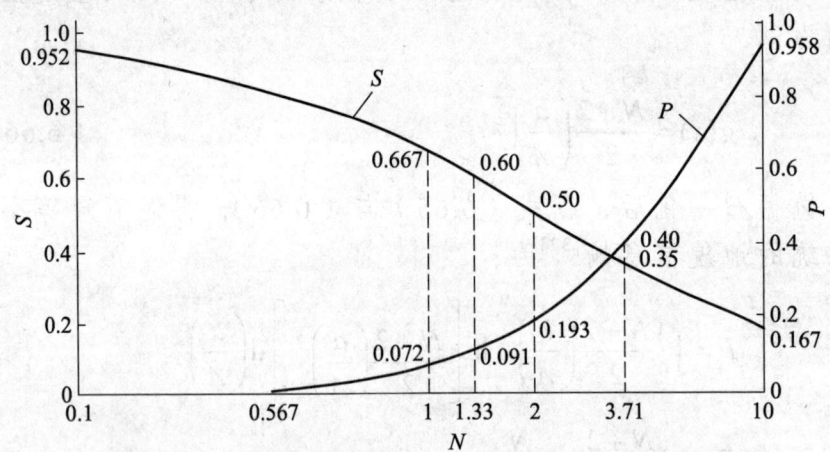

图6.8 泥石流流域的 N、S、P 值之对应关系图[34]

6.3.4 泥石流流域系统的超熵[33]

信息熵是线性平衡态熵,而流域系统是远离平衡态的耗散结构,非线性、非平衡态的超熵更适宜评价流域系统的稳定性。

6.3.4.1 泥石流流域系统的超熵

对特定的流域系统,岳天祥、艾南山[31]给出的超熵的一般表达式为:

$$\delta_x P = \frac{-\beta \alpha^3 (\alpha-1)(\alpha+1)}{\alpha(-\beta-1)-3} \quad (6.68)$$

$\delta_x P$ 值的正负表征流域系统的稳定性,$\delta_x P$ 的绝对值表征稳定性的程度。$\delta_x P>0$,流域稳定,绝对值愈大稳定性愈高;$\delta_x P<0$,流域不稳定,绝对值愈大愈不稳定。

对泥石流等小流域,$\alpha = N/2$,$\beta = \frac{2+N}{2-N}$,故小流域的超熵[33]为:

$$\delta_x P_m = \frac{N^3(N^2-4)(N+2)}{32(6-N)} \quad (6.69)$$

6.3.4.2 流域系统超熵与稳定性[33]

据泥石流流域系统的超熵 $\delta_x P_m$ 和相应的沟谷纵剖面形态指数 N 值,可将泥石流划分为两个地貌演化期和 5 个演化阶段,如图 6.9。

(1)泥石流发育期($\delta_x P<0$,$N<2$):流域系统不稳定。

(a)泥石流孕育阶段:$\delta_x P$ 为 $(0,-0.0131]$,N 为 $(0,0.62]$。负超熵绝对值较慢地递增,流域系统开始趋向不稳定,各种促发泥石流的因素开始萌发,但不足以暴发泥石流,属于泥石流沟的概率近于 0。

（b）泥石流发展阶段：$\delta_x P$ 为(-0.0131，-0.0979]，N 为 (0.62，1.23]。负超熵绝对值加速递增，流域系统不稳定性剧增，形成泥石流的各种条件速备，最终可促成泥石流的暴发，大多属泥石流沟或潜在泥石流沟。

（c）泥石流旺盛阶段：$\delta_x P$ 由 -0.0979 降至 -0.151（$N=1.62$）再增至 0，N 为(1.23，2.0)。负超熵递减至极小值后再递增至 0，流域系统极不稳定，形成泥石流的各种条件十分成熟，泥石流发育旺盛，划为泥石流沟或潜在泥石流沟。

（2）泥石流衰退期（$\delta_x P \geqslant 0$，$2 \leqslant N<6$）：流域系统趋向稳定

（a）泥石流衰减阶段：$\delta_x P$ 为[0，38.85)，N 为[2.0，3.71)。超熵转为正值，泥石流衰退但仍可零星暴发，属泥石流沟的概率较小。

（b）泥石流停息阶段：$\delta_x P$ 为[38.85，∞)，N 为[3.71，6.0)。正超熵大，流域系统稳定，泥石流消亡，属泥石流沟的概率为 0。

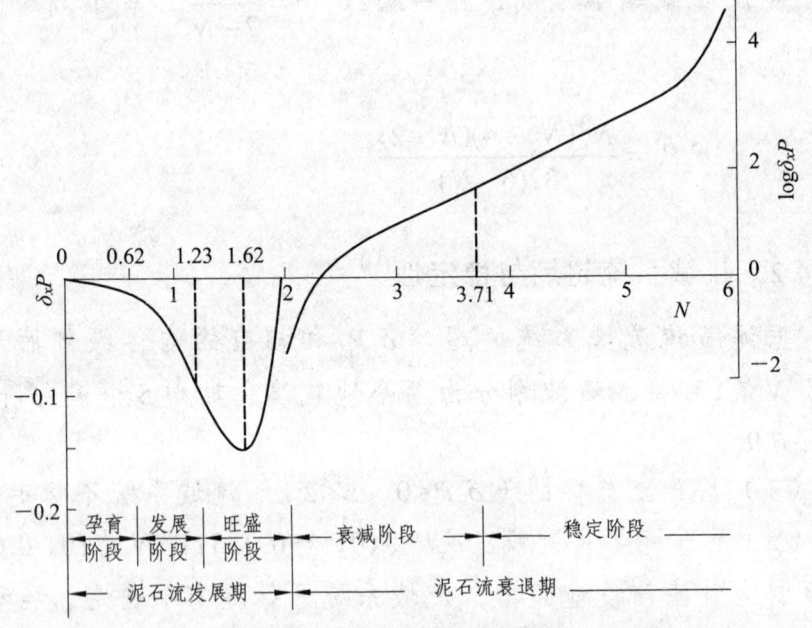

图 6.9 常见范围的泥石流沟谷纵剖面形态指数 N 和相应泥石流流域系统超熵 $\delta_x P$ 划分的泥石流发育阶段[33]

6.3.5 小结与讨论

1）各非线性指标的内涵与应用

流域斯特拉勒积分 S、流域系统信息熵 P 和超熵 $\delta_x P$ 都是评判流域稳定性的非线性地貌指标，但内涵有差异，应用有区别。

（1）流域斯特拉勒积分 S 基于流域平面二维地形，信息量较基于沟谷纵剖面一维地形的信息熵要大，但据之评判的流域地貌演化阶段还属封闭的戴维斯侵蚀循环模型，因此宜用于山区河流。

（2）流域系统信息熵 P，在封闭系统中表征侵蚀循环的阶段（不同于戴维斯侵蚀循环模型），并在开放系统中一定程度上表征流域的稳定性，因此宜用于构造抬升继以长期稳定的山区的小流域。

（3）流域系统超熵 $\delta_x P$，在内外营力同时作用的开放系统中表征内外营力对抗的强度，即流域的稳定性。由于主河的下切与加积交替，支流流域经常有外部物质和能量的输入，用超熵评判小流域的稳定性和泥石流发育阶段要比信息熵更为客观与精细。

2）沟谷纵剖面形态指数 N 的原理

S、P 和 $\delta_x P$ 等非线性地貌指标都是以沟谷纵剖面形态指数 N 来表达的，据 N 值可从各个指标来评判小流域的稳定性和泥石流发育阶段。

构造抬升期，作为地区侵蚀基准的主河快速下切，水动力较弱的支流下切跟不上，且支沟下切有从沟口向沟头逆源传递与积累的进程，故支沟纵剖面形成坡降从沟头向下游逐渐变陡的上凸抛物线状，$N>1$。这与向下游流量增大不匹配，大流量要寻求小坡降，必然继续下切侵蚀。构造稳定、主河停止下切后，支流向坡降与水动力相适当的均衡方向发展，遵循最小能耗原理使沟谷纵剖面向下凹抛物线形演化，$N<1$。支沟泥石流也相应经历孕育、发展、旺盛、衰减、停息的全过程。

但是，急剧抬升继以长期稳定的构造环境在山区并非现实，往往是构造抬升与短暂稳定频繁交替，侵蚀循环极不完整。相应，沟谷纵剖面形态会复杂化与多旋回化，给拟合的 N 值带来误差，对应用 N 值评判流域稳定性和泥石流发育造成麻烦。同时，泥石流的发育过程也难以完整，往往演化不到泥石流停息阶段。

3）流域非线性指标的局限性

各非线性指标只是评判流域稳定性和泥石流发育的综合性地貌指标，虽然流域地貌对径流汇集、谷坡剥蚀与崩滑体发育有紧切关系，但促发泥石流的水动力仍以暴雨条件为主，松散固体物源与岩性、地质构造密切相关，植被则对径流形成与坡面侵蚀相关。因此单据各非线性地貌指标，评判泥石流还不够充分，笔者提出的判别泥石流沟的成昆铁路法[28]，除采用以 N 值表示的超熵外，还补充了暴雨、岩性、断裂、植被、松散固体物源等 5 项指标，将全部指标评分总和大于 50 分的判为泥石流沟或潜在泥石流沟。这些指标中，除以 N 值表示的地貌指标外，暴雨、植被、松散固体物源也遵循一定的演化规律，笔者采用以灰色系统为主的预测方法，建立了相应的预测模型，以从多方面综合预测泥石流的演化趋势[41]，具体见附录 6.5。

尽管如此，由于非线性指标是流域系统的综合性地貌指标，用以评判泥石流发育的作用，是诸如流域平面形态、沟谷纵坡降、流域高差、谷坡坡度、沟谷横断面等单一地貌指标所无法比拟的，是值得倡导的非线性技术。以成昆铁路沙湾至泸沽段沿线为例，用流域系统超熵评判处于泥石流孕育阶段的沟谷，全为非泥石流沟，判别正确率达 100%；评判处于泥石流旺盛阶段的，67.6%为泥石流沟，判别正确率达 2/3（表 6.4）。

表 6.4 用流域系统超熵评判成昆铁路沙沪段沿线沟谷所处泥石流的发育阶段[34]

沟数与比例	孕育阶段(非泥石流沟)	发展阶段	旺盛阶段(泥石流沟)	衰减阶段	停息阶段(非泥石流沟)
总沟数(所占比例)	8 (5.7%)	50(35.7%)	68(48.6%)	14(10.0%)	0
泥石流沟数	0	22	46	5	
非泥石流沟数	8	28	22	9	
泥石流沟所占比例	0	44.1%	67.6%	35.7%	

6.4 泥石流拦沙坝设计疑难问题

拦沙坝是治理泥石流的一项最常用且最重要的主体工程措施，其设计内容在 2017 版《泥石流防治工程设计规范》(送审稿)[42]（以下简称《设计规范》）和《指南》中虽已有阐述，但在实际工作中仍有疑难，主要是拦沙坝的库容、检算和结构三方面，对此作进一步阐述与探讨。

6.4.1 拦沙坝库容的建议计算方法

拦沙坝库容的计算现有两方面问题，已如前述。一是厘定应拦固体物质的规模时，按计算的固体物质冲出量计，未考虑堆积体中的空隙；二是回淤纵坡取值的随意性大，带来库容计算的较大偏差。

为规避回淤纵坡取值困难，并考虑堆积体的空隙，笔者提出以下直接计算库容的方法。

（1）由式（6.29），据回淤体孔隙率为 n，计算应拦冲出量

为 $V_S(\mathrm{m}^3)$ 的固体物质堆积体积 $V(\mathrm{m}^3)$。

（2）由图 6.10：

① 单位宽度回淤体的纵剖面的面积，为江崎一博式的积分：$S = \dfrac{H_0^2}{I}$。

② 将坝位处回淤体横剖面概化为顶宽为 B、底宽为 b 的倒梯形，则其平均宽度：$D_0 = \dfrac{B+b}{2}$。

③ 将回淤体平面概化为顶宽为 b、底宽为 D_0 的梯形，则回淤体横剖面的平均宽度：$\bar{D} = \dfrac{D_0+b}{2} = \dfrac{B}{4} + \dfrac{3 \cdot b}{4}$。

④ 坝位处回淤体顶宽：$B = \dfrac{2 \cdot H_0}{\tan \alpha} + b$。

⑤ $\bar{D} = \dfrac{2 \cdot H_0}{4\tan \alpha} + \dfrac{b}{4} + \dfrac{3 \cdot b}{4} = \dfrac{H_0}{2\tan \alpha} + b$。

得回淤体体积：
$$V_K = S \cdot \bar{D} = \dfrac{H_0^2}{I} \cdot \left(\dfrac{H_0}{2\tan \alpha} + b \right) \quad (6.70)$$

式中：V_K——拦沙坝库容（m^3）;
   H_0——有效坝高（m）;
   I——回淤段沟床平均纵坡降（小数）;
   b——回淤段沟沟床平均底宽（m）;
   α——回淤沟段岸坡坡度（°）。

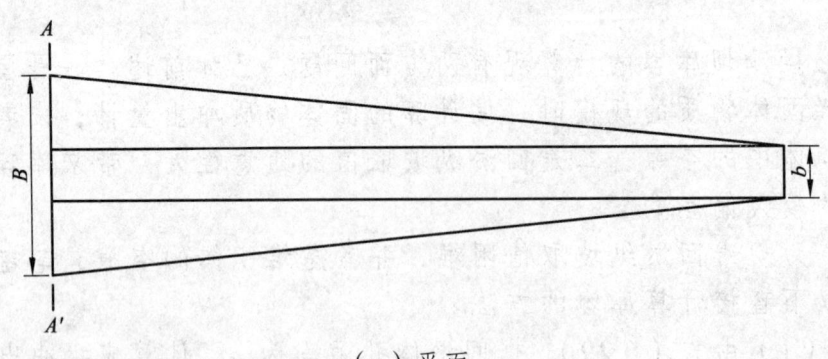

（a）平面

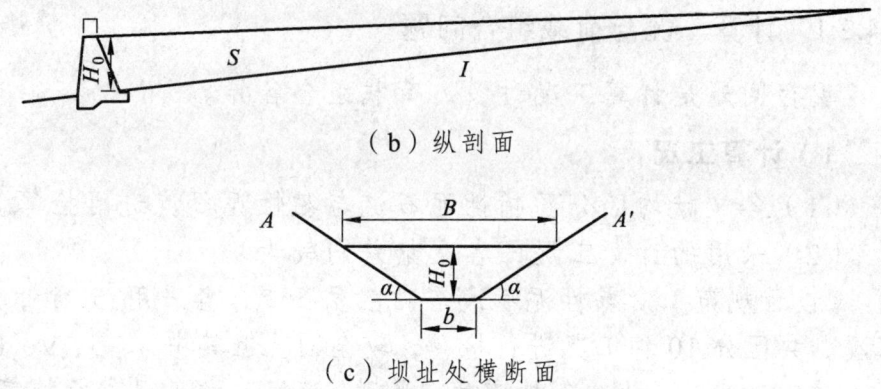

(b)纵剖面

(c)坝址处横断面

图 6.10 拦沙坝回淤体形态概化图

算例：某低频泥石流沟 20 年一遇固体物质冲出量计算为 8 000 m³，堆积体的空隙率 $n = 0.35$，坝位上游回淤段沟床纵坡 $I = 0.08$，沟床平均底宽 $b = 12$ m，回淤沟段岸坡坡度 $\alpha = 32°$，欲筑坝拦蓄一次 20 年一遇泥石流的泥沙，则：

（1）应拦泥沙的体积 $V = \dfrac{8\,000}{1-0.35} = 12\,308$ m³。

（2）拟设拦沙坝库容：

有效坝高 H_0 设为 7.0 m、8.0 m 时，$V_K = 10\,781$ m³、14 721 m³；

故有效坝高 H_0 设为 7.5 m，此时库容 $V_K = \dfrac{7.5^2}{0.08} \cdot \left(\dfrac{7.5}{2\tan 32°} + 12 \right)$ = 12 657 m³，满足应拦体积 12 308 m³ 的要求。

6.4.2 实体坝稳定性检算之探讨

稳定性检算是实体坝结构设计的关键，但遗憾的是，现各文献，包括陈光曦[8]、《设计规范》[42]和《指南》的检算方法还不尽一致，主要体现在计算工况、荷载组合和计算公式这三个方面，有必要进一步探讨。

6.4.2.1 计算工况与荷载组合问题

现存问题是计算工况过多，荷载组合各异。

1）计算工况

（1）各文献均区分了稀性泥石流与黏性泥石流进行检算。

（2）采用的计算工况，各文献差别较大。

《设计规范》对稀性泥石流与黏性泥石流，各采用 5 种计算工况，共区分 10 种工况进行检算，较全面。但其中 4、5、9、10 等 4 种工况少见，故一般按空库、半库、满库三种工况进行检算。

（3）陈光曦仅选择稀性泥石流与黏性泥石流的最不利工况——空库中一次泥石流满库并溢流，较简略。

（4）从稳定性与基底应力两方面看，空库和满库为两种极端工况，一般以空库中一次泥石流满库溢流为最危险工况且坝基应力差较大，而满库后过流最安全但平均应力大，故笔者在《指南》中建议简化计算工况，不计半库工况，只计空库和满库工况。

（5）在Ⅶ度以上烈度的地震区，还应叠加地震工况。

2）荷载组合

一般认为，荷载组合视泥石流流体性质与过流情况而异，对水石分离的稀性泥石流与水石一体的黏性泥石流，荷载组合与计算方法不尽相同。但在荷载组合方面，构成垂直力系和水平力系的力及其在不同工况下的取舍，各文献均有差异，设计人员莫衷一是，亟待规范与统一。

6.4.2.2 垂直力系与计算的建议

垂直力系由 5 种力合成，《设计规范》取其中 4 种，陈光曦增加的坝底反力 R 一般未计，故垂直力系计以下 4 种是合适的。

但对垂直力的组合，各文献则有不同。其中，坝体自重 W_d、上游坝斜面上的泥石流重 W_c 或土体重 W_s，《设计规范》

和陈光曦对各工况均计;坝顶溢流体重 W_f,《设计规范》对各工况均计,陈光曦仅对稀性泥石流计;水的扬压力 F_y,陈光曦对稀性和黏性泥石流均计,《设计规范》仅对稀性泥石流计。

综合上述文献并研判,对垂直力的计算建议如下(图 6.11):

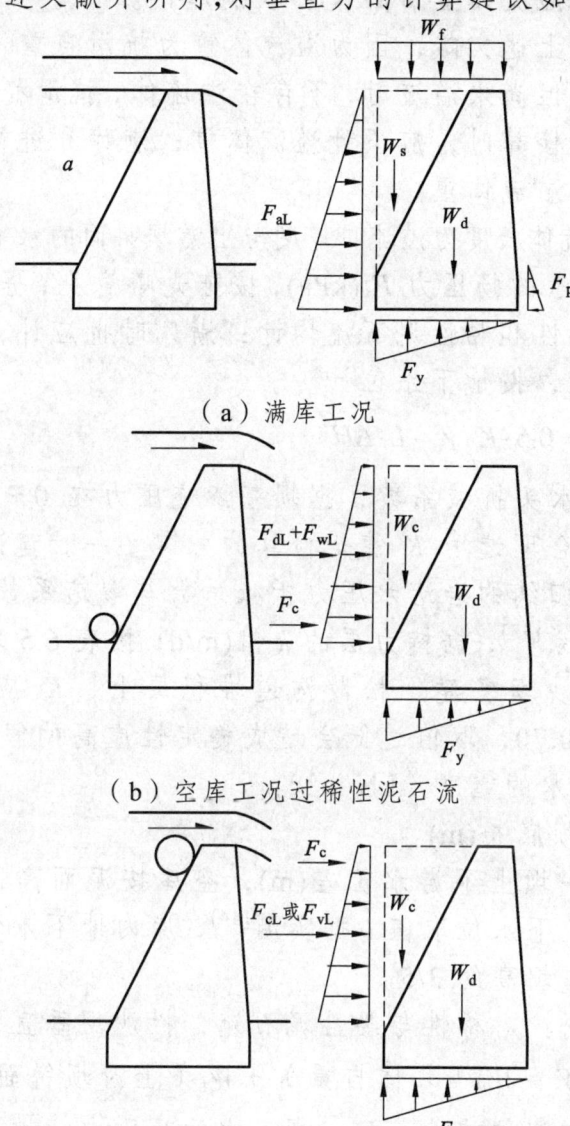

（a）满库工况

（b）空库工况过稀性泥石流

（c）空库工况过粘性泥石流

图 6.11 拦沙坝荷载组合简化模式（a—泥石流堆积物）

（1）坝体自重 $W_d(kN)$：各工况均计。

（2）上游坝斜面上泥石流重 $W_c(kN$，空库计)或土体重 $W_s(kN$，满库计)。注意：泥石流溢流时取饱和土重。

（3）坝顶溢流体重 $W_f(kN)$：仅满库计。

这不同于上述文献，因为溢流体重为抗滑自重，空库中一次泥石流满库但尚未溢流时，不存在溢流体，抗滑稳定性最低，按最危险工况检算时，应不计溢流体重；满库和进行坝基应力检算时，应计溢流体重。

注意：溢流体长度为溢流口厚度与上游坝斜面的水平长度之和。

（4）坝底水的扬压力 $F_y(kPa)$，按陈光曦意见，据式（6.71），对空库时的稀性和黏性泥石流均计；满库时也应计，因为淤积层中有地下水，按地下水位计。

$$F_y = 0.5 \cdot K \cdot \gamma_w \cdot L \cdot \Delta H \qquad (6.71)$$

式中：K——水头折减系数，据坝基渗透压力在 $0\sim0.7$ 取值，合理选用 K 值是检算的关键之一。建议参照笔者归纳的岩溶水压力折减系数与渗透系数 k 对应关系[43]，据持力层的 k 值(m/d) 按表 6.5 取 K 值。拦沙坝多建于松散沟道堆积层上，K 应取 $0.55\sim0.70$，取值过低会造成稳定性虚高的假象。

γ_w——水的重度（kN/m^3）。

L——坝底长(m)。

ΔH——坝上下游水位差(m)，空库按泥面高，满库按地下水位取值。据实测[44]，库内地下水位约为有效坝高的 3/5。

（5）结论：对稀性与黏性泥石流，拦沙坝垂直荷载 $\sum W$：

满库 $\sum W = W_d$（坝体自重）$+ W_s$（上游坝斜面上土体重）$+ W_f$（坝顶溢流体重）$- F_y$（坝底水的扬压力，地下水位取有效坝高的 3/5）；

表 6.5 建议水头折减系数 K 取值表

持力土层类型	渗透系数 k 值(m/d)	建议水头折减系数 K
黏土	<0.01	<0.1
黏土与砂黏土	0.01~0.1	0.1~0.2
黏砂土与粉砂	0.1~1	0.2~0.35
中砂与细砂	1~10	0.35~0.55
粗砂与卵砾石	>10	>0.55

空库 $\sum W = W_d$(坝体自重)$+ W_c$(上游坝斜面上泥石流重)$- F_y$(坝底水的扬压力,坝上下游水位差按泥面高)。

6.4.2.3 水平力系与计算的商榷之一:满库工况

各文献对水平力的组合有差别,归纳于表 6.6。

表 6.6 各文献的水平力系之合成

	满库		空库	
	稀性泥石流	黏性泥石流	稀性泥石流	黏性泥石流
《设计规范》	F_{dL}、F_{wL}	F_{cL}	F_{dL}、F_{wL}、F_c	F_{cL}、F_c
陈光曦			F_{dL}、F_{wL}、F_c F_p、R_f	F_{cL}、F_c F_p、R_f
《指南》	F_{aL}、F_p	F_{aL}、F_p	$(F_{dL}+F_{wL})$ 或 F_{cL}、F_c	$(F_{cL}$ 或 $F_{vL})$ 或 F_{cV}

注:F_{dL}—泥沙水平土压力;F_{wL}—水的侧压力;F_{cL}—流体水平侧压力;F_{aL}—坝后叠加渗透压力的主动土压力;F_p—坝前被动土压力;F_c—冲击力;F_{vL}—粘性泥石流流体冲压力;R_f—坝底水平摩擦力;F_{cV}—黏性泥石流总冲击力。

满库工况下的水平力系,《设计规范》对稀性泥石流取泥沙水平土压力 F_{dL} 和水的侧压力 F_{wL},对粘性泥石流取流体水平侧压力 F_{cL},对此商榷如下:

(1)拦沙坝被淤满后,坝体承受坝后淤积泥沙的水平土压

力 F_{dL}，并承受渗透水压力，但不存在水的侧压力 F_{wL}。

（2）拦沙坝被淤满后，后续泥石流只能从坝顶溢流，粘性泥石流的流体水平侧压力 F_{cL} 是不存在的，其承受的水平压力应与稀性泥石流相同。

（3）坝后淤积泥沙水平土压力 F_{dL}：

① 《设计规范》采用的朗金主动土压力公式（6.72）计算：

$$F_{dL} = \frac{1}{2} \cdot \gamma \cdot H^2 \cdot K_{1a} \quad (\text{kN/m}) \qquad (6.72)$$

式中：γ 为泥沙饱和容重（kN/m^3）；

H 为坝基底面至溢流口底的高度(m)，注意：H 为含坝基的高度，不是流深 H_c；

K_{1a} 为朗金主动土压力系数：

$$K_{1a} = \tan^2\left(45° - \frac{\varphi}{2}\right) \qquad (6.73)$$

式中：φ 为泥沙内摩擦角（°）。

② 泥石流过流时库内饱水堆积层会产生渗流，侧压力应水土分算，综合考虑土压力与渗透压力。

笔者综合徐至均的渗流下非黏性土侧压力公式[45]和朗金主动土压力系数式所得坝后主动土压力 F_{aL} 算式（6.74）较符合泥石流坝的条件：

$$F_{aL} = \frac{1}{2}H^2 \cdot \left[(\gamma' + n \cdot \gamma_w \cdot i) \cdot \tan^2\left(45° - \frac{\varphi}{2}\right) + \gamma_w(1 - 2 \cdot n \cdot i)\right] \quad (\text{kN/m})$$

$$(6.74)$$

式中：H 为坝底面以上土体高度(m)；

γ'、γ_w 分别为土体的浮重度和水的重度(kN/m^3)；

n 为土体孔隙率（以小数计）；

i 为坝的水力梯度（以小数计）；

φ 为干泥沙的综合内摩擦角(°),可取 34°。

倾覆检算中,式(6.74)合力作用点在 $H/3$ 处。

(4)由于式(6.74)已包含了渗透水压力,故不应再考虑水的侧压力 F_{wL}。

(5)当坝基较深且坝趾确不被冲蚀时,坝前被动土压力可计 1/3。被动土压力 F_p 按朗金被动土压力公式(6.75)计算:

$$F_p = \frac{1}{2} \cdot \gamma \cdot h^2 \cdot \tan^2\left(45° + \frac{\varphi}{2}\right) \quad (\text{kN/m}) \qquad (6.75)$$

式中:γ——泥沙饱和容重(kN/m³);

h——坝趾埋深(m);

φ——饱和泥沙的综合内摩擦角(°),对泥石流泥沙约为 25°。

(6)溢流体对坝顶面的拖曳力不计。

结论:满库工况下,不论稀性或黏性泥石流,水平压力仅计叠加渗透压力的主动土压力 F_{a1}(6.74 式),符合条件时再计被动土压力 F_p 的 1/3(6.75 式)。

6.4.2.4 水平力系与计算的商榷之二:空库工况下稀性泥石流

空库工况稀性泥石流的水平力系,各文献基本一致,均考虑泥沙水平土压力 F_{dL}、水的侧压力 F_{wL} 和冲击力 F_c。陈光曦明确 F_c 为大石块冲击力,并较全面地考虑了坝底水平摩擦力 R_f 和坝前被动土压力 F_p。坝底水平摩擦力 R_f 一般不计;

因未计坝踵的主动土压力,故坝前被动土压力 F_p 也可不计。下面讨论泥沙水平土压力 F_{dL}、水的侧压力 F_{wL} 和冲击力 F_c 的计算。

1)空库工况稀性泥石流的泥沙水平土压力 F_{dL}

泥沙的水平土压力现一般按式(6.72)计算。此时式中,γ 为饱和容重:

$$\gamma = \gamma_d - (1-n) \times \gamma_w = \gamma' + n \times \gamma_w \quad (\text{kN/m}^3) \qquad (6.76)$$

式中：γ_d、γ'、γ_w 分别为泥沙的干容重、浮容重和水的容重 (kN/m³)；n 为泥沙孔隙率(小数)。

倾覆检算中，合力作用点在 $H/3$ 处。

计算难点在于泥石流堆积厚度 H 的确定。笔者在《指南》中假定泥沙在流体竖向上呈三角形分布所得稀性泥石流的泥沙水平土压力计算式，因缺乏对三角形分布假设的验证，也不够成熟。建议选择以下两种工况确定堆积厚度 H 进而计算泥沙水平土压力 F_{dL}。

（1）泥沙全部沉积工况。据式（6.18），单位体积泥石流中泥沙总量：

$$q = \left(\frac{\gamma_C - \gamma_w}{\gamma_H - \gamma_w} \right) \tag{6.77}$$

如果过流时泥沙全部沉积下来，考虑孔隙率，则：

$$H = \frac{\left(\dfrac{\gamma_C - \gamma_w}{\gamma_H - \gamma_w} \right) \cdot H_C}{(1-n)} \quad (\text{m}) \tag{6.78}$$

代入式（6.72），则全部沉积泥沙的水平土压力（kN/m）：

$$F_{dL} = \frac{1}{2 \times (1-n)^2} \times \gamma \cdot \left(\frac{\gamma_C - \gamma_w}{\gamma_H - \gamma_w} \right)^2 \cdot H_C^2 \cdot \tan^2\left(45° - \frac{\varphi}{2} \right) \tag{6.79}$$

（2）出库水流重度为 1.3 t/m³ 工况。

事实上，过流时刻泥石流的泥沙不可能完全沉积，出库为高含沙水流。按出库水流重度为 1.3 t/m³[42]，则据式（6.77），可导出重度由 γ_C 降低为 1.3，所致单位高度泥石流在库内所沉积的泥沙量 $q_{1.3}$ 为：

$$q_{1.3} = \frac{\gamma_C - 1.3}{\gamma_H - \gamma_w} \tag{6.80}$$

考虑泥深 H_C 与孔隙率 n，得：

$$H_{1.3} = \frac{\gamma_C - 1.3}{\gamma_H - \gamma_w} \cdot \frac{H_C}{1-n} \quad (\text{m}) \tag{6.81}$$

代入式（6.72），故重度降为 1.3 所沉积泥沙的水平土压力（kN/m）：

$$F_{dL1.3} = \frac{1}{2\times(1-n)^2} \times \gamma \cdot \left(\frac{\gamma_C - 1.3}{\gamma_H - \gamma_w}\right)^2 \cdot H_C^2 \cdot \tan^2\left(45° - \frac{\varphi}{2}\right) \tag{6.82}$$

式中：n 为泥沙孔隙率(小数)；

γ 为泥沙饱和容重（kN/m³）；

γ_C、γ_H、γ_w 分别泥石流重度、固体物质重度、水的重度(t/m³)；

H_C 为溢流口以下的泥石流的流深(m)；

φ 为饱和泥沙的综合内摩擦角(°)，取 25°。

2）空库工况稀性泥石流的水的侧压力 F_{wL}

（1）泥沙全部沉积工况。水的侧压力按式（6.83）计，并与式（6.79）配套。

$$F_{wL} = 0.5 \times \gamma_w \cdot H_w^2 \quad (\text{kN/m}) \tag{6.83}$$

式中：γ_w ——水容重；

H_w ——水深。

（2）出库水流重度为 1.3 t/m³ 工况。高含沙水流的侧压力按式（6.84）计，与式（6.82）配套。

$$F_{L1.3} = 6.5 \times H_w^2 \quad (\text{kN/m}) \tag{6.84}$$

倾覆检算中，合力作用点在 $H/2$ 处。

3）空库工况稀性泥石流的流体水平侧压力 F_{cL}

用式（6.72）分算泥沙土压力难以确定过流时产生沉积的

厚度，故也可将式（6.72）中的γ取为泥石流的重度γ_C，按水土合算改写为计算泥石流流体水平侧压力F_{cL}的式（6.85）：

$$F_{cL} = 0.5 \times \gamma_C \cdot H_C^2 \cdot \tan^2\left(45° - \frac{\varphi}{2}\right) \quad (kN/m) \qquad (6.85)$$

式中：γ_C——泥石流的重度（kN/m^3）；

H_C——泥深（m）；

φ——流体内摩擦角（°），取$\varphi \leq 4°$。

倾覆检算中，合力作用点在$H/2$处。

4）空库工况（大石块）冲击力F_C

陈光曦明确F_C为大石块冲击力，《设计规范》未明确是流体还是石块的冲击力。

大石块冲击力F_C按陈光曦（成昆、东川两线）公式（6.86）计算[19]：

$$F_C = r \cdot V_C \cdot \sin\alpha \cdot \sqrt{\frac{W}{C_1 + C_2}} \quad (kN) \qquad (6.86)$$

式中：r——动能折减系数（$s/\sqrt{m}$），对拦沙坝取0.3；

V_C——泥石流断面平均流速(m/s)；

α——泥石流冲击角度(°)，正冲时$\sin\alpha = 1$；

W——石块重量（kN），按最大石块计；

C_1、C_2——为巨石、桥墩的弹性变形系数，$C_1 + C_2 = 0.0005 \, m/kN$。

注意：所得F_C，应按坝被沉降缝分割的坝段长度分摊。

倾覆检算中，其着力点在最下排泄水孔底以上加巨石平均半径之和处。

5）稀性泥石流侧压力算例

设$\gamma_C = 16.0$，$\gamma_w = 10.0$，$\gamma_H = 26.5$，$\gamma_d = 20.7(kN/m^3)$，$n = 0.35$，$H = H_C = 8.0 \, m$，$\varphi = 25°$。则据式（6.76），$\gamma = 20.7 - (1 - 0.35) \times 10 = 14.2$（$kN/m^3$）。

(1)泥沙全部沉积工况。据式(6.79),

$$F_{\mathrm{dL}} = \frac{1}{2\times(1-0.35)^2}\times 14.2\times\left(\frac{1.6-1.0}{2.65-1.0}\right)^2\times 8.0^2\times\tan^2\left(45°-\frac{25}{2}\right)$$
$$= 57.7\ (\mathrm{kN/m})$$

又据式(6.83),

$$F_{\mathrm{WL}} = 0.5\times 10\times 8.0^2 = 320.0\ (\mathrm{kN/m})$$

故水土分算的总侧压力 = 57.7 + 320 = 377.7(kN/m)。

(2)出库水流重度为 1.3 t/m³ 工况。据式(6.82),$F_{\mathrm{dL1.3}} = 14.4$(kN/m);又据式(6.84),$F_{\mathrm{L1.3}} = 0.65\times 10\times 8.0^2 = 416.0$(kN/m);故水土分算的总侧压力 = 430.4(kN/m)。

(3)水土合算。据式(6.85),流体内摩擦角 φ 取 4°,则流体侧压力 $F_{\mathrm{CL}} = 0.5\times 1.60\times 8.0^2\times\tan^2\left(45°-\frac{4}{2}\right) = 445.3$(kN/m)

总侧压力计算值比较:水土分算的全沉积工况最小,水土合算的工况最大,水土分算的水流重度 1.3 t/m³ 工况居中,且较符合实际,予以推荐。

6)结　论

空库工况稀性泥石流的水平力系为部分泥沙的水平土压力 $F_{\mathrm{dL1.3}}$ +高含沙水体侧压力 $F_{\mathrm{L1.3}}$ +大石冲击力 F_{C},分别按式(6.82)、(6.84)、(6.86)计算。

6.4.2.5　水平力系与计算的商榷之三:空库工况下黏性泥石流

空库工况黏性泥石流的水平力系,《设计规范》与陈光曦基本一致,除可不计的坝底水平摩擦力 R_{f} 和坝前被动土压力 F_{p} 外,均考虑流体水平侧压力 F_{cL} 和冲击力 F_{c}。但笔者在《指南》中对此进行了如下探讨。

1）空库工况黏性泥石流的流体水平侧压力 F_{CL}

黏性泥石流，水石混流，水土难分，《设计规范》按水土合算的式（6.85）计算，是合适的。

注意：粘性泥石流体内摩擦角 φ 取 4°-10°，重度大则取区间中之大值。

2）空库工况粘性泥石流的冲击力 F_C

《设计规范》未明确冲击力 F_C 的计算，探讨如下。

黏性泥石流的冲击力 F_C 包括流体的水平压力和大石冲击力两部分。

大石冲击力按式（6.86）计。倾覆检算中，其着力点在过流面以下减去 1/6 巨石平均粒径处。

3）空库工况黏性泥石流流体的动压力 F_{VL}

流体的水平压力分动压力 F_{VL} 与静压力 F_{CL}。因动压力与静压力不同时着力，不应叠加（叠加是通病），而应分别计算并比较，取二者中之大值。

F_{VL} 按公式（6.87）计。

$$F_{VL} = H \cdot \lambda \cdot \frac{\gamma_C}{g} \cdot V_C^2 \quad (\text{kN/m}) \tag{6.87}$$

式中：H 按库前阵性泥石流龙头的高度计（m）；λ 取 1.47。

4）空库工况黏性泥石流总冲击力 F_{CV}

为简便或分算（$F_{VL} + F_C$）结果偏小时，可将流体冲压力与大石冲击力合算为总冲击力 F_{CV}，按式（6.87）计，其中 λ 据粒径 D 取值。$D \leq 0.5$ m，λ 取 1.47；$D = 1.5$ m，λ 取 2.7；$D = 3.0$ m，λ 取 4.0；$D > 3.0$ m，λ 最大取 8.0。可内插取值。

倾覆检算中，合力作用点在 $H/2$ 处。

5）结 论

空库工况黏性泥石流的水平力系取流体水平侧压力 F_{CL} 与

动压力 F_{vL} 之大者,再加上大石冲击力 F_c。

$F_{vL}>F_{CL}$,且 $(F_{vL}+F_c)<F_{cV}$ 时,则仅取总冲击力 F_{cV}。

F_{cL} 按式(6.85)计;F_{vL} 与 F_{cV} 均按式(6.87)计,但式中 λ 的取值不同;F_c 按式(6.86)计。

6.4.2.6 力系小结

归纳不同性质泥石流在不同工况下的力系组合于表 6.7。

表 6.7 不同性质泥石流在空库与满库工况下的力系组合的建议

力系组合	满库	空库	
	稀性+黏性泥石流	稀性泥石流	黏性泥石流
垂直力系 $\sum W$	$W_d+W_s+W_f-F_y$	$W_d+W_c-F_y$	
水平力系 $\sum Q$	F_{aL}、F_p	$F_{dL1.3}+F_{L1.3}+F_c$	$[F_c+(F_{cL},F_{vL})\max]$ 或 F_{cV}

注:W_d——坝体自重(kN);

W_s——上游坝斜面上土体重(kN);

W_f——坝顶溢流体重(kN);

F_y——坝底水的扬压力(kPa),式(6.71):满库之地下水位取有效坝高的 3/5,空库之坝上下游水位差按泥面高取值;

W_c——上游坝斜面上泥石流体重(kN);

F_{aL}——叠加渗透压力的主动土压力(kN/m),式(6.74);

F_p——被动土压力(kN/m),符合条件时计 1/3,式(6.75);

$F_{dL1.3}$——部分泥沙的水平土压力(kN/m),式(6.82);

$F_{L1.3}$——高含沙水体侧压力(kN/m),式(6.84);

F_c——大石冲击力(kN),式(6.86);

F_{cL}——流体水平侧压力(kN/m),式(6.85);

F_{vL}——黏性泥石流流体冲压力(kN/m),式(6.87);

F_{cV}——黏性泥石流总冲击力（kN/m），式（6.87），计算参数 λ 取值与 F_{vL} 有别。

6.4.2.7 地震力

《设计规范》未考虑地震工况。笔者在《指南》中建议对基本烈度不小于Ⅶ度的地震区，应增加地震工况校核，其安全系数取值要比非地震工况降低。

考虑地震水平惯性力 F_{QL}，及土压力因地震作用下土体内摩擦角降低而增大的系数 K_Q，分别按式（6.88）、（6.89）计算。

$$F_{QL} = \xi \cdot \alpha \cdot \beta \cdot W \tag{6.88}$$

$$K_Q = 1 + 2 \cdot \xi \cdot \tan\varphi \tag{6.89}$$

式中：ξ 为地震水平系数；

α 为建筑物惯性分布指数：

$$\alpha = 1.0 + 1.5 \times \frac{y}{H} \tag{6.90}$$

y、H 分别为坝体断面重心高与坝高；

β 为地基对惯性力影响系数，对泥石流砂砾质沟道取 1.5。

水平惯性力 F_{QL} 叠加于土、流体的侧压力上。土压力增大系数 K_Q 适用于主动土压力式（6.74）和被动土压力式（6.75）及泥沙土压力式（6.82），不适用于各流体侧压力式；主要使地震工况下满库的稳定性降低，应重点检算。

6.4.3 拦沙坝结构设计中常见问题

6.4.3.1 坝的截面

经验的坝截面形状如图 6.12，一般采用图 6.12（b）。坝的截面参数包括顶宽、上下游坡比、坝基面、坝踵与坝趾。结构参数需经检算予以调整或优化。

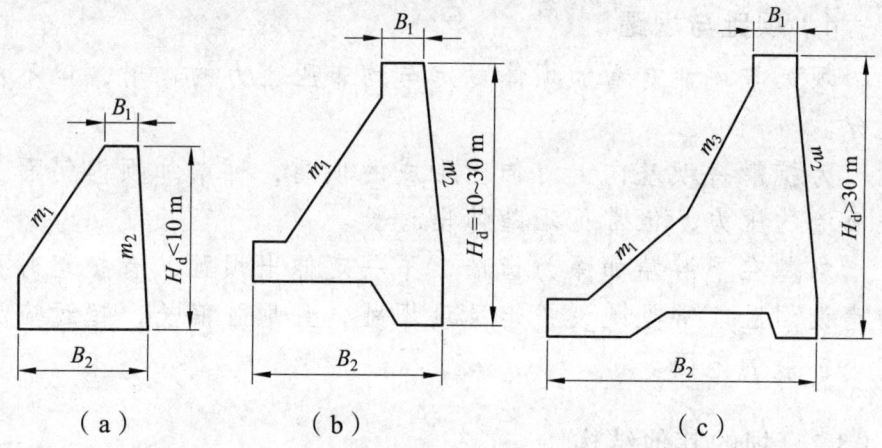

图 6.12　实体重力拦砂坝断面的基本形式[8]

1）顶　宽

从溢流口面起算的有效高度小于 10 m 的低坝，顶宽设为 1.5~2.0 m。常见坝顶偏宽，坝体矮胖，致坝的稳定性偏高。

2）坝　坡

从溢流口底面计，经验值为：向下游的外坡陡，取 1：0.05~1：0.2，以防泥石流携石坠砸坝体；向上游的内坡缓，取 1：0.5~1：0.6，以增大泥石流体正压力，有利坝体稳定。低坝比高坝的内外坡要偏陡。溢流口底面以上的坝肩的内外坡均直立。

常见内外坡坡比差异偏小，尤其是外坡偏缓；溢流口段内外坡不直。

3）坝基面

在纵坡较陡的沟道，坝的基底面可不水平，而顺应沟底面纵坡设为阶状，如图 6.7 之中图。坝基底面最好置于同一地层中，以免产生不均匀沉降。

常见问题：陡降沟道中坝基底面水平，增加坝踵部开挖与圬工；坝断面图中不标示地层分界线，不将坝基底面置于同一地层中。

4）坝趾与坝踵

坝趾与坝踵有增加坝体稳定与均布压应力的作用，但不应过分。

为抗滑将坝基向上游伸出形成的坝踵，可增加坝内斜面上泥石流的压力，但常见坝踵伸出过长。

坝基在下游端加深为齿墙，不一定伸出坝趾，有护坦时更勿需设坝趾。常见既设护坦又设坝趾，且坝趾偏长，超过应力向下扩散的范围。

6.4.3.2 坝的其他结构

1）结构尺寸与材质

（1）坝的结构尺寸设计应精细，建议以 0.5 m 为单位设计坝高，以 0.1 m 为单位设计坝厚，以 1：0.05 为单位设计坝坡。

（2）常见材质过高。建议低坝用浆砌石，或坝基用混凝土、坝身用浆砌石；坝较高时用片石混凝土或混凝土，但 C15 即可，高寒山区用 C20。有建搅拌站条件则不用商品混凝土。

2）坝　基

常见坝基过深，工程巨大，造成浪费。

坝基应力一般不高且坝下有防冲工程，据经验，低坝坝基在原泥石流堆积层中埋深 1.5~2.5 m，承载力即可满足要求；较高坝可埋入老堆积层中，但不应过深亦不一定嵌进基岩。

具体埋深通过坝基应力和持力层承载力计算确定，当承载力修正后满足最大应力要求时，就勿需再加深基础换取更大的承载力深度修正值。

计算中的常见问题：

（1）应力计算结果不合理，坝基最大与最小应力之差异不大，坝趾区应力偏小。

（2）地基承载力特征值未针对坝基具体地层取值，而是宽泛的区间值，如"稍密至中密"、"180~320 kPa"，甚至承载力特征值无现场试验依据。

（3）地基承载力修正有误，如土的重度按天然重度而未按水下之有效重度，坝基宽度大于6 m时未按6 m计。

3）坝肩常见问题

（1）坝肩向两岸坡未嵌入或嵌入深度不足，甚至坝肩与坡体间留有楔型缺口，常致坝肩冲蚀掏空而破损。坝肩一般应伸入基岩0.5~1.0 m，土层1.0~2.5 m。

（2）坝肩向下开挖过深，坡面甚陡时坝肩底面纵向未挖成台阶状。

（3）未设计坝肩的临时开挖边坡，包括上、下游面的侧边坡，坡率也应合理。

4）沉降缝

重力坝分段砌筑，溢流段用沉降缝与坝肩隔开。地基不均一时应在地层变化处的坝体中设沉降缝。

沉降缝间距一般为15~20 m，常见在溢流口两侧和坝基软硬交界处未留沉降缝。已见未留沉降缝的坝体因不均匀沉降而产生羽状剪切裂缝。

由于设计或施工疏忽，漏设沉降缝的事件也时有发生。

5）溢流口常见问题

（1）过深，致有效坝高过低，拦沙量小。

（2）过流能力不足，因未按宽顶堰公式计算，而按设坝前天然沟道的流速乘以溢流口过流面积计算。殊不知泥石流被坝拦堵后表面纵坡减缓，流速降低。

（3）口底未设耐磨层（钢纤维混凝土、钢筋混凝土），局部磨损破坏甚普遍。

6）排水孔常见问题

（1）设排水孔范围与溢流坝段不对应。

（2）单孔面积和总面积不合理。排水孔单孔面积 $0.4 \sim 0.8 \, m^2$，宽/高比 $0.6 \sim 0.8$，孔的净横距为孔径的 $4 \sim 5$ 倍且不大于 $3 \, m$，净竖距为孔径的 $3 \sim 4$ 倍且不大于 $2 \, m$，总面积为溢流段下坝体面积的 $5\% \sim 8\%$，过大过多有损坝的完整性[46]。

（3）较宽孔的顶板和较深孔的顶、底板未予加强。

7）坝下护坦常见问题

（1）长度不合理，应取坝高的 $1.0 \sim 2.0$ 倍。一般取坝高的 1.5 倍左右，对 $5 \, m$ 以下的谷坊坝可取至 2.0 倍，对 $20 \, m$ 以上的高坝可取为 1.0 倍。

（2）纵坡不合理，未顺应原沟道纵坡，较陡时未设为阶状或另行加糙。

（3）较高坝下未设复式护坦，即在护坦末端立端墙，并在护坦上填大石层。

（4）护坦末端垂裙深度不够，应在计算的冲刷深度值上再加一定的安全储备。垂裙冲毁常牵坍护坦，成为工程初验中常见的整改问题。

（5）护坦两岸坡松散时，未在两侧设导流翼墙；岸坡为基岩时，又设翼墙。

8）施工便道与翻坝路

拦沙坝距沟口甚远，施工便道工程是方案比选的条件之一。尤其是恢复过坝交通的翻坝路，要从坝肩翻越的爬高很大，工程艰巨。施工便道与翻坝路的设计常失之粗放，表现在：

（1）设计图件不全，未配套设计平面图、纵剖面图与关键处横断面图。

（2）设计标准偏低，纵坡偏陡，大于 12%，转弯半径过小。

（3）未按控制性横断面定线，边坡上挖或下填过大，且未设支挡工程收坡。

（4）库区段填方过大，占据库容。

6.5 泥石流排护工程结构问题：设计与检算

排导槽与防护堤等排护工程是与拦沙工程并列的两大类泥石流治理工程之一。《设计规范》和《指南》分别对泥石流排护工程的设计原则与结构设计进行了阐述，但还不够全面与系统，实践中对诸如排护工程的泥石流特征参数厘定、结构设计与检算等方面仍难以应用与掌握，有必要作进一步论述与讨论。

6.5.1 坝下排护工程的泥石流重度与流量的重新厘定

过坝后，排护工程的泥石流特征参数相对于天然沟道中会有所变化，设计中不能沿用勘查所得泥石流特征参数值，而应根据工程体系重新计算与调整，主要包括过坝后流体重度与峰值流量的厘定，和排导槽断面平均流速的计算。

1）过坝流体重度 γ_c'

《设计规范》分拦全粒径和只拦大粒径两种情况。对拦全粒径的实体坝，其过坝后的流体重度视库容大小按其表 A.1 折减；对只拦大粒径的缝隙坝，则按其式（A.1）计算过坝后的流体重度。

讨论：

（1）在拦与排相结合的工程体系中，拦沙坝并不能拦住工程有效期内所暴发泥石流的全部固体物质，一旦坝被淤满后，过坝前后的流体重度应基本不变。因此，表 A.1 对重度的折减，适用于以拦为主、工程有效期内坝不会被淤满的工况；对拦排结合、工程有效期内坝会被淤满的工况，过坝流体重度应不予折减。

（2）实践证明，历经多次泥石流后，缝隙坝的缝隙会被堵死。因此，《设计规范》式（A.1）适用于低频泥石流，且预计工程有效期内缝隙坝不会被堵死的工况；对中高频泥石流，预计工程有效期内缝隙坝会被堵死的工况，过坝流体重度则不宜按式（A.1）折减。

（3）《设计规范》表 A.1 还可探讨。例如，表 A.1 中最大折减系数为 0.7，要使折减后的重度大于 1.3，折减前的重度就要大于 1.857，太大。

2）过坝泥石流峰值流量 Q_C'

对工程有效期内坝不会被淤满或不被堵死的工况，坝有削峰作用，过坝洪水峰值流量 Q_P' 按《设计规范》表 A.2 折减。对工程有效期内坝会被淤满或堵死的工况，则可不予折减。

在堵塞系数不变的条件下，过坝泥石流峰值流量 Q_C' 为：

$$Q_C' \propto \left(1 + \frac{\gamma_C' - 1}{\gamma_H - \gamma_C'}\right) \cdot Q_P \tag{6.91}$$

即 Q_C' 同时与 γ_C、Q_P 相关。在工程有效期内坝不会被淤满或不被堵死的工况下，过坝流体的 γ_C、Q_P 同时有所折减，应按折减后的 γ_C'、Q_P' 值与堵塞系数计算 Q_C'。

6.5.2 排导槽断面平均流速的计算问题

6.5.2.1 计算排导槽断面平均流速的注意问题

1）计算参数

计算排导槽断面平均流速的参数不能沿用天然沟道的值。

（1）水力半径 R_C：不能用平均泥深代替，而应为过流断面面积除以湿周：

$$R_C = \frac{H_C \cdot \overline{B}}{2 \cdot H_C + b} \ (\text{m}) \tag{6.92}$$

式中：H_C——过流深（m）；

$\overline{B}$、b——槽的平均宽度、底宽（m）。

（2）糙率系数 $1/n$：按槽底结构与材质选取 n 值，且在行洪糙率的基础上加以调整，一般不能用天然沟道的 $1/n$ 值。

2）排导槽的行洪糙率 n

（1）软底槽（未铺底）与肋底槽（软底加埋入式肋），仍用天然沟道的 $1/n$ 值。

（2）铺底槽：浆砌石 n 取 0.025，混凝土 n 取 0.017。

（3）加糙槽：包括在槽底加设横肋槛（肋高出槽底）、方块、台阶加糙，参照《设计规范》与《指南》的加糙后行洪糙率的取值方法。

3）排导槽行泥石流的糙率

在行洪糙率的基础上，乘以大于 1 的调整系数 k，则得行泥石流的糙率。当槽的宽/深比为 8、4、2、1、0.5 时，k 相应为 1.077、1.145、1.260、1.447、1.710。

6.5.2.2　V 形槽断面平均流速计算：困惑与探讨

王继康设计并率先在云南成功使用 V 形铺底排导槽[47]。其流速是将据式（6.93）所得综合比降 I_V 代入流速公式计算而得。

$$I_V = (I_{纵}^2 + I_{横}^2)^{1/2} \tag{6.93}$$

式中：$I_纵$、$I_横$ 分别为纵比降与横比降。经验值：$I_横 = 1:3 \sim 1:10$。

分析式（6.93）发现，当 $I_纵 = 0$ 时，$I_V = I_横$，还有流速，令人困惑；且 $I_横$ 权重过大，所得 I_V 值进而计算流速似偏大。据式

（6.93）计算的平均流速与平底槽之比 K_V 为：

$$K_V = [1 + (I_横/I_纵)^2]^{1/4} \quad (6.94)$$

可见，V形槽横坡与纵坡之比 $K_I = I_横/I_纵 = 1$、6 时，$K_V = 1.19$、2.47，$I_横$ 的影响过大。据此商讨于下：

如图 6.13 所示，在槽底斜面上，纵、横坡降的矢量和即为综合比降 I_V。但在纵剖面上，I_V 至沟底线有一转角 β，流速会因此有所折减。流速与坡降的平方成正比，故纵合坡降 $I^2 = I_V^2 \times \cos\beta$。

由 $\alpha = \arctan(I_横/I_纵)$，得：

$$I = \{(I_纵^2 + I_横^2) \times \cos[\arctan(I_横/I_纵)]\}^{1/2} \quad (6.95)$$

式（6.95）所得 I（小数）似为真正的纵合坡降，将其代入流速公式所得V形槽断面平均流速可能更合实际。

当 $I_纵 = 0$ 时，$I = I_横 \times \cos^{1/2}(\arctan\infty) = I_横 \times (\cos 90°)^{1/2} = 0$，消除了上述困惑。

当 $I_横 = 0$ 时，$I = I_纵 \times \cos^{1/2}(\arctan 0) = I_纵 \times (\cos 0°)^{1/2} = I_纵 \times 1 = I_纵$，合理。

据式（6.95）计算流速与平底槽之比为：

$$K_V = \{1 + (I_横/I_纵)^2 \times \cos[\arctan(I_横/I_纵)]\}^{1/4} \quad (6.96)$$

式（6.95）虽克服了逻辑之困，但所得 I 比式（6.93）所得 I_V 要小得多，是否合理，尚待实践或实验检验。例如，$I_纵 = 0.10$，$I_横 = 0.15$，据式（6.93），$I_V = (0.1^2 + 0.15^2)^{1/2} = 0.180$；据式（6.95），$I = 0.180 \times \cos^{1/2}[\arctan(0.15/0.1)] = 0.180 \times 0.745 = 0.134$，$I$ 仅为 I_V 的 74.5%，相应流速比为 0.863（平底为 0.745）。

据原式（6.94）与修正式（6.96），不同横、纵坡的V形槽与平底槽的平均流速之比值 K_V 如表 6.8。

第6章 泥石流治理工程勘查设计技术问题探析

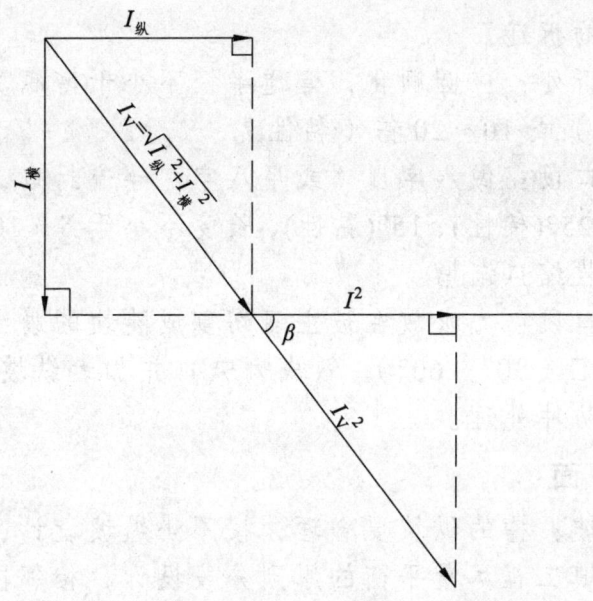

图 6.13 供讨论的 V 形槽综合坡降解析图

表 6.8 不同横、纵坡的 V 形槽与平底槽的平均流速之比值 K_V

V 形槽($I_横/I_纵$)	1.0	2.0	3.0	4.0	5.0	6.0
式（6.94）K_V	1.19	1.50	1.78	2.03	2.26	2.47
式（6.96）K_V	1.09	1.22	1.33	1.42	1.50	1.57

6.5.3 排护工程结构设计的注意问题

应按不同纵坡和不同过流断面加以分段进行设计。不同纵坡段的流速有别，从而流深和过流断面有差异，排护工程结构不同，分段设计才能满足精度要求。当然分段也不宜过细与零碎。

6.5.3.1 排导槽总体设计

1）平 面

（1）尽可能顺原沟道，过流宽度尽量上下游一致，避免对民房、桥涵的拆迁。

（2）转折处：应圆顺化，弯道半径不小于槽底宽度的 8～10 倍（稀性）或 10～20 倍（黏性）。

（3）进口段：做八字堤（或半八字）导流封口，喇叭口收缩角不大于 25°(稀性)、15°(黏性)，长度不小于 5～10 倍泥面宽度，高度向收缩口渐增。

（4）出口段：力求放在被主河切割成陡坎的扇缘，向主河下游斜向交汇（30°～60°），做成喇叭口并加大纵坡（>8%），出口尾部作防冲处理。

2）纵　面

（1）纵坡：槽的纵坡要合理，按不淤纵坡设计，并视原沟道纵坡与挖填工程尽量平衡的原则分段设计，相邻段间纵坡差异不要过大。不淤纵坡据经验法、类比法或实验公式确定，见 6.2.2.3。

（2）消能：变纵坡处、陡降段作好消能处理，包括陡降段的肋槛、台阶、凸榫加糙，变坡处的消能井等。

（3）桥涵：过既有桥涵尽可能采用铺底、改尖底等加大流速的措施，避免改扩建；纵坡过陡时，桥涵底可设为阶状以消能；桥梁在沟中有中墩时，应设鱼嘴状防冲墩或防冲套筒。

3）断　面

（1）原则：按原沟道宽度或民房挟峙的空间或既有桥涵的净宽初拟槽的宽度，再据铺底圬工的不冲刷的容许流速与断面过流流量求算所需过流断面面积，从而初拟槽的形状与深度。再分段与纵坡进行组合，使各段过流断面均与过流能力相匹配。尽量不深挖成槽。

（2）形式：排导槽断面以梯形、矩形为宜。当 $1:m$ 边坡的边坡系数 m 不大于 4/3 时，以梯形断面最优[48]。

（3）最小宽度：槽宽除考虑原沟道、民房、桥涵等因素外，还不应小于（2.0~3.0）倍最大粒径。

（4）深度：

$$槽深 = 泥石流泥深 + 常年淤积高度 + 凹岸超高 + 安全高(0.5~1.0\ m) \quad (6.97)$$

且深度不小于 1.2 倍最大粒径。

安全高度在进口段应大于出口段；桥跨段应更大，不小于 1.0 m。

（5）迭代泥位：厘定槽高的泥石流泥位应通过迭代计算得出，即据经验取容许流速值→与峰值流量结合初拟出截面面积与泥位→据此泥位计算水力半径→据水力半径、纵坡和铺底圬工的糙率系数计算流速。如此反复迭代，直至所得流速与输入流速基本一致（偏差宜不大于 2%），此时的泥位即为所求。

（6）宽/深比：槽的宽/深比一般取 2~6，槽过流断面的水力最佳宽/深比为 2，此时相同过流断面的水力半径最大，从而流速与过流能力最大。

4）其 他

（1）结构尺寸取值单位：槽的宽、深取 0.2 m，边堤埋深、厚度与铺底厚度取 0.1 m。

（2）材质：边堤尽可能用浆砌石，缺石料时用低强度等级混凝土，切忌用漂卵石砌筑；铺底视相应流速用浆砌石或混凝土，防冲时用高强度等级混凝土。

（3）浆砌外观：砌体砂浆要饱满，顶面用砂浆抹平，立面勾阴缝或阳缝。

（4）挖填平衡：不深挖成槽，挖方尽量回填堤后，减少弃方处置。

6.5.3.2 排护工程边堤的结构设计

1）高 度

厘定堤高的泥石流泥位通过迭代计算得出后，设防标准下的泥位按式（6.95）确定边墙的顶高。不同高度间渐变过渡顺接。可能淤积的沟段，要充分考虑淤积厚度。

2）凹岸加高与其他冲高

（1）凹岸加高：加高高度按 6.1.4 确定的凹岸超高值（凹凸岸泥位差的一半）。按加高后的高度进行截面检算。加高段为凹岸全段，且向上下游应有过渡段，堤顶不形成台阶，向上游的过渡段不能呈反坡。过渡段长度取（0.5~1.0）倍弯道长。

（2）挑流冲高：凹岸半径小、超高大时，对岸下游可能受凹岸的挑流斜冲，应加高受冲击段的堤高。冲高按式（6.29）计算，式中 α 采用斜冲的交角。

（3）八字堤冲高：对入口的导流八字堤，在泥深的基础上加冲高，算式同上。

3）埋 深

埋深根据是否铺底有区别。

（1）铺底槽：边堤深至槽底圬工底面即可，不按冲刷深度厘定。

（2）软底槽、肋底槽与防护堤：堤基冲刷尤其是凹岸冲刷掏空是堤防损毁的主要原因，必须按冲刷深度 h_p 值加安全值（至少 0.5 m）确定基础埋深。对可能受侧蚀的沟段，埋深应从沟心底面起算。

冲刷深度 h_p 建议偏于安全地按《指南》中的山洪泥石流公式（119）、（120）、（121）计算。对凹岸，应以超高泥位的流速进行计算。

4）防 冲

防冲基础防冲措施视流速而异，有以下类型[49]：

（1）流速 4~5 m/s，采用石笼。

（2）流速 4~6.5 m/s，采用四面体，用 C20 片石混凝土。允许流速 4.0~4.5 m/s、4.5~5.5 m/s、5.5~6.5 m/s 对应的四面

体体积分别为 0.395 m³、0.940 m³、1.838 m³。

（3）流速 5~8 m/s，采用大型片石混凝土砌块。允许流速 5.0 m/s、6.0 m/s、7.0 m/s、8.0 m/s 的砌块尺寸（宽/长/高 m）分别为 1/1/1、1/2/1、2/3/1、2/3/2。

（4）SNS 主动网兜石形成大型柔性石笼，代替大型混凝土砌块，费用低，施工简易。

（5）丁坝护岸防冲[50]。一般采用一字型丁坝，多用混凝土砌块。按非溢流确定高度，长度宜短，间距为长度的 2 倍（凹岸）、2.5~3.0 倍（直岸）、3 倍以上（凸岸）。

5）截面检算

截面检算区分以下两类结构：

（1）铺底槽与肋底槽：圬工铺底或软底所加防冲肋，对边堤形成支撑，使之不受稳定性控制，故堤身可较薄，抗剪断强度足够即可。

（2）软底槽与防护堤：按内侧流体压力与外侧土体主动土压力分别检算稳定性，取较厚者。内侧流体压力要减去外侧土的部分被动土压力；外侧主动土压力按实际回填土高度计，上部空堤高度不计。

6）其 他

（1）纵向间隔 15~20 m 设伸缩-沉降缝。缝要竖直，宽 2~3 cm，防水材料填塞。

（2）堤身不留泄水孔，堤背不填反滤层。

6.5.3.3 排导槽底部的结构设计

1）排导槽类型选择

据槽底工程可将排导槽分为：不设固底工程的软底槽；槽底仅设防冲肋的肋底槽；槽底全铺砌的平底槽；既铺底又嵌肋槛或台阶的防冲槽；进一步加大流速的尖底 V 形槽[51]（图

6.14)。注意：肋底槽与防冲槽从肋顶面或台阶顶沿起算槽深。

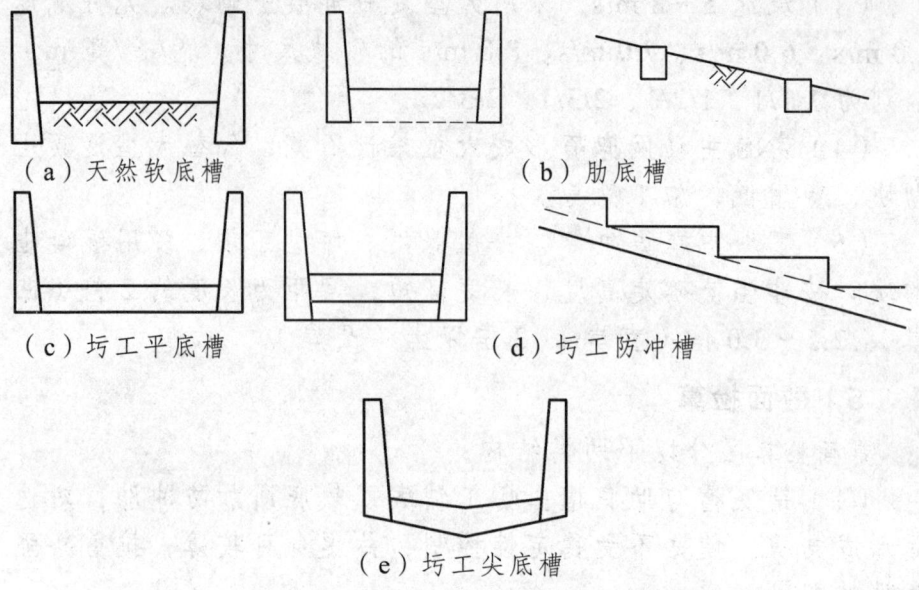

图 6.14　不同槽底的排导槽类型

（1）软底槽：用于流速较小、沟道较宽、冲刷不深但又满足过流要求者。

（2）肋底槽：如流速稍大、冲刷稍深，则在槽底间隔设防冲肋槛。

（3）平底槽：用于两种情况：

一是不铺底则过流能力不足，用圬工铺底以降低糙率、加大流速；

二是冲刷深度较大，加大边堤埋深则施工困难或不够经济，用圬工铺底防冲。

（4）防冲槽：当不铺底则过流能力不足，铺底又流速过大，超出圬工的容许流速时，则应既铺底又加糙。比如材质不用混凝土而用糙率较大的浆砌石，甚至在铺底之上再设横肋或台阶加糙。

（5）V形槽：用于纵坡过缓，铺底降糙后过流能力仍不足的山前区。

2）容许流速

铺底排导槽的磨蚀是普遍而严重的问题。因此铺底槽应按容许流速控制冲刷，从而确定铺底的材质与厚度以及是否再予加糙。各种铺砌在不同水深时的容许流速如表6.9所示。

表6.9 各种铺砌在不同水深时的容许流速(m/s)[13]

加固类型	结构	平均水深（m）			
		0.4	1.0	2.0	3.0
干砌片石	厚25 cm	3.5	4.0	—	
	厚30 cm	4.0	4.5	—	
厚35 cm50号	浆砌片石	5.0	6.0		
	浆砌坚硬片石	6.5	8.0		
底面粗糙C15	混凝土沟槽	—	8.0		
混凝土护面	C20混凝土	6.5	8.0	9.0	10.0
	C15混凝土	6.0	7.0	8.0	9.0
	C10混凝土	5.0	6.0	7.0	7.5
钢筋混凝土涵洞		—	10.0	—	

3）V形槽槽底

V形的尖底处流速最大，磨蚀最强，冲毁时有发生，因此铺底厚度应中厚边薄。当流速 $V_C<8$、$8\sim12$、≥12 m/s 时，槽心铺厚分别为0.6 m、0.8 m、1.0 m；边墙顶宽分别为0.5 m、0.6 m、0.7 m；在槽心0.4倍槽宽范围内用坚石、混凝土、钢纤维混凝土或钢筋混凝土护面，不同流速段的厚度分别为0.0 m、0.2 m、0.3 m。

附录 6.1　泥石流凹岸水位超高公式的推导（蒋忠信，2007[5]）

单位长度泥石流体的离心力（kN/m）：

$$F_\mathrm{d} = \frac{H \cdot B \cdot \gamma \cdot V_\mathrm{C}^2}{R \cdot g},$$

泥石流体离心力沿泥面的分力：

$$F_\mathrm{d}' = F_\mathrm{d} \cos\theta = \frac{H \cdot B \cdot \gamma \cdot V_\mathrm{C}^2}{R \cdot g} \cdot \cos\theta \tag{1}$$

式中：H、γ、V_C——泥石流的平均泥深（m）、流体重度（kN/m³）、平均流速（m/s）；

　　　B、θ——泥石流表面的宽度（m）、斜度（°）；

　　　R——沟道中心线的曲率半径（m）；

　　　g——重力加速度。

单位长度泥石流体的横向力 F_m 为横向剪切力 F_1 与内摩擦力 F_φ、黏聚力 F_c 之差。

横向剪切力 $F_1 = H \cdot B \cdot \gamma \cdot \sin\theta$

内摩擦力 $F_\varphi = H \cdot B \cdot \gamma \cdot \cos\theta \tan\varphi$ [φ 为泥石流体内摩擦角，（°）]

黏聚力 $F_\mathrm{c} = cL = \dfrac{c \cdot B}{\cos\theta}$（$c$ 为泥石流体的黏聚力，kPa；L 为泥面斜宽，m）

因此单位长度泥石流体横向力 F_m（kN/m）为：

$$F_\mathrm{m} = F_1 - (F_\varphi + F_\mathrm{c}) = H \cdot B \cdot \gamma \cdot \cos\theta \tan\varphi - H \cdot B \cdot \gamma \cdot \cos\theta \tan\varphi - \frac{c \cdot B}{\cos\theta}$$

$$F_\mathrm{m} = H \cdot B \cdot \gamma \cdot (\sin\theta - \cos\theta \tan\varphi) - \frac{c \cdot B}{\cos\theta} \tag{2}$$

当 F_d 的导数 $F'_d = F_m$ 时,弯道两岸泥面高差 ΔH(m)为最大值,由式(1)、(2):

$$\frac{H \cdot B \cdot \gamma \cdot V_C^2}{R \cdot g} \cdot \cos\theta = H \cdot B \cdot \gamma \cdot (\sin\theta - \cos\theta \tan\varphi) - \frac{c \cdot B}{\cos\theta}$$

$$\frac{H \cdot B \cdot \gamma \cdot V_C^2}{R \cdot g} = H \cdot B \cdot \gamma \cdot (\tan\theta - \tan\varphi) - \frac{c \cdot B}{\cos^2\theta}$$

$$\frac{V_C^2}{R \cdot g} = (\tan\theta - \tan\varphi) - \frac{c}{H \cdot \gamma \cdot \cos^2\theta}$$

故
$$\tan\theta = \frac{V_C^2}{R \cdot g} + \tan\varphi + \frac{c \cdot B}{\cos^2\theta} \tag{3}$$

由 $\Delta H = B\tan\theta$ 及(3)式,得:

$$\Delta H = B \cdot \left(\frac{V_C^2}{R \cdot g} + \tan\varphi + \frac{c}{H \cdot \gamma \cdot \cos^2\theta} \right) \tag{4}$$

由 $\Delta h = \Delta H / 2$,得泥石流凹岸超高 Δh(m)计算的一般模式:

$$\Delta h = \frac{B}{2} \cdot \left(\frac{V_C^2}{R \cdot g} + \tan\varphi + \frac{c}{H \cdot \gamma \cdot \cos^2\theta} \right) \tag{6.18}$$

附录 6.2 泥石流体黏聚力和内摩擦角的取值方法

(摘自《中国泥石流》,2000[10])

1)泥石流体黏聚力的取值方法

泥石流体的黏聚力 c 现尚难定量测定,暂近似地以泥石流体中泥浆的剪切强度 τ_0 代替。蒋家沟泥石流泥浆的静切力试验结果列于表 6.10,可供参用。

表 6.10　蒋家沟泥石流流体中不同密度泥浆的剪切强度[10]

泥浆密度 ρ_m（kN/m³）	15.6	15.0	14.5	14.0	13.5	13.0	12.5	12.0	11.5	11.0
剪切强度 τ_0（kPa）	0.243	0.098	0.078	0.040	0.020	0.010	0.005	0.003	0.001	0.0005

2）泥石流体内摩擦角的取值方法

泥石流体的内摩擦角 φ_m 现尚难定量测定,可用以下公式近似推算:

$$\tan\varphi_m = \frac{C_v(\rho_s - \rho_y)\tan\varphi_s}{\rho_c} \quad (6.98)$$

式中:土体体积比 $C_v = \dfrac{\rho_c - 1}{\rho_s - 1}$;

ρ_s、ρ_c 分别为泥石流体中土的重度（kN/m³）、泥石流重度（kN/m³）;

φ_s 为泥石流体中松散土的内摩擦角,对黏性泥石流取 18°~20°,对稀性泥石流取 30°~33°。

泥石流体中土的密度参数 $\rho_y = (P_c + P_d)\cdot\rho_s + (1 - P_c - P_d)\cdot\rho_m$（kN/m³）;

式中:P_c 为泥石流体中黏土和粉土颗粒所占重量百分比;

P_d 为粒径>0.05 mm 颗粒与粒径等于 D_0 二者之间的土粒所占重量百分比,且

$$D_0 = 216\cdot\frac{\tau_0}{(\rho_s - \rho_m)\cdot g}\ (\text{m}) \quad (6.99)$$

供参考的一些实测参数列于表 6.11。

表 6.11 几处黏性泥石流体的实测参数值[10]

泥石流沟名	C_v	ρ_C (kN/m³)	ρ_m (kN/m³)	ρ_y (kN/m³)	P_c
东川蒋家沟	0.73	21.2	15.02	23.56	0.15
盈江浑水沟	0.77	22.5	13.41	23.64	0.08
利子依达沟	0.79	23.5	15.20	21.99	0.19
西昌黑沙河	0.61		12.79		0.13
武都火烧沟	0.63		12.00		0.08
东川大桥河	0.75		13.51		0.09
东川达德沟	0.73		14.98		0.16
武都泥湾沟	0.73		16.81		0.26
东川白泥沟	0.73		13.23		0.09

3）实例：利子依达沟 1981 年 7 月 9 日泥石流[10,52,53]

桥位处实测：$\rho_s = 27.0$ kN/m³，$\rho_m = 15.2$ kN/m³，$\rho_c = 23.5$ kN/m³，$\tau_0 = 0.034$ kPa，$\rho_y = 21.99$ kN/m³，$C_v = 0.79$，φs 取 20°，得：

$$\tan\varphi_m = \frac{0.79 \cdot (27.0 - 22.0)\tan 20°}{23.5} = 0.0612$$

又 $B = 90$ m，$V_C = 9.9$ m/s，$H = 3.5$ m，$R = 250$ m，$\theta = 12.7°$，则据附 6.2 之式（4），得两岸泥位高差：

$$\Delta H = 90 \cdot \left(\frac{9.9^2}{250 \times 9.81} + 0.0612 + \frac{0.034}{3.5 \times 23.5 \times \cos^2 12.7°}\right) = 9.12 \text{ m}$$

实测凹岸最大泥深 8.5 m，凸岸泥深为 0，故两岸泥位高差为 8.5 m，与计算值 9.12 m 相近。

又平均泥深约为 3.5 m，故凹岸泥位超高约 5 m。

附录6.3 冰碛湖溃决的临界漫溢水头模式推导

冰碛湖溃决洪水与泥石流是冰川区突发的严重山地灾害,发生溃决的冰湖可分为冰川阻塞湖(冰坝湖)和终碛阻塞湖(冰碛湖)两类,多数溃决冰湖属冰碛湖。据溃决起因,可将冰碛湖溃决分为两种,多数是漫溢型溃决,少数是终碛堤底埋藏冰融化导致的管涌破坏。

冰碛湖通常是蓄满的,当暖期冰雪融水增多时,通过终碛堤最低凹处漫溢排出。如果因冰滑坡入湖而使冰湖水面急剧上升,会形成高于溢出口的漫溢水头。当漫溢水头足够高时,其溢流流速大于溢出口泥沙的起动流速,漫溢水流就会对溢出口进行冲刷和下切,导致终碛湖在局部堤段的瞬时溃决。

为此,首先必须求得能导致开始冲刷下切的高于溢出口的临界漫溢水头高度,以 H_0 表示,分以下三步推求。

(1)起动流速 V_0

冰碛物粒度曲线一般为双峰或多峰型,类似于非均匀沙。非均匀沙起动流速主要与粒径 d、水深 H 有关。根据吴宪生等的非均匀沙起动实验数据[54],近似选取 d_{95} 代表最大粒径作为起动粒径,改造成如下非均匀沙起动流速的经验公式:

$$V_0 = 2.80 H^{0.14} d_{95}^{0.21} \tag{1}$$

式中:H 为水深(m);d 为粒径(m)。

(2)溃口处流速 V_1

溃口处的流速 V_1(m/s)可借用肖克利契的瞬间局部堤段一溃到底的公式[13]计算:

$$V_1 = 0.9 \times 10^{0.3\frac{b}{B}} \left(\frac{B}{b}\right)^{0.25} H^{0.55} \tag{2}$$

式中：B 为坝长，对溃决冰湖为堵湖终碛堤长度（m）；

b 为矩形溃口宽度，对溃决冰湖为漫溢宽度（m），冰碛湖溃口断面一般为上宽下窄的倒梯形，建议以平均宽度作为漫溢宽度；

H_0 为坝前水深，对于漫溢溃决之始，则为漫堤水头（m）。

（3）冰湖溃决的临界漫溢水头高度 H_0

联立式（1）、（2），由 $V_0=V_1$，且 $H=H_0$，故漫堤溃决的临界水头 H_0：

$$H_0 = 23.4 \times \frac{d_{95}^{0.583}}{10^{0.833\frac{b}{B}} \cdot \left(\frac{B}{b}\right)^{0.694}} \tag{6.52}$$

附录 6.4　类比法的地理建模实例

（摘自徐建华著《计量地理学》第二版，2014[55]）

附 6.4.1　熵的概念及其产生与发展

熵，最初是在人们研究热机效率时引入的一个物理概念。第一次使用熵这个名词的是物理学家克劳修斯（Clausius R）。1865 年，为了区别"守恒"和"可逆性"两个概念，他引入了一个不同于能量的新概念，即熵。

熵仅与系统现时存在的状态有关，而与系统的过去热力过程无关。

1870 年前后，玻尔兹曼（Boltzmann L）从分子运动论的角度对热力学熵作出了新的微观解释，使熵的含义得到了第一次扩展。

他认为熵是分子运动大小的一种测度。系统吸收了热量，系统物质的内能增加，分子运动速度就增大，这样分子运动就更加混乱，因而系统的熵值就增大了。如果承认分子的每种微观状态出现的机会都相等的话，那么人们就会发现，系统的每一个宏观状态都与极其众多的微观状态相对应，这时，熵就与该宏观状态下的微观状态的个数Ω的对数之间存在线性关系，即：

$$S = K\ln\Omega \tag{1}$$

（1）式中，K就是玻尔兹曼常数。

从概率论角度来看，每一种微观状态出现的机会都相等，即意谓着每一种微观状态出现的概率为：

$$P_i = \frac{1}{\Omega} \quad (i = 1, 2, \cdots, \Omega)$$

这样，（1）式可以进一步写为：

$$\begin{aligned}S &= K\ln\Omega = -K\ln\frac{1}{\Omega} \\ &= -K\left(\frac{1}{\Omega}\ln\frac{1}{\Omega} + \frac{1}{\Omega}\ln\frac{1}{\Omega} + \cdots + \frac{1}{\Omega}\ln\frac{1}{\Omega}\right) \\ &= -K\sum_{i=1}^{\Omega} P_i \ln P_i\end{aligned} \tag{2}$$

从上式可以看出，熵原来是从微观状态的分布对系统宏观状态的一种描述。由此我们可以看到，玻尔兹曼的解释已使熵这一概念从对热力过程（卡诺循环过程）中能量损耗的描述，扩展到从微观状态描述系统宏观表现的一个新领域。

现代信息论创始人申农（Shannon，1948）不仅把他的目光投向了信息的概率分布，而且天才般地指出，如果一个信息中某种信号出现的概率为P_i，那么它所带的信息量就是$P_i\ln P_i$，因此，这一信息所含的全部信息量就是$-K\sum P_i\ln P_i$，于是他定义信息熵为：

$$H = -C\sum_{i=1}^{n} P_i \ln P_i \tag{3}$$

（3）式中，C是一个单位常数。当H的单位取纳特（nat）时，$C=1$；当H的单位取比特（bit）时，$C=1/\ln 2$。

那么，当H的单位取比特（bit）时，（3）式也可以写成：

$$H = -\sum_{i=1}^{n} P_i \log_2 P_i \tag{4}$$

对于连续性分布，仿（2）式，其信息熵也可以定义为：

$$H = \int_{-\infty}^{+\infty} P(x) \ln P(x) \mathrm{d}(x) \tag{5}$$

（5）式中，$P(x)$是随机变量x的分布密度函数。

申农把熵的概念用于信息论研究中，使熵的概念又一次得到扩展。在这个扩展过程中，我们可以看到，熵不仅不必与热力学过程相联系，而且也不必与微观的分子运动相联系，而是与事物的分布紧密相关的。熵最本质的东西就是系统状态的科学计量描述。

附 6.4.2 地理系统的熵模型

地理学家都希望将熵这一概念引入自己的研究领域，以推动当代地理学的发展。

斯特拉勒曲线是 20 世纪 50 年代美国理论地貌学家斯特拉勒（Strahler）提出的流域地貌的面积-高程分析（The area-altitude analysis）方法。

艾南山曾根据斯特拉勒（1952）曲线对地貌系统的状态描述，建立了地貌系统的信息熵。

艾氏地貌系统的信息熵为：

$$H = \int_{-\infty}^{+\infty} g(x)\ln g(x)\mathrm{d}(x) \tag{6}$$

（6）式中，

$$g(x) = \begin{cases} f(x)/S & 0 \leqslant x \leqslant 1 \\ 0 & x \notin [0,1] \end{cases}$$

蒋忠信（1987）研究发现，滇西北的金沙江、澜沧江、怒江及其支流河谷纵剖面的演化，可用伊凡诺夫（И.В.иваиов）的河流纵剖面方程来描述：

$$h = H \cdot \left(\frac{l}{L}\right)^N \tag{7}$$

（7）式中，h 为纵剖面上某点与河口的高差，l 为该点与河口之间的水平距离，H 和 L 分别为河源与河口之间的高差与水平距离，形态指数 N 恒为正。当 $0<N<1$ 时，剖面上凸；$N=1$ 时，剖面为直线；$N>1$ 时，剖面下凹。

受艾氏地貌系统信息熵的启示，蒋先生也将河谷纵剖面发育的伊凡诺夫曲线描述转化为信息熵描述。其作法是：设 $x=(L-l)/L$，$y=h/H$，则（7）式变为：

$$y = f(x) = (1-x)^N \tag{8}$$

显然，$0 \leqslant f(x) \leqslant 1$，$0 \leqslant x \leqslant 1$。这样，仿艾氏地貌系统的信息熵，蒋忠信（1989）定义了河谷纵剖面演化的信息熵为：

$$H = \int_{-\infty}^{+\infty} g(x)\ln g(x)\mathrm{d}(x) \tag{9}$$

（9）式中，

$$g(x) = \begin{cases} (N+1)f(x) & 0 \leqslant x \leqslant 1 \\ 0 & x \notin [0,1] \end{cases}$$

无论是用斯特拉勒曲线，还是用伊凡诺夫曲线定义的信息熵，都表示了地貌系统演化的阶段。各个演化阶段与信息熵及有关指标的对应比较关系如表 6.12。

表 6.12　信息熵与河谷纵剖面和流域地貌演化阶段

演化阶段	河谷纵剖面演化			流域地貌演化			
	河谷纵剖面抛物线形状	形态指数 N	信息熵 H	演化阶段	斯特拉勒曲线	斯特拉勒积分	信息熵 H
侵蚀回春期	下游上凸 上游下凹	$N<1$ $N>1$	<0.193	幼年期	上凸	$S>0.60$	<0.111
深切侵蚀期	上凸	$N<1$	<0193	壮年期	接近直线	$0.35 \leqslant S \leqslant 0.60$	0.111～0.40
过渡期	接近直线	$N=1$	=0.193				
均衡调整期	下凹	$N>1$	>0.193	老年期	下凹	$S<0.35$	>0.40
均衡剖面期	下凹	$N>1$	>0.193				

附录 6.5　泥石流发展趋势的预测模型[41]

泥石流发展趋势预测目前是在对决定泥石流发育的各可变因素进行的单因素预测的基础上，对各因素预测结果进行叠加，综合评判其演化趋势。这些可变因素包括暴雨、地形、松散固体物质和植被。这些参数均似灰变量，主要采用灰色预测模型。

附 6.5.1　暴雨的灾变预测的 GM（1，1）模型

虽然评判泥石流的暴雨指标 H_{24}（年最大 24 h 雨量）的多年平均值是恒定不变的，但暴雨的频数则可能有趋势性变化，

导致泥石流暴发频度的变化，需对暴雨造成的泥石流灾变进行预测。

以该地区促发泥石流的临界雨强为阈值，对超过这一阈值的暴雨的出现时间，用灰色灾变模型[56]进行预测，以评价未来泥石流暴发频度的变化趋势。

实例[57]：对泥石流沟较密集的云南宜良南盘江河谷区，促发泥石流的临界日雨量约为 100 mm，据县气象站 1959—1987 年共 29 年的年最大日雨量资料，大于灾变阈值（100 mm/日）的暴雨的出现年份有 1959 年、1968 年、1974 年、1979 年共 4 年，以 1959 年为第 1 年，4 个灾变年份的序号为 1、10、16、21，日雨量为 105.6 mm、118.7 mm、101.0 mm、127.4 mm。据此建立 GM(1，1)模型：

灾变年份序号序列为 $Q^{(0)} = (1, 10, 16, 21)$，

一次累加生成序列为 $Q^{(1)} = (1, 11, 27, 48)$，

$Q^{(1)}$ 的紧邻均值生成序列为 $D^{(1)} = (1, 6, 19, 37.5)$，

由 $\boldsymbol{B} = \begin{bmatrix} -6 & 1 \\ -19 & 1 \\ -37.5 & 1 \end{bmatrix}, \boldsymbol{Y} = \begin{bmatrix} 10 \\ 16 \\ 21 \end{bmatrix}$

$$\hat{\boldsymbol{a}} = \begin{bmatrix} a \\ b \end{bmatrix} = (\boldsymbol{B}^{\mathrm{T}}\boldsymbol{B})^{-1} \cdot \boldsymbol{B}^{\mathrm{T}}\boldsymbol{Y} = \begin{bmatrix} -0.3432 \\ 8.485 \end{bmatrix}$$

故：$Q^{(1)}(k+1) = \left[Q(1) - \dfrac{b}{a}\right] \cdot e^{-ak} + \dfrac{b}{a} = 25.723 e^{0.3432k} - 24.723$

灾变年份序号的预测式为：

$$\hat{Q}(k+1) = (1 - e^a) \cdot \left[Q(1) - \dfrac{b}{a}\right] \cdot e^{-ak} = 7.473 \cdot e^{0.3432k} \tag{1}$$

将 $k = 4、5、6\cdots$ 代入（1）式，得未来 100 年内灾变年份序号为 29.49、41.57、58.89、82.57、116.4，灾变年份相应为 1987 年、2000 年、2017 年、2041 年、2074 年。这些具体年份

可能有误差，但100年内仅出现5个灾变年，灾变年间隔呈加大趋势，表明未来泥石流暴发有减少的趋势。

附 6.5.2　泥石流沟谷演化的不等时距 GM(1，1)预测模型[58]

以沟谷纵剖面形态指数 N 为代表，以利子依达沟为例，采用不等时距灰色预测模型预测成昆铁路1971年通车后100年的沟谷演化趋势（图 6.15）。

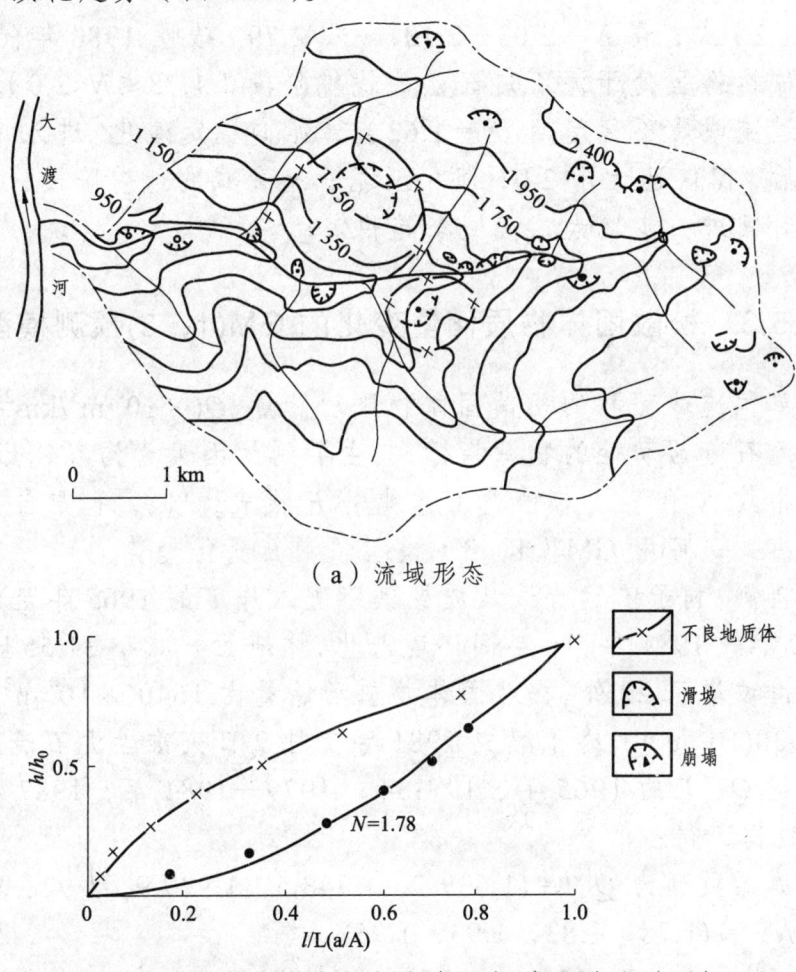

（a）流域形态

（b）沟谷纵剖面（上）与流域面积-高程曲线（下）

图 6.15　利子依达沟的流域形态、沟谷纵剖面与流域面积-高程曲线

利子依达沟1965年、1971年、1981年、1987年的 N 值分别为1.78、1.83、1.93、1.95，

以1965年为起算点，时间 t（年）的序列为（0，6，16，22），N 的原始数列 $N^{(0)}$ = (1.78，1.83，1.93，1.95)。建立GM(1，1)模型：

$$\hat{N}^{(0)} = 1.7917 \mathrm{e}^{0.003944t} \qquad (2)$$

自1997年始，取其后每隔8年的 t(1997,2005,…,2077)，代入（2）式，得 N = 2.03，2.10，…，2.79。表明1980年代前，利子依达沟虽处于泥石流旺盛的地貌阶段（1.78≤N<2.0），但已越过流域最不稳定期（N = 1.62），开始向稳定演化。进入1990年代后，N 值已大于2.0，演化至泥石流衰减的地貌阶段，且 N 值随时间进一步增大，流域渐趋稳定。

附6.5.3　松散固体物质储量变化的GM(1，3)预测模型[59]

单位流域面积的松散固体物质动储量 $Q(\times 10^4 \mathrm{~m}^3/\mathrm{km}^2)$ 是评判泥石流活动性的物源指标，其主要制约因素为沟谷地形（以形态指数 N 代表）与植被（林地率 F 代表，%），也与自身的基数有关，可用GM（1，3）模型预测其变化趋势。

实例：利子依达流域从成昆铁路进入施工的1965年至通车后10年的1981年，16年间环境恶化，林地面积减小31.55 km²，崩塌滑坡增至29处，松散固体物质动储量由1640（×10⁴ m³）增至1930(10⁴ m³)，终于酿成1981年7月9日灾难性泥石流。

据 Q、F 的1965年、1971年、1979—1981年、1987年的4期数据，得：

原始数列为 $Q^{(0)}$ = (1 639.7，1 748.5，1 929.9，1 928.9)
$N^{(0)}$ = (1.78，1.83，1.93，1.95)
$F^{(0)}$ = (17.89，17.31，16.34，14.77)
一次累加数列为 $Q^{(1)}$ = (1 639.7，3 388.2，5 318.1，7 247.0)

$N^{(1)} = (1.78, 3.61, 5.54, 7.49)$

$F^{(1)} = (17.89, 35.20, 51.54, 66.31)$

由 $\boldsymbol{B} = \begin{bmatrix} -2513.95 & 3.61 & 35.20 \\ -4353.15 & 5.54 & 51.54 \\ -6282.55 & 7.49 & 66.31 \end{bmatrix}$, $\boldsymbol{Y} = \begin{bmatrix} 1748.5 \\ 1929.9 \\ 1928.9 \end{bmatrix}$;

故 $\hat{\boldsymbol{a}} = \begin{bmatrix} a_1 \\ b_1 \\ b_2 \end{bmatrix} = (\boldsymbol{B}^T \boldsymbol{B})^{-1} \cdot \boldsymbol{B}^T \boldsymbol{Y} = \begin{bmatrix} 1.236554 \\ 811.0806 \\ 54.49833 \end{bmatrix}$

得累加值预测式：

$$\hat{Q}^{(1)}(t+1) = \left[Q^{(0)}(1) - \frac{b_1}{a_1} N^{(1)}(t+1) - \frac{b_2}{a_1} F^{(1)}(t+1) \right] \cdot e^{-a_1 t} +$$

$$\frac{b_1}{a_1} N^{(1)}(t+1) + \frac{b_2}{a_1} F^{(1)}(t+1)$$

$$= (1639.7 - 655.92 N - 44.073 F) \cdot e^{-1.2366 t} +$$

$$655.92 N + 44.073 F \qquad (3-1)$$

故预测式为：

$$Q^{(0)}(t) = Q^{(1)}(t) - Q^{(1)}(t-1) \qquad (3-2)$$

式中：N、F 采用一次累加值 $N^{(1)}$、$F^{(1)}$。如 $t = 1$（1971 年），得

$$\hat{Q}^{(1)}(t+1) = (1639.7 - 655.92 \times 3.61 - 44.073 \times 35.20) \cdot$$

$$e^{-1.2366 \times 1} + 655.92 \times 3.61 + 44.073 \times 35.20$$

$$= 3257.3$$

$$Q^{(0)}(1) = 3257.3 - 1639.7 = 1617.6 (\times 10^4 \text{ m}^3)$$

残差修正后，预测的 Q 值($\times 10^4 \text{ m}^3$)随时间而波动变化，从 1971 年的 1507.4↗1979 年的 2132.5↘2005 年的 1899.0↗2045 年的 1999.5↘2053 年的 1967.0↗2061 的 2119.7，总体稳定在 2000 万立方米上下。这是由于植被破坏引起固体物源增加，而流域地貌渐趋稳定又使崩滑物源减少，泥石流会间歇性暴发但不致加剧。

附 6.5.4 人为活动影响的预测：高斯曲线模型与马尔科夫模型

1）采矿弃渣的高斯曲线预测模型[60]

以南昆铁路沿线的段家河泥石流区小煤窑为例，因矿山有发展再衰亡的过程，故采用高斯曲线模型预测与弃渣量成比例的采煤量的变化。

段家河上游采煤始于 1971 年，开采量逐年增长，至 1991 年已累计采煤 243（$\times 10^4$ t），共弃碴约 10.0（$\times 10^4$ t），建立的高斯曲线模型预测式为：

$$Y = 38.475 e^{-0.002\,412(t-34)^2} \qquad (4)$$

预测结果为：2004 年为峰值年，采煤 38.5（10^4 t）；至 2043 年基本停采，年采煤 1.0（10^4 t）以下；累计采煤 1387.5（10^4 t）（图 6.16）。

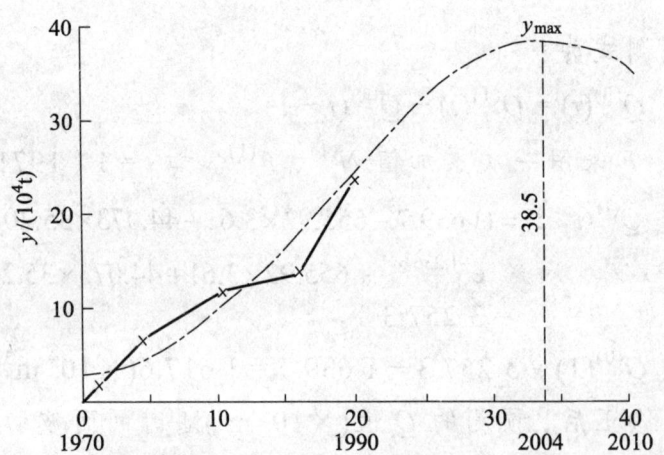

图 6.16 段家河小煤窑采煤规模（实线）及其预测曲线（虚线）

2）植被覆盖率的马尔科夫预测模型[60]

以南昆铁路沿线的冷水沟为例，因植被覆盖的变化近似于马尔科夫过程[61]，故采用马尔科夫模型预测林地率的变化。

冷水沟 1957 年暴发泥石流后，开始护林、植树，林地锐减的势头得到遏止，1985 年与 1973 年相比，毁林 0.294 km²，植树 0.279 km²，全流域林地面积为 0.365 km²，林地率为 11.59%。

1985 年初始状态 $S^{(0)} = (11.59, 88.41)$，转换概率矩阵

$$P = \begin{bmatrix} 0.2263 & 0.7737 \\ 0.1007 & 0.8993 \end{bmatrix}$$

预测下状态（1997 年）：

$$S^{(1)} = S^{(0)} \cdot \begin{bmatrix} P_{11} & P_{12} \\ P_{21} & P_{22} \end{bmatrix}$$

$$= \begin{bmatrix} 11.59 & 88.41 \end{bmatrix} \cdot \begin{bmatrix} 0.2263 & 0.7737 \\ 0.1007 & 0.8993 \end{bmatrix}$$

$$= \begin{bmatrix} 11.526 & 88.474 \end{bmatrix}$$

即 1997 年林地率为 11.53%，林地面积为 0.363 km²，基本达到毁林与植树的动态平衡，生态环境趋于稳定。

参考文献

[1] 中国地质灾害防治工程行业协会团体标准. 泥石流灾害防治工程勘查规范，2017.

[2] 谭炳炎. 泥石流沟严重程度的数量化综合评判. 铁道工程学报，1986(4).

[3] 陈宁生，等. 泥石流勘查技术. 北京：科学出版社，2011.

[4] 余斌. 根据泥石流沉积物计算泥石流容重的方法研究. 沉积学报，2008(5).

[5] 蒋忠信. 基于弯道超高的泥石流流速计算探讨. 岩土工程技术，2007(6).

[6] 水山高久，等. 河弯上泥石流的流态//孟河清，译. 泥石流译文集(三). 铁科院西南所，1985.

[7] 王韦. 泥石流排导沟弯曲段水面超高的估算// 第四届全国泥石流学术讨论会论文集. 兰州：甘肃文化出版社，1994.

[8] 蒋忠信，陈光曦，等. 中国山区道路灾害防治. 重庆：重庆大学出版社，1996.

[9] 周必凡，等. 泥石流防治指南. 北京：科学出版社，1991.

[10] 中国科学院山地灾害与环境研究所. 中国泥石流. 北京：商务印务馆，2000.

[11] 游勇. 粘性泥石流弯道运动的实验研究//泥石流（4）. 北京：科学出版社，1995.

[12] 丁明涛，等. 弯道超高法在泥石流流速计算中的应用. 中国地质灾害与防治学报，2006(3).

[13] 铁道部第三勘测设计院. 铁路工程设计技术手册：桥涵水文. 北京：人民铁道出版社，1978.

[14] 康志成. 云南东川蒋家沟粘性泥石流流速分析//中国科学院兰州冰川冻土研究所集刊(4). 北京：科学出版社，1985.

[15] 赵海鑫，等. 泥石流最大爬高计算的试验研究. 自然灾害学报，2017(1).

[16] 乔建平等. 汶川地震极震区泥石流物源动储量统计方法讨论. 中国地质灾害与防治学报，2012 (2).

[17] 高桥保. 泥石流停止和堆积机理的研究（二）//孟河清译，泥石流译文集(三). 铁科院西南所，1985.

[18] 刘希林，等. 泥石流危险范围的模型实验预测法. 自然灾害学报，1993(3).

[19] 陈光曦，等. 泥石流防治. 中国铁道出版社，1983.

[20] 陈宁生，等. 山区道路泥石流工程防治原则与模式. 中国地质灾害与防治学报，2009(1).

[21] 游勇. 泥石流排导槽最小不淤纵坡初步试验研究. 水土保持通报, 2000(6).

[22] 水山高久. 泥石流堆积过程的实验研究//朱天慧, 译. 泥石流滑坡及其防治. 兰州: 甘肃科学技术出版社, 1988.

[23] 江崎一博. 拦砂坝堆积泥砂的纵剖面形状//孟河清, 译. 泥石流译文集(三). 铁科院西南所, 1985.

[24] 蒋忠信, 崔鹏, 蒋良潍. 冰碛湖漫溢型溃决临界水文条件. 铁道工程学报, 2004(4).

[25] 蒋忠信. 白什滑坡坝漫溢溃坝的水文条件预测. 岩土工程技术, 2008(4).

[26] 谢任之. 溃坝水力学. 济南: 山东科学技术出版社, 1993.

[27] 崔鹏, 等. 汶川地震山地灾害形成机理与风险控制. 北京: 科学出版社, 2011.

[28] 蒋忠信. 西南山区暴雨泥石流沟简易判别方案. 自然灾害学报, 1994(1).

[29] 艾南山. 侵蚀流域系统的信息熵. 水土保持学报, 1987(2).

[30] 艾南山, 等. 再论流域系统的信息熵. 水土保持学报, 1988(2).

[31] 岳天祥, 艾南山, 等. 论流域系统稳定性的判别指标: 超熵. 水土保持学报, 1989(2).

[32] 蒋忠信. 矩形流域地貌信息熵的探讨. 水土保持通报, 1989(6).

[33] 蒋忠信. 泥石流流域系统的超熵. 中国地质灾害与防治学报, 1992(2).

[34] 蒋忠信, 姚令侃, 艾南山, 等. 铁路泥石流非线性研究与防治新技术. 成都: 四川科学技术出版社, 1999.

[35] 艾南山, 等. 泥石流活动性的一种判别方法. 铁道工程学报, 1986(4).

[36] 蒋忠信. 藏东南泥石流沟谷纵剖面演化的最小功模式. 地理科学, 2003(1).

[37] 蒋忠信. 泥石流沟谷纵剖面形态与流域地貌信息熵//地质灾害国际交流论文集. 成都: 西南交通大学出版社, 1993.

[38] 蒋忠信. 滇西北三江河谷纵剖面的发育图式与演化规律. 地理学报, 1987(1).

[39] 周筑宝, 等. 最小能耗原理及其应用(增订版). 长沙: 湖南科学技术出版社, 2012.

[40] 黄克中, 等. 最小水流能量损失率理论在河相关系中的应用. 地理学报, 1991(2).

[41] 蒋忠信. 灰色系统方法在泥石流变化趋势预测中的应用//灰色系统研究新进展. 武汉: 华中理工大学出版社, 1996.

[42] 中国地质灾害防治工程行业协会团体标准. 泥石流防治工程设计规范(送审稿), 2017.

[43] 蒋忠信. 深埋岩溶隧道水压力的预测与防治. 铁道工程学报, 2005(6).

[44] 田连权, 等. 泥石流侵蚀搬运与堆积. 成都: 成都地图出版社, 1993.

[45] 徐至均, 等. 逆作法设计与施工. 北京: 机械工业出版社, 2002.

[46] 中国科学院山地灾害与环境研究所. 泥石流防治工程设计手册, 2002.

[47] 王继康. 泥石流防治工程技术. 北京: 中国铁道出版社, 1996.

[48] 游勇, 等. 泥石流排导槽水力最佳断面. 山地学报, 1999(3).

[49] 铁道部第一勘测设计院. 铁路工程设计技术手册: 路基. 北京: 中国铁道出版社, 1992.

[50] 矢野义男，等. 泥沙、泥石流、滑坡、崩坍防治工程. 谭炳炎，等，译. 重庆：科学技术文献出版社重庆分社，1983.

[51] 陈晓清，等. 泥石流排导槽研究进展及发展方向. 中国地质灾害与防治学报，2010(2).

[52] 张赫文. 利子依达沟泥石流灾害成因浅析//铁路工程地质实例. 北京：中国铁道出版社，2011.

[53] 严璧玉. 成昆铁路利子依达沟泥石流灾害//铁路工程地质实例. 北京：中国铁道出版社，2011.

[54] 郭志学，等. 近底水流结构对非均匀沙起动影响的研究. 四川大学学报（工科版），2002(6).

[55] 徐建华. 计量地理学. 2版. 上海：华东师范大学出版社，2014.

[56] 刘思峰，等. 灰色系统理论及其应用. 开封：河南大学出版社，1991.

[57] 蒋忠信. 气候序列的最优分割与暴雨的灾变预测. 自然灾害学报，1996(4).

[58] 蒋忠信. 泥石流沟谷演化的不等时距灰色预测. 地理研究，1994(3).

[59] 蒋忠信. 泥石流固体物质储量变化的定量预测. 山地研究，1994(3).

[60] 蒋忠信，徐晓琴，袁茂林. 段家河流域植被覆盖和人为环境的动态变化及趋势预测. 中国地质灾害与防治学报，1993(4).

[61] 韩天恩. 实用统计预测. 北京：冶金工业出版社，1988.